D1320243

Daniel Goleman

EMOCIONES DESTRUCTIVAS

Cómo entenderlas y superarlas

**Diálogos entre el DALAI LAMA y
diversos científicos, psicólogos y filósofos**

Con la colaboración de

Richard J. Davidson, Paul Ekman, Mark Greenberg, Owen Flanagan,
Matthieu Ricard, Jeanne Tsai, el venerable Somchai Kusalacitto,
Francisco J. Varela, B. Alan Wallace y Thupten Jinpa

Traducción del inglés de David González Raga y Fernando Mora

editorial **K**airós

Numancia, 117-121
08029 Barcelona
www.editorialkairos.com

Título original: DESTRUCTIVE EMOTIONS

© 2003 by Mind and Life Institute
  Published by arrangement with Bantam Books, an imprint of The Bantam Dell Publishing Group,
  a division of Random House Inc.
© de la edición en español:
  2003 by Editorial Kairós, S.A.

Primera edición: Abril 2003
Segunda edición: Mayo 2003

I.S.B.N.: 84-7245-542-4
Depósito legal: B-22.892/2003

Fotocomposición: Grafime. Mallorca 1. 08014 Barcelona
Impresión y encuadernación: Romanyà-Valls. Verdaguer, 1. 08786 Capellades.

IN MEMORIAM

FRANCISCO VARELA

7 de septiembre de 1946 - 28 de mayo de 2001

Buenos días, mi querido amigo:

Te considero un hermano espiritual y debo decirte que todos lamentamos mucho no tenerte con nosotros. Quisiera expresarte, como lo haría un hermano, mi más profundo agradecimiento por tu gran aportación a la ciencia, especialmente en los campos de la neurología, la ciencia de la mente, y por tu contribución a la celebración de estos diálogos entre la ciencia y el pensamiento budista. Jamás olvidaremos tu extraordinaria colaboración.

Te recordaré hasta el momento de mi muerte.

EL DALAI LAMA

Videoconferencia mantenida el día 22 de mayo de 2001 entre Su Santidad, desde Madison (Wisconsin), y Francisco Varela, postrado en su cama de París, donde murió un par de semanas después.

SUMARIO

EMOCIONES
DESTRUCTIVAS

PREFACIO DE SU SANTIDAD EL DECIMOCUARTO DALAI LAMA

La mayor parte del sufrimiento humano se deriva de las emociones destructivas como el odio, que alienta la violencia, o el deseo, que promueve la adicción. Una de nuestras principales responsabilidades en cuanto personas compasivas es la de reducir el coste humano del descontrol emocional, algo que, en mi opinión, atañe muy directamente a lo que el budismo y la ciencia tienen que decirnos.

El budismo y la ciencia no son visiones contrapuestas del mundo, sino enfoques diferentes que apuntan hacia el mismo fin, la búsqueda de la verdad. La esencia de la práctica budista consiste en la investigación de la realidad, mientras que la ciencia, por su parte, dispone de sus propios métodos para llevar a cabo esa investigación. Tal vez, los propósitos de la ciencia difieran de los del budismo, pero ambos ensanchan nuestro conocimiento y amplían nuestra comprensión.

El diálogo entre la ciencia y el budismo es una interacción bidireccional, puesto que los budistas podemos servirnos de los descubrimientos realizados por la ciencia para esclarecer nuestra comprensión del mundo en el que vivimos, mientras que la ciencia, por su parte, también puede aprovecharse de algunas de las comprensiones proporcionadas por el budismo. Como demuestran los diversos encuentros organizados hasta el momento por el Mind and Life Institute, son muchos los ámbitos en los que el budismo puede contribuir al conocimiento científico.

En lo que se refiere al funcionamiento de la mente, por ejemplo, el budismo es una ciencia interna multisecular que posee un interés práctico para los investigadores de las ciencias cognitivas y de las neurociencias que puede ofrecer valiosas contribuciones para el estudio y comprensión de las emociones. No olvidemos que los debates celebrados hasta el momento han inspirado nuevas líneas de investigación a algunos de los científicos que han participado en ellos.

Pero el budismo, por su parte, también tiene cosas que aprender de la ciencia. Con cierta frecuencia he dicho que, si la ciencia demuestra hechos que contradicen la visión budista, deberíamos modificar ésta en consecuencia. No olvidemos que el budismo debe adoptar siempre la visión que más se ajuste a los hechos y que, si la investigación demuestra razonablemente una determinada hipótesis, no deberíamos perder tiempo tratando de refutarla. Pero es necesario establecer una clara distinción entre lo que la ciencia ha demostrado de manera fehaciente que *no existe* (en cuyo caso deberemos aceptarlo como inexistente) y lo que la ciencia *no puede llegar a demostrar*. No olvidemos que la conciencia misma nos proporciona un claro ejemplo en este sentido ya que, aunque todos los seres –incluidos los humanos– llevemos siglos experimentado la conciencia, todavía ignoramos qué es, cómo funciona y cuál es su verdadera naturaleza.

La ciencia ha acabado convirtiéndose en uno de los factores fundamentales del desarrollo humano y planetario del mundo moderno, y las innovaciones realizadas por la ciencia y la técnica han dado origen a un considerable progreso material. Pero, al igual que ocurría con las religiones del pasado, la ciencia no posee todas las respuestas. Por ello, la búsqueda del progreso material a expensas de la satisfacción proporcionada por el desarrollo interno acaba desterrando los valores éticos de nuestra vida. Y ésta es una situación que, considerada a largo plazo, genera infelicidad porque no deja lugar a la justicia y la honestidad en el corazón del ser humano, algo que comienza afectando a los más débiles y genera una gran desigualdad y el consiguiente resentimiento que acaba afectando negativamente a todo el mundo.

El extraordinario impacto de la ciencia en nuestra sociedad otorga a la religión y a la espiritualidad un papel privilegiado para recordarnos nuestra humanidad. Y, en ese sentido, será necesario compensar el progreso material y científico con la responsabilidad que dimana del desarrollo interno. Por este motivo, creo que el diálogo entre la religión y la ciencia puede resultar muy beneficioso para toda la humanidad.

El budismo tiene muchas cosas importantes que decirnos acerca de los problemas provocados por las emociones destructivas. Uno de los objetivos fundamentales de la práctica budista es el de reducir el poder de las emociones destructivas en nuestra vida. Para ello cuenta con un amplio abanico de comprensiones teóricas y de recursos prácticos. Si la ciencia puede llegar a demostrar que algunos de estos métodos son beneficiosos, habrá sobrados motivos para buscar el modo de tornarlos accesibles a todo el mundo, estén interesados en el budismo o no.

Ese tipo de corroboración científica fue uno de los resultados de nuestro encuentro. Estoy muy satisfecho de poder afirmar que el diálogo de Mind and Life presentado en este libro fue mucho más que una conjunción de voluntades entre el budismo y la ciencia. Los científicos han ido un paso más allá y han elaborado programas a fin de demostrar la utilidad de varias técnicas budistas para que todo el mundo aborde de un modo más adecuado las emociones destructivas.

Por todo ello, invito a los lectores de este libro a compartir nuestra indagación en las causas y la cura de las emociones destructivas y a reflexionar con nosotros en las muchas cuestiones que nos han parecido de interés. Espero que todo el mundo encuentre este diálogo entre la ciencia y el budismo tan apasionante como lo fue para mí.

28 de agosto de 2002

PRÓLOGO:
UN RETO PARA LA HUMANIDAD

Las cosas han cambiado mucho desde la fecha en que se celebró el encuentro relatado en este libro (marzo de 2000) y su transcripción final (que concluyó en otoño de 2001). Durante la época en que se llevó a cabo este diálogo, el mundo parecía haber dejado atrás los horrores del siglo XX, y muchos de nosotros contemplábamos un futuro esperanzador para el ser humano. Luego vino la tragedia del 11 de septiembre de 2001, y, repentinamente, nos vimos enfrentados a un vívido recordatorio de que la brutalidad calculada y masiva todavía sigue entre nosotros.

Pero, por más horribles que puedan parecer este tipo de actos, no son más que un nuevo episodio de barbarie en la corriente de crueldad alentada por el odio (la más destructiva de todas las emociones) que recorre la historia. La mayor parte del tiempo, esa barbarie permanece oculta entre los bastidores de nuestra conciencia colectiva, como una presencia ominosa, aguardando el momento propicio para irrumpir de nuevo en escena. Y esto es algo que, en mi opinión, seguirá ocurriendo una y otra vez hasta que acabemos comprendiendo las raíces del odio –y del resto de las emociones destructivas– y encontremos, finalmente, el modo más adecuado de mantenerlo a raya.

Este libro relata un encuentro entre el Dalai Lama y un grupo de científicos en torno al tema de la comprensión y la superación de las emociones destructivas y puede arrojar, en ese sentido, cierta luz sobre este importante reto al que actualmente se enfrenta el ser humano. Pero el objetivo de nuestro encuentro no apuntaba, sin embargo, a descubrir el modo en que los impulsos destructivos del individuo acaban desembocando en una acción de masas, ni tampoco la forma en que las injusticias –objetivas o subjetivas– generan ideologías que alientan el odio. Nuestro interés, muy al contrario, se centraba en un estrato mucho más fundamental que nos llevó a investigar el modo en que las emociones destructivas corroen la mente y

15

el corazón del ser humano, y el modo de contrarrestar este rasgo tan peligroso de nuestra naturaleza colectiva. Eso fue, precisamente, lo que hicimos en nuestro diálogo con el Dalai Lama, cuya vida ilustra el modo más adecuado de afrontar las injusticias históricas.

La tradición budista lleva mucho tiempo insistiendo en que el reconocimiento y la transformación de las emociones destructivas se asientan en el núcleo mismo de las prácticas espirituales, hasta el punto de que hay quienes llegan a decir que todo aquello que disminuye el poder de las emociones destructivas *es* una práctica espiritual. Desde la perspectiva de la ciencia, sin embargo, la naturaleza de los estados emocionales resulta un tanto paradójica, puesto que se trata de respuestas del cerebro que, en parte, han contribuido a configurar nuestra mente y que, muy probablemente también, han desempeñado un papel fundamental en nuestra supervivencia. A pesar de todo ello, no obstante, en la vida moderna han terminado convirtiéndose en una grave amenaza para nuestro futuro individual y colectivo.

El encuentro exploró un amplio abanico de cuestiones en torno al controvertido tema de las emociones destructivas. ¿Se trata de un rasgo esencial e inmutable del legado humano? ¿Qué es lo que les confiere el poder de llevar a personas, en apariencia racionales, a incurrir en acciones de las que posteriormente se arrepienten? ¿Cuál es el papel que desempeñan en la evolución de nuestra especie? ¿Son acaso esenciales para la supervivencia? ¿Cuáles son los recursos de que disponemos para superar esta amenaza a nuestra felicidad y estabilidad personal? ¿Cuál es el grado de plasticidad del cerebro y cómo podemos orientar en una dirección más positiva los mismos sistemas neuronales que albergan los impulsos destructivos? Y, lo más importante de todo, ¿cómo podemos llegar a superar las emociones destructivas?

Algunas cuestiones candentes

Bien podríamos decir que las primeras semillas de este encuentro se sembraron el día en que mi esposa y yo nos instalamos en una casa de huéspedes de Dharamsala (la India), en la que otro residente estaba terminando de elaborar lo que acabaría convirtiéndose en el libro del Dalai Lama *Ética para un nuevo milenio*. El editor me pidió que le comentara un primer borrador del libro que recogía las propuestas del Dalai Lama en torno a una ética secular –e independiente, por tanto, de las creencias religiosas– que se asentaba en recursos útiles para el beneficio de la humanidad, procedentes tanto de Oriente como de Occidente.

Cuando leí ese borrador, me sorprendió la estrecha relación que existe entre las tesis sostenidas por el Dalai Lama y las últimas investigaciones realizadas en el campo de las emociones. Pocos días después, tuve la ocasión de comentar con el mismo Dalai Lama algunos de esos descubrimientos y debo destacar su gran interés por la extraordinaria importancia que parece desempeñar la educación infantil en el desarrollo de la empatía, tan esencial para la compasión. Cuando le pregunté si le gustaría disponer de un resumen más completo de las últimas investigaciones psicológicas realizadas en el campo de las emociones, respondió de manera afirmativa, especificando que su interés fundamental se centraba en las emociones negativas, y también preguntó si la ciencia podía determinar con precisión la diferencia cerebral entre el enfado y la rabia.

Un año después mantuvimos una conversación fugaz mientras esperaba su turno para hablar con ocasión de una conferencia celebrada en San Francisco, y todavía mostró más interés en las llamadas emociones *destructivas*. Pocos meses después volvimos a vernos en un breve encuentro centrado en la transmisión de ciertas enseñanzas religiosas que se celebró en un monasterio budista de New Jersey. En esa ocasión, le pregunté qué era lo que entendía por "destructivo", a lo que respondió que se refería a la visión científica de lo que los budistas denominan los Tres Venenos (el odio, el deseo y la ignorancia) agregando que, aunque resulte evidente que la visión occidental difiere de la budista, esas diferencias son, en sí mismas, sumamente significativas.

Entonces me dirigí a Adam Engle, presidente, a la sazón, del Mind and Life Institute, para ver si el tema en cuestión podría convertirse en el objeto de alguno de los encuentros que, desde 1987, vienen celebrándose entre el Dalai Lama y un grupo de expertos con la intención de explorar las visiones de la ciencia occidental y de la tradición budista sobre cuestiones como la cosmología o la compasión, por ejemplo. Yo mismo había moderado y contribuido a la organización del tercero de esos encuentros, que giró en torno a las emociones y la salud y me parecía un foro ideal para debatir ese nuevo tema.

Cuando el consejo rector del instituto me dio luz verde para seguir adelante con mi proyecto, comencé a buscar científicos cuya visión y experiencia pudieran ayudarnos a dilucidar esa faceta inquietante, perturbadora y hasta peligrosa del ser humano. Pero no sólo necesitábamos expertos, sino también personas que supieran formular preguntas interesantes, pudieran comprometerse en la búsqueda de respuestas y fueran capaces de permanecer lo suficientemente abiertos como para sacar a la luz los prejuicios ocultos que limitan nuestro pensamiento.

Los científicos y los budistas que participasen en ese diálogo desempeñarían simultáneamente el papel de maestros y de discípulos. El Dalai Lama, como es habitual, se mostró muy interesado en conocer los nuevos descubrimientos realizados por la ciencia, y los científicos, por su parte, también se mostraban abiertos a la visión budista de la mente, un paradigma alternativo que lleva milenios explorando con todo rigor el mundo interno del ser humano. Este cuerpo de experiencia posee un método muy exacto –que la ciencia ni siquiera vislumbra– para adentrarse sistemáticamente en las profundidades de la conciencia, al tiempo que pone en cuestión algunos de los presupuestos básicos de la ciencia psicológica actual. En resumen, pues, ese encuentro no sólo serviría para actualizar los conocimientos del Dalai Lama, sino que también supondría una indagación en las profundidades del espíritu humano en la que él (junto a otros eruditos budistas) actuaría como interlocutor de la ciencia de un modo tal que sirviera para ampliar la visión de todos los participantes.

Como suele ser tradicional, un filósofo se encargaría de comenzar determinando el marco general de nuestra exploración. Para ello pensé en Alan Wallace, profesor, por aquel entonces, de la University of California, en Santa Barbara, erudito budista y traductor habitual del Dalai Lama en esos encuentros. Luego me centré en la búsqueda del resto de los científicos.

Owen Flanagan, filósofo de la mente de la Duke University, emprendería el diálogo tratando de determinar cuáles son, desde la perspectiva occidental, las emociones más destructivas, además de la ira y del odio. Matthieu Ricard, un monje budista tibetano que también es licenciado en biología, se encargaría de presentar la visión budista de las emociones destructivas. La definición operativa de la que partimos era muy sencilla: «Las emociones destructivas son aquellas que dañan a los demás o a nosotros mismos». No obstante, a lo largo del encuentro fueron apareciendo diferentes puntos de vista en torno a las emociones dañinas y al momento y motivo de su emergencia. Tengamos en cuenta que los distintos criterios utilizados para definir lo "destructivo" dependen del punto de vista y de que la filosofía moral, el budismo y la psicología disponen de su propio conjunto de respuestas al respecto.

Paul Ekman, psicólogo de la University of California en San Francisco y experto mundial en el campo de la expresión facial del afecto, se encargó de presentar la investigación científica realizada sobre la dinámica básica de las emociones, un trampolín de comprensión muy adecuado para zambullirnos en el enigma de esa faceta tan destructiva de la naturaleza humana. Ekman aportó a nuestro diálogo la perspectiva darwiniana, según la cual las emociones destructivas perduran en nosotros a modo de vestigios de aspectos que, en algún momento de nuestra evolución, desempeñaron un papel esencial para nuestra supervivencia.

Richard Davidson, de la University of Madison y uno de los fundadores de la llamada neurociencia afectiva, nos hablaría de los últimos avances realizados en el campo de la neurociencia y compartiría con nosotros sus descubrimientos en torno a los circuitos cerebrales implicados en un amplio espectro de emociones destructivas, desde el deseo del adicto hasta el miedo paralizante del fóbico y la descontrolada crueldad del asesino de masas. Tengamos en cuenta que todos estos datos son muy prometedores, ya que sirven para determinar las regiones cerebrales que inhiben los impulsos destructivos, y aquellas otras que pueden contribuir a reemplazarlos con la ecuanimidad y la alegría.

Aunque todos los seres humanos compartamos el mismo conjunto de sentimientos básicos como parte de nuestra herencia común, existen notables diferencias interpersonales en el modo de valorar y expresar las emociones. Para proporcionarnos una visión intercultural al respecto contamos con la presencia de Jeanne Tsai, psicóloga de la University of Minnesota (que hoy en día, por cierto, trabaja en la Stanford University), sus trabajos se han centrado en las diferencias interculturales en la expresión de las emociones. Sus investigaciones nos recordaron la importancia que tiene el reconocimiento de estas diferencias para poder superar las emociones destructivas.

Pero nuestro interés no se centró tan sólo en el análisis de la dinámica de nuestras tendencias destructivas, sino también en encontrar soluciones viables. De ello, precisamente, se ocupó Mark Greenberg, psicólogo de la University of Pennsylvania y pionero en la elaboración de programas de aprendizaje social y emocional. Mark nos presentaría un programa destinado a enseñar a los niños los principios básicos de la alfabetización emocional que les ayude a no dejarse llevar por esos impulsos y a controlar las emociones destructivas, lo cual, por otra parte, podría servirnos de punto de partida para diseñar programas similares dirigidos a los adultos.

El último día centramos nuestra atención en la posible colaboración entre los practicantes avanzados de meditación y los neurocientíficos para aumentar la comprensión científica del potencial positivo de las herramientas de transformación emocional. Francisco Varela, cofundador del Mind and Life Institute y director de investigación del laboratorio nacional de neurociencia de París, expuso una línea de investigación que tiene por objeto diseccionar la actividad neuronal que subyace a un determinado momento de percepción, una investigación para la que quería contar con la colaboración de meditadores avanzados debido a su experiencia en la observación del funcionamiento de la mente. Richard Davidson, por su parte, nos habló del concepto de neuroplasticidad, es decir, de la capacidad del cerebro para seguir desarrollándose a lo largo de toda la vida y también presentó datos que parecen sugerir que la práctica de la meditación aumenta la plasticidad de los centros afectivos del cerebro que inhiben las emociones destructivas y promueven las positivas.

Aunque las emociones destructivas, por su misma naturaleza, puedan alentar el pesimismo, las conclusiones finales de nuestro encuentro fueron muy prometedoras y se centraron en los pasos que podemos dar para contrarrestar estas fuerzas oscuras, aunque sólo sea en el interior de nuestra propia mente. A fin de superar el virus de las emociones destructivas deberemos vacunarnos contra el caos interno de los sentimientos –como el pánico o la rabia ciega– que obstaculizan toda acción eficaz. Así pues, algunas de las respuestas científicas a nuestra búsqueda del equilibrio y de la paz interior son, al menos a largo plazo, moderadamente optimistas.

Al concluir la semana, ninguno de nosotros quería irse. Las cuestiones que abordamos y las posibilidades que descubrimos pusieron en marcha un proceso que generó, varios meses después, un nuevo encuentro de un par de días en la University of Wisconsin, un posterior congreso de dos días en la Harvard University y la puesta en marcha de varios proyectos de investigación que actualmente se hallan en curso. De este modo, lo que comenzó siendo un análisis intelectual de las emociones destructivas, acabó convirtiéndose en la búsqueda activa de nuevas respuestas... y también de los correspondientes antídotos.

Un rico subtexto

Este encuentro fue el octavo de los organizados por el Mind and Life Institute y celebrados entre el Dalai Lama y un pequeño grupo de filósofos y psicólogos y, como suele ser habitual, se llevó a cabo, durante cinco días, en la residencia del Dalai Lama en Dharamsala (la India).

Cada mañana se nos ofrecía una presentación diferente y por la tarde debatíamos sus posibles implicaciones. La cordialidad y el ingenio de, que hizo gala el Dalai Lama permitieron convertir lo que pudo haber sido un mero intercambio formal de información en una atmósfera cordial y familiar que alentaba el pensamiento creativo y espontáneo.

Mi intención al elaborar este libro ha sido la de presentar al lector un relato fiel de la amplia colaboración que se produjo entre la ciencia y el espíritu. Una de las tareas que tiene encomendada el organizador de los encuentros patrocinados por el Mind and Life Institute es, precisamente, la elaboración de un libro –de los que éste es el séptimo en salir a la luz (que el lector puede consultar en las páginas iniciales)– que no debe limitarse a transcribir literalmente lo que allí se ha dicho, sino que también debe tratar de transmitir el clima espontáneo en que se desarrolló el diálogo.

Para conocer los sentimientos y pensamientos tácitos de los integrantes en los distintos momentos clave del encuentro –y, en consecuencia, poder así transmitir al lector toda la riqueza del intercambio–, les entrevisté a todos ellos (incluido el Dalai Lama). Así fue como trabé contacto con un rico subtexto del diálogo, que me ayudó a plasmar en la página impresa no sólo los datos intelectuales relativos a las últimas investigaciones realizadas al respecto, sino también el clima emocional que se respiraba en la sala.

Este diálogo constituyó un verdadero festín intelectual en el que degustamos multitud de platos, desde el relato preciso de la investigación cerebral hasta el informe de observaciones realizadas en los patios escolares, pasando por las distintas facetas de la inteligencia emocional de una remota tribu de Nueva Guinea y algunas reflexiones en torno a la docilidad del temperamento de los bebés chinos. Los temas que abordamos fueron muy diversos y abarcaron el amplio abanico que va desde las consideraciones teóricas y filosóficas hasta la forma más didáctica de enseñar el control de los impulsos destructivos, los pormenores de los métodos empleados por la neurociencia para investigar la cognición y algunas facetas muy concretas del cultivo de la compasión.

Y, aunque lo cierto es que no hay respuestas sencillas, lo más importante tal vez sea que las preguntas formuladas en ese diálogo entre dos tradiciones de pensamiento pueden ayudarnos a dilucidar algunos de los principales enigmas de nuestra vida personal y hasta de nuestro futuro como especie. A menudo, las cuestiones suscitadas fueron muy novedosas y a veces brillantes y sugirieron caminos para la posible investigación futura.

Es evidente que cada lector se sentirá más inclinado hacia ciertos aspectos de la discusión que hacia otro, y también lo es que habrá quienes elijan un camino intermedio, pero, en cualquiera de los casos, nuestro libro invita al lector a participar en este banquete intelectual en toda su integridad.

El diálogo con el Dalai Lama, un verdadero ejemplo de serenidad en tiempos tan atribulados como los que nos ha tocado vivir, tuvo un fuerte impacto en todos nosotros. Su influencia, que comenzó en forma de un análisis exclusivamente intelectual, acabó convirtiéndose en una búsqueda personal de los posibles antídotos para las emociones destructivas, una búsqueda que ya ha comenzado a dar resultados tangibles.

Por último, esbozamos una aplicación práctica de la visión de la humanidad que el Dalai Lama describe en *Ética para un nuevo milenio*, el libro cuyo primer manuscrito había leído en Dharamsala y que sembró las primeras semillas de este encuentro. Para ello, no dudamos en apelar a cualquier tipo de recurso, tanto budista como occidental, que nos permitiera diseñar un programa para desarrollar la atención, la autoconciencia, el autocontrol, la responsabilidad, la empatía y la compasión o, dicho en otras palabras, las habilidades que facilitan el control de las emociones destructivas.

Pero este encuentro también tuvo consecuencias muy positivas para la ciencia, puesto que el budismo lleva milenios explorando con gran rigor y profundidad las potencialidades superiores de la mente, mientras que la ciencia recientemente ha empezado a orientar sus afanes en una dirección parecida. Ahora, ambas tradiciones han conjuntado sus esfuerzos, y, como fruto de esa colaboración, están acometiéndose estudios experimentales que apelan a los más sofisticados instrumentos de que dispone la ciencia actual con el fin de corroborar la eficacia de los antiguos métodos para el cultivo de los estados emocionales positivos.

Nuestra historia relata esta colaboración entre la moderna neurociencia y una ciencia milenaria de la mente.

De izquierda a derecha: Paul Ekman, Thupten Jinpa, Jeanne Tsai, Mark Greenberg, el venerable Kusalacitto, el Dalai Lama, Daniel Goleman, el difunto Francisco Varela, Richard Davidson, Alan Wallace, Matthieu Ricard y Owen Flanagan.

UNA COLABORACIÓN CIENTÍFICA

Madison (Wisconsin)

21 y 22 de mayo de 2001

1. EL *LAMA* EN EL LABORATORIO

Todo el mundo se asombra cuando conoce al *lama* Öser pero no, por cierto, a causa de su vestimenta granate y dorada de monje tibetano, sino por el resplandor que parece dimanar de su sonrisa. Öser es un europeo convertido al budismo que lleva más de tres décadas formándose como monje tibetano en los Himalayas y ha pasado muchos años junto a uno de los más grandes maestros espirituales del Tíbet.

Hoy, Öser (cuyo nombre hemos cambiado para proteger su intimidad) está a punto de dar un paso revolucionario en la historia del linaje espiritual del que forma parte y meditará mientras su cerebro permanece conectado a los instrumentos más sofisticados de que dispone la ciencia actual. A decir verdad, éste no es el primer intento realizado en este sentido, puesto que ya ha habido varias tentativas puntuales para determinar la actividad cerebral de los meditadores, y hace varias décadas que los laboratorios occidentales están trabajando con monjes y *yoguis*, algunos de los cuales exhiben capacidades muy notables, como el control de la respiración, de las ondas cerebrales o de la temperatura corporal, por ejemplo. Pero no cabe la menor duda de que el experimento de hoy no sólo será el primero en emplear instrumentos tan sofisticados para medir la actividad cerebral de un meditador avanzado como Öser, sino que supondrá un verdadero salto cualitativo en la investigación que profundizará en nuestra comprensión de la relación que existe entre ciertas estrategias para el cultivo disciplinado de la mente y su impacto en el funcionamiento cerebral. El objetivo de esta investigación es muy pragmático y apunta a determinar el valor de la meditación como herramienta de entrenamiento de la mente y su importancia a la hora de gestionar más adecuadamente las emociones destructivas.

Hasta el momento, la ciencia moderna se ha centrado en la elaboración de ingeniosos compuestos químicos para ayudarnos a superar las emociones tóxicas. Pero el budismo, por su parte, ha seguido un camino muy distinto –aunque más laborioso y arduo– desarrollando métodos de adiestramiento de la mente, en particular, la meditación. En realidad, el budismo afirma explícitamente que la formación que ha seguido Öser es el mejor de los antídotos para contrarrestar la vulnerabilidad de la mente a las emociones tóxicas. Si, por ejemplo, ubicamos las emociones destructivas en uno de los extremos de las tendencias del ser humano, la investigación a la que nos referimos aspira a determinar su antípoda, es decir, el modo más adecuado de enseñar al cerebro a funcionar constructivamente y reemplazar así el deseo por el gozo, la agitación por el sosiego y el odio por la compasión.

Occidente ha tratado de corregir farmacológicamente el efecto de las emociones destructivas, y no existe, en este sentido, la menor duda de que ha conseguido aliviar el sufrimiento de millones de personas. Pero la investigación realizada con Öser tratará de dilucidar si, con el debido entrenamiento, el ser humano puede provocar cambios más duraderos en el funcionamiento cerebral que los provocados por los fármacos. Ésta es una pregunta muy importante cuya respuesta, a su vez, nos llevará a formularnos otras porque, en el caso de que las personas puedan entrenarse mentalmente para superar las emociones negativas, ¿no podríamos entonces aprovechar algunos de los aspectos pragmáticos y no religiosos de ese tipo de adiestramiento mental a fin de mejorar la educación infantil, o para que los adultos, sean o no buscadores espirituales, aprendan a cultivar el autocontrol emocional?

Éstas fueron las cuestiones que nos planteamos, en el curso del extraordinario encuentro de cinco días que mantuvimos con el Dalai Lama en su residencia de Dharamsala (la India), un pequeño grupo de científicos y un filósofo de la mente. La investigación realizada con Öser supuso la culminación de varias líneas de estudio científico que nacieron durante ese diálogo. El Dalai Lama fue el principal promotor de esa investigación y asumió un papel muy activo en la tarea de dirigir la mirada de la ciencia hacia las prácticas de su propia tradición espiritual.

Pero los experimentos realizados en Madison no fueron más que la expresión de una profunda exploración colectiva en la naturaleza de las emociones, el modo en que pueden tornarse destructivas y sus posibles antídotos. En este libro presento mi relato de las conversaciones que inspiraron la investigación emprendida en Madison, las cuestiones de fondo que la alentaron y sus implicaciones para que la humanidad pueda acabar sustrayéndose al impulso centrífugo de las emociones destructivas.

Poniendo a prueba la trascendencia

Richard Davidson –uno de los científicos que participaron en los diálogos de Dharamsala– había invitado a Öser a someterse a varias pruebas en el E.M. Keck Laboratory for Functional Brain Imaging and Behavior, ubicado en el campus de Madison de la University of Wisconsin. El laboratorio fue fundado por el mismo Davidson, un pionero en el campo de la neurociencia afectiva, cuya investigación se centra en el estudio de las relaciones que existen entre el cerebro y las emociones. Davidson quería que Öser –un personaje ciertamente muy singular– se sometiera a una investigación empleando las herramientas más sofisticadas de que, hoy en día, dispone la ciencia.

Öser había pasado varias temporadas de retiro solitario e intensivo que, según nos dijo, sumaban dos años y medio. Pero, además de todo eso, había sido el asistente personal de un maestro tibetano, y su práctica se hallaba inserta por completo en su vida cotidiana. Lo que actualmente se trataba de determinar en el laboratorio eran los efectos reales del entrenamiento al que se había sometido.

La colaboración comenzó con un breve encuentro entre Öser y el equipo de ocho investigadores para determinar el protocolo al que se atendría la investigación. Todo el mundo era consciente de que se hallaban en una especie de carrera contrarreloj, puesto que el Dalai Lama visitaría el laboratorio al día siguiente y esperaban poder compartir con él algunos resultados provisionales.

Así fue como el equipo de investigadores esbozó –contando con la aquiescencia de Öser– un protocolo, según el cual éste trataría de pasar de forma rotativa por una serie de estados que iban desde el reposo hasta la vigilia alternando con varios estados meditativos muy definidos y concretos. Tengamos en cuenta que no todas las meditaciones son iguales, como tampoco lo son todas las comidas, y que obviar sus muchas diferencias sería como soslayar la existencia de una amplia diversidad de ingredientes, de recetas y de todo el arte culinario, en general. Por más que el inglés las aglutine indebidamente a todas bajo el epígrafe *meditación*, existe una amplia variedad de formas de entrenamiento de la mente, y cada una de ellas cuenta con sus propias instrucciones y efectos concretos sobre la experiencia que el equipo investigador esperaba determinar con ayuda de un sofisticado instrumental científico que serviría para registrar la actividad cerebral.

A decir verdad, existe una gran imbricación entre los distintos tipos de meditación empleados por las diferentes tradiciones espirituales, porque el monje trapense que canta el "Kirye eleison" (una plegaria devocional) tiene mucho en común con la monja tibetana que recita el "Om mani padme hum". Pero más allá de las similitudes generales existe una amplia diversidad de prácticas meditativas concretas, cada una de las cuales pone en marcha determinadas estrategias atencionales, cognitivas y afectivas y, en consecuencia, produce también resultados claramente distintos.

El budismo tibetano dispone de una amplia variedad de técnicas meditativas de entre las que el equipo de investigadores de Madison propuso la visualización, la concentración en un punto y la meditación de la compasión. Se trata de tres técnicas que requieren estrategias mentales bastante distintas y que, en opinión del equipo, serían suficientes para poner de relieve la existencia de diferentes pautas subyacentes de actividad cerebral. Tampoco hay que olvidar, además, que Öser estaba muy capacitado para ofrecer descripciones muy detalladas de lo que ocurría en cada caso.

La concentración –una técnica meditativa que consiste en centrar la atención en un solo objeto– tal vez sea la más básica y universal de todas las prácticas meditativas y aparece, de una forma u otra, en todas las tradiciones espirituales. Para centrar la atención en un punto es preciso dejar de lado los innumerables pensamientos y deseos que revolotean por la mente y que operan a modo de distracciones. Como dijera el filósofo danés Sören Kierkegaard: «La pureza de corazón significa querer sólo una cosa».

El cultivo de la concentración es el método que el budismo tibetano –y también muchos otros sistemas– recomienda a los principiantes, una especie de requisito fundamental para poder seguir avanzando. Bien podríamos decir, en este sentido, que la concentración es la forma más básica de adiestramiento de la mente y que posee muchas aplicaciones fuera del campo de la espiritualidad. Para realizar esta prueba, Öser simplemente eligió un punto (un pequeño tornillo ubicado sobre él una vez estaba dentro del aparato en el que iba a realizársele una RMN [resonancia magnética nuclear]) que le serviría para enfocar y mantener fija su mirada y volver ahí cada vez que su mente se distrajese.

Pero Öser agregó tres tipos de meditación que, en su opinión, podrían servir para aclarar todavía más las cosas: la meditación de la devoción, la meditación de la vacuidad y un tipo de meditación al que denominó "estado de apertura".[1] Este último es un estado despojado de pensamientos en el que la mente, como nos dijo el mismo Öser, «permanece abierta, inmensa y consciente, sin ningún tipo de actividad mental intencional. Se trata de una especie de presencia abierta y sin distracciones en la que la mente no se centra en nada. Tal vez, en ese estado, aparezcan algunos pensamientos débiles, pero no se articulan en largas cadenas, sino que simplemente acaban desvaneciéndose».

Igual de desconcertante fue la explicación dada por Öser acerca de la meditación de la vacuidad que, según sus propias palabras, consiste en «cultivar la certeza y la confianza profunda de que no hay nada que pueda desestabilizar la mente, un estado decidido, firme e incuestionable en el que, ocurra lo que ocurra, "no existe nada que ganar ni nada que perder". Y una ayuda para ello –agregó– consiste en evocar estas mismas cualidades en los maestros. Hay que decir que la atención en el maestro desempeña un papel fundamental en la meditación devocional, donde el discípulo evoca mentalmente una profunda sensación de gratitud hacia sus maestros y, sobre todo, hacia las cualidades espirituales que éstos encarnan».

Esa estrategia también funciona en el caso de la meditación de la compasión, que se centra en la bondad del maestro. Según dijo Öser, para generar el amor y la compasión es imprescindible evocar el sufrimiento de los seres vivos, y el hecho de que todos ellos aspiran a liberarse del sufrimiento y alcanzar la felicidad. A ello precisamente apunta la idea de «permitir que sólo haya amor y compasión en la mente de todos los seres, tanto amigos como seres queridos, desconocidos y hasta enemigos. Se trata de generar una cualidad amorosa de compasión sin objeto que no excluya a nadie y de permitir que acabe impregnando la totalidad de nuestra mente».

Finalmente, la visualización consiste en la elaboración detallada y precisa de la imagen de una deidad budista. En ese proceso, según Öser, «uno va creando finalmente la imagen completa hasta que es capaz de mantenerla en su mente de un modo claro y distinto». Como bien sabe todo aquel que esté familiarizado con los *thangkas* tibetanos (telas con representaciones de deidades) se trata de figuras muy complejas.

Öser daba por sentado que cada una de esas seis modalidades diferentes de meditación pondría de relieve la presencia de pautas cerebrales muy distintas. Desde la perspectiva científica, por su parte, es evidente que la visualización y la concentración, pongamos por caso, ponen en marcha actividades cognitivas muy diferentes, pero las cosas no parecen tan claras cuando hablamos de la compasión, la devoción y la vacuidad. Desde una perspectiva científica, pues, resultaría muy interesante que la investigación demostrase que las distintas modalidades de meditación puestas en marcha por Öser provocan registros cerebrales netamente dispares.

La sala de control de la misión "espacio interior"

La experimentación con Öser empezó con la denominada RMNf [resonancia magnética nuclear funcional], el procedimiento con el que actualmente se lleva a cabo cualquier investigación sobre el papel que desempeña el cerebro en la conducta. Antes del uso del RMN funcional (o RMNf), los investigadores habían tenido dificultades para observar los pormenores de la secuencia de actividades que se producen en las distintas regiones del cerebro durante una determinada actividad mental. El RMN estándar, de amplio uso en hospitales, nos proporciona una especie de instantánea fotográfica detallada de la estructura del cerebro. El RMNf, por su parte, nos brinda el mismo registro en vídeo, es decir, el registro dinámico de los cambios que se producen instante tras instante en las distintas regiones del cerebro. Dicho de otro modo, las imágenes convencionales proporcionadas por el RMN ponen de relieve las estructuras cerebrales, mientras que el RMNf, por su parte, revela la interacción funcional que existe entre dichas estructuras.

El RMNf, pues, proporcionaría a Davidson una serie de imágenes –en forma de cortes de un milímetro de espesor (más delgados que una uña)– del cerebro de Öser, que luego serían debidamente analizadas para determinar con precisión lo que ocurre durante un determinado acto mental y rastrear así la secuencia de actividades que se lleva a cabo en todo el cerebro.

Cuando Öser y el equipo entraron en la sala en la que iba a realizarse el RMNf, el escenario se asemejaba a una sala de control dispuesta para realizar un viaje al espacio interior. En una habitación adjunta, un enjambre de analistas se aprestaban a poner a punto sus ordenadores, mientras que, en una sala contigua, otro grupo de técnicos se preparaba para guiar a Öser a lo largo del protocolo experimental previamente establecido.

Quienes entran en el RMN suelen hacerlo provistos de tapones en los oídos para silenciar el incesante ruido de una gigantesca maquinaria compuesta de imanes giratorios que provocan un implacable *bip bip bip* que recuerda la banda sonora de pesadilla de *Eraserhead*, la película de culto de David Lynch. Pero, por más molesto que resulte el ruido, todavía lo es más la sensación de confinamiento, ya que la cabeza del sujeto experimental permanece cubierta por unas almohadillas de espuma en una especie de jaula para garantizar que no se mueva y, una vez introducido en el interior de la máquina, su rostro se encuentra a escasos centímetros del techo del aparato.

Aunque la mayoría de las personas se someten de buen grado al RMN, hay quienes experimentan claustrofobia, e incluso otros llegan a sentir vértigo o mareos. También hay sujetos de investigación, por último, que se muestran un tanto renuentes a pasar una hora en el interior del RMN, pero la resolución de Öser era evidente y no tuvo problema alguno en someterse a la prueba.

Un minirretiro

Öser yacía pacíficamente en una camilla con la cabeza entre las fauces del RMNf, como si fuera un lápiz humano metido en un inmenso sacapuntas. No se trataba, pues, de un monje en una cueva solitaria ubicada en la cima de una montaña, sino de un monje en un escáner cerebral.

En lugar de tapones llevaba auriculares que le permitían comunicarse con la sala de control y seguir impertérrito los pasos que le indicaban los técnicos para garantizar que todo funcionase bien. Cuando estuvo finalmente a punto, Davidson le preguntó:

–¿Cómo te encuentras, Öser?

–Muy bien –respondió éste, a través de un pequeño micrófono.

–Tu cerebro tiene muy buen aspecto –señaló entonces Davidson–. Comenzaremos tratando de entrar cinco veces en el "estado de apertura".

Luego una voz informatizada asumió el control, para garantizar así la adecuada temporización del protocolo. El proceso empezaba con la orden "Adelante" (que servía como señal para que Öser empezase a meditar), seguida de un silencio de sesenta segundos (tiempo durante el cual Öser permanecía meditando), luego venía la orden "Neutro", seguida de otros sesenta segundos de silencio (para que Öser dejara de meditar y reposase), y todo el ciclo comenzaba nuevamente al recibir otra vez la orden "Adelante".

Ésa fue la rutina seguida con las distintas modalidades de meditación elegidas, una rutina que se vio en ocasiones salpicada por varias interrupciones en las que los técnicos se aprestaban a resolver los imprevistos que se presentaron. Cuando finalmente se completó la ronda, Davidson le preguntó a Öser si quería repetir alguna parte, a lo que éste respondió: «Sí. Quisiera repetir el estado de apertura, la compasión, la devoción y la concentración», los cuatro estados que, en su opinión, eran más relevantes para el estudio.

Así fue como todo el proceso comenzó de nuevo. Cuando estaba a punto de entrar en el estado de apertura, Öser dijo que quería permanecer más tiempo en cada uno de los estados porque, aunque era capaz de evocarlos, le gustaría profundizar todavía más en ellos.

Pero, una vez que los ordenadores han sido programados para seguir un determinado protocolo, la tecnología se encarga de dirigir el proceso de acuerdo al ritmo previsto de antemano. Por ello, que los técnicos tuvieron entonces que reprogramar rápidamente sobre la marcha todo el proceso, aumentando un 50 por ciento el período de práctica y disminuyendo proporcionalmente el tiempo dedicado al reposo. Luego todo comenzó de nuevo.

Si incluimos el tiempo que exigió la reprogramación y la solución de los imprevistos técnicos que se presentaron, el proceso duró más de tres horas. Los sujetos suelen salir del RMN –sobre todo después de una sesión tan larga– con una expresión de alivio en el rostro, pero Davidson se asombró al ver que Öser salía de su agotadora prueba en el RMN con una sonrisa resplandeciente y proclamando: «¡Ha sido como un minirretiro!»

Un día muy, muy bueno

Tras un breve período de descanso, Öser se dirigió de nuevo a la sala para someterse a la siguiente batería de pruebas que, en esta ocasión, recurrían al uso de un electroencefalógrafo (un instrumento empleado para medir las ondas cerebrales al que también se conoce como EEG).

La mayor parte de las investigaciones electroencefalográficas realizadas se llevan a cabo utilizando treinta y dos sensores conectados a diferentes regiones del cuero cabelludo para registrar la actividad eléctrica cerebral... y muchos de ellos no usan más que seis. Pero, en esta ocasión, el cerebro de Öser sería controlado dos veces empleando para ello dos cascos electroencefalográficos distintos provistos de ¡ciento veintiocho y doscientos cincuenta y seis sensores, respectivamente! La primera de las pruebas utilizaría el casco de ciento veintiocho sensores y registraría los datos mientras Öser seguía los mismos pasos y atravesaba los mismos estados meditativos del experimento anterior. La segunda prueba utilizaría el casco de doscientos cincuenta y seis sensores y combinaría sinérgicamente los datos recopilados durante la prueba anterior con el RMN.

Sólo existen cuatro o cinco laboratorios de neurociencia que utilicen el registro electroencefalográfico de doscientos cincuenta y seis sensores. El análisis informático de este tipo de lecturas múltiples del cerebro mediante programas de software llamados "de localización de fuente" facilita una triangulación que permite determinar con gran detalle el origen de una determinada señal neuronal. De este modo, es posible acceder a regiones cerebrales muy profundas, algo que los datos habituales del electroencefalograma –que sólo controla la capa superior del cerebro– están lejos de poder brindarnos.

Öser se dirigió animadamente hacia la sala en que se hallaba el electroencefalógrafo, dispuesto a seguir la misma rutina. Pero, en esta ocasión, no metió la cabeza entre las fauces del RMN, sino que permaneció sentado en una cómoda silla y se encasquetó una especie de gorro de baño parecido a una cabeza de medusa de la que salían multitud de alambres delgados a modo de espaguetis. En este caso, la sesión duró otras dos horas.

Después de haber pasado la prueba, alguien le preguntó a Öser si las condiciones del RMN habían obstaculizado su capacidad de meditar. «Es cierto que el ruido era desagradable –respondió–, pero afortunadamente también era repetitivo, con lo cual no tardas en olvidarte de él y no dificulta gran cosa la meditación. Me parece mucho más determinante el estado de ánimo en el que te encuentras ese día.» Y, como el análisis de los datos no tardaría en revelar, el estado en que Öser se encontraba ese día –y muy probablemente también todos los días– era bueno, muy bueno.

Una predisposición especial hacia la ciencia

A la mañana siguiente, un cortejo de coches de la policía y de la oficina de seguridad diplomática del Gobierno escoltaba un coche oscuro que iba perfilándose cada vez más claramente entre la lluviosa bruma con que nos saludó el día. El automóvil acabó deteniéndose ante el Waisman Center –el edificio en el que está ubicado el laboratorio Keck–, y de él salió el Dalai Lama, que saludó con una sonrisa resplandeciente a Davidson y le dijo que le gustaría dar una vuelta por el laboratorio antes de acudir a la reunión programada para informarse de los resultados de la investigación realizada con Öser.

Entonces, Davidson acompañó al Dalai Lama a una sala de reuniones y le proporcionó una visión general de las instalaciones y de las investigaciones que solían llevarse a cabo en el laboratorio. Davidson recordó que habían sido sus anteriores contactos con el Dalai Lama los que habían despertado su atención científica hacia las emociones positivas y que se había visto gratamente sorprendido cuando escuchó al Dalai Lama decir que el vínculo existente entre la madre y su hijo es uno de los orígenes de la compasión, así como también su expresión más natural. Cuando Davidson, que estaba a punto de emprender un programa de investigación en torno a la compasión, le preguntó al Dalai Lama si tenía algunas ideas acerca de la mejor forma de fomentarla, éste –siempre dispuesto a bromear– replicó: «¡Claro que sí, inyectándola!».

La primera parada del recorrido del Dalai Lama por el laboratorio fue la sala en la que una serie de técnicos estaban afanándose febrilmente con sus ordenadores para extraer algunas conclusiones provisionales del mar de datos acumulados durante el experimento realizado el día anterior con Öser. Davidson señaló al Dalai Lama una de las pantallas, que mostraba la imagen de un cerebro lleno de manchas de color que representaban los distintos niveles de actividad de distintas regiones del cerebro de Öser.

Desde hace mucho tiempo, el Dalai Lama está interesado por muchas cuestiones científicas –como, por ejemplo, la naturaleza de la conciencia– y también se ha preocupado por conocer los métodos que pueden responder a sus dudas. Una de estas cuestiones –el poder de la mente (o de la conciencia) para movilizar al cerebro– se puso de relieve cuando Davidson le mostró el RMN.

–Este aparato nos permite precisar con gran detalle el origen concreto de una determinada actividad cerebral en el mismo momento en que ésta ocurre –comentó Davidson–. Y luego añadió que los valores del EEG y del RMN son la velocidad y la precisión espacial, respectivamente. Así pues, el RMNf permite discriminar con precisión milimétrica los cambios que se producen en el cerebro, mientras que el EEG computerizado, por su parte, puede detectar esos mismos cambios con una precisión de una milésima de segundo, una explicación que suscitó la siguiente pregunta del Dalai Lama:

–¿Puede usted demostrar que el pensamiento precede a la acción? ¿Puede afirmar con total seguridad que, antes de que se produzca un cambio en el cerebro, se ha producido un pensamiento?

La conversación que mantuvieron entonces sorprendió gratamente a Davidson porque el Dalai Lama mostraba una profunda comprensión de los datos y métodos de la ciencia, un talento que suele evidenciarse en sus conversaciones con los científicos. Como dijo el mismo Davidson: «Su Santidad comprende cosas que sólo suelen entender los especialistas».

Un bisturí digital

Los datos del RMNf de Öser que iban saliendo de los ordenadores de la sala de control entraban directamente en otra serie de ordenadores conectados en paralelo, que se encargaban de llevar a cabo un análisis matemático de los datos puros de la actividad cerebral de Öser, despojados ya de toda imagen. Finalmente, un programa informático acabaría determinando el perfil de las pautas cerebrales de Öser en un "espacio estándar", una especie de cerebro uniforme modélico que permite la comparación entre la actividad de diferentes cerebros.

En condiciones normales, el procesamiento de todos esos datos suele requerir varias semanas de trabajo durante las cuales los veinte o treinta proyectos de investigación en curso en el laboratorio de Davidson compiten por el uso de los ordenadores. Pero, en esta ocasión, Davidson quería presentar algún resultado provisional al Dalai Lama en una reunión prevista para las ocho de la mañana del día siguiente y, por ello, se vio obligado a comprimir todo el proceso en medio día. Por este motivo, que el proceso informático de análisis de datos prosiguió día y noche, hasta que el último analista abandonó el laboratorio a las cinco menos cuarto de la madrugada para descansar un par de horas y recomenzar a eso de las siete.

Los datos técnicos de todo este proceso son demasiado vastos y complejos como para detenernos aquí en ellos. Bastará, por tanto, con decir que, cuando la sesión de la tarde estaba a punto de empezar, uno de los analistas que llevaba más de veinticuatro horas ante la pantalla del ordenador le entregó a Davidson un avance provisional de los resultados del RMNf.

Esos resultados evidenciaban claramente que Öser poseía una capacidad muy superior a la media para controlar de forma voluntaria su actividad cerebral mediante procesos estrictamente mentales. Hay que tener en cuenta, en este sentido, que la mayoría de los sujetos no entrenados a los que se les propone una tarea mental son incapaces de centrar en exclusiva su atención en ella y que, en consecuencia, sus datos presentan un considerable ruido añadido.

Pero, en el caso de Öser, existían claros indicios de que las distintas estrategias mentales puestas en marcha iban acompañadas de cambios muy concretos en las señales del RMN. Así pues, los resultados preliminares parecían demostrar que, en su caso, cada una de las modalidades de funcionamiento mental determina una pauta de actividad cerebral netamente distinta. Hay que decir que, exceptuando los casos en que se trata de cambios tan burdos como el que conduce de la vigilia al sueño, por ejemplo, este tipo de relación tan evidente entre un determinado estado mental y una actividad cerebral específica no resulta nada habitual. Sin embargo, los registros del funcionamiento cerebral de Öser mostraban una pauta claramente distinta en cada uno de los seis estados meditativos considerados.

La neuroanatomía de la compasión

Aunque los descubrimientos del RMNf eran provisionales, el análisis de los datos electroencefalográficos del funcionamiento cerebral de Öser en estado de reposo y durante la meditación de la compasión mostraba una diferencia substancial. Lo más sorprendente de todo era un espectacular aumento en la actividad eléctrica gamma del gyrus frontal intermedio izquierdo, un área del cerebro que la investigación previa realizada por Davidson había determinado como uno de los asientos de las emociones positivas. En una investigación llevada a cabo con unas doscientas personas, el laboratorio de Davidson había descubierto que la presencia de un elevado grado de activación cerebral en esa región concreta del córtex prefrontal va acompañada simultáneamente de signos evidentes de sentimientos como la felicidad, el entusiasmo, la alegría, la energía y la alerta.

La investigación realizada por Davidson también puso de relieve que la presencia de un elevado nivel de actividad en la misma región correspondiente al otro lado del cerebro –es decir, en el área prefrontal derecha– está directamente relacionada con la presencia de emociones perturbadoras. Así pues, quienes presentan un elevado nivel de actividad en la región prefrontal derecha y un bajo nivel de actividad en la izquierda son más propensos a experimentar sentimientos como la tristeza, la ansiedad y la preocupación. De hecho, la mayor activación de la región prefrontal derecha constituye un buen predictor de la predisposición a sucumbir a una depresión clínica o a un trastorno de ansiedad en algún momento de la vida. Por otra parte, quienes se hallan sumidos en la depresión y quienes experimentan una intensa ansiedad también suelen presentar un mayor nivel de activación en la región prefrontal derecha del cerebro.

Son muchas las implicaciones que todos estos descubrimientos tienen para nuestro equilibrio emocional. Cada uno de nosotros posee una pauta distinta en la ratio de activación de las regiones prefrontales derecha e izquierda que supone un excelente barómetro de nuestro estado de ánimo más característico. Esa proporción constituye una especie de línea basal emocional en torno a la cual gravita nuestro estado de ánimo.

Todos nosotros poseemos una cierta capacidad –más o menos limitada– para transformar nuestro estado de ánimo y modificar así esa ratio. Así pues, cuanto más hacia la izquierda se incline, más positiva será nuestra predisposición anímica, y, al contrario, las experiencias que elevan nuestro estado de ánimo también inclinan, al menos provisionalmente, la balanza en la misma dirección. En este sentido, por ejemplo, hay que decir que la mayoría parte de las personas evidencian pequeños cambios positivos en esta ratio cuando se les pide que evoquen acontecimientos agradables de su pasado, o cuando contemplan fragmentos de película divertidos o reconfortantes.

Este tipo de cambios en torno a la línea basal suele ser relativamente modesto. Pero cuando Öser meditó en la compasión, sin embargo, la ratio en cuestión experimentó una franca inclinación hacia la izquierda, un cambio que era muy improbable que se debiera a la mera casualidad.

Resumiendo, pues, los cambios que patentizaban la actividad cerebral de Öser durante la meditación de la compasión parecen reflejar un estado de ánimo *sumamente* placentero. Era como si el mismo acto de preocuparse por el bienestar de los demás hubiera aumentado su propio bienestar interno. Este descubrimiento parece corroborar científicamente la frecuente afirmación del Dalai Lama de que quien cultiva la compasión hacia todos los seres es el primero en beneficiarse de ella. (Hay que decir que, según afirman los textos clásicos del budismo, entre los muchos beneficios derivados del cultivo de la compasión se cuentan los de ser amados por las personas y los demás seres vivos, serenar la mente, dormir y despertar sin problemas y experimentar sueños agradables.)[2]

Como señaló Davidson, la investigación de la actividad cerebral que acompaña a la compasión realizada con Öser es muy probablemente pionera, porque la investigación psicológica moderna no suele centrarse en el estudio de ese tipo de estados positivos. Muy al contrario, lleva varias décadas centrando casi exclusivamente su atención en lo que funciona mal (como la depresión, la ansiedad y cuestiones por el estilo) más que en lo que funciona bien. De este modo, ha solido desdeñar el lado positivo de la experiencia y de la bondad humana, y ciertamente no existe, en los anales psicológicos, investigación alguna sobre la compasión.

Este sorprendente cambio en la actividad cerebral de Öser durante la meditación de la compasión sugirió otras líneas de investigación al respecto. ¿Se trataba acaso de una singularidad propia de Öser, o se debía –como suponía Davidson– al entrenamiento intensivo al que se había sometido? Si no era más que una singularidad excepcional, el descubrimiento no dejaba de ser interesante, pero, desde un punto de vista científico, hubiera sido más bien trivial. Si, por el contrario, se debía a la práctica, tiene implicaciones muy profundas para el desarrollo del potencial del ser humano. Por ello, Davidson solicitó de inmediato la ayuda del Dalai Lama para buscar otros sujetos adiestrados en el mismo método de meditación de la compasión y poder comprobar si los descubrimientos realizados con Öser eran realmente el fruto de la práctica. En la actualidad –mientras estamos escribiendo este libro–, se están llevando a cabo pruebas similares con un puñado de meditadores avanzados.

Un descubrimiento sin precedentes

El encuentro de Madison había sido organizado para informar al Dalai Lama sobre los resultados de varias líneas distintas (aunque relacionadas) de investigación derivadas del diálogo sobre las emociones destructivas y sus posibles antídotos, que habíamos celebrado el año anterior en su residencia de Dharamsala. La investigación de Davidson era sólo una de ellas ya que, en otros laboratorios, también se estaban llevando a cabo investigaciones paralelas que exploraban otras dimensiones psicológicas de la práctica con meditadores avanzados.

Aunque los resultados de la investigación de Davidson sobre la compasión fueron sorprendentes, más todavía lo fueron los resultados de la investigación dirigida por Paul Ekman, uno de los más eminentes expertos del mundo en el campo de la ciencia de la emoción, que dirige el Human Interaction Laboratory de la University of California en San Francisco. Ekman fue uno de los científicos que asistió al encuentro de Dharamsala y, pocos meses antes, también había tenido la oportunidad de estudiar a Öser en su laboratorio. Al comunicar al Dalai Lama sus resultados, Ekman también comenzó señalando la naturaleza participativa de su investigación: «Öser ha contribuido muy activamente al desarrollo de nuestra investigación y también fue él quien tomó muchas de las decisiones sobre lo que debíamos hacer».

La investigación abordó diferentes cuestiones, cada una de las cuales, según Ekman: «Nos permitió descubrir cosas hasta entonces insólitas». Algunos de los descubrimientos eran tan extraños que, como el mismo Ekman admitió, todavía no estaba seguro de comprender bien su significado.

La primera de las pruebas utilizaba un recurso que representa la culminación de toda su obra como experto mundial en el campo de la expresión facial de las emociones. Se trata de una grabación en vídeo que presenta imágenes muy breves de rostros que evidencian una amplia diversidad de expresiones faciales. El reto consiste en identificar los signos faciales del desprecio, de la ira y del miedo, por ejemplo. El estudio se lleva a cabo en dos versiones diferentes, durante las cuales cada una de las distintas imágenes permanece en pantalla un par de décimas de segundo o un tercio de segundo, respectivamente, una velocidad tan rápida que, en el caso de parpadear, el sujeto no llega a verla. En ambos casos, el objetivo del estudio era el de identificar –seleccionando de entre un conjunto de seis– la emoción percibida.

El reconocimiento de las expresiones faciales fugaces es un indicador claro de un grado inusual de empatía. Este tipo de manifestaciones de la emoción –llamadas microexpresiones– se dan en un nivel que se halla por debajo del umbral de la conciencia, tanto de quien las exhibe como de quien las observa. En consecuencia, el hecho de que se trate de manifestaciones ultrarrápidas subliminales las torna inmunes a la manipulación voluntaria y a la censura del sujeto y revelan –aunque sólo sea por un breve instante– el modo en que realmente se siente la persona.

Las seis microemociones consideradas se hallan determinadas biológicamente y son universales, es decir, que significan lo mismo en todo el mundo. Es cierto que, en ocasiones, existen grandes diferencias interculturales en el control consciente de la expresión de emociones, como el disgusto pero, en el caso que nos ocupa, se trata de manifestaciones tan rápidas que eluden todos los tabúes culturales. Por esta razón, las microexpresiones nos brindan una ventana excepcional para acceder a la realidad emocional de una determinada persona.

Los estudios realizados con miles de personas han llevado a Ekman a concluir que, quienes mejor ejercen el reconocimiento de estas expresiones sutiles de la emoción, están más abiertos a las nuevas experiencias y suelen mostrar un mayor interés y curiosidad por las cosas. Además, también son más meticulosos, fiables y eficaces. «Yo esperaba que los años de práctica meditativa –una actividad que requiere apertura y conciencia– incrementasen esta capacidad», explicó Ekman. Por ello se había preguntado si Öser mostraría una mayor habilidad para reconocer esas emociones ultrarrápidas.

Los resultados de los experimentos dirigidos por Ekman fueron los siguientes: La capacidad de reconocimiento de las señales ultrarrápidas de la emoción evidenciadas por Öser y otro meditador avanzado occidental con los que había estado trabajando se hallaba dos desviaciones estándar por encima de la media, aunque existía cierta diferencia en el rango de emociones que mejor percibía cada uno de ellos. Se trataba, pues, de unos resultados notablemente distintos a los obtenidos con las otras cinco mil personas con las que Ekman había estado experimentando hasta entonces. Según él, «su puntuación es muy superior a la de los policías, los abogados, los psiquiatras, los aduaneros, los jueces y hasta los agentes del servicio secreto», los grupos que la investigación realizada hasta el momento había determinado como los más competentes en este sentido.

–Pareciera –señaló Ekman– como si uno de los beneficios derivados de la trayectoria vital seguida por ambos meditadores fuera el de hacerles más conscientes de los signos sutiles del estado de ánimo de los demás.

Öser mostraba una habilidad muy especial para detectar los signos fugaces de miedo, desprecio e ira, mientras que el otro meditador –un occidental que, al igual que Öser, había pasado un total de dos a tres años de retiro solitario según la tradición tibetana– destacaba en el rango emocional de la felicidad, la tristeza, el disgusto y también, como Öser, la ira.

Al escuchar los resultados, el Dalai Lama –que hasta ese momento se había mostrado un tanto escéptico con respecto a lo que Ekman pudiera haber descubierto– exclamó con sorpresa: «¡Vaya! ¡Parece que, en este caso, la práctica *Dharma* establece una diferencia! Eso es algo nuevo».

Luego –y en un intento de determinar las facetas de la práctica meditativa que pudieran explicar esa diferencia–, el Dalai Lama conjeturó dos posibles hipótesis. Una de ellas se refería a un aumento en la velocidad de cognición que facilita la percepción de todos los estímulos rápidos. La otra posibilidad era una mayor capacidad para conectar con las emociones de los demás, lo que redundaría en una mayor capacidad para comprenderles. Ekman reconoció que, a fin de interpretar más adecuadamente sus descubrimientos, era necesario tener en cuenta esas dos posibilidades, aunque también añadió la necesidad de contar todavía con más evidencias experimentales.

Tanto Ekman como el Dalai Lama admitieron su perplejidad con respecto a las diferencias interpersonales evidenciadas en el rango de emociones que ambos meditadores eran capaces de reconocer. ¿A qué se debía una mejora tan específica? Luego, Ekman pasó a relatar el siguiente descubrimiento, un descubrimiento tan sorprendente como desconcertante.

Un descubrimiento espectacular

El reflejo del sobresalto es una de las respuestas más primitivas de todo el repertorio de reflejos del ser humano, que implica una rápida sucesión de espasmos musculares en respuesta a un sonido súbito muy fuerte o a una imagen disonante. Se trata de un reflejo que lleva a todo el mundo a contraer instantáneamente cinco músculos faciales que se hallan en torno a los ojos. Este reflejo se inicia dos décimas de segundo después de oír el sonido y finaliza aproximadamente medio segundo después de él, de modo que la misma estructura de nuestro sistema nervioso impone la necesidad de que, desde el comienzo hasta el final, el proceso emplee un total de unas tres décimas de segundo.

Como ocurre con todos los reflejos, el reflejo del sobresalto se origina en la actividad del tallo cerebral, la región más primitiva del cerebro a la que también se conoce con el nombre de cerebro reptiliano. Y como sucede también con el resto de los reflejos propios del tallo cerebral –y a diferencia de los que caracterizan al sistema nervioso autónomo (como el que controla el ritmo del latido cardíaco, por ejemplo)–, este reflejo se halla muy lejos de todo posible control voluntario. No existe, pues, desde la perspectiva de la ciencia, mecanismo intencional alguno que pueda modificar el reflejo del sobresalto.

Ekman estaba interesado en estudiar el reflejo del sobresalto, porque su intensidad constituye un buen predictor de la magnitud de las emociones negativas que experimenta una determinada persona, especialmente el miedo, la ira, la tristeza y el disgusto. Así pues, según ciertos estudios, cuanto más se sobresalta una persona, más intensas tienden a ser sus emociones negativas, y no parece existir relación alguna entre el sobresalto y sentimientos positivos como la alegría, por ejemplo.[3]

Para determinar la magnitud del reflejo del sobresalto de Öser, Ekman se dirigió al laboratorio de psicofisiología de su colega Robert Levenson, en la University of California en Berkeley, ubicada al otro lado de la bahía de San Francisco. Allí determinaron la tasa cardíaca y la respuesta de sudoración de Öser al tiempo que grabaron en vídeo sus expresiones faciales para registrar sus respuestas fisiológicas ante un fuerte sonido. Para eliminar cualquier posible diferencia debida a la intensidad del sonido, eligieron el límite superior del umbral de tolerancia humana, un sonido tan intenso como el ruido de un disparo o el estallido de un petardo cerca del oído.

Öser se atuvo al protocolo estándar, que consistía en contar desde diez hasta uno, momento en el cual escucharía un fuerte ruido. La propuesta era la de tratar de suprimir el inevitable respingo de modo que, si alguien le mirase, no pudiera advertir lo que sentía. Se trata, por supuesto, de un ejercicio que algunas personas realizan mejor que otras, pero que nadie puede, ni siquiera remotamente, suprimir. Un estudio clásico llevado a cabo en los años cuarenta demostró la imposibilidad de controlar de manera deliberada los espasmos musculares que acompañan al reflejo del sobresalto. Hasta ese momento, ninguno de los sujetos con los que Ekman y Robert Levenson habían trabajado pudo suprimirlo, y la investigación realizada anteriormente había puesto de relieve que, hasta los tiradores de la policía, familiarizados con ese tipo de ruido, son incapaces de impedirlo.

Pero lo más sorprendente fue que Öser casi eliminó por completo el reflejo de sobresalto.

–Cuando Öser trata de suprimir el sobresalto –comentó Ekman al Dalai Lama–, éste casi llega a desaparecer. Jamás había conocido a nadie que pudiera hacer eso. Ni yo ni ningún otro investigador. Se trata de un descubrimiento realmente espectacular. Pero, hasta el momento, ignoramos el fundamento anatómico que pueda permitir la supresión de este reflejo.

Durante este experimento, Öser practicó dos tipos de meditación, la concentración en un punto y el estado de apertura, que también habían sido comprobados durante su paso por el RMNf de Madison. Quizá cuando concluya el análisis de todos esos datos dispongamos de pistas que nos revelen las regiones cerebrales implicadas en la eliminación de este reflejo.

En opinión de Öser, el efecto más grande se produjo durante el estado de apertura: «Cuando entré en el estado de apertura, el ruido me pareció más suave, como si me hallase a distancia de las sensaciones y las escuchara a lo lejos». De hecho, éste era el experimento en el que Öser tenía depositada una mayor confianza, de modo que quiso acometerlo en el estado de apertura. Ekman señaló que, aunque la fisiología de Öser mostraba cambios muy ligeros, no se movió ningún músculo de su rostro, lo que Öser interpretó como que su mente no se vio conmovida por el ruido. Ciertamente, y como él mismo señaló posteriormente: «Si uno puede permanecer en ese estado, todo sonido parece neutro, como un pájaro surcando el cielo».

Pero, aunque Öser no mostrase la menor alteración de su musculatura facial mientras se hallaba en el estado de apertura, sus datos fisiológicos (la tasa cardíaca, la sudoración y la presión de la sangre) evidenciaban los cambios típicos del reflejo del sobresalto. En opinión de Ekman, el mutismo expresivo más estable se produjo durante la modalidad meditativa de concentración en un punto ya que, en tal caso, en lugar del inevitable respingo hubo una disminución en la tasa cardíaca, la presión sanguínea, etcétera, de Öser, al tiempo que sus músculos faciales reflejaban ligeramente, por el contrario, la pauta típica del sobresalto. «Es cierto que los movimientos eran muy pequeños –puntualizó Ekman–, pero no lo es menos que se hallaban presentes. No obstante, también debo señalar la presencia de un rasgo muy inusual ya que, en todos los sujetos experimentales con los que hemos trabajado, las cejas bajan mientras que, en el caso de Öser, por el contrario, suben.»

En resumen, pues, la concentración en un punto parecía cerrar a Öser a los estímulos externos, aunque se tratara de un sonido tan fuerte como el de un disparo. Si recordamos lo que anteriormente dijimos acerca de que, cuanto más intenso es el reflejo de sobresalto, mayor parece ser la tendencia de la persona a experimentar emociones perturbadoras, esta investigación parece tener implicaciones muy interesantes, sugiriendo un nivel muy notable de ecuanimidad emocional... la misma ecuanimidad, por otra parte, tantas veces señalada por los textos antiguos como uno de los frutos de este tipo de práctica meditativa.

–Yo creía –concluyó Ekman, dirigiéndose al Dalai Lama con un tono de admiración en su voz– que se trataba de un ruido tan intenso que era muy improbable que nadie pudiera evitar ese reflejo tan primitivo y veloz. Pero, por lo que parecen demostrar los resultados de la investigación realizada sobre la práctica meditativa, es muy prometedor.

Y ciertamente así fue.

El poder del amor

Si notables fueron los resultados neurológicos del estudio de Öser, no lo fueron menos los de otra línea de investigación centrada en los efectos de la practica meditativa sobre las relaciones sociales. En este experimento, Öser conversaría con una persona sobre un tema en el que estuvieran en desacuerdo, registrando simultáneamente diversas variables fisiológicas para determinar el impacto de esta discrepancia.

Sus interlocutores iban a ser dos científicos con una visión racionalista del mundo –uno muy amable y el otro más bien recalcitrante–, y el tema de conversación –la reencarnación y si merece la pena abandonar la ciencia para convertirse en monje (como había hecho Öser)– garantizaría de partida el desacuerdo. Paul describió a uno de sus interlocutores, un premio Nobel de unos setenta años, como «una de las personas más amables que he conocido», aunque su visión sobre los temas debatidos fuera opuesta a la de Öser. El otro era un profesor que, en opinión de todo el mundo, era la persona más controvertida y difícil del campus, una persona tan exasperante que, cuando llegó el momento de la investigación, ¡se negó a participar! Por ello, Ekman se vio obligado a elegir un segundo contendiente, una persona conocida por su estilo agresivo y confrontativo.

Durante las conversaciones, la respuesta fisiológica de Öser y de sus interlocutores fueron controladas y también se registró su expresión facial en vídeo.

–Las respuestas fisiológicas de Öser eran casi las mismas sin importar a quien se dirigiera –concluyó Ekman–, pero sus expresiones eran muy diferentes.

Y es que Öser sonrió más a menudo y también más simultáneamente con la persona amable que con la confrontativa.

Cuando el profesor amable discutía sus diferencias de opinión con Öser, ambos sonreían, mantenían el contacto visual y hablaban fluidamente. De hecho, lo pasaron tan bien hablando de sus diferencias que siguieron haciéndolo cuando concluyó el experimento.

–Pero –prosiguió Ekman– las cosas fueron muy distintas con el otro interlocutor.

Al comienzo del experimento, sus registros fisiológicos mostraban una intensa excitación emocional, pero al finalizar los quince minutos de intercambio, ese valor había disminuido, como si la conversación que hubiera mantenido con Öser le hubiera calmado. De hecho, al concluir el experimento, dijo:

–No podía enfrentarme a él. Siempre tropezaba con razones y sonrisas. Es apabullante. Sentía algo extraño –como una sombra o un aura– que me impedía mostrarme agresivo.

–Eso –concluyó Ekman– era precisamente lo que yo esperaba que ocurriese. La relación con alguien que no responde a una provocación, o que la devuelve de un modo amable y respetuoso, resulta sumamente beneficiosa.

En el último experimento, Ekman y Robert Levenson mostraron a Öser dos películas utilizadas en la formación de los futuros médicos que llevaban empleando desde hacía más de tres décadas en la investigación sobre las emociones porque resultan bastante desagradables. Una de ellas nos muestra a un cirujano que parece estar amputando un brazo con un escalpelo y una sierra cuando, en realidad, está preparando el muñón para acomodar una prótesis. Pero la cámara sólo se centra en la extremidad, de modo que uno nunca tiene una visión global y parece estar asistiendo a una película *gore*. En la otra, uno presencia el dolor de un paciente aquejado de graves quemaduras, mientras los médicos le arrancan parte de la piel. Se trata de dos películas que suelen evocar la repugnancia de la mayoría de los sujetos que las presencian.

Ésa fue también la emoción que experimentó Öser cuando contempló la película de la amputación, pero también señaló que le recordaba las enseñanzas budistas sobre la transitoriedad y las cuestiones desagradables que se ocultan en el cuerpo humano, aun cuando éste tenga un aspecto atractivo. Su reacción a la otra película, sin embargo, fue completamente diferente. «Cuando Öser ve a la persona completa –señaló Ekman– experimenta compasión.» En tal caso, sus pensamientos giraban en torno al sufrimiento humano y al modo de aliviarlo, y los sentimientos que experimentó fueron una sensación de afecto y de preocupación mezclados con una tristeza intensa aunque no desagradable.

La respuesta de asco de Öser durante la película de la amputación fue poco intensa y sólo reflejaba la excitación fisiológica que suele acompañar a dicha emoción. Pero su respuesta fisiológica a la segunda película evidenciaba signos de mayor relajación que los que había mostrado durante el estado de descanso.

El informe de Ekman sobre los resultados de los experimentos realizados por Öser concluía señalando la presencia de «descubrimientos que jamás había encontrado en treinta y cinco años de investigación». En suma, pues, los resultados de Öser eran extraordinarios.

El proyecto personas "extraordinarias"

De hecho, Ekman quedó tan impresionado –y científicamente tan intrigado– con los resultados que tomó la decisión de llevar a cabo una investigación sistemática con sujetos "extraordinarios" como Öser.

Esta decisión jalonó, a mi entender, un punto crucial de la psicología moderna que, hasta entonces, había centrado casi exclusivamente su interés en los aspectos problemáticos, anormales y ordinarios de la mente. Sólo en muy contadas ocasiones, los psicólogos –especialmente psicólogos tan importantes como Paul Ekman– han dirigido su atención hacia personas que se hallan, de algún modo (no sólo intelectualmente), por encima de la media. Así fue como el anuncio de Ekman de que se disponía a abrir una línea de estudio con personas que exhibían cualidades humanas sobresalientes puso claramente de relieve esa carencia tradicional de la psicología.

Sólo muy recientemente, la psicología ha emprendido de manera explícita programas para el estudio de los aspectos positivos de la naturaleza humana. Encabezado por Martin Seligman –psicólogo de la University of Pennsylvania famoso por su investigación sobre el optimismo–, comienza a advertirse la presencia de un movimiento en ciernes hacia lo que se denomina "psicología positiva", es decir, la investigación científica del bienestar y de las cualidades más positivas del ser humano. Pero, aun dentro del marco de esta psicología positiva, el proyecto propuesto por Ekman va más allá de la visión científica de la bondad y trata de determinar los límites más elevados del ser humano.

La visión científica de Ekman le obliga a ser muy concreto en torno a lo que entiende por "extraordinario". En este sentido, hay que decir que esas personas existen en todas las culturas y en todas las tradiciones religiosas –especialmente las contemplativas– y que, independientemente de su religión, comparten cuatro cualidades diferentes.

En primer lugar, se trata de personas que emanan una sensación de bondad, una cualidad que los demás pueden llegar a advertir. Y no se trata de una cualidad difusa o de un aura afectuosa, sino que es un reflejo claro del verdadero estado de la persona. Y, con el fin de detectar a los posibles "fraudes", Ekman propuso «no centrarse exclusivamente en el criterio del carisma –porque hay muchas personas con una vida pública en apariencia ejemplar y una vida personal deplorable–, sino seleccionar tan sólo a quienes evidencien una transparencia entre la vida pública y la vida personal».

La segunda de esas cualidades es la falta de interés personal, ya que las personas "extraordinarias" muestran una gran despreocupación por el *status*, la fama y el ego. Son personas a las que no les preocupa el reconocimiento de su posición o de su importancia. «Su falta de egoísmo –añade Ekman– es psicológicamente muy notable.»

La tercera cualidad es una presencia personal que los demás encuentran nutricia. «Son personas –explicaba Ekman– con las que los demás quieren estar porque con ellos se sienten a gusto, aunque no sepan explicar bien por qué.» De hecho –y aunque Ekman no lo explicitase claramente–, el mismo Dalai Lama constituye un ejemplo patente en este sentido. Hay que señalar que el tratamiento tibetano con el que se le conoce no es el de "Dalai Lama", sino el de *Kundun* que, en tibetano, significa "presencia".

Por último, los individuos "extraordinarios" poseen «una asombrosa capacidad de atención y de concentración», algo que, en opinión de Ekman, también ejemplifica perfectamente el Dalai Lama.

–En la mayoría de las reuniones científicas –señaló posteriormente Ekman–, cualquiera que hable con sinceridad reconocerá fácilmente que nuestra mente va a la deriva. Así, mientras escuchamos hablar a alguien, nuestra mente empieza a divagar sobre dónde iremos a cenar, luego vuelve durante unos instantes a la conversación y después se dirige hacia el trabajo o hacia algún posible experimento inspirado por la charla. Pero, durante los cinco días de diálogo con el Dalai Lama, me di cuenta de que Su Santidad jamás pierde el hilo de la conversación. Es una de las personas más atenta y que mejor escuchan que nunca haya conocido. Y esa actitud es muy contagiosa porque debo decir que, en los cinco días que pasé con él, mi mente se desvió en muy pocas ocasiones.

Ekman reconoció que esa enumeración era provisional y pidió sugerencias al Dalai Lama. Tras un breve intercambio, el Dalai Lama subrayó que el cultivo del *samadhi* –la capacidad de concentración en un punto– no es necesariamente una actividad espiritual:

–En sí mismo, el cultivo del *samadhi* o concentración en un punto no es especialmente espiritual pero, cuando se combina con la práctica espiritual, puede ser una ayuda muy poderosa. Se trata de una herramienta que puede ser utilizada en numerosa y diversas tareas cognitivas.

Pero –agregó– los estados mentales más espirituales, como la práctica del amor y la compasión, van acompañados de la empatía. No se trata de estados contraídos sino, muy al contrario, expansivos y que se asientan en la sensación de confianza y de coraje. Necesitamos descubrir el reflejo cerebral de este tipo de práctica espiritual. En el caso de Öser, se encuentran adecuadamente combinados, pero, en aras de la claridad de la investigación futura, sería útil diseñar estudios que pudieran servirnos para determinar los efectos de estos diferentes estados mentales.

En resumen, pues, cualquier persona puede aprender a concentrar su atención y a aplicar esa habilidad a no importa qué objetivo humano, desde cuidar a un niño hasta hacer la guerra. Pero la empatía y la compasión auténticas no sólo indican una bondad desde un punto de vista espiritual admirable, sino que también nos convierte en personas realmente "extraordinarias".

El cerebro plástico

Desde la perspectiva de la neurociencia, toda esta investigación no aspira tanto a demostrar la excepcionalidad de Öser o de cualquier otra persona como a expandir nuestra visión de las posibilidades del ser humano, algunas de las cuales ya han empezado a modificarse debido, en parte, a la revolución que ha supuesto el concepto neurocientífico de la plasticidad cerebral.

Hace sólo una década, sin ir más lejos, el dogma de la neurociencia afirmaba que, en el momento del nacimiento, el cerebro contiene ya todas sus neuronas y que éstas no se ven modificadas por la experiencia vital. Desde esa perspectiva, los únicos cambios que se producen a lo largo de la vida son variaciones menores en las conexiones sinápticas –las conexiones interneuronales– y la muerte celular que acompaña al proceso de envejecimiento. Pero la ciencia cerebral ha asumido el nuevo lema de la neuroplasticidad, según el cual la experiencia modifica de continuo el cerebro, ya sea a través del establecimiento de nuevas conexiones neuronales como mediante la creación de nuevas neuronas. El adiestramiento al que se somete el músico que ejercita un instrumento a diario durante muchos años, por ejemplo, muestra perfectamente el concepto de neuroplasticidad. Los estudios realizados en este sentido con el RMN han puesto de relieve el desarrollo en las regiones cerebrales que controlan el movimiento de los dedos de la mano de un violinista, por ejemplo. Y este tipo de cambios cerebrales es mayor cuanto más temprano se acomete dicha práctica y más largo es el proceso de adiestramiento.[4]

Una cuestión relacionada con todo esto tiene que ver con la cantidad de práctica necesaria para provocar un cambio cerebral, especialmente en el caso de algo tan sutil como la meditación. Hoy en día resulta innegable que la práctica continuada ejerce un poderoso efecto en el cerebro, la mente y el cuerpo. Los estudios realizados en este sentido con personas que sobresalen en un amplio espectro de habilidades –desde maestros de ajedrez hasta concertistas de violín y atletas olímpicos– evidencian transformaciones muy notables en sus fibras musculares y en sus capacidades cognitivas que les colocan en esa posición privilegiada.

Esos cambios son más intensos cuantas más horas de práctica se llevan a cabo. Cierta investigación determinó, por ejemplo, que, en el momento de ingresar en el conservatorio, los violinistas más destacados han practicado del orden de unas diez mil horas mientras que, quienes se hallan en el escalón inmediatamente inferior sólo llevan practicadas unas setecientas cincuenta horas.[5] Y es muy probable que la práctica de la meditación –que, desde una perspectiva cognitiva, puede considerarse como el esfuerzo sistemático de controlar la atención y las habilidades mentales y emocionales relacionadas– produzca también efectos similares.

La experiencia meditativa de Öser superaba con mucho las diez mil horas de práctica, una práctica que había llevado a cabo durante varios retiros intensivos de meditación, los cuatro años que vivió en una ermita, sus primeros años de monje y los ocasionales períodos de retiro que practicó posteriormente.

Pero la humildad es una de las virtudes más características del desarrollo espiritual. No es de extrañar, pues, que, aunque Öser hubiera realizado un retiro de nueve meses que incluía la práctica diaria de ocho horas de visualización, insistiera en señalar que aún debía elaborar paso a paso la imagen mental; un grado de dominio que, en su opinión, no puede compararse al de los practicantes de la vieja generación de maestros tibetanos todavía vivos que han dedicado diez o más años de retiros solitarios al adiestramiento de su mente. Según afirma Öser, algunos practicantes muy experimentados son capaces de visualizar instantáneamente y con todo lujo de detalles una imagen compleja. Y también señaló que cierto *yogui* tibetano llega incluso a visualizar un panteón completo de setecientas veintidós imágenes diferentes. «Dejando de lado toda falsa modestia –dijo Öser–, me considero un practicante más bien mediocre.»

Öser se considera una persona normal y corriente cuyos logros –claramente evidenciados en el laboratorio– son el simple resultado de una aspiración muy profunda y de un largo y sostenido proceso de adiestramiento de la mente.

–No hay que atribuirme a mí –dice Öser– esas cualidades extraordinarias, sino al proceso mismo, un proceso que está al alcance de cualquiera que posea la aplicación y la determinación necesarias.

Modestia aparte, el funcionamiento cerebral de Öser parece evidenciar un caso extremo de la escala de cambios que se producen durante la meditación. Porque hay que decir que, si bien Öser es un virtuoso de la meditación, hasta los mismos principiantes evidencian también indicios de este tipo de cambios, algo que quedó muy claro en los datos expuestos por Davidson –durante uno de los encuentros anteriormente celebrados en Dharamsala– acerca del funcionamiento cerebral de personas que acababan de iniciarse en la práctica meditativa de la atención plena (el lector interesado podrá encontrar más detalles a este respecto en el capítulo 14).

Esos estudios proporcionaron a Davidson una demostración fehaciente de que la meditación provoca cambios muy reales en el cerebro y en el cuerpo de los practicantes. Es cierto que los resultados de Öser evidenciaban los efectos de años de práctica sostenida, pero no lo es menos que los principiantes también muestran indicios del mismo tipo de cambios biológicos. Por ello, la siguiente pregunta que Davidson se formuló fue: «¿Acaso podríamos servirnos de diferentes tipos de meditación para modificar los circuitos cerebrales asociados a los distintos aspectos de la emoción?».

Davidson es uno de los pocos neurocientíficos que se han atrevido a formular esta pregunta, porque su laboratorio utiliza una nueva técnica denominada imagen de tensor de difusión –que, hasta el momento, sólo se ha utilizado en la investigación de pacientes con enfermedades neurológicas–, para poner de relieve las conexiones neuronales que existen entre las diferentes regiones del sistema nervioso. Este método puede ayudarle a responder a esa pregunta ya que su laboratorio es uno de los pocos que emplean esta técnica para la investigación básica en neurociencia, y el único que la utiliza para investigar los cambios en la conectividad interneuronal provocados por los métodos que modifican las emociones.

Pero lo más interesante de todo tal vez sea que las imágenes creadas por el tensor de difusión pueden ayudarnos a poner de relieve los sutiles procesos de remodelación en los que se basa el fenómeno de la neuroplasticidad cerebral. Este método permite que los científicos puedan identificar hoy, por vez primera, los cambios que se llevan a cabo en el cerebro humano cuando la experiencia repetida reconfigura las conexiones interneuronales, o permite el desarrollo de nuevas neuronas.[6] Se trata de una nueva frontera de la neurociencia que nació en 1998 y que permitió a los neurocientíficos descubrir que el cerebro adulto está continuamente generando nuevas neuronas.[7]

Davidson es muy consciente de estar adentrándose en un territorio inexplorado cuya aplicación inmediata se centrará en la búsqueda de nuevas conexiones en los circuitos cerebrales básicos que regulan las emociones perturbadoras. Y uno de sus principales intereses es el de ver si el desarrollo de la capacidad de una determinada persona para controlar más eficazmente la ansiedad, el miedo o la ira va acompañado del desarrollo de nuevas conexiones interneuronales.

La habilidad introspectiva. La pieza crucial

Antoine Lutz –colaborador de la investigación dirigida por Francisco Varela, neurocientífico cognitivo y director de investigación del Centre National de la Recherche Scientifique de París– se encargó de la última presentación. No olvidemos que Varela fue uno de los fundadores de los encuentros organizados por el Mind and Life Institute en los que se inserta el diálogo actual, y que también había participado en el último celebrado en Dharamsala. Lamentablemente, sin embargo, estaba atravesando las fases terminales de un cáncer de hígado y se hallaba demasiado enfermo como para desplazarse a Madison. Pero, a pesar de hallarse postrado en cama, Varela asistió por videoconferencia al encuentro de Madison desde su habitación de París, y, durante los dos días que duró, el Dalai Lama comenzó las sesiones informativas con un cariñoso saludo a su amigo al que conocía desde hacía varios años.

El objetivo de la investigación realizada por Varela y Lutz era el de diseñar una metodología que permitiera el estudio de los estados sutiles de la conciencia de personas expertas en la observación del funcionamiento de la mente que, al igual que Öser, supieran generar estados mentales concretos.[8] Para ello controlaron lo que sucedía en el cerebro de Öser antes, durante y después del momento de reconocer una imagen, una secuencia que, en total, no supera el medio segundo.[9]

Las imágenes en cuestión eran estereogramas, esas imágenes –que tan de moda estuvieron hace unos años– en las que una serie de formas coloreadas aparentemente desprovistas de sentido se revelan súbitamente como una imagen tridimensional. A primera vista, el ojo no percibe lo que se esconde detrás de las imágenes, pero repentinamente salta a la vista la imagen escondida. La investigación llevada a cabo por el equipo de Varela había realizado ese experimento con sujetos normales y corrientes y conocía lo que habitualmente sucede en todo el cerebro durante el momento del reconocimiento. Pero la experimentación realizada con Öser trataba de determinar la existencia de alguna diferencia significativa al respecto en la actividad cerebral de los meditadores. Para ese fin, Öser realizó la prueba en el estado de apertura, en el estado de concentración en un punto y durante una visualización.

Las observaciones de Varela y Lutz se centraron en la determinación de los distintos efectos provocados por cada una de esas diferentes modalidades de meditación (a las que describieron en términos más científicos como "estrategias de preparación atencional") en el momento de la percepción. Su intención era la de identificar la presencia de alguna diferencia en la actividad perceptual cuando el sujeto experimental no se hallaba en un estado mental ordinario, sino inmerso en un determinado estado meditativo. ¿Acaso existirían entonces cambios substanciales detectables en el funcionamiento del cerebro asociados a cada uno de los distintos estados? Los resultados de la investigación pusieron de relieve la existencia de pautas claramente distintas en el estado de apertura y en el estado de concentración en un punto.[10]

Pero el propósito de la investigación de Varela no era tanto el de cartografiar el paisaje característico de las pautas cerebrales asociadas a la percepción propia de los diferentes estados meditativos como mostrar simplemente la existencia de esas diferencias. El objetivo último de la investigación realizada en París era el de demostrar –como Varela hacía tiempo que llevaba sosteniendo– la importancia de trabajar con un observador avezado de la mente como el *lama* Öser.

En opinión de Varela y Lutz, la importancia científica de llevar a cabo este tipo de investigación con un meditador experto reside en analizar un determinado momento de percepción en el contexto del estado mental inmediatamente anterior.[11] Por lo general, resulta imposible determinar el estado emocional concreto con el que los sujetos experimentales abordan el momento del reconocimiento, pero alguien con la práctica de Öser es capaz de permanecer en un estado concreto y estable poco antes de la percepción. Es así como, según Varela, los investigadores pueden, en tal caso, controlar con una precisión anteriormente inusitada el contexto en el que se produce el momento del reconocimiento, es decir, el estado mental presente décimas de segundo antes de que se produzca la percepción.

Su abordaje, pues, aspira a superar un problema que suele desconcertar a todo científico que se dedique a estudiar las relaciones que existen entre la actividad cerebral y los estados mentales. Los registros proporcionados por el RMNf y el EEG actúan a modo de microscopios que permiten la observación científica del cerebro durante el rango propio de un estado mental. Con demasiada frecuencia, sin embargo, estas técnicas sólo nos proporcionan datos aproximados y difusos porque los estados mentales de los sujetos experimentales son de lo más variopintos. De este modo, se da la curiosa paradoja de que los científicos disponen de instrumentos muy precisos, pero deben contentarse con utilizar sujetos experimentales (voluntarios y personas que pretenden ganar con ello un poco de dinero) que, en el mejor de los casos, sólo pueden proporcionar un relato muy aproximado del estado mental en que se encuentran.

La mayoría de los neurocientíficos piensan ingenuamente que basta con decirle a un sujeto que cree un determinado estado mental –como, por ejemplo, que visualice una determinada imagen, o que evoque un recuerdo emocional– para que la persona en cuestión haga lo que se le pide durante todo el tiempo en que está registrándose su actividad cerebral. No es de extrañar que, basándose en esa candidez, los datos proporcionados por el procedimiento habitual estén saturados de incongruencias debidas a la imprecisión con la que los sujetos experimentales acometen hasta las más simples actividades mentales. La neurociencia cognitiva actual carece, pues, de un elemento fundamental para llevar a cabo determinaciones más precisas de la actividad mental, es decir, sujetos-observadores adecuadamente entrenados que no sólo sepan describir con precisión sus estados mentales, sino que también sean capaces de generarlos una y otra vez a voluntad.

Lo más notable, desde la perspectiva de la neurociencia, fue la coherencia de los estados mentales exhibidos por Öser. El protocolo seguido durante las sesiones experimentales de Madison exigía que Öser generase un determinado estado durante un minuto, que luego pasase, durante otro minuto, a un estado neutro y que repitiera esa misma secuencia cinco veces. Los datos analizados cuidadosamente por Davidson ponían de manifiesto la existencia de una elevada consistencia en la generación de la misma pauta de funcionamiento cerebral que, en el caso de la meditación de la compasión, por ejemplo, era diez millones de veces superior a la probabilidad debida al mero azar.

Por eso, el hecho de trabajar con Öser permitió a Davidson eludir los problemas de fiabilidad que se hubieran presentado en el caso de utilizar meditadores menos avezados. Por esta razón, Davidson resumió sus conclusiones provisionales de las sesiones de meditación de Öser con el tono de un experto que se refiere con admiración a un soberbio espécimen:

–En cada uno de los estados se aprecia la presencia de una actividad que afecta a todo el cerebro y algún que otro efecto focal. Y, hablando en términos muy generales, también resulta notable la presencia de una lateralidad muy equilibrada.

La cuestión primordial. El entrenamiento de la mente

¿Qué significa todo esto desde la perspectiva de la ciencia? Davidson lo resumió refiriéndose a *El arte de la felicidad*, un libro escrito por el Dalai Lama en colaboración con el psiquiatra Howard Cutler, en el que afirma que la felicidad no es un rasgo biológico inmutable que no experimente ningún tipo de transformación. En realidad, nuestro cerebro es muy dúctil, y, en consecuencia, el adiestramiento mental puede contribuir a aumentar nuestra cuota de felicidad.

–Es posible cultivar la felicidad porque la estructura misma de nuestro cerebro también puede ser modificada –dijo Davidson al Dalai Lama–. Y los resultados de la moderna neurociencia nos invitan a seguir experimentando con otros sujetos adecuadamente entrenados para poder investigar con más detenimiento todos estos cambios. Hoy en día disponemos de métodos que muestran los cambios que provocan en el cerebro este tipo de prácticas y también, en consecuencia, podemos poner de relieve el modo más adecuado de mejorar nuestra salud física y mental.

Consideremos, por ejemplo, las implicaciones de la investigación realizada sobre la meditación. Algunos estudios se han llevado a cabo con meditadores principiantes a los que se hacía meditar durante largos períodos, pero su impericia (comparada con la de Öser) les impedía mantenerse en un estado suficientemente estable.[12] Y qué duda cabe que todas esas imprecisiones dificultan la interpretación de los registros cerebrales obtenidos. También hay que decir, además, que algunos de los investigadores han extraído conclusiones más que cuestionables –referidas, por ejemplo, a las implicaciones metafísicas de sus descubrimientos– que van mucho más allá de lo que parecen apuntar realmente los datos experimentales.

No obstante, los objetivos de la investigación sobre la meditación dirigida por Davidson son mucho más modestos y se asientan en paradigmas científicos ampliamente aceptados. En lugar de especular sobre las implicaciones teológicas de sus descubrimientos, Davidson se centra en el uso de meditadores expertos para comprender mejor lo que él denomina "rasgos alterados" de conciencia, es decir, transformaciones permanentes del cerebro y de la personalidad que promueven el bienestar.[13]

Cuando Öser reflexionó en los datos del encuentro de Madison dijo lo siguiente: «Los resultados parecen evidenciar la posibilidad de que uno pueda seguir avanzando en el proceso de transformación y, como reiteradamente han afirmado algunos grandes contemplativos, acabe liberando su mente de las emociones conflictivas. Entonces empieza a cobrar sentido la noción de iluminación». La posibilidad de liberar la mente de las emociones destructivas trasciende el marco en el que se mueve la psicología moderna. Pero el budismo, como muchas otras religiones, sostiene la posibilidad de alcanzar esta libertad interna ideal (el arquetipo del santo) como punto final de proceso de desarrollo del potencial humano.

Cuando le pregunté al Dalai Lama su impresión sobre los resultados de la experimentación realizada con Öser –como, por ejemplo, su capacidad de eliminar el reflejo del sobresalto– respondió: «Me parece muy interesante que Öser evidencie algunos signos de capacidad yóguica» (utilizando el término *yóguico* no en el sentido de una práctica limitada a un par de horas a la semana, sino en su sentido clásico referido a la persona que entrega su vida al cultivo de las cualidades espirituales).

–Existe un refrán tibetano –prosiguió el Dalai Lama– que dice: «Lo que realmente hay que aprender es la humildad y la disciplina mental. El verdadero meditador sabe disciplinar su mente y se ha liberado de las emociones negativas». Es a ello, precisamente, a lo que nosotros aspiramos y no al logro de determinadas proezas o milagros.

Dicho en otras palabras, la auténtica medida del desarrollo espiritual no consiste tanto en el logro de determinados estados excepcionales o en la realización de hazañas de autocontrol físico (como anular el reflejo del sobresalto, por ejemplo), sino en llegar a controlar emociones destructivas como la ira y los celos.

Uno de los beneficios de esta agenda científica podría ser el de ayudar a las personas a controlar mejor sus emociones destructivas practicando algunos de los métodos de adiestramiento de la mente. Cuando le pregunté al Dalai Lama cuáles eran, en su opinión, las ventajas de esta línea de investigación, respondió:

–Este tipo de entrenamiento puede ayudar a que las personas se tranquilicen, sobre todo aquellas que experimentan muchos altibajos. Ésta es la conclusión de la investigación realizada sobre el entrenamiento budista de la mente. Y ése es también mi principal objetivo. Yo no pienso tanto en difundir el budismo, como en los beneficios que puede reportar la tradición budista a la sociedad. Obviamente, como budistas, nosotros siempre oramos por el bienestar de todos los seres, pero somos seres humanos y lo más importante que podemos hacer es entrenar nuestra mente.

El encuentro de Madison al que se refiere este capítulo había sido inspirado por el diálogo celebrado el año anterior en Dharamsala, donde muchos de los científicos pasaron cinco días explorando, junto al Dalai Lama, la naturaleza de las emociones destructivas y lo que podemos hacer para contrarrestarlas. El relato de ese diálogo y de las preguntas que allí se esbozaron constituye el armazón fundamental de nuestro libro. Pero antes de abordar lo ocurrido en Dharamsala convendrá echar previamente un vistazo al curioso interés que el Dalai Lama siempre ha mostrado por la ciencia.

2. UN CIENTÍFICO NATURAL

Aunque su linaje se remonta al siglo XV, Tenzin Gyatso –el decimo-cuarto Dalai Lama– ha sido el primero en verse expulsado del universo cerrado del Tíbet y desterrado a la inhóspita realidad del mundo actual. Resulta curioso, sin embargo, que, desde su más temprana infancia, el Dalai Lama parezca haber estado preparándose para el encuentro con la visión científica del mundo que domina la sensibilidad del mundo moderno.

Como quedó bien patente en el encuentro de Madison –y en los anteriores encuentros celebrados en Dharamsala–, el Dalai Lama posee un conocimiento de los métodos y temas de la ciencia que resulta ciertamente inesperado y hasta sorprendente en un líder espiritual. Durante mucho tiempo me ha intrigado la fuente de sus sofisticados conocimientos científicos, y ahora ha sido tan amable de permitirme entrevistarle acerca del interés que, desde siempre, ha mostrado por la ciencia. De este modo, las entrevistas llevadas a cabo tanto con él como con sus colaboradores más cercanos me han permitido esbozar, por vez primera, su biografía científica. Una pequeña digresión por esta faceta tan poco conocida de su biografía pondrá claramente de relieve por qué concede tanta importancia al diálogo y a la colaboración con los científicos.

La historia empieza con la educación tradicional que recibió el Dalai Lama, una educación muy rigurosa y que abarcaba un amplio y sofisticado plantel de asignaturas que iban desde la religión hasta la metafísica, la epistemología, la lógica y las distintas escuelas filosóficas. También estudió –de forma más superficial– varias disciplinas artísticas, como la poesía, la música y el teatro. A partir de los seis años, pasó muchas horas al día absorto en sus estudios, fundamentalmente basados en la memorización de textos, así como en la meditación y la concentración, vehículos idóneos todos ellos para disciplinar la mente.

El Dalai Lama también recibió una formación intensiva en otras facetas de la educación tradicional de los monjes tibetanos, como la dialéctica y el debate. Bien podríamos decir, en este sentido, que el deporte tradicional de los monjes tibetanos no es el fútbol ni el ajedrez, sino el debate. A primera vista, los debates entre los monjes en el patio del monasterio constituyen el equivalente intelectual de un partido de rugby. Un nutrido grupo de monjes se apiña en torno a su adversario, quien les asalta con una andanada de palabras en forma de una proposición filosófica que deben refutar.

Los monjes buscan la mejor posición para responder abriéndose paso entre el grupo con un empuje que se asemeja a una melé de rugby. Luego estiran su rosario, como si con ello quisieran subrayar el tema planteado, y emiten una réplica lógica que alcanza su punto culminante con el chasquido de una seca palmada. Aunque el acaloramiento del debate le confiera el aspecto de una representación teatral, el discurso filosófico es tan riguroso que hasta Sócrates o el lógico G.E. Moore podrían participar perfectamente en él.

El debate también posee el valor de un puro entretenimiento, puesto que todo el mundo valora muy positivamente las respuestas ingeniosas que refutan con humor la postura del adversario. Cuando el Dalai Lama era joven, la asistencia a este tipo de debates era un pasatiempo muy popular entre los laicos tibetanos, y eran muchos los que pasaban parte de su tiempo libre contemplando los malabarismos intelectuales que llevaban a cabo los monjes en el patio del monasterio.

El debate es uno de los medios más idóneos para que los monjes den a conocer sus logros intelectuales. A los doce años, el Dalai Lama comenzó a adiestrarse en estas lides, contando con la ayuda de tutores especializados y de compañeros que desempeñaban el papel de una especie de *espárrings*, debatiendo sobre el tema principal de los estudios filosóficos de ese día. Su primer debate público se produjo a los trece años, y sus contendientes fueron un par de eruditos abades de dos grandes monasterios. Ésa fue también la forma que asumieron los exámenes finales del Dalai Lama, un grandioso espectáculo público que se llevó a cabo en 1959, cuando el Dalai Lama cumplió veinticuatro años.

Imagínense que están siendo examinados, durante diez horas, por cincuenta expertos de su especialidad, mientras son evaluados –no una vez, sino cuatro– por un tribunal implacable. E imaginen también que el examen se produce ante una enorme audiencia de cerca de veinte mil espectadores. Ésa fue, precisamente, la situación que tuvo que atravesar el Dalai Lama cuando, a los dieciséis años, superó el examen oral tradicional para obtener el título de *geshe* (el equivalente en los estudios budistas tibetanos a un doctorado). Y debo decir que, aunque este programa suele requerir entre veinte y treinta años, el Dalai Lama lo superó con sólo doce años de estudios.

En uno de los exámenes, por ejemplo, el Dalai Lama debía enfrentarse a cincuenta eruditos que se turnaban en grupos de tres para poner a prueba sus conocimientos sobre cada una de las cinco disciplinas principales de estudios religiosos y filosóficos, mientras que él, por su parte, tenía que desafiar a los dos abades más eruditos. En otro examen –se llevó a cabo durante el festival de Año Nuevo en Lhasa y que le permitió obtener el título de *geshe lharampa* (el más elevado de los estudios budistas)– debió enfrentarse a treinta eruditos para debatir con ellos cuestiones de lógica, a otros quince para poner a prueba su conocimiento de la doctrina budista y a treinta y cinco más que le desafiaban sobre metafísica y otros temas.

En la versión tibetana del debate budista, es tan importante formular correctamente la pregunta como dar la respuesta acertada. Por ello, al finalizar cada ronda de preguntas, el Dalai Lama cambiaba las tornas y, como es tradicional, devolvía las preguntas a sus examinadores. Esta habilidad para plantear la pregunta correcta es una fortaleza que el Dalai Lama ha seguido aplicando a su interés por la ciencia.

Tecnología con cuentagotas

Pongámonos en la situación en que se encontraba el Dalai Lama, un joven inteligente y curioso que creció en Lhasa durante las décadas de los cuarenta y los cincuenta y que mostraba un interés insaciable por la ciencia. Es cierto que el programa tradicional de estudios monásticos le brindaba una comprensión muy profunda de los distintos elementos de la filosofía budista, pero no lo es menos que no le proporcionaba el menor atisbo de los descubrimientos científicos realizados durante el último milenio. Por poner sólo un ejemplo, los textos budistas clásicos que habían sido traídos al Tíbet desde la India hacía casi doce siglos postulaban una cosmología en la que el mundo era plano y la Luna brillaba, como el Sol, con luz propia. Y es que, para conservar su integridad, el Tíbet llevaba siglos cerrado a las influencias políticas y culturales del extranjero.

En la época en que el Dalai Lama era sólo un niño, unos pocos hijos de las familias de la nobleza tibetana y de los comerciantes ricos fueron enviados a escuelas regentadas por los británicos en poblaciones indias como Darjeeling y así fue como aprendieron inglés. Pero el protocolo de la época impedía que el Dalai Lama tuviera contacto directo con esos tibetanos angloparlantes y, aun el mejor de los casos, no había un solo tibetano en toda Lhasa que hubiera recibido formación científica.

Pero, de tanto en tanto, alguna que otra gota de tecnología moderna lograba calar en la ciudadela del Potala y en Norbulinka, la residencia de verano del Dalai Lama. Por ello, con el paso del tiempo, fueron acumulándose los regalos hechos a su predecesor –el decimotercer Dalai Lama (muy interesado también, por cierto, en la tecnología moderna)–, traídos desde la India británica por legaciones diplomáticas y por comerciantes, entre los que se hallaban un pequeño generador eléctrico que permitía encender unas pocas bombillas, un proyector cinematográfico y tres viejos automóviles.

También había algún que otro regalo que le habían hecho directamente a él. En 1942, por ejemplo, una expedición americana de buena voluntad le ofreció un reloj de oro de bolsillo. La embajada británica, por su parte, le había regalado varios juguetes –que, con el tiempo, fueron sus favoritos–, entre los que cabe destacar un coche rojo a pedales, un tren de cuerda y una caja llena de soldaditos de plomo. Pero uno de sus juguetes preferidos era un mecano formado por pequeñas piezas de metal agujereadas para insertar tornillos, junto con varias ruedas y engranajes, que utilizaba para construir pequeños ingenios mecánicos, con los que construyó grúas y vagones de tren que no existían en otro lugar del Tíbet más que en su imaginación.

Un tercer alijo de objetos occidentales fue el resultado de una incursión china en el Tíbet que se produjo en el año 1910 y que obligó al decimotercer Dalai Lama a exilarse durante un breve período en la estación invernal de Darjeeling (la India). Allí, sir Charles Bell, gobernador político británico para Sikkim que hablaba tibetano, trabó amistad con él y le ofreció muchos regalos que, con el tiempo, acabaron arrinconados en el almacén del palacio del Potala. Tres de esos regalos –un telescopio, un globo terráqueo y una colección de libros ilustrados en inglés sobre la Primera Guerra Mundial– desempeñaron un papel esencial en las primeras incursiones del decimocuarto Dalai Lama en el mundo moderno.

Un gran descubrimiento

Aunque carecía de formación científica, el joven Dalai Lama se convirtió en un autodidacta que devoraba insaciablemente todo lo que caía en sus manos, una avidez intelectual que le llevó también a leer libros en inglés. Cuando conoció a un oficial tibetano que le enseñó a transliterar el alfabeto inglés a la fonética tibetana, se aprestó a elaborar un diccionario ingléstibetano, una tarea en la que le sirvió de mucho la capacidad de memorización que había desarrollado en su estudio de las escrituras tradicionales ya que, según dice, «lo aprendía todo de memoria».

El Dalai Lama no tardó en convertirse en un ávido lector de *Life* y de un semanario ilustrado inglés, revistas a las que se había suscrito a través de la embajada británica en Lhasa, en cuyas páginas se enteraba de lo que ocurría en el mundo y que no tardaron en pasar a ser una especie de asesor de asuntos exteriores.

El Dalai Lama había descubierto en el almacén de objetos arrumbados por su predecesor unos libros ilustrados sobre la Primera Guerra Mundial, que devoró con su habitual entusiasmo. Y es que, a pesar de su abrazo a la doctrina budista de la no-violencia, su atención quedó prendada por las ametralladoras, los tanques, los biplanos, los zepelines, los submarinos, los buques de guerra y, en general, todo tipo de maquinaria bélica.

Esos libros contenían mapas de los escenarios de las grandes batallas de la contienda y de los países implicados en las alianzas. El estudio de esos mapas le familiarizó con la cartografía de Francia, Alemania, Inglaterra, Italia y Rusia, y así fue como se interesó cada vez más por la geografía.

Ese interés, a su vez, llevó al joven monje a hacer un descubrimiento que evidenciaba la gran atracción que sentía por la ciencia desde que era muy pequeño. En sus habitaciones privadas había un reloj de cuerda que se hallaba sobre una gran esfera que iba girando lentamente, otro regalo hecho a su predecesor, que llamó poderosamente su atención.

–Yo sabía que esa esfera encerraba algún secreto –recuerda el Dalai Lama–, pero ignoraba por completo de qué se trataba.

La lectura de los libros de geografía, sin embargo, le permitió darse cuenta de que el perfil de los países de Europa y de otros como América, China y Japón se correspondía con los del globo de su reloj. Todavía recuerda la consternación que experimentó el día en que comprendió que se trataba de un mapa del mundo.

La rotación del globo –según pudo comprobar– estaba diseñada para indicar el cambio de huso horario a través de toda la jornada, es decir que, cuando era mediodía en un determinado lugar, era medianoche en las antípodas. Y fueron estas pequeñas y fragmentarias comprensiones las que le llevaron a deducir por sí solo el descubrimiento fundamental de que ¡la Tierra es redonda!

Nuevos descubrimientos

Este descubrimiento no fue más que el primero de los realizados por la mente científica del joven Dalai Lama. Puesto que su elevado rango en la sociedad tibetana le mantenía aislado en su residencia del palacio del Potala, el decimocuarto Dalai Lama pasaba mucho tiempo espiando con el telescopio de su predecesor el ir y venir de los habitantes de la ciudad. Pero, al llegar la noche, dirigía el telescopio hacia el cielo contemplando las estrellas y los cráteres producidos en la Luna por los volcanes y los meteoritos. Cierta noche, mientras contemplaba atentamente a través de su telescopio, se dio cuenta de que los cráteres y las montañas proyectaban sombras lo cual –según dedujo– debía significar que la fuente de esa luz no procedía –como le habían enseñado sus estudios monásticos– del interior de la Luna, sino de algún lugar del exterior.

Para corroborar esa intuición, echó un vistazo a las fotografías de la Luna que había visto en una revista y descubrió la presencia de las mismas sombras junto a los cráteres y a las montañas. Fue así como sus propias observaciones se vieron confirmadas por una prueba independiente que corroboraba su deducción de que la Luna no estaba iluminada por una fuente interna de luz, sino por el Sol.

Como todavía recuerda muy vívidamente, entonces se vio obligado a admitir que «la descripción tradicional no se ajusta a la verdad», y, de este modo, la observación sistemática comenzó a cuestionar una enseñanza de mil doscientos años de antigüedad.

Ese descubrimiento astronómico elemental se vio seguido de otros que ponían en tela de juicio la visión sostenida por la cosmología budista tradicional.[1] Entonces se dio cuenta, por ejemplo, de que, a diferencia de lo que se le había enseñado, el Sol y la Luna no se hallan a la misma distancia de la Tierra, ni tampoco tienen el mismo tamaño. Estos descubrimientos infantiles sembraron las semillas de lo que, tiempo después, ha terminado convirtiéndose, para él, en un auténtico principio:

–Si la ciencia demuestra fehacientemente la falsedad de alguna doctrina budista, ésta debe ser modificada en consecuencia.

Un experto mecánico

Durante la visita realizada por el Dalai Lama al sofisticado laboratorio de neurociencia de Richard Davidson, su parada favorita no fueron tanto las salas donde se hallaba la tecnología más avanzada como el taller mecánico en el que se fabrican las piezas que no pueden ser suministradas por los proveedores habituales. Ahí quedó fascinado por el torno, la fresadora y todas las máquinas-herramienta que le hubiera gustado tener cuando era joven, hasta el punto de que luego bromeó señalando cómo sus manos habían querido llevarse ésta o aquélla.

Cuando era niño en Lhasa, los juguetes nuevos le entretenían durante un rato, pero la auténtica diversión no empezaba hasta que desmontaba el juguete para ver cómo funcionaba. El joven Dalai Lama estaba especialmente interesado en los mecanismos de relojería en los que un engranaje desencadena toda una larga secuencia de movimientos. Así fue como, para poder estudiar los principios que hacían funcionar su reloj de pulsera, no dudó en desmontarlo y volver a montarlo de modo que todavía siguiera funcionando. Y lo mismo hizo (provocando ciertamente algún que otro desastre ocasional) con la práctica totalidad de sus coches, aviones y barcos de juguete.

Pero, a medida que iba creciendo, su interés mecánico pasó de los juguetes a otros nuevos retos, como un proyector cinematográfico que funcionaba con un generador manual y que supuso su primer contacto con la energía eléctrica. Ese generador despertó su curiosidad en torno al funcionamiento de la pequeña bobina de alambre enrollada alrededor de un imán. Entonces reflexionó durante horas sobre las distintas piezas del mecanismo, incapaz de encontrar a nadie que pudiese explicarle su funcionamiento, hasta que descubrió por sí mismo que su función era la de generar una corriente eléctrica que alimentaba el proyector.

Esas muestras de habilidad mecánica asombraron a Heinrich Harrer apenas le conoció. Harrer era un alpinista austríaco que había atravesado los Himalayas escapando de un campo de confinamiento británico en la India y que se refugió durante los últimos años de la Segunda Guerra Mundial –y algunos más– en la ciudad de Lhasa. A instancias de los asistentes del Dalai Lama, Harrer había organizado un pequeño cine en Norbulinka para que el joven pudiera contemplar las películas y noticiarios procedentes de la India.

Cierto día, Harrer fue invitado a ir al teatro y conoció al Dalai Lama que, por aquel entonces, sólo tenía catorce años y no tardó en darse cuenta de que manejaba el proyector mejor que él. Y es que el joven había pasado buena parte del invierno anterior desmontando y volviendo a montar el aparato sin contar con la ayuda de ningún manual de instrucciones.

Por aquel entonces, en Norbulinka había un viejo generador de aceite que sólo servía para alimentar unas pocas bombillas, pero se averiaba muy a menudo, y el Dalai Lama no desaprovechaba la ocasión de repararlo. Así fue como descubrió el funcionamiento de los motores de combustión interna y el campo magnético creado por el giro de la dinamo del generador.

Su próxima aventura mecánica consistió en aplicar su nuevo conocimiento acerca de los motores de combustión interna a tres viejos automóviles, un Dodge de 1931 y un par de Baby Austin de 1927. Esos automóviles habían sido desmontados en la India para ser transportados al Tíbet para el decimotercer Dalai Lama, y sus piezas, por cierto, se hallaban amontonadas y medio oxidadas en el almacén. Así fue como, con la ayuda de un joven tibetano que había sido conductor en la India, pudo conseguir que el Dodge y uno de los Austin funcionasen, un logro especialmente apasionante.

Al cumplir los dieciséis años, pues, el joven Dalai Lama había desmontado y vuelto a montar un generador, un proyector y un par de automóviles.

El primer tutor científico

El joven Dalai Lama también poseía un libro inglés de anatomía que contenía ilustraciones muy detalladas del cuerpo humano. Se trataba de un libro de belorcios* en la que cada una de las láminas superponibles representaba un sistema biológico diferente.

—Lo recuerdo perfectamente –dice aún hoy en día–, podías ver el cuerpo humano completo e ir quitando o poniendo una capa tras otra, primero la piel, luego los músculos, los tendones, los huesos y los órganos internos. Era muy detallado.

Su interés por la anatomía evidenciaba la gran fascinación que sentía por la biología y por la naturaleza. Cuando era un niño, le gustaba contemplar los ciclos naturales de la vida, haciendo sus propias observaciones empíricas acerca de los insectos, las aves, las mariposas, las plantas y las flores. En la actualidad, el Dalai Lama sigue interesado en todos los campos de la ciencia, exceptuando –según sus propias palabras– las áridas teorías de la informática.

En la Lhasa de su juventud, sin embargo, disponía de muy pocas fuentes en las que saciar su sed de conocimiento científico. Es cierto que, durante toda su infancia, conoció a unos diez europeos que vivían en Lhasa –casi todos los cuales se hallaban, de un modo u otro, adscritos a las embajadas extranjeras–, pero el protocolo era tan estricto que apenas si podía frecuentarlos.

Harrer fue una clara excepción en ese sentido. Después de llegar a Lhasa, desempeñó el cargo de inspector, cartógrafo y asesor del Gobierno tibetano hasta que finalmente regresó a su Austria natal en 1950. Así fue como, durante el último año y medio de su estancia en Lhasa, Harrer se convirtió en un tutor informal del Dalai Lama, con el que mantenía encuentros semanales en los que éste le preguntaba sobre los temas más diversos.

---

* Reconstrucción didáctica por capas del cuerpo humano en la que se superponen una serie de láminas transparentes en cada una de las cuales se halla representado un sistema orgánico distinto (óseo, digestivo, vascular, nervioso, muscular, etcétera) para transmitir a los estudiantes de anatomía una idea global de la ubicación de las distintas estructuras. (*N. de los T.*)

El Dalai Lama, por ejemplo, conocía a Churchill, Eisenhower y Molotov a través de las revistas que había leído sobre la Segunda Guerra Mundial, pero ignoraba el papel que habían desempeñado en la historia reciente. Por ello, en cada una de sus reuniones, Harrer se veía asediado por las preguntas que el joven Dalai Lama le realizaba sobre los acontecimientos de la historia del mundo, matemáticas, geografía y, en todos los casos, ciencia. ¿Cómo funciona la bomba atómica? ¿Cómo se construyen los aviones a reacción? ¿Qué son los elementos químicos y cuáles las diferencias moleculares que existen entre los distintos metales?

Las clases particulares que Harrer le impartía giraban fundamentalmente en torno al inglés, la geografía y la aritmética, con la ayuda de un puñado de libros de texto ingleses procedentes también del almacén del decimotercer Dalai Lama. Aun así, en el libro en el que narra los siete años que pasó en el Tíbet, Harrer confiesa tímidamente que no solía poder responder a la mayoría de las preguntas formuladas por el Dalai Lama.

–En esa época –me dijo recientemente el Dalai Lama–, los tibetanos solíamos creer que cualquier occidental lo sabía todo acerca de la ciencia. Más tarde me di cuenta de que Harrer era básicamente un alpinista y hoy en día pongo en duda que realmente supiera gran cosa sobre ciencia.

La apertura a un mundo nuevo

Cuando la China comunista invadió el Tíbet en 1959 y el Dalai Lama se vio obligado a refugiarse en la India, se abrió ante él un mundo completamente nuevo, tanto por la cantidad de libros de ciencia de los que ahora podía disponer, como por la posibilidad de hablar con personas realmente entendidas en el tema. Por eso, en las décadas de los años sesenta y setenta en la India, no desaprovechó ninguna ocasión para hablar con un científico o con un profesor de ciencia.

Pero esos encuentros, sin embargo, fueron esporádicos y casuales porque, por aquel entonces, su agenda se veía reclamada por asuntos más urgentes. Lo primero que tuvo que hacer fue establecer un Gobierno tibetano en el exilio y atender las necesidades de los refugiados de los muchos asentamientos desperdigados por toda la India. Además, también tenía que atender a sus obligaciones religiosas como jefe de la rama tibetana del budismo Vajrayana. Y a ello debemos añadir la necesidad de establecer contactos con otros Gobiernos, instituciones o individuos que pudieran colaborar con el Gobierno del Tíbet en el exilio para que sus compatriotas pudieran recuperar cierto grado de libertad.

Pero, aun así, no perdió ocasión para devorar todos los libros que cayeron en sus manos sobre biología, medicina y cosmología y quedó especialmente cautivado por la astronomía y las teorías acerca del universo.

–Era capaz de recordar –dice, pensando en aquella época– multitud de datos objetivos, como la distancia de los cuerpos celestes a la Tierra, de la Tierra al Sol, del Sol a las galaxias, etcétera.

Finalmente, sin embargo, estuvo en condiciones de mantener entrevistas esporádicas con científicos. A él siempre le ha gustado hablar de los temas que interesan a sus interlocutores. Por ello, cuando está con un hombre de negocios, habla de negocios, con los políticos habla de política, y con los teólogos de religión. Pero tanto ahora como entonces no desaprovecha cualquier ocasión que se le presente para hablar con personas interesadas en la ciencia –y mucho mejor si son científicos– e indagar en su experiencia científica.

En 1969, por ejemplo, Huston Smith –a la sazón profesor de religión del MIT (Massachussets Institute of Technology)– visitó Dharamsala con un equipo de cine para rodar un documental sobre el budismo tibetano. Y el Dalai Lama todavía recuerda muy nítidamente que fue él quien, durante una conversación sobre la reencarnación, le habló por vez primera del ADN.

En 1973, el Dalai Lama conoció en Oxford a Karl Popper, el famoso filósofo de la ciencia. Y, aunque su encuentro se produjo en el marco de un congreso sobre filosofía y espiritualidad, lo que más atrajo su atención fue su teoría de la falsabilidad, es decir, que, para ser válida, cualquier hipótesis científica debe estar formulada de modo que pueda ser rebatida.

En su primera visita a Rusia en 1979, el Dalai Lama solicitó reunirse con algunos científicos. En ella, un psicólogo ruso explicó con detalle el famoso experimento de Pavlov en el que se enseña a un perro a salivar en respuesta al sonido de una campana que acompaña la comida. Ese estudio clásico del condicionamiento supuso su introducción a la psicología moderna.

Durante la década de los ochenta, el Dalai Lama fue familiarizándose con las distintas ramas de la ciencia moderna hasta el punto de «descubrir –como él mismo dice– que poco a poco iba entendiendo la ciencia».

La conexión cuántica

El Dalai Lama siempre ha sentido una especial fascinación por la física cuántica y su radical desafío a nuestras creencias sobre la naturaleza de la realidad. En este sentido, ha tenido la ocasión de explorar ese campo con

David Bohm, un eminente físico teórico y profesor de la University of London que estudió con Einstein. Bohm, que durante muchos años mantuvo una estrecha relación con el famoso líder espiritual indio Krishnamurti, ha almorzado –en ocasiones acompañado de su esposa– muchas veces con el Dalai Lama en sus múltiples viajes por Europa departiendo largamente sobre física cuántica, filosofía budista y la naturaleza de la realidad.

En cierta ocasión, Bohm le dio al Dalai Lama un resumen de dos páginas en las que se condensaban las implicaciones filosóficas de la teoría cuántica de Niels Bohr, que exponían la visión científica de la naturaleza insubstancial de la realidad. Una visión similar es la que sostiene el filósofo del siglo II Nagarjuna, cuyo *Fundamentos del Sendero Medio*, sigue siendo un texto fundamental del programa de filosofía de los monasterios tibetanos. El Dalai Lama se mostró muy complacido al enterarse de que la física moderna postula la imposibilidad de fundamentar la naturaleza substancial de la realidad. Otra vez, con ocasión de un congreso sobre los presupuestos filosóficos de la física cuántica que se celebró en el Niels Bohr Institute de Copenhague, entre cuyos ponentes se hallaba el profesor Bohm, tuvo la oportunidad de explorar esta convergencia entre la física y el budismo.

En la actualidad, el Dalai Lama sigue manteniendo conversaciones con varios físicos cuánticos –entre los que cabe destacar a Anton Zeilinger (de la Universidad de Viena), Carl Friedrich von Weizsäcker (que dirige una rama del prestigioso instituto alemán Max Planck que se ocupa de explorar los vínculos que existen entre la ciencia y la filosofía)– y astrofísicos –como Piet Hut (del Princeton Institute for Avanced Study)–, en las que sigue analizando las similitudes fundamentales que existen entre la visión budista de la realidad y la vanguardia de la física y la cosmología.

Del patio del monasterio al laboratorio científico

En cierta ocasión, le pregunté al Dalai Lama por qué, siendo un monje y un erudito budista, estaba tan interesado por la ciencia, y, según me dijo, en su opinión, el budismo y la ciencia no son dos visiones opuestas del mundo, sino dos abordajes distintos que apuntan hacia el mismo objetivo, la búsqueda de la verdad.

–La ciencia y el budismo –dice– aspiran a descubrir la realidad. Y aunque el propósito de ambos sea diferente, la ciencia ensancha nuestro conocimiento, y los budistas podemos servirnos perfectamente de sus logros.

En opinión del Dalai Lama, pues, el budismo y el método científico son dos estrategias diferentes para llevar a cabo la misma búsqueda. Según la tradición *Abhidharma* –el marco de referencia fundamental utilizado por el budismo para el estudio de la mente y la realidad–, el principal objetivo del análisis es el de diferenciar entre las características particulares y las generales, un abordaje que, a juicio del Dalai Lama, se asemeja bastante a la investigación científica de las propiedades físicas y de la mecánica de la mente. Y puesto que la ciencia –y en especial la psicología y las ciencias cognitivas– se centra fundamentalmente en el estudio de la mente, el budismo tiene muchas aportaciones que hacer a este respecto.

El espíritu del debate monástico tibetano también refleja su incansable búsqueda de la verdad, una cualidad que hace que el Dalai Lama se sienta especialmente atraído por la investigación científica. Durante uno de sus almuerzos, David Bohm le explicó con detalle la tesis de la falsabilidad de Karl Popper, según la cual –como ya hemos dicho– las afirmaciones de la ciencia deben poder ser verificadas, o, dicho de otro modo, deben ser refutables. Éste es un principio fundamental del método científico que permite utilizar los resultados experimentales para confirmar o refutar los nuevos descubrimientos y apuntalar así nuestra comprensión de la realidad. En este sentido, el principio de falsabilidad introduce un mecanismo autocorrector en la investigación científica.

Para el Dalai Lama, este principio reviste un interés filosófico extraordinario, porque elude cualquier creencia ingenua en la "verdad" de la ciencia, incluyendo la suya propia cuando era niño en Lhasa. Esa visión ingenua, en su opinión, soslaya la naturaleza teórica del quehacer científico y evita el error de tomar las hipótesis de la ciencia como verdades absolutas en lugar de proposiciones contingentes y provisionales. Y es que, por más idónea que sea una determinada aproximación a la verdad, no existe ninguna disciplina que pueda reclamar capturarla por completo.

El Dalai Lama trabó conocimiento de la naturaleza teórica de la empresa científica gracias a la obra de Thomas Kuhn, que escribió sobre el cambio de paradigmas en el ámbito de la ciencia (el proceso mediante el cual, por ejemplo, la física newtoniana clásica se vio reemplazada por el nuevo paradigma de la física cuántica). Así fue como el Dalai Lama se dio cuenta de que no debemos tomar las hipótesis científicas como verdades absolutas e inmutables, sino como teorías que acaban revelándose obsoletas cuando aparecen nuevos datos que no se acomodan a ellas.

Este poderoso mecanismo científico de control en la búsqueda de la verdad reviste un gran interés para el Dalai Lama. Y este proceso de autocorrección mediante el cual la ciencia sigue perfeccionando su búsqueda presenta evidentes paralelismos con el espíritu de la lógica budista ya que, según dice:

–Desde cierta perspectiva, los métodos del pensamiento budista y los de la ciencia son esencialmente iguales.

Las raíces de la mente y de la vida

Pero no todos los encuentros del Dalai Lama con el mundo de la ciencia resultaron igualmente provechosos. En 1979, por ejemplo, se reunió en Rusia con un grupo de científicos para hablar de la naturaleza de la conciencia. Después de que el Dalai Lama les expusiera el punto de vista budista de la conciencia elaborado por el *Abhidharma* (una visión muy sofisticada de la mente que ofrece una detallada explicación de los vínculos que existen entre la percepción sensorial y la cognición), «uno de los científicos rusos expresó inmediatamente su desacuerdo –recuerda un tanto divertido–, porque creía que estábamos hablando de la noción religiosa de alma».

En otro encuentro –organizado precipitadamente por sus anfitriones europeos–, los científicos asumieron una actitud muy condescendiente, como si estuviesen haciendo un gran favor al Dalai Lama, una actitud que entorpeció cualquier posibilidad de mantener ni siquiera un diálogo.

En otra conferencia sobre ciencia y religión, uno de los científicos se presentó poniéndose en pie y proclamando a voz en grito: «¡Yo estoy aquí para defender a la ciencia en contra de la religión!», pareciendo asumir que el encuentro tenía el objetivo implícito de atacar a la ciencia desde las filas de la religión y no buscar puntos de contacto. Pero cuando, en cierto momento del encuentro, el Dalai Lama preguntó: «¿Qué es la mente?», su respuesta fue un abrumador y desconcertante silencio.

La necesidad de mantener encuentros con científicos que estuvieran mejor preparados –y abiertos a reflexionar con los budistas– era patente. Así es que, cuando Adam Engle (un hombre de negocios estadounidense) y Francisco Varela (un biólogo educado en Harvard que trabajaba en París) le propusieron organizar diálogos de cinco días de duración con científicos del más alto nivel para tratar a fondo un solo tema, el Dalai Lama se mostró muy receptivo y muy contento de que sus encuentros con científicos ya no tuvieran que ser esporádicos ni debidos a su exclusiva iniciativa personal.

El primer encuentro del Mind and Life se llevó a cabo en octubre de 1987, y la conferencia inaugural fue muy prometedora. En ella, Jeremy Hayward, físico y filósofo doctorado en Oxford, ofreció una extensa introducción a la filosofía de la ciencia, desde sus fundamentos en el positivismo lógico hasta la noción kuhniana de cambio de paradigma e ilustrando este último con el cambio de la física newtoniana por la física cuántica.

La presentación de Hayward llenó algunos huecos de la comprensión del Dalai Lama sobre los fundamentos filosóficos del método científico y puso en marcha lo que, desde entonces, ha terminado convirtiéndose en una tradición de estos diálogos, es decir, que independientemente del tema siempre se invita a un filósofo para que enmarque el tema abordado en un contexto más amplio.

Esa primera reunión sirvió también para establecer el formato de todas las siguientes, es decir, dedicar la mañana a una presentación realizada por un científico o por un filósofo y debatir el tema durante el encuentro de la tarde. Para disminuir, en la medida de lo posible, los inevitables malentendidos que necesariamente se presentan en cualquier diálogo entre tradiciones, culturas y lenguajes muy diferentes, el Dalai Lama no sólo cuenta con un intérprete, sino con dos, que se ocupan de llevar a cabo las aclaraciones necesarias. Y, para aumentar la sensación de proximidad y de espontaneidad, los encuentros se celebran en privado –sin prensa de ningún tipo– y contando tan sólo con la presencia de unos pocos invitados en calidad de observadores.

Los temas abordados reflejan el amplio abanico de intereses científicos del Dalai Lama, desde el método científico y la filosofía de la ciencia hasta la neurobiología, pasando por las ciencias cognitivas, la psiconeurobiología y la medicina conductual. Uno de los encuentros, por ejemplo, estuvo dedicado a la investigación de los sueños, la muerte y el proceso del morir a partir de perspectivas que iban desde el psicoanálisis hasta la neurología. En otro encuentro se revisó la psicología social del altruismo y de la compasión. Y en otro, por último, la atención se centró en la física cuántica y la cosmología.

"Más munición"

¿Cuál ha sido el fruto de estos diálogos?

–Retrospectivamente considerados –dice el Dalai Lama– creo que los contactos que, a lo largo de los años, he mantenido con científicos han sido muy provechosos, ya que me han proporcionado muchas comprensiones y han ampliado mi visión de la realidad. Y además, muchos científicos también han tenido la ocasión de conocer la visión proporcionada por la filosofía budista.

Estos diálogos asimismo le han permitido constatar que, al entrar en contacto con la perspectiva budista, son muchos los científicos que llevan a cabo una revisión de sus propios presupuestos, sobre todo en lo que respecta a la comprensión de la conciencia humana, un campo en el que el budismo tiene muchas cosas que decir. En algunos casos, el contacto con el budismo no sólo ha profundizado su forma de concebir la investigación científica, sino también sus objetivos, lo que necesariamente ha acabado transformando la concepción misma de su propio campo de estudio.

En opinión del Dalai Lama, esta expansión de la esfera de influencia del pensamiento budista en determinados círculos científicos pone de relieve un cambio de rumbo en la historia del budismo. En estos diálogos con la ciencia, el Dalai Lama no sólo ha asumido el papel de alumno de la ciencia, sino también, y en gran medida, de maestro. No debemos olvidar que el budismo alberga una visión muy singular –y potencialmente muy útil– de la condición humana y que, en este sentido, puede ser muy provechoso compartirla para que, de ese modo, pase a engrosar un cuerpo de conocimientos mucho mayor.

El Dalai Lama está especialmente satisfecho de la nueva visión que los científicos están forjándose del budismo.

–Algunos –dice– están comenzando a darse cuenta de la importancia que el budismo puede tener para la ciencia. Creo que, conforme va transcurriendo el tiempo, cada vez son más los científicos que reconocen la utilidad del diálogo con el pensamiento budista.

Y esta actitud contrasta poderosamente con la de aquel científico que, en uno de los primeros encuentros con el Dalai Lama, se sentía en la obligación de defender a la ciencia de los ataques de la religión.

Los diálogos organizados por el Mind and Life también son útiles en otro sentido, puesto que proporcionan al Dalai Lama lo que él denomina "más munición" para sus conferencias públicas por todo del mundo. Y es que, aunque no tome notas durante los debates, no por ello deja de hacer suyos ciertos puntos clave a los que frecuentemente alude en sus charlas. Hace ya bastante tiempo, por ejemplo, se enteró de que la ciencia ha descubierto que cuanto más se acaricia y mantiene en brazos a los recién nacidos, más conexiones neuronales desarrollan éstos, un punto que ha repetido centenares de veces en sus presentaciones públicas para hablar de la compasión y de la necesidad innata de afecto y amor del ser humano. Y lo mismo hace, por ejemplo, con el dato que indica que la hostilidad crónica aumenta el riesgo de mortalidad.

–El Dalai Lama –dice Alan Wallace, uno de los intérpretes que participan en estas reuniones– hace suyas las evidencias empíricas y las teorías científicas y luego las divulga entre las comunidades monásticas. Y, cuando viaja por todo el mundo, se refiere muchas veces a lo que ha aprendido en este tipo de encuentros.

Finalmente, una motivación que subyace en a todos sus encuentros con los científicos es su deseo de forjar un budismo actual y contemporáneo que tenga en cuenta la evidencia científica. Por ello, si existen pruebas que refuten abiertamente las afirmaciones budistas, no duda en llevar a cabo las correcciones pertinentes. Sólo así, en su opinión, podrá la tradición budista mantener su credibilidad en el mundo moderno, en lugar de limitarse a soportar que algunos detractores la desdeñen como una mera "superstición".

Pero también hay que decir que, a lo largo de todos estos años, el Dalai Lama ha descubierto que son muchos más los acuerdos que existen entre el budismo y la ciencia moderna que los desacuerdos.

Una predisposición natural hacia la ciencia

El Dalai Lama aporta a todos estos encuentros una especial combinación entre un considerable desarrollo espiritual y filosófico, una mente entrenada para el debate y una gran apertura al diálogo. Con frecuencia suele citar algunos de los principios budistas generales que le sirven de guía en esos encuentros. En primer lugar, el budismo tiene sus propias explicaciones acerca de la mente y de su relación con el cuerpo. Además, no hay que olvidar la actitud budista que confiere a la investigación y a la experimentación mucha más importancia que la mera aceptación de la palabra del Buda. Es precisamente en ese espíritu que, para el Dalai Lama, resulta muy provechoso conocer los últimos descubrimientos realizados por la ciencia.

Aunque quienes no se hallan familiarizados con él pueden creer que se trata de una doctrina homogénea, lo cierto es que el budismo, en realidad, encierra enseñanzas muy diferentes. Al igual que la ciencia moderna representa una síntesis de multitud de escuelas diferentes de pensamiento, el budismo también encierra visiones muy distintas acerca de la condición humana. Por esta razón, el Dalai Lama no sólo recurre a la visión sostenida por el Vajrayana –la principal tradición budista tibetana–, sino que no duda en apelar a fuentes muy diversas procedentes de las muchas ramas y escuelas del pensamiento budista.

A todo ello debemos añadir su especial formación en el debate. A menudo, cuando escucha las presentaciones realizadas por los científicos en las que se establecen correlaciones entre diferentes fenómenos para mostrar una determinada correspondencia, se apresta a escuchar muy atentamente. Y no es de extrañar que, en tal caso, suela señalar que lo que está debatiéndose pueden ser contemplado desde diferentes perspectivas. Una determinada correlación o correspondencia, por ejemplo, no es algo invariable, ya que puede afectar a algunos casos, pero no a otros, y en tales casos, suele suscitar interesantes contraejemplos y preguntas. Y todo ello, combinado con su experiencia en lo que el estudioso budista Robert Thurman denomina las "ciencias internas", le convierte en un colaborador excepcional para quienes están interesados en la investigación de la mente.

La predisposición natural del Dalai Lama hacia la ciencia se torna patente cuando habla con los científicos. Una y otra vez le he visto escuchar muy atentamente el modo en que un determinado científico describía algo que estaba investigando para observar después una serie de sugerencias metodológicas o retos que finalizaban cuando el científico en cuestión concluía algo así como: «Creo, Su Santidad, que convendrá tener en cuenta sus sugerencias».

La química personal ha sido un tema fundamental en el éxito de estos encuentros. Poco importa la fama y el éxito de los científicos, pero los dogmáticos, pomposos o engreídos están excluidos de antemano. Y es que los integrantes de estos encuentros con el Dalai Lama deben asumir una actitud muy parecida a la de los participantes en los debates monásticos, en donde el tira y afloja de los monjes acaba conduciendo a una nueva visión de las cosas.

–Se asemeja a los debates que se llevan a cabo en los patios de los monasterios –dice Thupten Jinpa, uno de los principales intérpretes de estos encuentros– en los que los participantes mantienen una actitud abierta, receptiva y dispuesta a pensar en voz alta y a jugar con las ideas. Realmente, esto es algo que funciona.

En ese sentido, nuestro encuentro –el octavo organizado por el Mind and Life Institute, que giró en torno a las emociones destructivas– funcionó inusitadamente bien. Este encuentro, más que ninguno de los anteriores, dio un fruto científico que propició, en primer lugar, los experimentos de Madison. Pero esa investigación no es más que uno de los muchos frutos científicos del encuentro. Y todos ellos fueron el resultado natural de un diálogo abierto en torno a las ideas y los descubrimientos de la ciencia. Las páginas que siguen constituyen una ventana abierta a ese diálogo, una exploración científica que no dudaríamos en calificar de realmente vanguardista.

PRIMER DÍA

¿QUÉ SON LAS EMOCIONES DESTRUCTIVAS?

Dharamsala (la India)

20 de marzo de 2000

3. LA PERSPECTIVA OCCIDENTAL

Cuando nos adentramos en el Imperial Hotel, un elegante vestigio de los tiempos del *raj* británico que se halla a pocas manzanas de Connaught Circle, el Times Square de Nueva Delhi, todavía nos hallábamos bajo los efectos del desfase horario. Como ya he dicho, éramos diez personas llegadas de diferentes países, Estados Unidos, Francia, Tailandia, Canadá y Nepal, dos neurocientíficos, tres psicólogos, dos monjes budistas (uno tibetano y el otro de la tradición Theravada), un filósofo de la mente y dos expertos intérpretes del tibetano conocedores de la filosofía y de la ciencia.

El tema de las conversaciones que íbamos a mantener durante la semana de diálogo con el Dalai Lama versaba en torno a las emociones destructivas. Pero, aparte de la fatiga, todos aguardábamos el encuentro con expectación y una serena alegría.

Ésta era la segunda vez que se me había encomendado el papel de moderador de esos encuentros organizados por el Mind and Life Institute entre el Dalai Lama y un grupo de científicos. En 1990 ya se me había encargado la organización de una de esas reuniones que giró en torno a las emociones y la salud. El más veterano de los participantes era Francisco Varela, neurocientífico cognitivo de un laboratorio de investigación de París, que no sólo había contribuido a la fundación y establecimiento de esos diálogos, sino que también había participado en tres encuentros anteriores y se hallaba personalmente muy cercano al Dalai Lama. Todos éramos amigos suyos y estábamos muy preocupados por su salud, porque Francisco llevaba varios años luchando contra un cáncer de hígado y hacía pocos meses que había recibido un trasplante de hígado de modo que, aunque su ánimo era positivo, su salud seguía siendo muy frágil.

Otro de los expertos era Richard Davidson, jefe del laboratorio de neurociencia afectiva de la University of Wisconsin que, un par de años antes, había dirigido el último encuentro del Mind and Life en torno al altruismo y la compasión. También había un par de intérpretes, Thupten Jinpa, antiguo monje y hoy en día director de un ambicioso proyecto de traducción de los textos clásicos del budismo tibetano y principal intérprete al inglés del Dalai Lama en sus viajes a lo largo de todo el mundo. Alan Wallace es otro ex monje tibetano que trabaja como profesor en la University of California de Santa Barbara. La magnitud de sus conocimientos científicos y su fluidez en tibetano le convierten en un intérprete idóneo de esos encuentros, en los que también ha participado en numerosas ocasiones. Luego estaba Matthieu Ricard, un monje budista parisino que, en la actualidad, vive en un monasterio de Nepal y es uno de los principales intérpretes al francés del Dalai Lama.

También había varias personas que acudían por vez primera a esos encuentros, como Owen Flanagan, filósofo de la mente de la Duke University; Jeanne Tsai, psicóloga experta en los determinantes culturales de la emoción que, por aquel entonces, trabajaba en la University of Minnesota; su mentor Paul Ekman, uno de los principales expertos mundiales en el campo de las emociones, de la University of California en San Francisco; Mark Greenberg, pionero en programas de aprendizaje social y emocional para escuelas, que trabaja en la Pennsylvania State University, y el venerable Somchai Kusalacitto, un monje budista de Tailandia, que había recibido una invitación especial del Dalai Lama.

Como moderador y coorganizador, junto a Alan Wallace, del encuentro, mi misión se había centrado, hasta entonces, en la selección e invitación de los participantes, una tarea que se me antojaba similar a la organización de un gran banquete, por cuanto que exige encontrar la justa proporción de viejos amigos y de nuevas relaciones, así como también combinar adecuadamente el rigor científico con la vivacidad del discurso. Varios meses atrás habíamos celebrado un encuentro previo de dos días en Harvard, pero ahora íbamos a permanecer juntos durante toda una semana, lo que naturalmente terminaría consolidando nuestra amistad.

A la mañana siguiente subimos a un autobús y emprendimos nuestra peregrinación a Dharamsala, el pueblo ubicado en los Himalayas donde vive el Dalai Lama. La carretera que conduce al aeropuerto de Delhi acababa de ser arreglada con ocasión de un próximo viaje del presidente Clinton, que precisamente recorrería la India la misma semana de nuestro encuentro. Nueva Delhi parecía una ciudad movilizada, las principales arterias se hallaban engalanadas con coloridas banderas de satén y montones de tierra rojiza estaban dispuestos para ser esparcidos sobre la calzada y vistosas y coloridas telas ocultaban el estaño y el cartón de los asentamientos desperdigados por toda la ciudad en los que se hacinan los pobres.

La primavera atemperaba el habitual asedio a los sentidos con que la India envuelve al visitante. A esas horas de la mañana, el calor de Delhi todavía era soportable y hasta diríamos que balsámico, pero, al despegar hacia Jammu, la ciudad estaba cubierta por un manto marrón grisáceo.

Cuando abandonamos el avión en el aeropuerto de Jammu y nos dirigimos hacia el autobús que estaba esperándonos, nos cruzamos con soldados ataviados con uniformes de camuflaje que caminaban fatigosamente bajo polvorientos árboles. El día estaba empezando a caldearse. A pesar de la intensidad del tráfico, el paisaje reclamó toda nuestra atención. Al cabo de unas horas, las cumbres nevadas de los Himalayas comenzaron a materializarse en la distancia. Las primeras estribaciones de la cordillera se elevaban claramente por encima de las llanuras poniendo palpablemente de relieve la violencia del choque entre el subcontinente indio y la gran extensión de Asia central. A medida que íbamos ascendiendo, el campo era cada vez más verde y menos polvoriento, los ríos más turbulentos y, de manera lenta pero casi imperceptible, el aire iba enfriándose. Luego el terreno se empinó de verdad, el campo se abancaló y las edificaciones parecieron acomodarse a los repliegues del terreno. Finalmente, la carretera comenzó a serpentear y comenzó el verdadero ascenso.

Cuando la noche se cernió sobre nosotros, llevábamos ya siete horas de camino y todavía nos quedaba una para llegar a Dharamsala. La perspectiva de que el autobús siguiera su camino por esa tortuosa carretera en medio de la oscuridad suscitó un nerviosismo general que alentó una curiosa camaradería. Entonces alguien dijo: «Creo que, de seguir así, no tardaremos en empezar a cantar», pero lo cierto es que, en lugar de ello, emprendimos una singular competencia de relatos de miedo sobre otros viajes por carretera que Matthieu ganó sin dificultad alguna con su narración de un aterrador viaje en autobús de tres días, con sus tres noches incluidas, desde Katmandú hasta Delhi con el mismo conductor extenuado.

Finalmente arribamos a McLeod Ganj, el pequeño pueblo del distrito de Dharamsala en el que vive el Dalai Lama. La aldea había sido originalmente fundada por el Gobierno colonial británico (de ahí el nombre de "McLeod") como estación veraniega alejada del bochorno de las tierras bajas. McLeod Ganj se encuentra junto a una pronunciada cordillera, entre los picos nevados de los Himalayas y las amplias llanuras perpetuamente cubiertas de bruma de la India. Aun en plena noche, las calles están atestadas de personas caminando por las pequeñas tiendas y restaurantes que salpican sus dos arterias principales. Los tibetanos mayores vestidos con sus *chubas* mueven diestramente sus molinillos de oraciones mascullando *mantras*, mientras sus hijos vestidos con atuendo occidental llevan portafolios y teléfonos móviles.

79

La broma final fue una curiosa "no-llegada", cuando nuestro autobús quedó atrapado en medio de un estrecho sendero entre taxis que le impedían seguir hacia adelante y cambiar de sentido. Entonces comenzó un intercambio de gritos entre el conductor y varias voces procedentes de la oscuridad que duró unos veinte minutos hasta que nos enteramos de que sólo nos hallábamos a un par de minutos a pie de la Chonor House, nuestro destino final, una agradable casa de huéspedes que el Gobierno tibetano en el exilio había dispuesto para alojarnos. Entonces descargamos nuestras maletas y recorrimos a pie los últimos pasos que nos separaban de un descanso de varios días hasta el lunes, cuando estaba previsto que comenzara el encuentro.

Dharamsala es Lhasa en miniatura. Allí se ha establecido el Gobierno tibetano en el exilio. El Dalai Lama vive en la cima de una pequeña colina custodiada por soldados del ejército indio y ubicada en un extremo de la aldea. Nadie puede entrar sin atravesar un estricto control de seguridad. En unas pocas hectáreas se apiña el complejo gubernamental –compuesto por varios *bungalows* de un solo piso donde están las oficinas del Gobierno–, un templo budista, la oficina del Dalai Lama, su sencillo hogar (que comparte con su gato favorito), su jardín y la gran sala en la que nos reuniríamos.

Comienza el encuentro

El lunes por la mañana, la gran sala en la que aguardábamos la llegada del Dalai Lama estaba rebosante de una nerviosa expectativa. Varias filas de sillas para espectadores rodeaban el espacio en que se celebraría el encuentro. Una mesita alargada ocupaba el centro del óvalo formado por dos grandes sofás y un par de sillones reservados para los participantes. Unos pocos técnicos estaban colocando estratégicamente las cámaras de televisión que se encargarían de registrar en vídeo nuestras conversaciones. Las paredes de la habitación estaban adornadas con un multicolor despliegue de *thangkhas* (las tradicionales pinturas tibetanas), una hilera de macizos florales y dos inmensos floreros repletos de rosas.

Uno de los monjes asistentes del Dalai Lama iba apresuradamente de un lado a otro de la habitación haciendo los ajustes de última hora. La sala, que se utilizaba para rituales y enseñanzas religiosas, tiene una pequeña tarima con un gran *thangkha* que representa al buda Sakyamuni situado detrás del alto y colorido trono desde el que el Dalai Lama dirige los rituales. Pero, esta vez, el Dalai Lama iba a sentarse en uno de los sillones ubicados en los extremos del acogedor e informal escenario preparado para el diálogo.

Como sucedería en todas las ocasiones, cuando el Dalai Lama entró en el vestíbulo un murmullo recorrió la habitación. Cuando se acercó al gran *thangka* de Sakyamuni, todo el mundo se puso en pie, mientras hacía tres postraciones, tocando el suelo con la cabeza, y una pausa para recitar en silencio una pequeña oración. Luego descendió del pequeño estrado y se dirigió hacia el lugar que tenía asignado.

Adam Engle –presidente del Mind and Life Institute había escoltado al Dalai Lama hasta la sala– llevaba el tradicional *khata* tibetano, una larga bufanda blanca que le había dado Su Santidad y que, como es habitual, le devolvió posteriormente. Luego bajó de la tarima ayudado por Adam y se dirigió hacia mí para que le presentase a los participantes.

Uno tras otro, el Dalai Lama fue estrechando la mano de los occidentales, pero cuando le llegó el turno al venerable Kusalacitto, ambos juntaron las palmas y se inclinaron respetuosamente en el tradicional saludo de los monjes. En el momento en que se inclinaban, el Dalai Lama tomó las manos de Kusalacitto hasta que sus cabezas rapadas casi se tocaron e intercambiaron unas pocas palabras. Luego saludó a Francisco Varela con un abrazo, uniendo sus frentes con una gran sonrisa y golpeándose cariñosamente las mejillas. Al ver a los *lamas* que se sentarían detrás de él durante toda la semana, hizo una nueva pausa y les saludó en tibetano. Finalmente, y como suele hacer cada vez que entra en una habitación, echó un vistazo alrededor en busca de rostros familiares y saludó a los conocidos.

Todos estábamos ya sentados y dispuestos a empezar el diálogo del día cuando el Dalai Lama tomó asiento en un gran sofá junto a Alan Wallace y Thupten Jinpa, sus dos intérpretes para la ocasión, que se hallaban sentados a su izquierda. Luego se quitó los zapatos y cruzó las piernas. A su derecha había otro gran sillón que irían ocupando los distintos ponentes y que ese día me correspondía a mí, com que presentador de las jornadas.

Un problema urgente

El día era soleado pero inusitadamente frío para finales de marzo en Dharamsala. Aunque no lo mencionó hasta al día siguiente, el Dalai Lama estaba resfriado y tenía unas décimas de fiebre y una tos evidente.

Cuando el Dalai Lama tomó asiento abrí la sesión:

–Su Santidad, estoy muy contento de darle la bienvenida a este octavo encuentro del Mind and Life Institute. Como usted ya sabe –proseguí–, el tema que abordaremos en esta ocasión será el de las emociones destructivas, un tema ciertamente muy importante. El día que abandonamos Estados Unidos para viajar hasta aquí, las portadas de los periódicos recogían la noticia de un niño de seis años que había disparado y matado a un compañero de clase, y, cuando llegamos a Nueva Delhi, la portada del *Times of India* reflejaba una historia similar, el asesinato de una persona a manos de un primo a causa de una disputa por un pedazo de tierra. No cabe la menor duda de que las emociones destructivas son, tanto a este nivel como a otros muchos más sutiles, una de las principales causas de sufrimiento. Nuestra intención durante la presente semana es la de explorar la naturaleza de esas emociones, el modo en que se tornan destructivas y lo que podemos hacer para superarlas.

Nuestra empresa aspira a cumplir con tres objetivos diferentes. El primero de ellos es el de informar. En cierto sentido, estos diálogos se originaron en el interés que muestra Su Santidad por la ciencia y, en cierto modo, pretenden informarle. Bien podríamos decir que entre todos los presentes hemos tratado de confeccionar un menú científico y que se lo ofrecemos a modo de regalo. El segundo de nuestros objetivos es el de entablar un diálogo. Muchos de nosotros somos conscientes de que el budismo ha pensado mucho más profundamente que Occidente en todas estas cuestiones y, en consecuencia, tenemos muy claro lo mucho que podemos aprender de él. Pero este encuentro, por último, también apunta al logro de un tercer objetivo, que es el de la colaboración, es decir, el de emprender un debate intelectual y ver adónde nos conducirá este diálogo. Y, como usted mismo podrá comprobar, hemos organizado la semana para tratar de cumplir estos tres objetivos.

Comienza la semana

–Comenzaremos la semana con una visión filosófica. Para ello, el profesor Owen Flanagan nos ofrecerá una disertación acerca de lo que Occidente entiende por emociones destructivas. Luego Matthieu Ricard nos expondrá el punto de vista budista al respecto. Esta tarde, el venerable Kusalacitto sumará al debate la visión Theravada, y Alan Wallace ejercerá de moderador. Por su parte, Paul Ekman nos presentará mañana una perspectiva científica acerca de la naturaleza de la emoción y explicará más detenidamente lo que la ciencia occidental entiende por emociones, en general, y por emociones destructivas, en particular, y también nos hablará de la posibilidad de modificar las respuestas emocionales.

Pasado mañana –proseguí–, Richard Davidson nos ofrecerá una revisión de los fundamentos cerebrales de las emociones destructivas, más concretamente de lo que el budismo denomina los Tres Venenos, es decir, el rechazo, el apego y la ignorancia. Luego Davidson nos presentará el importante tema de la plasticidad neuronal, según el cual la experiencia modifica nuestras respuestas cerebrales.

El cuarto día, la profesora Jeanne Tsai se referirá a la forma en que las diferentes culturas determinan el modo de experimentar y expresar las emociones. Y, ese mismo día, Mark Greenberg llamará nuestra atención sobre la manera en que las experiencias de la infancia determinan las respuestas individuales y también nos presentará algunos novedosos programas educativos orientados a enseñar a los niños las respuestas emocionales más beneficiosas durante los primeros años de escuela.

El último día, Richard Davidson nos presentará algunos de los recientes descubrimientos realizados sobre el funcionamiento del cerebro y también se referirá a los efectos de la meditación de la atención plena sobre la salud. La presentación fundamental de ese día correrá a cargo de Francisco Varela, que nos hablará de ciertas técnicas innovadoras que permiten combinar el conocimiento experiencial del budismo con las metodologías científicas occidentales para explorar la conciencia y las emociones y también nos propondrá varias líneas posibles de investigación al respecto.

Finalmente, agradecí a la tradición tibetana su virtuosa entrega al bienestar de los demás y formulé el deseo de que este encuentro no sólo resultase beneficioso para nosotros, sino para el mundo en general.

Entonces cedí la palabra –y mi sitio junto al Dalai Lama– a Alan Wallace que, en esta ocasión, desempeñaría dos funciones, la de coordinador filosófico y la de intérprete.

Un intérprete muy singular. Un monje en BMW

¿Qué fue lo que llevó a Alan Wallace –hijo de un teólogo protestante– a convertirse en monje budista tibetano y en una persona idónea para desempeñar el papel de intérprete de Su Santidad en sus diálogos con los científicos?

Alan nació en Pasadena, pero su infancia no tiene nada que ver con los estereotipos del sur de California. Su padre, David H. Wallace, era especialista en griego bíblico y en la teología del Nuevo Testamento; siendo niño, le acompañó en sus viajes de estudio con los principales teólogos de la época a Edimburgo, Israel y Suiza. A pesar de que su árbol genealógico estaba lleno de misioneros cristianos y de profesores de religión y del innegable legado cristiano que le transmitió su padre, Alan se sintió muy pronto atraído por la ciencia. Así fue como acabo matriculándose en ciencias medioambientales en la University of California, en San Diego; durante el verano de 1970, hacía autostop por Europa dispuesto a concluir sus estudios en una universidad alemana.

En un albergue de juventud de un pequeño pueblo de los Alpes suizos, Alan descubrió por casualidad la traducción de Walter Yeeling Evans-Wentz de *El libro tibetano de la Gran Liberación*, uno de los pocos textos tibetanos disponibles en inglés en ese momento (el otro era *El libro tibetano de la muerte*). Ésa fue la primera ocasión en que Alan entró en contacto real con el budismo tibetano; y, a diferencia de un curso introductorio de civilización india al que había asistido anteriormente que casi le pasó desapercibido, la lectura de la traducción de Evans-Wentz supuso para él una auténtica conmoción.

Cuando Alan llegó a la Universidad de Götinga, quedó gratamente sorprendido al enterarse de que allí había un lama tibetano, a la sazón algo muy inhabitual, y acabó renunciando a todas sus clases excepto a las de tibetano. El verano siguiente fue a estudiar a un monasterio budista tibetano de Suiza, donde tropezó casualmente con un boletín de la Library of Tibetan Works and Archives de Dharamsala y se enteró de que el mismo Dalai Lama daría clases de budismo tibetano para occidentales. Entonces vendió algunas de sus pertenencias, regaló otras y compró un billete de ida para la India.

En octubre de 1971, Alan llegó a McLeod Ganj e inmediatamente se matriculó, junto a otros siete occidentales, en el curso de budismo tibetano de un año de duración anunciado en el boletín. Siete de los ocho integrantes del grupo estaban viviendo ya en Dharamsala, de modo que Alan fue la única persona que respondió al anuncio.

Un año más tarde, Alan entró, junto a otros treinta monjes tibetanos, en la primera clase de un curso del Institute of Buddhist Dialectics de Dharamsala que comenzó en 1973. Finalmente tomó los votos de monje y permaneció allí durante casi cuatro años.

Al cabo de catorce meses, Alan asistió a un retiro de meditación *vipassana* de diez días de duración dirigido por el conocido maestro birmano S.N. Goenka que se llevó a cabo en Dharamsala, una experiencia que le ayudó a llevar a la práctica lo que tanto anhelaba, meditar. Así fue como se mudó a una pequeña cabaña ubicada en la cima de la montaña y, durante el año siguiente, estuvo combinando la práctica meditativa con sus primeras traducciones de algunos textos médicos tibetanos. Cuando, en 1979, el Dalai Lama realizó uno de sus primeros viajes a Europa, Alan fue invitado a acompañarle como intérprete, un papel que, desde entonces, no ha dejado de desempeñar.

Otro momento decisivo de la vida de Alan se produjo en 1984, cuando su reputación como traductor le llevó a ser invitado por Robert Thurman que, por aquel entonces, daba clases en el Amherst College. Una vez allí, Alan decidió terminar sus estudios y no tardó en ser admitido en Amherst. Allí estudió con el físico cuántico Arthur Zajonc, y su tesis versó sobre una comparación entre los fundamentos de la mecánica cuántica y el comentario del Dalai Lama al capítulo sobre la «Sabiduría» del clásico de Shantideva *Bodhicaryavatara* [traducido al castellano con el título *La marcha hacia la luz*]. Posteriormente, la tesis se vio publicada en dos volúmenes y fue el primero de sus más de veinte libros.[1] Cuando Alan se licenció *cum laude* tenía treinta y seis años y era monje.

Después de graduarse en Amherst, Alan se dedicó a recorrer el país con su BMW y su túnica de monje en las alforjas y tropezó accidentalmente con un remoto centro de retiros en el árido Owens Valley, ubicado en las cumbres de Sierra Nevada (California), donde decidió quedarse a hacer un retiro solitario de nueve meses, en el transcurso del cual devolvió los votos de monje para regresar a la vida laica –un proceso bastante habitual en las culturas orientales, donde son muchas las personas que pasan un tiempo como monjes– y siguió con su retiro.

Mientras se hallaba en ese retiro recibió un mensaje de Adam Engle pidiéndole que tradujese el primer encuentro del Mind and Life Institute. Tengamos en cuenta que Alan era la única persona que, en aquel tiempo, poseía un bagaje científico equiparable a su dominio del budismo y del lenguaje tibetano. Pero, Alan no estaba dispuesto a abandonar su retiro y rehusó el ofrecimiento, de modo que Engle se vio obligado a insistir y a mandarle incluso una carta del Dalai Lama reclamando personalmente su presencia. Desde entonces ha asistido a casi todos los encuentros organizados por el Mind and Life Institute.

Entretanto, Alan hizo un doctorado sobre estudios religiosos en Stanford y escribió una tesis doctoral basada en la comparación entre la obra de William James –filósofo y psicólogo americano del siglo XIX– y la filosofía y la práctica budista.[2] Luego se casó con la especialista en estudios orientales Vesna Acimovic y comenzó a dar clases en la University of California de Santa Barbara, donde creó un programa sobre cultura, religión y lenguaje tibetano que ha terminado siendo lo que, hoy en día, se conoce como la cátedra de budismo y estudios tibetanos «Decimocuarto Dalai Lama». Tras cuatro años de docencia en Santa Barbara, Alan regresó a la desierta meseta de California para llevar a cabo otro retiro de seis meses en soledad. Posteriormente, Alan ha seguido escribiendo sobre la posible colaboración entre el budismo y la ciencia moderna –un tema central en su vida– y actualmente está tratando de fundar un instituto dirigido a la investigación experimental y teórica de la práctica contemplativa.

Un comienzo filosófico

«Buenos días –comenzó Alan–. Iniciaremos nuestra presentación del mismo modo en que hemos iniciado todos los encuentros del Mind and Life Institute desde 1987. Aunque el tema de estas conferencias gira en torno a la posible colaboración entre el budismo y la ciencia, siempre hemos considerado importante incluir a un filósofo en cada reunión, alguien que pudiera formular preguntas que no se originasen desde el interior del dominio científico en cuestión.

»Y existen varias razones para ello. La ciencia no es una disciplina autónoma, ni siquiera en nuestra propia civilización, aunque hoy en día lo parezca e insista en su independencia de la filosofía y de la religión. Cualquier análisis crítico de la historia y del desarrollo de la ciencia pone de manifiesto la falsedad de esa afirmación. La ciencia es un fruto de nuestra civilización y hunde profundamente sus raíces en la filosofía occidental, remontándose a Platón, Aristóteles e incluso más allá de ellos. Además, la ciencia siempre ha estado –aunque es cierto que de un modo menos explícito en el siglo XX– profundamente arraigada en nuestras tradiciones teológicas, el judaísmo y el cristianismo. Bastaría con ello para justificar de forma razonable la inclusión aquí de una visión filosófica.

»Pero también existe otra justificación que queda de manifiesto cuando tratamos de comprender las relaciones que existen entre la teoría y la investigación científica y la realidad misma. Es casi inevitable que, cuando los occidentales nos interesamos por el budismo, proyectemos nuestros estereotipos habituales y concluyamos que se trata de una "religión". Pero son muchas las personas que creen que esa actitud equivocada acaba convirtiendo erróneamente una ciencia en una religión. El budismo nunca ha sido una religión en el sentido en que, en Occidente, entendemos ese término. Desde sus mismos orígenes, el budismo ha tenido importantes elementos filosóficos, así como también elementos empíricos y racionales a los que bien podemos apelar para sustentar que, en realidad, se trata de una ciencia.

»Existen, pues, sobradas razones –tanto desde la perspectiva occidental como desde la budista– para contar aquí con la presencia de un filósofo.

Por ello, esta mañana contaremos con la presencia de dos representantes de cada una de las tradiciones en liza, el profesor Flanagan (que nos hablará de la tradición filosófica occidental) y Matthieu Ricard (que nos expondrá la tradición budista).»

¿Qué es una emoción destructiva?

«He sido invitado a definir el tema de las emociones destructivas y lo haré con una concisa definición: "Las emociones destructivas son aquellas que dañan a los demás o a nosotros mismos". Ésa fue la definición más simple a la que llegamos en el acalorado debate de dos días que se produjo antes de nuestro encuentro preliminar en Harvard hace ya varios meses.

»¿Pero qué es lo que entendemos exactamente por "dañino"? ¿Acaso existen matices, grados y formas en los que algo que, en principio, puede parecer dañino, termina revelando que, en realidad, no lo es? Éstas son las cuestiones que debatiremos en los próximos días. Nuestro interés no se centra exclusivamente en las emociones destructivas, sino también en los factores –eventos, fundamentos genéticos, funciones cerebrales, etcétera– que catalizan las emociones destructivas. ¿Cuál es el origen de las emociones destructivas? ¿De dónde provienen?

»Todas estas son cuestiones muy importantes para el budismo. ¿Cuáles son los efectos de las emociones destructivas sobre uno mismo, sobre el entorno que nos rodea y sobre los demás? Una vez que hayamos identificado las emociones destructivas y puesto de relieve sus causas y sus efectos perjudiciales, nos hallaremos en mejores condiciones de preguntarnos por el antídoto más adecuado para contrarrestarlas. ¿Cuál es la medicina más idónea para afrontar las emociones destructivas? ¿Cómo podemos contrarrestarlas? ¿Deberíamos buscar la cura de las emociones destructivas en los fármacos, en la cirugía, en la terapia genética, en la psicoterapia o en la meditación?

»Convendrá determinar, por último, desde el mismo momento de partida, si es posible liberarse de manera completa e irreversible de todas las emociones destructivas, un punto que, para el budismo, resulta esencial. Creo, además, que ésta es una pregunta muy provechosa para todos los presentes.

»Todas estas cuestiones son tan pertinentes para la tradición occidental como para la tradición budista. Éstas son, a fin de cuentas, las preguntas que Occidente se ha hecho desde tiempo inmemorial (la Biblia, Platón y Aristóteles) y que siempre han ocupado un lugar central en el budismo. El fundamento común del tema tratado evidencia su importancia, aunque existen algunas diferencias muy substanciales en el modo en que cada una de las tradiciones aborda el asunto. Creo que todos encontraremos sumamente fascinante ese fundamento común y las muchas diferencias existentes, y que deberemos comprenderlas por igual a ambas.»

Una nueva especie de filósofo

«Ahora –dijo Alan, dando paso al primer ponente– quisiera presentar brevemente al profesor Owen Flanagan, de la cátedra de filosofía James B. Duke, de la Duke University. Pero debo señalar que su caso ilustra a la perfección mis comentarios anteriores, puesto que Owen no es tan sólo un profesor de filosofía, como si la filosofía fuera una disciplina autónoma, sino también de neurobiología, de psicología experimental, de neurociencia cognitiva y –a modo de nota curiosa– también de literatura.»

Bien podríamos decir, en este sentido, que Owen Flanagan constituye una nueva especie de filósofo porque, cuando estudia una determinada cuestión, amplía su investigación a cualquier campo de interés con el que esté directamente relacionado. Y, puesto que su principal interés se centra en la filosofía de la mente, Owen también se ha interesado por los descubrimientos realizados por la psicología, la ciencia cognitiva y la neurociencia, todo lo cual le convierte en una persona especialmente idónea para nuestro diálogo sobre las emociones.

Durante los años que pasó en la universidad, en Fordham, no tenía claro si inclinarse hacia la psicología o la filosofía. Por ello considera que su caso es parecido al de su ídolo William James, que nunca pudo acabar de decidirse por la psicología o la filosofía, una indecisión que, por otro lado, acabó convirtiéndole en un auténtico pionero en ambas disciplinas en los Estados Unidos.

Cuando llegó el momento en que Owen tuvo que decidirse por una carrera u otra, la visión psicológica dominante era el conductismo, y su énfasis en el estudio metódico de los estímulos y las respuestas en las ratas no le resultaba nada atractivo. Por ello se inclinó hacia la libertad y el rigor intelectual de la filosofía, disciplina en la que acabó licenciándose en la Boston University.

El interés de Owen por el papel que desempeñan las emociones en la vida mental acabó cristalizando en 1980, cuando se decidió a incluir un seminario sobre las emociones en el curso de filosofía de la mente que impartía en el Wellesley College. Entonces fue cuando descubrió un artículo científico escrito por Paul Ekman y sus colegas sobre la expresión de las emociones en el rostro humano, un estudio empírico que ha terminado abriendo todo un campo en la investigación de las emociones. Ese artículo fascinó a Owen porque le ofreció la primera evidencia sólida de la universalidad de las emociones humanas y señalaba hacia una cuestión filosófica muy importante relativa a la naturaleza humana: ¿Son los seres humanos esencialmente amorosos y compasivos o, muy por el contrario, egoístas, o tal vez se mueven en el continuo del espectro formado por ambos polos?

Las emociones ocupan un lugar muy destacado en el libro que Owen considera como su obra más importante, *Varieties of Moral Personality*, publicado en 1991, un libro en el que explora el papel que desempeñan las emociones en la naturaleza humana, la importancia de la ética y la relatividad de los criterios morales. Uno de los capítulos esenciales de ese libro se centra en las relaciones que existen entre la virtud, la felicidad y la salud mental. En el mejor de todos los mundos posibles –dice Flanagan–, la bondad y la virtud conllevarían la felicidad y el bienestar mental. En el peor de los casos, la ética está en contradicción con las emociones. ¿En qué medida coinciden?

La construcción de una vida íntegra

Ataviado con un *kurta* indio de color beige que le llegaba hasta las rodillas, Owen se acomodó en la silla del presentador junto a Su Santidad. Según me había dicho, estaba un tanto nervioso, porque su estilo habitual de presentación es el típico neoyorquino, moviéndose por el escenario y hablando con rapidez, mientras que aquí debería permanecer sentado y hablar de un modo deliberadamente lento, para que Su Santidad no tuviera dificultades en seguirle.

«Es un gran honor para mí estar aquí y tener la oportunidad de hablar con Su Santidad y con el resto de los monjes y colegas occidentales –comenzó Owen–. Aunque todavía tengo muchas cosas que aprender, trataré de esbozar una imagen global del modo en que los occidentales, en general, y los filósofos, en particular, hemos pensado en el papel que desempeñan las emociones –las virtudes– en la creación de una vida íntegra.

»Cuando estaba preparando mi ponencia, advertí que la filosofía –al menos la filosofía occidental– no tiene en cuenta aisladamente a las emociones, sino que siempre las aborda en función de su mayor o menor contribución a una vida íntegra. ¿De qué modo pueden las emociones facilitar o dificultar el proceso de convertirse en una buena persona?

»Trataré de tocar algunos temas que sé que mis compañeros también abordarán en torno a las relaciones existentes entre la ciencia descriptiva o explicativa y la ética y también hablaré del modo en que la ética se refiere a las emociones. Al igual que, en el seno del budismo, existen muchas tradiciones diferentes, Occidente también dispone de muchas tradiciones distintas, algunas de las cuales desdeñan las emociones como algo terrible, mientras que otras las consideran como algo muy positivo. Una parte de mi presentación intentará esbozar algunas de nuestras visiones y actitudes en torno a las emociones y tratará asimismo de describir, desde el sitial filosófico que me han concedido, los estados mentales que Occidente considera más valiosos.

»Las conversaciones que he sostenido con Matthieu me han llevado al convencimiento de que existen grandes diferencias al respecto entre la visión budista y la visión occidental. Nosotros valoramos muy positivamente el respeto hacia uno mismo, la autoestima, el amor propio y la autorrealización y también tenemos ciertas ideas acerca de la importancia del amor, incluido el amor romántico y la amistad, que sospecho que son muy diferentes.»

Una ética sin religión

«He pensado que tal vez sería útil comenzar diciendo algo sobre el trabajo al que he dedicado toda mi vida. Y, aunque ello me resulta un tanto difícil, porque suena como si mi vida hubiera terminado, lo cierto es que, sin pecar de grandilocuente, las cuestiones relativas a la naturaleza de la mente, de la moral y del significado de la vida me preocupan desde que tenía trece o catorce años. Parte de mi interés en estos temas se deriva del hecho de haber perdido la fe en la iglesia católica y romana y de la consiguiente preocupación por cuestiones como la importancia de la moral en un mundo que ha sido abandonado de la mano de Dios.»

Educado en el seno de una familia católica tradicional del condado de Westchester, cerca de Nueva York, Owen recuerda a su padre como un católico un tanto fanático. Su insistencia en el pecado, en el Cielo y en el Infierno resultaba excesiva para el tímido y ansioso Owen, que comenzó su educación a los cinco años en una escuela de monjas. Tal vez su precoz inclinación filosófica se derivó de su preocupación por el miedo al pecado y al Infierno.

Su primera manifestación de rebeldía en contra de las limitaciones de la religión establecida se produjo cuando todavía era muy joven. Uno de sus tíos favoritos –que había abandonado hacía tiempo la iglesia católica– estaba a punto de casarse en una iglesia episcopal, y la madre de Owen, una piadosa católica romana, quería naturalmente asistir a la boda de su hermano. Cierta noche, Owen escuchó por casualidad una conversación en la que su madre contaba a su padre que el cura le había prohibido ir a la boda porque su hermano no quería casarse por la iglesia, a lo que Owen exclamó gritando desde el cuarto contiguo: «¡El padre O'Connor es un asno!».

A los trece años, Owen abandonaba a hurtadillas la misa dominical para ir a comer tortitas de harina con los amigos. Su padre, temiendo que pudiera seguir el camino de su tío favorito, le regaló una versión abreviada de la *Summa Theologica* de santo Tomás de Aquino, que incluía sus famosas cinco demostraciones de la existencia de Dios. Cuando Owen leyó el libro, quedó fascinado por la precisión analítica de los argumentos esgrimidos por el aquinita y, aunque descubrió ciertos errores lógicos en alguna de las argumentaciones, quedó profundamente impresionado por aquel despliegue de la inteligencia.

El primer día del curso de filosofía en Fordham supuso una verdadera conmoción para Owen. Su profesor, un joven filósofo de Yale, dijo: «Platón sitúa al Bien...», y a partir de entonces quedó cautivado. Él tenía una vaga idea de lo que estaba postulándose, pero nunca antes había experimentado nada así. El artículo determinado que precedía al sustantivo "Bien" le quitó el aliento. Ese año trabó conocimiento con las filosofías de Platón, Aristóteles, Nietzsche y Kant –cuya obra, por cierto, le resultó completamente incomprensible– y determinó su futuro como filósofo. Pero a Owen también le gustaron algunos de los cursos de psicología que estudió ese mismo año, especialmente uno sobre historia de la psicología, impartido por un sacerdote húngaro y orientado a investigar los presupuestos filosóficos en los que se asientan las distintas teorías. Esta combinación entre la exploración científica y filosófica de las cuestiones fundamentales acabó convirtiéndose para Owen en una auténtica pasión intelectual. Desde entonces no ha perdido ocasión para afrontar el reto intelectual de buscar respuesta a las grandes cuestiones éticas sin necesidad de recurrir a ninguna doctrina religiosa.

Owen concluyó sus consideraciones preliminares diciendo que, en *Ética para un nuevo milenio*, el Dalai Lama había asumido la misma perspectiva:

–Sé que Su Santidad ha insistido en muchos de sus libros que su aspiración fundamental es la de contribuir a forjar un estilo de vida que pueda ser aceptado por personas procedentes de tradiciones religiosas muy diferentes –e incluso de ninguna tradición religiosa– algo que, en mi opinión, resulta absolutamente necesario.

Los hechos versus *los valores*

Luego Owen abordó el modo en que la filosofía occidental y el budismo contemplan las emociones, un tema que sirvió para el debate posterior de esa jornada:

«Quisiera hacer una última observación preliminar: Las conversaciones que he mantenido con Matthieu y los libros que he leído de Su Santidad me han permitido advertir la existencia de una diferencia esencial en nuestros respectivos abordajes al tema de las emociones. En Occidente, establecemos una gran diferencia entre la frase "Hay flores en esta habitación" y la frase "Las flores que hay en esta habitación son hermosas" y consideramos la primera como la mera descripción de un hecho y la segunda como la expresión de un juicio de valor o una norma relativa, en este caso, a la dimensión estética.

»Los científicos nos hablan de los correlatos cerebrales que acompañan a una emoción como la ira o el miedo, por ejemplo. Si consideramos la ira o el miedo como buenos o malos, estamos pensando en ellos de un modo que tiene que ver, en cierto sentido, con la filosofía. Es decir que, cuando no nos limitamos a decir que "Hay flores en esta habitación", sino que afirmamos que "Las flores que hay en esta habitación son hermosas", estamos realizando un juicio de valor, en este caso, un juicio estético».

Esta afirmación suscitó un largo debate entre los tibetanos en torno a la distinción filosófica que existe entre hecho y valor que, en el caso de Occidente, está obviamente asociado a la objetividad y a la subjetividad, respectivamente. Como ocurriría a lo largo de todo el diálogo, el Dalai Lama formuló entonces una pregunta en tibetano que Jinpa tradujo al inglés:

–¿Está usted insinuando que la visión budista no establece también esta misma distinción?

–Yo creo que, a este respecto, existe una importante diferencia entre ambas tradiciones –replicó Owen– que trataré de dilucidar a lo largo de toda esta semana. Cuando leo en sus libros *El arte de la felicidad* y *Ética para un nuevo milenio*, por ejemplo, que usted dice: «Yo creo realmente en la naturaleza esencialmente compasiva del ser humano», mi reacción es la de que está en lo cierto al pensar que *podemos* ser compasivos. Pero –agregó Owen, mientras Su Santidad sonreía– la tradición occidental no está tan segura de que la naturaleza profunda del ser humano sea tan compasiva, algo que quedará muy claro cuando abordemos el modo en que Occidente concibe la naturaleza humana.

Varias cuestiones filosóficas

Owen proyectó entonces una diapositiva que mostraba la relación entre las distintas disciplinas académicas y añadió:

«Ésta es, aproximadamente, mi forma de trabajo. Cuando abordo un problema, ya sea sobre la naturaleza de la conciencia o sobre la vida íntegra, lo primero que me interesa es lo que las personas dicen introspectivamente sobre su experiencia, es decir, lo que los científicos y filósofos occidentales denominan fenomenología. Y después de haber considerado todo lo que se afirma introspectivamente, tengo en cuenta lo que, según los neurocientíficos, sucede a nivel cerebral.

»Como muchos de mis colegas, yo también estoy muy interesado en los descubrimientos realizados por la biología evolutiva. Los occidentales solemos abordar el tema de las emociones desde una perspectiva fundamentalmente darwiniana, es decir, consideramos las emociones como un legado de las especies ancestrales de homínidos que precedieron al *homo sapiens*. La primera pregunta que trataré de responder es la siguiente: "¿Qué es –si es que es algo– el ser humano, en lo más profundo, despojado de todos los ropajes culturales e históricos?". Y tengan en cuenta que apostillo "si es algo", porque hay quienes consideran que, independientemente de la cultura en que se halle inserto, el ser humano no es nada. No obstante, quienes asumimos la teoría evolutiva de Darwin creemos en la existencia de algunos rasgos humanos universales que forman parte del equipamiento, por así decirlo, del ser humano.

»La segunda pregunta tiene que ver con mis lecturas sobre el budismo tibetano y la obra de Su Santidad: "¿Apunta la búsqueda del ser humano hacia algún objetivo concreto?". Se trata de una pregunta fundamental para la ética occidental y, como veremos, también para el budismo. Por último, quisiera hablar además de la relación que existe entre la virtud y la felicidad, porque creo que se trata de algo que concierne a todo el mundo.

»La tercera pregunta es: "¿Qué es lo que convierte a alguien en una buena persona?", una pregunta que nos permitirá comprender el modo más adecuado de estructurar el psiquismo. ¿Cuál es el modo más adecuado de modificar, mitigar o erradicar las emociones, a través de la meditación o mediante los fármacos?

»Pero, antes de abordar todos estos temas, quisiera hablar brevemente sobre las emociones destructivas y sobre las emociones constructivas. A continuación, pues, enumeraré los estados de ánimo que, en Occidente, consideramos destructivos y constructivos, y luego entraremos directamente en tema... aunque debo advertirles que no estoy muy convencido de estar en lo cierto».

La visión occidental. Una visión que no incluye la compasión

«Cuando me pregunto qué es, en lo más profundo, el ser humano estoy preguntándome por lo que acompaña a nuestro cuerpo o a nuestra naturaleza animal, es decir, estoy pensando en nosotros como animales. En este sentido, la tradición filosófica occidental apela una y otra vez a tres grandes modalidades de respuesta.»

Entonces Owen proyectó una nueva diapositiva sobre nuestras cabezas en la que podía leerse:

1. Egoístas y racionales
2. Egoístas y compasivos
3. Compasivos y egoístas

«Una de las respuestas a esa pregunta es que somos egoístas racionales. Desde esta perspectiva –muy extendida, por otra parte–, las personas sólo buscamos nuestro propio beneficio, pero entendemos racionalmente que, el hecho de ser amables con los demás, nos hace las cosas mucho más fáciles. Son muchos los economistas y filósofos que creen que las cosas sólo van bien en el caso de que seamos lo suficientemente inteligentes como para darnos cuenta de que nuestro bien depende del modo en que tratemos a los demás.

»Como Su Santidad advertirá fácilmente, la respuesta budista –que el ser humano es esencialmente compasivo– no se halla incluida en ninguna de las tres principales modalidades de respuesta que nos proporciona la filosofía occidental. Pero sí que existe, no obstante, una tradición occidental que afirma que los seres humanos somos egoístas *y* compasivos. Si pensamos en lo frágiles que son los niños, todo el mundo coincidirá en que no podrían sobrevivir a menos que sus cuidadores fueran compasivos y amables con ellos. Así pues, la antepongamos al egoísmo o no, la compasión es absolutamente necesaria para la supervivencia.

»También conviene decir que la única diferencia entre la segunda y la tercera respuesta es simplemente el orden. Los filósofos que adoptan la segunda de esas posturas consideran que sólo podemos ser amables y compasivos con los demás cuando hemos satisfecho nuestras necesidades básicas.

»Quienes, por último, asumen la tercera perspectiva –la de que somos seres compasivos y egoístas– afirman que el ser humano es una criatura básicamente compasiva y amorosa, pero que en caso de escasez de recursos (alimento, ropa y cobijo, por ejemplo), la compasión se desvanece para dejar paso al egoísmo.»

¿La compasión sólo se aplica a los demás?

Esa distinción desencadenó otro acalorado debate en tibetano sobre el hecho de que en inglés –y, en general, en toda la cultura occidental– el concepto de compasión sólo se aplica a los demás. Por ello Su Santidad preguntó a Owen:

–El término tibetano *tsewa*, que significa afecto o compasión, no sólo se refiere a los demás, sino también a uno mismo. ¿No cree usted que la compasión también puede aplicarse a uno mismo?

–No estoy muy seguro de ello –señaló Owen–. Pero recuerdo que, en su *Ética a Nicómaco*, Aristóteles dice que el amor propio no siempre es egoísta, sino que también supone respetarse a uno mismo.

–Lo que quiero decir –puntualizó entonces el Dalai Lama– es lo siguiente: ¿Tienen acaso las acepciones occidentales del término *compasión* un significado exclusivamente altruista?

Este comentario puso de relieve una clara diferencia y alentó una viva discusión entre Su Santidad y los intérpretes acerca de diversos conceptos budistas cuya traducción tanto en inglés como en otras lenguas occidentales es siempre la misma, *compasión*.

–Uno de los sentidos del término tibetano *tsewa* –añadió el Dalai Lama– significa el deseo de «poder liberarme del sufrimiento y de las fuentes del sufrimiento». Sólo entonces es posible la empatía puesto que, en tal caso, uno puede reconocer la similitud que existe entre uno mismo y los demás y sentir compasión por ellos. Pero debo subrayar que todo ello cae bajo la rúbrica del mismo término *compasión*. ¿Existe alguna diferencia significativa entre esta visión y la perspectiva occidental?

–Creo –dijo Owen– que realmente existen algunas diferencias, pero pensaré en ello a lo largo del día. Los occidentales creemos que sólo podemos amar a los demás si nos amamos a nosotros mismos, es decir, que si uno tiene una baja autoestima, o se odia y no se respeta a sí mismo, no es posible que ame a los demás.

El Dalai Lama asintió entonces cabeceando. El tema de la autoestima ya había aparecido en el encuentro del Mind and Life Institute celebrado en

95

1990 en torno a la salud y las emociones que yo había moderado.[3] En esa ocasión, Sharon Salzberg, una maestra budista americana, había hablado de la necesidad de enseñar un tipo de meditación que empieza desarrollando el respeto amoroso hacia uno mismo antes de poder aplicarlo a los demás. Y esa necesidad se debe, en su opinión, a que son muchos los occidentales actuales que poseen una autoestima tan baja que les lleva a aborrecerse a sí mismos, algo que, cuando lo escuchó por vez primera, el Dalai Lama no podía entender, porque no concebía ni siquiera la idea de que uno pudiera odiarse a sí mismo.

En ese momento se produjo un largo aparte en tibetano en el que se dijo que el respeto hacia uno mismo es tan esencial para la existencia humana como el respeto a los demás y que cualquier compasión que no tenga en cuenta al yo tiene consecuencias nefastas. La compasión, en suma, va más allá del simple hecho de sentir lo que pueda estar sintiendo otra persona (empatía) e incluye el interés y la predisposición sincera a hacer algo para aliviar el sufrimiento de los demás. Y eso es algo que se aplica tanto a uno mismo como a otra persona o incluso a un animal.

Entonces, el Dalai Lama se dirigió al venerable Kusalacitto y solicitó su visión al respecto desde la perspectiva Theravada:

–¿Acaso puede *karuna* –el término con el que la tradición pali designa a la compasión– aplicarse también a uno mismo, o sólo se aplica a los demás?

–En la tradición pali –respondió el venerable Kusalacitto–, el término con el que nos referimos a la compasión se aplica tanto a uno mismo como a los demás. Y eso no sólo ocurre con *karuna* (la compasión), sino también con *metta* (el amor), dos palabras de origen pali, el lenguaje utilizado por el Buda, que todavía sigue siendo el lenguaje de las escrituras de la tradición budista Theravada en Tailandia, Birmania y Sri Lanka, entre otros países.

–Existe, pues, una cierta homogeneidad entre la tradición pali y la tradición sánscrita de la que se deriva el budismo tibetano –resumió Alan Wallace–. Los términos amor y compasión se aplican tanto a uno mismo como a los demás. Pero si, en el contexto occidental, la compasión sólo se aplica a los demás, el estado mental con el que uno se dirige a sí mismo podría fácilmente ser lo opuesto a la compasión. Así pues, las connotaciones que tienen las palabras pueden tener implicaciones muy profundas.

Necesitamos urgentemente una nueva palabra

–Es cierto que Occidente –apostilló Owen– dispone del concepto de autocompasión, pero no nos parece algo muy positivo. La autocompasión es el sentimiento desproporcionado de que las cosas no nos van bien. Y esto, de nuevo, tiene mucho que ver con el egoísmo.

–Cuando decimos que la esencia de la naturaleza humana es compasiva –intervino entonces el Dalai Lama–, estamos utilizando un término que incluye tanto la compasión hacia uno mismo como la compasión hacia los demás. Pero el budismo también dispone de otros términos que oponen la autocompasión a la compasión por los demás. Existe un término, que habitualmente se traduce como "autoestima" (que es la base del egoísmo y concede una prioridad absoluta al propio bienestar), que se opone al bienestar de los demás (es decir, a la preocupación sincera y desinteresada por el bienestar ajeno) como un fin en sí mismo y no por el beneficio que ello pueda reportarnos. Si se nos preguntara, por tanto, si la esencia de la naturaleza humana es la de preocuparse por los demás, deberíamos, desde esa perspectiva, responder que no.

El Dalai Lama señaló entonces que el diálogo había ido derivando hacia el campo de la lingüística –una de las muchas disciplinas que ponen al corriente la visión filosófica de Owen– y que la semántica puede tener consecuencias muy importantes en el modo en que las personas experimentan el mundo. Algunos antropólogos han llegado a afirmar que, en cierto sentido, el lenguaje que utiliza una determinada persona crea su realidad, y que la ausencia de palabras para referirnos a determinados fenómenos o conceptos puede llegar a cegarnos a su existencia. Eso era lo que estaba implícito en el siguiente punto abordado por el Dalai Lama.

–El inglés es un idioma tan rico que dudo que no exista un término para referirse a la palabra tibetana que incluye tanto la compasión por uno mismo como la compasión por los demás. Pero, en el caso de que no la hubiere, ustedes deberían inventarla.

Entonces, el Dalai Lama se dirigió sonriendo a Matthieu Ricard y le preguntó en tibetano:

–¿Cree usted que, en este sentido, el francés es mejor que el inglés? –a lo que Matthieu replicó que en el idioma francés sucede exactamente lo mismo.

–Ellos son expertos en el amor romántico –bromeó Owen–, provocando las risas de todo el mundo.

¿Es posible armonía social sin armonía interna?

Owen volvió entonces a su presentación y a la pregunta por las emociones que contribuyen a la virtud, es decir, por las emociones que la tradición filosófica occidental ha considerado importantes para una vida "moral". Y, para ello, comenzó refiriéndose a las emociones básicas de la naturaleza humana.

«Existen algunas emociones que son indisociables de la naturaleza humana, como la ira, el desprecio, la indignación, el miedo, la felicidad, la tristeza, el amor, la amistad, el perdón, la gratitud, el arrepentimiento (o el remordimiento por haber hecho algo mal) y la vergüenza.

»En esta enumeración también incluiría la culpa, aunque sé que se trata de una emoción ajena a la tradición budista. Tal vez sea una cuestión semántica, o quizás los budistas no se sientan realmente muy culpables (lo que, por otra parte, debo decir que me parece muy bien). En Occidente, sin embargo, la culpa es una emoción muy importante y está íntimamente ligada a la vergüenza. Y luego también está la compasión.

»Ésta es la lista que esbozarían los filósofos que, desde el campo de la ética, han pensado sobre la naturaleza de la bondad. Hasta el momento, no obstante, sólo he dicho que se trata de emociones humanas sin decir nada acerca de cuáles son buenas (y convendría, en consecuencia, cultivar) y cuáles malas (y habría, por tanto, que modificar).»

–Pero usted acaba de etiquetarlas a todas ellas como emociones "morales" –dijo el Dalai Lama, con una sonrisa, en una alusión sutil a la anterior distinción realizada por Owen entre hecho y valor–. ¿No es acaso ése un juicio de valor?

–Ése es, precisamente, el motivo por el cual las he puesto entre comillas, para que usted me lo preguntase –apostilló Owen sonriendo–. Está usted completamente en lo cierto. En Occidente existen opiniones muy diversas acerca de si un determinado sentimiento, como la ira, el desprecio o la indignación, por ejemplo, es apropiado o no.

El hecho de que nuestra lista incluya todas esas emociones –continuó diciendo Owen– está íntimamente ligado a nuestra concepción de la evolución. Nosotros creemos que el ser humano evolucionó como un animal social y, en consecuencia, que necesitamos a los demás. Pero la interacción social implica la posibilidad de que los demás nos traten bien o nos traten mal. Cada una de estas emociones surge como respuesta a una determinada situación social. El miedo, por ejemplo, aparece cuando una persona amenaza con dañarme, y el amor, por su parte, cuando me ha tratado bien en respuesta, muy posiblemente, a que yo también le he tratado así. Por ello, la idea que subyace a las llamadas emociones morales es que son utilizadas para que nuestra vida social discurra por los cauces menos problemáticos. Nuestra tradición no parece preocuparse mucho por lo que sirve para estructurar nuestra propia mente.

–¿Está usted acaso diciendo –comentó entonces Thupten Jinpa, volviendo a la diferencia existente entre las perspectivas occidental y budista– que los filósofos occidentales sólo atienden a la función de las emociones como facilitadoras de la relación interpersonal, despreocupándose de su importancia para el perfeccionamiento de nuestra naturaleza interna?

–Así es –replicó Owen–. La tradición occidental parece preocuparse mucho por la autoestima y por la importancia de uno mismo y suele despreocuparse por la armonía interna. Por eso, las emociones y los principios morales que nos gobiernan se asientan fundamentalmente en la extraordinaria importancia que concedemos a las relaciones sociales.

¿Un Sócrates insatisfecho o un cerdo feliz?

A continuación, Owen centró la atención en un punto que el Dalai Lama suele abordar también en sus escritos, especialmente en *Ética para un nuevo milenio*, es decir, el hecho de que el objetivo de toda búsqueda humana es la felicidad.

–Hablando en términos generales, Occidente coincide –señaló Owen– completamente con la afirmación de que todo el mundo busca la felicidad. Pero, según el filósofo Immanuel Kant, una cosa es ser feliz y otra muy distinta es ser bueno. Y lo comento –señaló irónicamente Owen– para ponernos un poco nerviosos.

–¿Cuál es –preguntó el Dalai Lama– la diferencia que establece Kant entre la bondad y la felicidad?

Owen respondió a esa pregunta proyectando su siguiente diapositiva, que consistía en una serie de preguntas:

¿Qué es la felicidad? ¿El placer? ¿Los placeres más elevados? ¿El desarrollo? ¿La virtud?

–Al igual que ocurre en el budismo, todo el mundo está de acuerdo en que el objetivo del ser humano es el logro de la felicidad –aclaró Owen–. Pero existe un gran desacuerdo en el modo de definir la felicidad. ¿Se refiere acaso al simple placer sensual o únicamente a los placeres más elevados?

–Distingue la tradición occidental entre el bienestar físico y el bienestar mental o la felicidad? –preguntó entonces el Dalai Lama–. Lo digo porque ésa es una distinción a la que el budismo concede gran importancia.

–Sí –replicó Owen–. Casi todos los filósofos que están de acuerdo en que el objetivo de la vida es el logro de la felicidad señalan de inmediato la necesidad de diferenciar los llamados placeres superiores de los placeres inferiores o, dicho de otro modo, de establecer tipos diferentes de felicidad. Consideremos, por ejemplo, el término aristotélico de *eudemonia* que, durante muchos años, fue traducido como "felicidad" y que hoy en día se traduce como "desarrollo" [o florecimiento], una metáfora botánica que implica que la planta no necesariamente debe sentirse feliz para florecer.

–¿Podrías explicar –preguntó entonces Alan– más detenidamente los conceptos de felicidad superior y felicidad inferior? Lo digo porque parecen un tanto vagos.

–En su libro *El utilitarismo* –fue la concreta respuesta de Owen a Alan–, el filósofo John Stuart Mill dice que: «todo ser humano prefiere ser un Sócrates insatisfecho a un cerdo feliz», como si hubiera algo en Sócrates que cualquier persona quisiera naturalmente realizar. Tal vez ello aclare la diferencia entre las modalidades superior e inferior de felicidad.

La bondad es mejor que la felicidad

«Quizás el mejor modo de abordar la distinción kantiana entre felicidad y bondad o virtud –prosiguió Owen– sea el de preguntarnos si la felicidad implica *sentir* de un determinado modo, o *ser* de un determinado modo. Platón dice que la persona buena es feliz y que la persona feliz es buena. Desde su perspectiva, pues, la felicidad y la bondad van necesariamente de la mano. Pero quienes leen a Platón se dan perfecta cuenta de que su persona feliz no parece feliz en el mismo sentido en que lo es un niño al que acabamos de darle una golosina. La felicidad de la que habla Platón tiene, por el contrario, mucho que ver con la serenidad.

»Creo que, cuando Kant dijo que una cosa es ser feliz y otra muy distinta ser bueno, estaba pensando sobre todo en el hecho de que las obligaciones que conlleva ser una buena persona son tan duras que siempre existen tentaciones. Desde su perspectiva, pues, las obligaciones a que debe someterse quien quiera vivir una vida moralmente buena le obligan a sacrificar muchas de las cosas que proporcionan felicidad. Tengamos en cuenta que hay ocasiones en que podemos llegar incluso a vernos obligados a entregar nuestra vida, o a pedir a nuestros hijos que entreguen la suya en aras de una buena causa.

»Kant negó también todo valor moral a las acciones que nos vemos emocionalmente obligados a llevar a cabo. En este sentido, por ejemplo, llegó a afirmar que el amor que los padres sienten naturalmente hacia sus hijos está despojado de todo valor moral, porque la moral debe implicar algún tipo de lucha contra el yo.»

–¿Es cierto que Kant concluyó que es mejor ser bueno que ser feliz? –preguntó Alan.

–Así es –respondió Owen–. Él dijo que debemos incluso estar dispuestos a renunciar a nuestra felicidad si ello implica permanecer fiel a una causa éticamente importante.

Crecer es ser feliz

Luego Owen se refirió a los muchos modos en que Occidente ha caracterizado las emociones mismas. Uno de los modelos se remonta a Platón, que utiliza la metáfora de la razón como el auriga que conduce un carro tirado por dos caballos salvajes, la emoción y el temperamento, que van cada cual por su lado. Se trata de una visión muy simplista, pero la tradición filosófica griega sostiene la idea de que la razón debe conquistar las emociones –los estados de ánimo y el temperamento– en los que se asientan todos los problemas.

«El temperamento –ser tímido o caprichoso, por ejemplo– es un estilo emocional, un rasgo. La ira es una emoción, y la persona que posee un temperamento irritable tiende a enfadarse con mucha facilidad. Platón señaló que las emociones, el temperamento y el deseo de sexo y de comida son la causa de todos los problemas y que, en consecuencia, la razón humana tiene que asumir el control de las emociones.

»La perspectiva de Aristóteles difiere levemente de la de su maestro Platón. Según él, la felicidad consiste en el desarrollo, y su doctrina del justo medio se asemeja mucho a la visión budista. En opinión de Aristóteles, cada persona dispone, en su interior, de un conjunto de virtudes –entre las que cabe destacar el coraje, la amistad y la compasión– que deben hallarse en armonía. Y esto es algo que, en su opinión, puede verse fácilmente en algunos ancianos sabios que evidencian esas características.

»Aristóteles también creía que cada virtud posee un determinado componente emocional y que, por ejemplo, existe un momento adecuado para expresar la ira, pero que es preciso hacerlo con la persona adecuada, en el grado exacto, en el momento oportuno, con el propósito justo y del modo correcto... una tarea, por cierto, nada sencilla.»

Su Santidad rió entre dientes al escuchar eso.

«Aristóteles pensaba –prosiguió Owen– que nosotros solemos aprender las respuestas virtuosas imitando a nuestros mayores, es decir, a través de la *phronesis*, que se refiere a la "sabiduría práctica" necesaria para tomar una decisión adecuada a fin de afrontar una situación nueva. Pero, si sabemos templar adecuadamente nuestras emociones, las acciones positivas y el bienestar vendrán de manera natural y automática. Con un poco de suerte, pues, uno no siempre tiene que recurrir al discernimiento.»

Este comentario alentó un nuevo debate en tibetano entre el Dalai Lama, sus intérpretes y la fila de *lamas* que se hallaban detrás de él, tratando de encontrar la expresión tibetana que mejor expresase el significado de la palabra griega *phronesis*, y concluyeron que la que más se aproximaba era *so sor togpa*, que significa "sabiduría del discernimiento".

Una iluminación sin religión

Owen retomó entonces uno de sus temas centrales. Durante siglos, Occidente creyó que la virtud era inseparable de la religión, pero ¿puede acaso existir una filosofía de la vida íntegra que no se asiente en ningún fundamento religioso? Luego siguió diciendo:

«Entre los siglos XVIII y XIX, Occidente tuvo su propia iluminación, aunque debemos señalar que fue muy distinta a la budista. Me estoy refiriendo, claro está, a la Ilustración a la que, en algunas ocasiones se denomina Edad de la Razón, un tiempo en el que los filósofos empezaron a darse cuenta de que la vida íntegra no necesariamente debe basarse en una determinada religión. Fue entonces cuando los filósofos trataron de determinar los principios que deben gobernar la acción ética.

»La mayoría de los occidentales, en especial los que no son religiosos, se inclinan por la visión utilitarista o por la visión kantiana, dos enfoques, en el fondo, muy parecidos aunque los filósofos podamos pasarnos semanas, meses, años y hasta siglos hablando de sus diferencias».

El Dalai Lama pidió entonces a Jinpa que le aclarase la distinción entre las visiones utilitarista y kantiana de la virtud, y Jinpa se las resumió brevemente en tibetano.

–¿Sería correcto –consultó luego Jinpa a Owen– decir que la diferencia entre ambas perspectivas es que los utilitaristas afirman que las acciones morales son aquellas que conducen a un bien superior, mientras que los kantianos, por su parte, creen que la acción moral es autónoma y no depende de sus efectos? ¿Podría decirse también que ambas visiones atribuyen un *status* ontológico diferente a la bondad que, desde el punto de vista utilitario, tiene un sentido ciertamente relativo y contextual mientras que, desde la perspectiva kantiana, constituye una especie de absoluto?

–Así es –respondió Owen–. Por otra parte...

–¿Cómo es posible –interrumpió entonces el Dalai Lama– defender la existencia de un bien absoluto sin recurrir a algún tipo de noción teológica?

–Ciertamente –respondió entonces Owen asintiendo con un gesto de cabeza– no debemos olvidar que Kant era un luterano pietista.

El Dalai Lama sonrió satisfecho porque quedó bien claro que la ética de Kant no está desligada de una visión religiosa.

Cien contra uno

–Desde la perspectiva utilitarista, por ejemplo –continuó diciendo Owen–, podría estar moralmente justificado que cien personas lograran placer dañando a una persona. Pero, en tal caso, alguien podría, por ejemplo, argumentar que tal acción evidencia una falta de respeto por la persona, que es un valor superior, un bien superior.

Advirtiendo que se acercaba la hora de hacer un descanso para tomar el té de la mañana, Alan dijo:

–El tiempo nos apremia, pero, antes de abandonar este tema, me gustaría que aclarases con más detalle cuál es la posición del utilitarista si tuviera que sacrificar a una persona por el bien de otras cien.

–Los utilitaristas dicen que la coherencia lógica requiere que su acción apunte, a largo plazo, a la mayor felicidad posible del mayor número posible de personas –replicó Owen–. ¿Pero cuánto tiempo significa a largo plazo? Para siempre. Esto es algo difícil de llevar a cabo. La objeción que suele hacerse al utilitarismo (aunque todavía haya quienes sigan sustentando esa perspectiva) dice que, si usted tuviera que sacrificar a una persona para salvar la vida de otras cien, debería hacerlo. Pero ésa es una conclusión que cualquier kantiano objetaría arguyendo que, por más que cien personas muriesen como resultado de su decisión, jamás debe violarse el principio de no matar. Y deben tener muy en cuenta que ninguno de los principios implicados en ambas perspectivas se asienta tanto en la emoción como en la coherencia lógica.

Luego Owen se dirigió al Dalai Lama y concluyó del siguiente modo el punto anterior de la conexión que existe entre la filosofía y las creencias religiosas:

«Quisiera subrayar que, en la actualidad, Occidente admite que uno no necesita ir a la iglesia para aprender estos principios. Bastaría, por ejemplo, con estudiar filosofía moral para ser un buen utilitarista o un buen kantiano aunque, como ya he dicho, no se trata de dos perspectivas tan distintas, porque ambas implican el mismo respeto hacia todas las personas, sin que nadie cuente más que los demás».

Los estados mentales destructivos y los estados mentales constructivos

Atento a las indicaciones de Alan sobre la proximidad de la hora del té, le pedí a Owen que nos presentase su lista de los estados mentales constructivos y destructivos. Entonces proyectó la siguiente diapositiva:

Estados mentales destructivos

Baja autoestima
Exceso de confianza
Resentimiento
Celos y envidia
Falta de compasión
Incapacidad de mantener relaciones interpersonales próximas

Estados mentales constructivos

Respeto hacia uno mismo
Autoestima (merecida) hacia uno mismo
Sensación de integridad
Compasión
Benevolencia
Generosidad
Ver la verdad, la bondad y la justicia
Amor*
Amistad*

–No deben olvidar que yo no estoy tratando de defender la adecuación de esta lista –dijo Owen–, sino que tan sólo trato de describir la visión occidental desde la perspectiva de la filosofía.

Repasando la lista de estados mentales destructivos, Owen se dio cuenta de que el último ítem, la incapacidad de establecer y mantener relaciones personales cercanas, podía servir para poner de relieve nuevas diferencias entre las visiones occidental y budista.

«He señalado con un asterisco las palabras amor y amistad de la segunda lista porque tengo un especial interés en hablar de ellas a lo largo de toda esta semana. Del mismo modo que consideramos destructiva la incapacidad de mantener relaciones personales próximas, también creemos que es constructivo ser capaz de establecer relaciones afectivas profundas de amor y de amistad.

»La integridad –continuó Owen– se refiere a la necesidad de atenerse a los propios principios y de vivir en función de nuestras creencias.»

Advirtiendo las dificultades para traducir al tibetano el término *integridad*, Alan enumeró entonces al Dalai Lama sus diversas connotaciones como honradez, falta de doblez y humildad.

«Adviertan también que en el ítem autoestima he señalado entre paréntesis el término "merecida". Y es que muchas personas tienen una autoestima desproporcionada y se consideran íntegras cuando, en realidad, no lo son. Así pues, el sentimiento de autoestima sólo es constructivo cuando es merecido. Creo que términos como compasión, benevolencia y generosidad aparecerían tanto en la lista budista como en la occidental y que también podríamos decir lo mismo con la capacidad de captar la realidad a través de la percepción directa.

»Podríamos engrosar esta lista incluyendo otros estados mentales constructivos menores, como la confianza y la humildad adecuadas. Pero creo que me detendré aquí, agradeciendo su atención a Su Santidad y al resto de la audiencia.»

Cuando Owen concluyó su repaso de la lista, el Dalai Lama preguntó:

–¿Establece usted alguna diferencia entre negativo y destructivo?

–No –replicó Owen– aunque, en los próximos días, creo que tendremos ocasión de volver sobre este punto.

El yeti *y las marmotas*

Durante la interrupción para el té, Francisco Varela, delgado pero feliz, se acercó a saludar a Su Santidad, quien le dio una bienvenida especialmente afectuosa diciendo: «Uno de mis más viejos amigos y un científico genial».

Con el apoyo moral y el aliento del Dalai Lama, Francisco se había sometido recientemente a un trasplante de hígado, la única esperanza que le ofrecía la medicina para atajar la hepatitis que estaba destrozando su hígado. Francisco consideraba casi un milagro haber salido por el momento del peligro y haber podido asistir al encuentro. Por ello se sentía muy agradecido al Dalai Lama y también sentía muy claramente la profundidad de su afecto.

–Ha sido un auténtico encuentro –me dijo posteriormente Francisco sobre ese momento de intimidad con el Dalai Lama–. Considero el hecho de haber salido de peligro como un auténtico regalo, un afectuoso regalo de la vida...

Durante el descanso, la sala se llenó de una relajada actividad. Owen convenció a su hijo para que se fotografiara con el Dalai Lama, y algunos de los observadores iban de un lado para el otro intercambiando unas pocas palabras. Luego, Bhikku Kusalacitto se acercó al Dalai Lama y le obsequió con unas escrituras pali.

El venerable Somchai Kusalacitto, hijo de padre chino y de madre tailandesa, nació en 1947 en el seno de una familia de campesinos del lejano Norte de Tailandia. Desde muy joven se sintió atraído por el budismo y, a los veinte años, se ordenó monje. Académicamente muy dotado, destacó en los estudios tradicionales de los monjes de las escrituras pali y obtuvo una licenciatura en estudios budistas en Tailandia y un doctorado en filosofía india en la University of Madras.

La carrera del venerable Kusalacitto empezó con la invitación a asumir el cargo de decano de la Universidad budista de Mahachulalongkornrajavidyalaya de Bangkok, donde hoy en día es delegado de asuntos externos y ejerce como profesor de budismo y de religiones comparadas. Al vivir como monje y desempeñar el cargo de abad adjunto del monasterio budista de Chandaram, también hace frecuentes apariciones en la radio y en la televisión tailandesa y escribe para periódicos y revistas sobre temas budistas. También es cofundador de una organización internacional budista comprometida en cuestiones sociales, de un grupo que defiende la necesidad de implantar un nuevo sistema educativo en Tailandia y de otro grupo de monjes tailandeses dedicados a preservar la vida retirada, en la jungla, propia de la tradición monástica. Por último, también es autor de numerosos libros sobre budismo.

El Dalai Lama se había tomado mucho interés en que un erudito monje tailandés participase en nuestro encuentro, no tanto para completar nuestra agenda, como por su preocupación en entablar un diálogo con otras escuelas del budismo. Este tipo de diálogo había sido muy frecuente durante los primeros siglos del budismo en la India, una especie de edad de oro en la que las diferentes escuelas budistas se reunían regularmente para debatir sus diferentes puntos de vista. Pero, en la medida en que el budismo fue difundiéndose por toda Asia, también fue evolucionando y diversificándose, los encuentros fueron espaciándose y, en el caso del aislado Tíbet, acabaron desapareciendo.

Cuando estábamos preparando este encuentro, el Dalai Lama nos solicitó muy encarecidamente que invitáramos a algún representante de otra tradición budista quejándose, entre risas, de que hablaba más con monjes cristianos que con representantes de otras ramas budistas. Como representante del budismo Vajrayana, que llegó al Tíbet procedente de la India entre los siglos IX y XII, el Dalai Lama estaba ansioso por reestablecer los contactos entre el budismo Mahayana (más frecuente en los países del Lejano Oriente) y el budismo Theravada (prevaleciente en los países del Sudeste asiático, como Tailandia, hogar del venerable Kusalacitto).

Por ello, el Dalai Lama aceptó muy agradecido los textos pali del *bhikku* y dijo:

–Estoy muy contento de contar aquí con la presencia de un monje theravada. Eso me parece excelente porque, hasta hoy, he hablado más con las tradiciones occidentales que con nuestros hermanos budistas, especialmente nuestros hermanos mayores del Theravada. Estaré encantado de visitar Tailandia. ¡Espero con ilusión el momento de la visita... y no debe tener la menor duda de que sólo un cataclismo podrá impedir mi presencia!

–Mi universidad está pensando en ofrecerle un título honorífico –dijo Bhikku Kusalacitto.

Y Alan agregó bromeando:

–Así Su Santidad se convertirá en doctor, el doctor Su Santidad.

Antes de reemprender la sesión, le pregunté al Dalai Lama si había alguna pregunta o cuestión sobre la que quisiera hablar.

–Sí –replicó pensativamente–. ¿Cuál es exactamente el papel que desempeña la mente –tanto en sus aspectos conceptuales como no conceptuales– en la aparición de las emociones?

–Ésta –dijo Alan– es una visión típicamente budista, algo que, sin duda, vamos a abordar. Creo que esta tarde será el momento más oportuno.

El Dalai Lama fue muy claro al exponer la complejidad de la noción budista de la naturaleza de la cognición y de que, en ese contexto, no se establece una diferencia tan nítida entre la emoción y la cognición (o razón) como lo hace en la psicología occidental. El término tibetano *shepa*, que muy a menudo, se traduce como "conciencia" o "cognición" –y cuyo verdadero significado se aproxima más al de "evento mental"– realmente los subsume a ambos. Desde la perspectiva budista, todos los estados "aflictivos" son "conceptuales", un término más amplio que incluye lo que, en inglés y en otros idiomas occidentales, se denominan pensamientos, imágenes mentales y emociones.

El Dalai Lama decidió esperar a la tarde para aclarar algunos de esos puntos aunque, según dijo, no se trataría tanto de una presentación formal como de un breve comentario.

–Usted ha estado preparándose durante cuarenta años para esa presentación –dijo entonces alguien al Dalai Lama–. A lo que éste respondió con una vieja historia tibetana.

«Un *yeti* permanecía junto a la entrada de una madriguera de marmotas, esperando la salida de alguna de ellas. Cuando salió la primera marmota, el *yeti* la cogió y se sentó precipitadamente sobre ella a la espera de que saliera otra, porque quería coger muchas. Cuando salió otra marmota, el *yeti* se abalanzó sobre ella y la cogió, y en el momento en que fue a sentarse encima de ella, la primera se le escapó. Y, cuando apareció la tercera, el *yeti* saltó de nuevo sobre ella, con lo cual se le escapó la segunda...

»Así es –dijo Su Santidad alegremente– como en los últimos cuarenta años he atrapado multitud de marmotas... pero muchas de ellas han acabado escapándose. ¡Ya no deben, pues, quedar tantas marmotas dentro de la madriguera!»

4. UNA PSICOLOGÍA BUDISTA

Recuerdo que, en una conferencia que pronunció en Harvard en 1974 –donde yo daba clases en el departamento de psicología–, el maestro tibetano Chögyam Trungpa dijo: «En Occidente, el budismo acabará asumiendo la forma de una psicología».

Por aquel entonces, la misma idea de que el budismo tuviera alguna relación con la psicología era, para la mayoría de nosotros, poco menos que absurda, una actitud que no tenía nada que ver con el budismo, sino que tan sólo era un reflejo de nuestra ignorancia. Para nosotros, el hecho de que el budismo –como tantas otras grandes tradiciones espirituales– contara con una teoría acerca de la mente y su funcionamiento resultaba absolutamente novedoso.

Ciertamente, no había nada en mi formación como psicólogo que sugiriese que la psicología moderna no es sino la versión más actualizada de un empeño por comprender el funcionamiento de la mente que se originó hace un par de milenios. La psicología moderna hunde tanto sus raíces en la ciencia y en la cultura europea y americana que, sin temor a equivocarnos, podemos afirmar que se halla tan determinada culturalmente que mantiene una actitud miope que le lleva a ignorar de manera casi solipsista los sistemas psicológicos propios de otras épocas y de otros lugares.

Pero aunque este hecho sólo lo conozcan los especialistas y suela pasar desapercibido para la gran masa de creyentes, cada vez resulta más evidente que, en el fondo de casi todas las religiones orientales, se oculta una psicología. Y no sólo estoy hablando de psicologías teóricas, sino también de psicologías aplicadas que ayudan a los "profesionales" –ya se trate de *yoguis* o monjes– a disciplinar y controlar su mente y su corazón y alcanzar un estado ideal.

La más rica de todas estas psicologías "alternativas" tal vez sea la que nos brinda el budismo. Desde la época del Buda Gautama (siglo - v), uno de los temas fundamentales de la práctica de sus seguidores se centra en el análisis de la mente y de su funcionamiento que se vio recogido por escrito durante el primer milenio después de la muerte del Buda en un sistema que el antiguo lenguaje pali denominó *Abhidhamma* (y el sánscrito *Abhidharma*), que significa "doctrina última".

Cada una de las ramas del budismo posee su propia versión de estas enseñanzas psicológicas básicas sobre la mente, así como también sus propias contribuciones al respecto, y hoy nos dedicaremos a escuchar la versión tibetana haciendo un especial hincapié en las emociones.

Un monje y un erudito

Tras la pausa para el té, Matthieu Ricard, ataviado como el Dalai Lama con sus ropas monacales de color granate y azafrán, tomó asiento junto a Su Santidad.

—Como moderador e intérprete –dijo Alan– presentaré muy brevemente a Matthieu, que llegó por primera vez a Asia en 1967 y vive aquí desde 1972.

Nacido en el privilegiado círculo de la clase culta francesa, Matthieu Ricard tuvo una infancia rica llena de encuentros con personas notables. Su madre era pintora y amiga íntima de André Breton, uno de los padres del surrealismo. Su tío materno fue uno de los primeros aventureros en rodear el globo en un pequeño velero de una sola plaza, un periplo que tardó tres años en completar. Y su padrino fue nada menos que G.I. Gurdjieff, el místico ruso que, a mediados del siglo XX, contaba con un nutrido grupo de seguidores entre los intelectuales franceses (aunque debo decir que si bien, en esa época, su madre fue una gran entusiasta de Gurdjieff, Matthieu no tuvo gran relación con sus seguidores).

En casa de Ricard solían congregarse a cenar filósofos y artistas célebres y amigos de su padre que, bajo el seudónimo de Jean-François Revel, es uno de los principales filósofos y teóricos vivos más influyentes de Francia, autor de unos veinticinco libros, de entre los cuales cabe destacar *Ni Marx ni Jesús*, que fue un auténtico best-séller internacional. En la actualidad, Revel ocupa el sillón La Fontaine de la Académie Française, uno de los honores más prestigiosos de la cultura gala. No hace mucho tiempo se publicó el libro que resume un diálogo entre Matthieu y su padre en torno a la ciencia y la espiritualidad con el título de *El monje y el filósofo*, que también se ha convertido en un éxito editorial internacional.

Fue uno de los amigos de su madre –el cineasta Arnaud Desjardins– quien instó a Matthieu a viajar por vez primera para entablar contacto con un maestro tibetano. Desjardins había rodado para la televisión francesa un documental de cuatro horas de duración titulado *The Message of the Tibetans*. Rodada en 1966, pocos años después de la diáspora de maestros tibetanos que siguió a la invasión china del Tíbet, la película concluye con un largo plano en el cual la cámara muestra silenciosamente durante cinco minutos los rostros de varias decenas de grandes maestros tibetanos descansando en un estado trascendente, una escena que cautivó la atención de Matthieu.

Conociendo unas pocas frases en inglés (puesto que, en la escuela, sólo había estudiado alemán, griego y latín) y nada de tibetano, Matthieu emprendió su peregrinación a la India. Una vez allí, su amigo el doctor Frédérick Leboyer (cuyo método, denominado "parto sin violencia", que utilizaba una luz suave y colocaba al recién nacido en agua caliente, se puso de moda durante la siguiente década) le presentó a un lama tibetano.

Según Matthieu, su vida empezó realmente el 2 de junio de 1967, el día que conoció a Kangyur Rinpoche, uno de los grandes maestros tibetanos que aparecen en el documental de Desjardins y su lama-raíz en el budismo tibetano. Perteneciente a la tradición tibetana de los *yoguis* errantes, el *rinpoche* había pasado la mayor parte de su vida en retiro, pero, como suele ocurrir con numerosos lamas de la tradición Nyingma, estaba casado, tenía familia y vivía en una cabaña de dos habitaciones ubicada en las estribaciones himaláyicas de Darjeeling.

Matthieu Ricard se sintió conmovido por la sabiduría, compasión y serena fortaleza interior que parecía emanar de su maestro. Matthieu –que, por aquel entonces, tenía veintiún años– convivió durante tres semanas con el *rinpoche,* y, aunque entonces no lo supiera, ese encuentro cambiaría completamente el rumbo de su vida. Al regresar a Francia para proseguir sus estudios, descubrió que su mente volvía una y otra vez a la India. Así fue como empezó a pasar sus vacaciones de verano con los lamas y siguió haciéndolo hasta terminar su doctorado en biología en el Institute Pasteur de París.

Cuando todavía era un alumno de secundaria, Matthieu trabajó con el premio Nobel François Jacob, haciendo sus propios descubrimientos en el campo de la genética, y, en aquella temprana época, escribió su primer libro, un relato sobre la migración de animales de todas las especies, ya que la etología es –junto a la música, la astronomía y la fotografía de la naturaleza– una de sus aficiones favoritas. Pero, finalmente, la atracción por la búsqueda espiritual cobró tal fuerza que Matthieu renunció a su carrera científica y se convirtió en practicante del budismo tibetano bajo la tutela de Kangyur Rinpoche. Tras la muerte de su maestro, Matthieu hizo los votos de monje y asumió el papel de asistente personal de Dilgo Khyentse Rinpoche, con quien pasó doce años ininterrumpidos y, después de su muerte, escribió un libro sobre él.[1]

Hace ya casi un par de décadas –concluyó Alan– que Matthieu es monje y, hoy en día, es uno de los estudiantes occidentales más antiguos del budismo tibetano, especialmente de la tradición Nyingma. Desde hace mucho tiempo, es el intérprete francés de Su Santidad. Y, ya sin más dilación, doy paso a la intervención de Matthieu...

Aunque en su faceta de intérprete Matthieu ha colaborado estrechamente con el Dalai Lama, esa mañana se encontraba, como no tardaríamos en comprobar, en una posición embarazosa para cualquier monje budista tibetano.

«Me resulta un tanto extraño tener que explicar algo sobre el budismo tibetano en presencia de Su Santidad –comenzó diciendo Matthieu–. Me siento como un niño pequeño pasando un examen. Y algo parecido siento también en mi calidad de ex científico ante tantos especialistas. Pero también es comprensible que –concluyó Matthieu, esbozando una amplia sonrisa–, de tanto en tanto, uno se vea obligado a pasar algún que otro examen.»

La primera cuestión que abordó Matthieu fue la de tratar de salvar la distancia que existe entre los términos utilizados en inglés y en tibetano para referirse a la *emoción*. Para ello comenzó señalando que el término *emoción* es bastante difuso.

«La palabra inglesa emoción procede de la raíz latina *emovere* y se refiere a algo que pone a la mente en movimiento hacia una acción positiva, negativa o neutra.

»Según el budismo, las emociones nos llevan a adoptar una determinada perspectiva o visión de las cosas y no se refieren necesariamente –como ocurre con la acepción científica del término– a un desbordamiento afectivo que se apodera de repente de la mente. Ésa sería, desde la perspectiva budista, una emoción burda como sucede, por ejemplo, con los casos de la ira, la tristeza o la obsesión.»

La distancia entre las apariencias y la realidad

Entonces Matthieu emprendió una revisión global de la perspectiva budista sobre las emociones, para poner de manifiesto la diferencia esencial que existe con la visión occidental. Para ello, comenzó señalando que el criterio utilizado por el budismo para calificar de destructiva a una emoción no se limita al daño manifiesto que ocasione, sino también a otro tipo de problemas más sutiles como, por ejemplo, el grado de distorsión que ejercen sobre nuestra percepción de la realidad.

«¿Cómo diferencia el budismo –prosiguió Matthieu– las emociones constructivas de las emociones destructivas? Fundamentalmente, las emociones destructivas (también denominadas "oscurecimientos" o factores mentales "aflictivos") impiden que la mente perciba la realidad tal cual es, es decir, establecen una distancia entre la apariencia y la realidad.

»El deseo o el apego excesivo, por ejemplo, no nos permiten advertir el equilibrio que existe entre las cualidades agradables (o positivas) y las desagradables (o negativas), de una persona o de un objeto, lo que irremediablemente nos abocará a considerarlo atractivo y, en consecuencia, a desearlo. La aversión, por su parte, nos ciega las cualidades positivas del objeto, haciendo que nos parezca exclusivamente negativo y deseando, en consecuencia, rechazarlo, destruirlo o evitarlo.

»Esos estados emocionales empañan nuestra capacidad de juicio, la capacidad de llevar a cabo una evaluación correcta de la naturaleza de las cosas. Por este motivo se denominan "oscurecimientos", puesto que ensombrecen el modo en que las cosas son y, a la postre, nos impiden llevar a cabo una valoración más profunda de su transitoriedad y de su falta de naturaleza intrínseca. Así es como la distorsión acaba afectando a todos los niveles de la existencia.

»De este modo, pues, las emociones oscurecedoras restringen nuestra libertad, puesto que encadenan nuestros procesos mentales de una forma que nos obliga a pensar, hablar y actuar de manera parcial. Las emociones constructivas, por su parte, se asientan en un razonamiento más acertado y promueven una valoración más exacta de la naturaleza de la percepción.»

El Dalai Lama permanecía muy quieto, escuchando muy atentamente e interrumpiendo tan sólo de manera ocasional para pedir alguna que otra pequeña aclaración. Entretanto, los científicos, por su parte, no dejaban de tomar apuntes de esa disertación, que suponía la primera articulación budista del presente diálogo.

La cuestión del daño

Aunque el criterio originalmente expuesto por Alan para calificar las emociones destructivas tenía que ver con su naturaleza dañina, Matthieu matizó un poco más este punto:

«Hemos empezado definiendo las emociones destructivas como aquellas que resultan dañinas para uno mismo o para los demás. Pero las acciones no son buenas o malas en sí mismas, o porque alguien así lo decida. No existe tal cosa como el bien o el mal absolutos, sino que el bien y el mal sólo existen en función de la felicidad o el sufrimiento que nuestros pensamientos y acciones nos causan a nosotros o a los demás.

»También podemos diferenciar las emociones destructivas de las emociones constructivas atendiendo a la motivación que las inspira (como, por ejemplo, egocéntrica o altruista, malévola o benévola, etcétera,). Así pues, no sólo debemos tener en cuenta las emociones, sino también sus posibles consecuencias.

»Asimismo, es posible diferenciar las emociones constructivas de las destructivas examinando la relación que mantienen con sus respectivos antídotos. Consideremos, por ejemplo, el caso del odio y del amor. El primero podría ser definido como el deseo de dañar a los demás, o de destruir algo que les pertenece, o les es muy querido. La emoción opuesta es la que actúa como antídoto del deseo de hacer daño, en este caso, el amor altruista. Y decimos que sirve de antídoto directo contra la animadversión porque, aunque uno pueda alternar entre el amor y el odio, es imposible sentir, en el mismo momento, amor y odio hacia la misma persona o hacia el mismo objeto. Cuanto más cultivemos, por tanto, la amabilidad, la compasión y el altruismo –y cuanto más impregnen, en consecuencia, nuestra mente–, más disminuirá, hasta llegar incluso a desaparecer, el deseo opuesto de inflingir algún tipo de daño.

»También hay que puntualizar que, cuando calificamos de negativa a una emoción, no queremos decir, con ello, que debamos rechazarla, sino que es negativa en el sentido de que redunda en una menor felicidad, bienestar y claridad y en una mayor distorsión de la realidad».

–Por lo que entiendo –preguntó entonces Alan–, usted parece definir el odio como el deseo de dañar a alguien, o de destruir algo que esa persona aprecia. Anteriormente, Su Santidad se había referido a la posibilidad de experimentar compasión hacia uno mismo, de modo que me gustaría formular una pregunta paralela. ¿Es posible sentir odio hacia uno mismo? Porque su definición parece sugerir que éste sólo se produce con respecto a otras personas.

–Debe tener en cuenta –fue la sorprendente respuesta de Matthieu– que, cuando se habla del odio hacia uno mismo, el sentimiento central no es el odio. Tal vez usted esté molesto consigo mismo, pero quizás ésa no sea más que una forma de orgullo que alienta la sensación de frustración que acompaña al hecho de no hallarse a la altura de sus propias expectativas. Porque, lo cierto, en realidad, es que nadie puede odiarse a sí mismo.

–¿No existe, entonces, en el budismo –insistió Alan–, nada parecido al odio hacia uno mismo?

–Parece que no –respondió Matthieu, reafirmando su postura–, porque tal cosa iría en contra del deseo básico que albergan todos los seres de evitar el sufrimiento. Uno puede odiarse a sí mismo porque quiere ser mucho mejor de lo que es, o estar decepcionado consigo mismo por no haber podido lograr lo que quería, o impacientarse por tardar demasiado en conseguirlo. Pero, en cualquiera de los casos, el odio hacia uno mismo encierra una gran dosis de apego al propio ego. Hasta la persona que se suicida no lo hace porque se odie a sí misma, sino porque cree que, de ese modo, evitará un sufrimiento todavía mayor.

Pero ése, de hecho, no es un modo adecuado de escapar del sufrimiento –concluyó Matthieu, agregando una breve pincelada en torno a la visión budista del suicidio–, porque la muerte no es sino una transición hacia otro estado de existencia. Mejor sería procurar evitar el sufrimiento aprestándonos a resolver el problema aquí y ahora, o, cuando tal cosa no sea posible, cambiando al menos nuestra actitud.

Las ochenta y cuatro mil emociones negativas

«Pero ¿de dónde proceden, según la enseñanza y la práctica budista, las emociones destructivas? –preguntó Matthieu retomando, de ese modo, el hilo central de su discurso–. Es innegable que, desde la infancia hasta la vejez, no dejamos de cambiar. Nuestro cuerpo cambia de continuo, y nuestra mente se ve obligada a afrontar, instante a instante, nuevas experiencias. Somos un flujo en constante transformación, pero, al mismo tiempo, también tenemos la idea de que, en el núcleo de todo ello, existe algo estable que "nos" define y permanece constante a lo largo de toda la vida.

»Este yo, al que denominamos "apego al yo" y que constituye nuestra identidad, no es el mero pensamiento del "yo" que aflora cuando despertamos, cuando decimos "tengo calor", "tengo frío", o cuando alguien nos llama por nuestro nombre, por ejemplo. El apego al yo se refiere al aferramiento profundamente arraigado a una entidad permanente que parece residir en el mismo núcleo de nuestro ser y que nos define como el individuo particular que somos.

»También sentimos que ese "yo" es vulnerable y que debemos protegerlo y mimarlo. De ahí se derivan el rechazo y la atracción, es decir, la aversión a todo lo que pueda amenazar al "yo", y la atracción por lo que le complazca, le consuele y le haga sentirse seguro y feliz. De esas dos emociones básicas –la atracción y el rechazo– se derivan todas las demás.

»Las escrituras budistas hablan de ochenta y cuatro mil tipos de emociones negativas. Y aunque no se las identifique detenidamente, la inmensa magnitud de esa cifra sólo refleja la complejidad de la mente y nos da a entender que los métodos para transformarla deben adaptarse a una gran diversidad de predisposiciones mentales. Es por ello que también se dice que existen ochenta y cuatro mil puertas de acceso al camino budista de la transformación interior. En cualquiera de los casos, sin embargo, esta multitud de emociones pueden resumirse en cinco emociones principales, el odio, el deseo, la ignorancia, el orgullo y la envidia.

»El odio es el deseo profundo de dañar a alguien o de destruir su felicidad y no tiene por qué expresarse necesariamente como un ataque de ira ni tampoco de manera permanente, sino que sólo aparece en presencia de las condiciones adecuadas que lo elicitan. Además, el odio está relacionado con muchas otras emociones, como el resentimiento, la enemistad, el desprecio, la aversión, etcétera.

»Su opuesto es el deseo, que también presenta numerosas ramificaciones, desde el mero deseo de placeres sensoriales o de algún objeto que queramos poseer, hasta el apego sutil a la noción de solidez del "yo" y de los fenómenos. En esencia, el deseo nos conduce a una modalidad falsa de aprehensión y nos induce a pensar, por ejemplo, que las cosas son permanentes y que la amistad, los seres humanos, el amor o las posesiones perdurarán para siempre, aunque resulta evidente que tal cosa no es así. Es por ello que el apego significa, en ocasiones, aferramiento al propio modo de percibir las cosas.

»Luego tenemos la ignorancia, es decir, la falta de discernimiento entre lo que debemos alcanzar o evitar para alcanzar la felicidad y escapar del sufrimiento. Aunque Occidente no suela considerar a la ignorancia como una emoción, se trata de un factor mental que impide la aprehensión lúcida y fiel de la realidad. En este sentido, puede ser considerada como un estado mental que oscurece la sabiduría o el conocimiento último y, en consecuencia, también se la considera como un factor aflictivo de la mente.

»El orgullo también puede presentarse de modos muy diversos como, por ejemplo, negarnos a reconocer las cualidades positivas de los demás, sentirnos superior a ellos o menospreciarles, envanecernos por los propios logros o valorar desproporcionadamente nuestras cualidades. A menudo, el orgullo va de la mano de la falta de reconocimiento de nuestros propios defectos.

»La envidia puede ser considerada como la incapacidad de disfrutar de la felicidad ajena. Uno nunca envidia el sufrimiento de los demás, pero sí su felicidad y sus cualidades positivas. Por este motivo, ésta es, desde la perspectiva budista, una emoción negativa puesto que, si nuestro objetivo fuera el de procurar el bienestar de los demás, su felicidad debería alegrarnos. ¿Por qué tendríamos, en tal caso, que sentir celos si parte de nuestro trabajo ya ha sido hecho y queda, por tanto, menos por hacer?»

La ilusión del "yo"

«Todas las emociones básicas están íntimamente asociadas a la noción del "yo". Si imaginamos, por un momento, que nos acercamos a alguien y le decimos: "¿Sería usted tan amable de enfadarse?", todos estaremos de acuerdo en que es muy probable que nadie acepte la invitación, exceptuando tal vez a los actores consumados que sean capaces de imitar a voluntad el enfado durante un período de tiempo relativamente corto.

»Pero si, por el contrario, nos acercamos a alguien y le decimos: "Eres un sinvergüenza y un ser detestable", es muy probable que no tarde en enojarse. Esa diferencia se debe a que, en este caso, hemos apuntado directamente al "yo". De un modo u otro, todas las emociones parecen derivarse de la noción de "yo". Y de ello se sigue que, si queremos trabajar las emociones, deberemos investigar en profundidad esta noción. ¿Acaso resiste el menor análisis como entidad verdaderamente existente?

»El budismo posee un abordaje filosófico y práctico muy profundo para investigar lo ilusorio del "yo", el nombre que asignamos a una mera corriente o flujo que se halla en continua transformación. No podemos ubicar al "yo" en ningún lugar del cuerpo y tampoco podemos concluir que ocupe la totalidad de éste. Tal vez pensemos que el "yo" es la conciencia, pero no debemos olvidar que ésta también es un flujo en continua transformación. El pensamiento pasado ya se ha ido, y el futuro todavía no se ha presentado. ¿Cómo podría existir "yo" alguno a mitad de camino entre algo que ya se ha ido y algo que todavía no ha llegado?

»Y, puesto que el yo no puede ser identificado con la mente ni con el cuerpo ni con ambos conjuntamente ni tampoco como algo distinto de ellos, es evidente que no existe nada que pueda justificar la conclusión de que exista un "yo" que no es, en suma, más que el nombre que asignamos a un flujo, como llamamos a un río Ganges o Mississippi. Eso es todo.

»Pero, cuando nos aferramos a ese nombre, cuando pensamos que existe un bote en el río y consideramos la noción del "yo" como algo realmente existente que deba ser protegido y complacido, aparecen la atracción y la repulsión y, con ellas, todos los problemas, las cinco emociones aflictivas, las veinte secundarias... y, a la postre, las ochenta y cuatro mil emociones.»

Los tres niveles de la conciencia

«La siguiente pregunta que tendremos que hacernos es: "¿Son estas emociones negativas inherentes a la naturaleza básica de la mente?". Para responder a esta pregunta, deberemos diferenciar muy claramente los tres niveles diferentes de conciencia de los que habla el budismo (burdo, sutil y muy sutil).

»En el nivel burdo de conciencia –que se corresponde con el funcionamiento del cerebro y con la interacción entre el cuerpo y el entorno– tenemos toda clase de emociones. El nivel sutil, por su parte –que se corresponde con la noción del "yo" y con la facultad introspectiva con la que la mente examina su propia naturaleza–, se refiere también a la corriente mental que encierra las tendencias y las pautas habituales.

»El nivel muy sutil constituye el aspecto más fundamental de la conciencia, la facultad cognitiva misma,[2] la conciencia o cognición pura sin objeto particular en el que concentrarse. Se trata, obviamente, de un nivel de la conciencia que suele pasar inadvertido a menos que nos sometamos a un entrenamiento contemplativo.

»Cuando hablamos de distintos niveles de conciencia, no estamos hablando de tres corrientes que discurran paralelamente, sino, más bien, de un océano que posee diferentes niveles de profundidad. En este sentido, las emociones tienen que ver con los niveles burdo y sutil, pero no afectan al nivel más sutil, y pueden compararse a las olas en la superficie del océano, mientras que la naturaleza fundamental de la mente, por su parte, se hallaría representada por la profundidad del océano.

»En ocasiones, el nivel muy sutil se denomina "luminoso", aunque hay que señalar que, con ello, no quiere decirse que emita algún tipo de luz. El adjetivo *luminoso* se refiere simplemente a la facultad básica de cobrar conciencia, sin teñido alguno de conceptos o emociones. Cuando esta conciencia básica –a la que a veces se llama "naturaleza última de la mente"– se actualiza de manera plena y directa, sin velo de ningún tipo, también se la considera la naturaleza de la budeidad.»

A lo largo de toda la disertación de Matthieu, el Dalai Lama había estado escuchando con gran atención, asintiendo levemente de vez en cuando. Ése era un territorio que le resultaba familiar, y no interrumpió para solicitar aclaración ni explicación adicional alguna.

La liberación de las emociones destructivas

«El siguiente paso consiste en determinar si podemos liberarnos por completo de las emociones destructivas. Digamos, para comenzar, que tal cosa sólo es posible si las emociones negativas no son inherentes a la naturaleza última de la mente. Si las emociones negativas, como el odio, fueran intrínsecas al aspecto más sutil de la mente, se hallarían presentes en todo momento, en cuyo caso descubriríamos, en la profundidad de la conciencia, el odio, el deseo, la envidia, el orgullo, etcétera.

»Basta, sin embargo, con echar un vistazo a nuestra experiencia ordinaria para darnos cuenta de que las emociones negativas son intermitentes. Por su parte, las personas adiestradas en la contemplación nos dicen que, en la medida en que van realizando los aspectos más profundos, fundamentales y luminosos de la conciencia, no encuentran, en el nivel más sutil, ninguna emoción negativa. Parece, pues, que se trata de un estado ajeno a todas las emociones destructivas y despojado de toda negatividad.

»Aunque la inmensa mayoría de las personas experimente emociones negativas en diferentes momentos, ello no significa que tales emociones sean inherentes a la naturaleza de la mente. Por más que ocultemos, por ejemplo, cien piezas de oro en un rincón polvoriento y acaben cubriéndose de suciedad, su naturaleza seguirá siendo la misma. La experiencia contemplativa del budismo le lleva a afirmar que las emociones destructivas no están inmersas en la naturaleza básica de la conciencia, sino que surgen en función de condiciones, hábitos y tendencias muy diversas que se expresan en el ámbito más exterior de conciencia.

»Esto abre la posibilidad de trabajar con esas emociones transitorias y con las tendencias que las alimentan. Si las emociones destructivas fueran inherentes a la mente, no habría modo alguno de liberarse de ellas, sería como pretender blanquear un pedazo de carbón, una tarea completamente imposible por más que nos esforzásemos. Reconocer la posibilidad de liberarnos constituye el punto de partida del camino de la transformación interior. Y es que uno siempre puede ir más allá de las nubes y descubrir que, detrás de ellas, el Cielo está despejado y siempre resplandece el Sol.

»Para descubrir si las emociones destructivas forman parte de la naturaleza esencial de la mente debemos examinarlas muy atentamente. Consideremos, por ejemplo, el caso de la ira. Un fuerte acceso de cólera parece irresistible e inevitable. En tal situación, somos impotentes para dejar de sentirnos furiosos, como si no tuviéramos más alternativa que experimentarlo. Pero ello es así porque, en realidad, no observamos la naturaleza misma del enfado. ¿Qué es el enfado? Cuando observamos en la distancia un gran nubarrón de verano, parece tan denso que nada pudiera atravesarlo, pero cuando nos adentramos en él, no encontramos nada firme a lo que asirnos, salvo aire y vapor. Y a pesar de todo ello, sin embargo, no deja de oscurecer la luz del Sol.

»Lo mismo ocurre con el caso del enfado. El abordaje clásico de la práctica budista para que el meditador investigue directamente en esa emoción consiste en preguntarse: ¿Es la ira como un militar, como un fuego abrasador o como una piedra pesada? ¿Lleva algún arma en la mano? ¿Podemos ubicarla en algún lugar, en el pecho, el corazón o en la cabeza? ¿Tiene forma o color? ¡Por supuesto, uno no espera encontrar a alguien clavando una lanza en su propio estómago! Sin embargo, así es como concebimos la ira, como algo muy poderoso y apremiante.

»La experiencia demuestra que, cuanto más observemos la ira, más tiende a desaparecer de nuestra mirada, como la escarcha que se derrite al Sol de la mañana. Y es que, cuando se la observa directamente, pierde toda su fuerza.

»Entonces, uno descubre que el enojo no es lo que en origen parecía, sino un agregado de eventos muy diferentes. En el mismo núcleo de la ira, por ejemplo, existe una claridad y un resplandor que todavía no ha asumido un aspecto negativo. Y lo mismo podríamos decir con respecto a la faceta más profunda de todas las demás emociones destructivas.

»Así –aclaró Matthieu–, las cualidades negativas de las emociones no son algo intrínseco a ellas. Es el aferramiento asociado a las propias tendencias el que provoca una reacción en cadena en la que el pensamiento inicial acaba convirtiéndose en ira, odio o animadversión. Pero el enojo, en sí mismo, no es algo sólido, es decir, no es una cualidad que pertenezca a la naturaleza esencial de la mente.»

El antídoto universal

«Esto nos conduce directamente al modo de relacionarnos con las emociones negativas, no sólo a través de la observación, sino desde el punto de vista de la transformación interna. En la medida en que las emociones negativas se adueñan poco a poco de la mente acaban transformándose en estados de ánimo y, a la postre, en rasgos temperamentales. Por ello, que debemos comenzar trabajando con las emociones, algo que podemos hacer de modos y en niveles diferentes que bien podríamos subdividir en principiante, intermedio y avanzado.

»El primer modo de evitar las consecuencias negativas de las emociones destructivas que aportan infelicidad tanto a los demás como a nosotros mismos es la utilización de antídotos. Cada emoción posee su propio antídoto. Como anteriormente señalé, no podemos experimentar al mismo tiempo amor y odio hacia el mismo objeto. Por ello decimos que el amor es el antídoto directo del odio. Asimismo, uno puede contemplar los aspectos desagradables de un objeto de deseo compulsivo y tratar de hacer una valoración más objetiva. En lo que respecta a la ignorancia o falta de discernimiento, debemos tratar de perfeccionar nuestra comprensión de lo que hay que conseguir y evitar. En el caso de la envidia, uno debe tratar de alegrarse de las cualidades ajenas y, en el del orgullo, apreciar los logros de los demás, abrir los ojos a nuestros propios defectos y cultivar la humildad.

»Este proceso sugiere la existencia de tantos antídotos como emociones negativas. En el siguiente paso –el nivel intermedio– debemos ver si existe un antídoto común a todas ellas. Este antídoto sólo puede encontrarse en la meditación, en la investigación de la naturaleza última de las emociones negativas, en cuyo caso descubrimos que todas ellas carecen de solidez intrínseca, en perfecta consonancia con lo que el budismo denomina vacuidad. No es que súbitamente se desvanezcan en la nada, sino que sólo se revelan más insustanciales de lo que a simple vista parecían.

»Este proceso permite desarticular la aparente solidez de las emociones negativas. Este antídoto –la realización de su naturaleza vacía– actúa sobre todas las emociones ya que, aunque se manifiestan de formas muy diversas, todas ellas carecen de existencia independiente.

»El último modo –que es también el más arriesgado– no consiste en neutralizar las emociones ni en descubrir su naturaleza vacía, sino en transformarlas y utilizarlas como catalizadores para sustraernos de su influencia. Es como alguien que cae al mar y se sirve del agua para alcanzar a nado la orilla.

»En ocasiones, estos métodos se comparan a las tres formas diferentes de tratar una planta venenosa. Una alternativa consiste en arrancar cuidadosamente la planta, lo que se asemejaría al uso de antídotos. Una segunda opción sería la de echar agua hirviendo sobre la planta, lo que se compara con la meditación en la vacuidad. La tercera alternativa es la del pavo real que, según cuenta la tradición tibetana, es capaz de digerir la planta y alimentarse directamente del veneno. Pero de ese modo no sólo no se envenena –como le ocurre a los otros animales que pueden llegar incluso a morir–, sino que acaba engalanando aún más sus plumas. Esta tercera opción se corresponde con el uso y transformación de las emociones para fortalecer la propia práctica espiritual. Pero debemos advertir, sin embargo, que se trata de un método peligroso que sólo funciona con los pavos reales y que acarrea serios problemas a los demás animales.

»En los tres casos citados, el resultado es idéntico ya que nos conducen al mismo objetivo de zafarnos del dominio de las emociones negativas y de avanzar hacia la libertad. Carece de todo sentido preguntarse cuál es el método más elevado de todos ellos, puesto que poco importa, cuando uno tiene que abrir una puerta, que la llave sea de hierro, de plata o de oro. Hablando en términos prácticos, el mejor de los métodos de transformación interior es el que mejor funciona para un determinado individuo y, en consecuencia, el que esa persona deberá aplicar.

»Recordemos, sin embargo, que el último método, por más tentador que pueda parecernos, es tan peligroso como pretender coger una joya de la parte superior de la cabeza de una serpiente. Y es que si, al tratar de usar las emociones como catalizadores, uno no logra transformarlas, seguirá experimentándolas en su forma ordinaria y acabará todavía más esclavizado que antes.»

¿Antes, durante o después?

Matthieu volvió entonces a un tema relacionado: el momento más adecuado para abordar las emociones destructivas. ¿Uno debe afrontarlas después de que aparezcan, en el mismo momento, o acaso antes de que lo hagan?

«La primera forma de intervención –es decir, después de que hayan aparecido– se denomina el abordaje del principiante porque, hablando en términos generales, uno sólo se da cuenta de los aspectos negativos o destructivos de algunas emociones después de haberlos experimentado. En tal caso, utilizamos la razón para investigar sus consecuencias y ver, por ejemplo, que un súbito ataque de ira puede llevarnos a percibir a otra persona como alguien completamente negativo, lo que genera mucho sufrimiento en los demás y tampoco provoca nuestra felicidad. De este modo, podemos distinguir las emociones que aportan felicidad de las que ocasionan pesar. Entonces tendremos claro que, la próxima vez que se presenten esas emociones, será mejor no darles rienda suelta.

»Cuando uno ha logrado una cierta experiencia en esta práctica, el siguiente paso consiste en abordar las emociones en el mismo momento en que se presentan. En este caso, el asunto crucial consiste en liberarnos de la emoción en el mismo momento en que aparece en la mente, de modo que no desencadene una secuencia de pensamientos que nos obliguen a actuar y a dañar, por ejemplo, a los demás. Para ello deberemos contemplar fijamente el pensamiento que acaba de aparecer y tratar de determinar, como decíamos antes, su forma, su color, su ubicación, etcétera, hasta poner de manifiesto la vacuidad que constituye su auténtica naturaleza. Este tipo de práctica permite que los pensamientos y las emociones vengan y vayan sin necesidad de que sigan generando una cohorte de pensamientos, como el pájaro que surca el cielo sin dejar estela alguna, o como el dibujo hecho en el agua que se desvanece en el mismo momento en que nuestro dedo acaba de esbozarlo.

»Obviamente, esto exige una práctica sostenida pero, con el debido entrenamiento, acaba convirtiéndose en una respuesta perfectamente natural. Recordemos que el término tibetano para referirse a la meditación quiere decir, de hecho, "familiarización". Es así como, gracias a la práctica, uno acaba familiarizándose con el ir y venir de los pensamientos.

»Cuando uno ha desarrollado la suficiente destreza puede dar el último paso ya que, aun antes de que aparezca una emoción, estamos en condiciones de sustraernos a su poder esclavizante. Este paso tiene que ver con la realización, un estado de transformación en el que las emociones se despojan de su poder destructivo.

»Veamos un ejemplo muy sencillo. Si tenemos el estómago lleno de gases será difícil –y hasta doloroso– reprimirlos, pero tampoco parece lo más apropiado soltarlos en cualquier circunstancia. Ni la represión ni su contrario constituyen, pues, una buena solución. ¡Será mejor, por tanto, curar el problema de modo que no nos veamos atrapados en la disyuntiva de sufrir un dolor de estómago o de tirarnos un pedo inoportuno!

»Las emociones recuerdan un poco esa situación. Con la práctica, llega un momento en el que la amabilidad acaba impregnando la mente del practicante y se convierte en una especie de segunda naturaleza, de modo que el odio desaparece de la corriente mental y resulta imposible dañar voluntariamente a nadie. Cuando el odio no se presenta no hay nada que deba ser reprimido. Ésta es una prueba del efecto de la práctica espiritual.»

La plenitud profunda

«Tal vez alguien crea que si se liberase de todas las emociones, se tornaría tan torpe e insensible como un leño, pero eso es absolutamente falso. La mente libre es transparente y cristalina. El sabio que está por completo en paz y libre de las emociones destructivas tiene una gran sensibilidad y preocupación por la felicidad y el sufrimiento de los demás. Según se dice, la persona distraída y confusa no siente ni un pelo en la palma de su mano, pero el sabio, muy al contrario, tiene una extraordinaria sensibilidad y compasión que le permite en darse cuenta del sufrimiento ajeno y de la ley de causa y efecto.

»Hay quienes creen que el hecho de no expresar las emociones podría provocar estados de ánimo insanos. Pero las emociones pueden expresarse de maneras muy diferentes. La ira, por ejemplo, puede manifestarse sin la necesidad de irrumpir en un ataque de rabia e insultos, sino afrontándola de manera inteligente. Ciertamente no tenemos que reprimir las emociones, pero podemos encauzarlas de manera más adecuada e inteligente, utilizándolas para comprender la naturaleza de nuestra mente y observando cómo desaparecen por sí solas sin sembrar más semillas para su posterior aparición. Así es como se evitan, en primer lugar, las consecuencias dañinas del odio y, a más largo plazo, se dejan de sembrar las causas para su posterior reaparición.

»¿Es posible desembarazarse completamente de las emociones negativas? La respuesta a esta pregunta tiene que ver con la sabiduría y la libertad. Si consideramos que las emociones destructivas restringen nuestra libertad interna y obstaculizan nuestra capacidad de juicio, el hecho de liberarnos de ellas disminuirá su fuerza y nos permitirá disfrutar de una mayor libertad y felicidad.

»Deberíamos distinguir entre el placer y la felicidad. Desde nuestra perspectiva, la felicidad tiene que ver con una sensación profunda de plenitud que va acompañada de una sensación de paz y de un gran número de cualidades positivas, como el altruismo, por ejemplo. El placer, por el contrario, depende del lugar, de las condiciones y del objeto de disfrute. El placer está sujeto al cambio y es algo de lo que en ocasiones, puede disfrutarse, mientras que, en otras, no. Tal vez, algo que resulta placentero en un determinado momento, termine provocando, en otro, la indiferencia y, posteriormente, el desagrado y el sufrimiento. Como la vela desaparece al arder, el placer se agota en su mismo disfrute.

»La sensación profunda de plenitud, por el contrario, no depende del tiempo, la ubicación o los objetos. Es un estado mental que se desarrolla más cuanto más se experimenta. Se trata de algo muy diferente al placer. Lo que pretendemos al tratar de liberarnos de la influencia de las emociones destructivas es el tipo de estabilidad, claridad y satisfacción interna a la que aquí nos referimos como felicidad.»

No tanto pecado original como bondad original

«En uno de sus artículos –concluyó Matthieu–, Owen dice que, en opinión de cierto filósofo, es muy improbable que, a lo largo de toda la historia de la humanidad, haya habido alguien realmente feliz o realmente bueno. Pero la visión budista nos brinda una perspectiva muy diferente al respecto. El término tibetano para referirse a la budeidad está compuesto por dos sílabas, *sang* (que significa alguien que ha disipado todos los oscurecimientos) y *gye* (que se refiere a aquel que ha desarrollado todas las excelencias posibles, como la luz que reemplaza a la oscuridad). Desde esta perspectiva, pues, la budeidad se concibe como la bondad última, la actualización de la bondad como que esencia fundamental de la conciencia.

»Dado que la capacidad de actualizar la budeidad se halla presente en todo ser, el enfoque budista se halla más próximo a la idea de bondad original que a la de pecado original. Esta bondad primordial –la naturaleza del Buda– es la naturaleza última de la mente. Este estado de realización, según se dice, está completamente despojado de emociones negativas y, en consecuencia, también de sufrimiento. ¿Pero es posible tal realización? Para poder responder a esta pregunta, deberemos confiar en el testimonio del Buda y de otros seres iluminados.

»Como ya he señalado anteriormente, la posibilidad de la iluminación se basa en la idea de que las emociones oscurecedoras no forman parte intrínseca de la naturaleza esencial de la mente. Un lingote de oro no cambia su naturaleza por más siglos que pase enterrado en el fango. Todo lo que se precisa para poner de relieve su esencia es ir eliminando las diferentes capas que se han depositado sobre él. Alcanzar la budeidad es, por tanto, un proceso de purificación y acumulación gradual de cualidades positivas y de sabiduría. Finalmente, uno alcanza un estado de plena conciencia en el que no hay causa alguna para que sigan apareciendo los oscurecimientos y las emociones destructivas.

»Tal vez alguien se pregunte cómo puede funcionar sin emociones un ser iluminado. Pero ésa es una pregunta equivocada, puesto que las emociones destructivas son precisamente las que nos impiden ver las cosas tal cual son y funcionar con mayor acierto. Las emociones destructivas eclipsan la determinación de la naturaleza de la realidad y de la naturaleza de la propia mente. Cuando uno ve las cosas tal cual son resulta más sencillo desembarazarse de las emociones negativas y desarrollar las emociones positivas que se asientan en la ponderación e incluyen una compasión mucho más espontánea y natural.

»Todo debe basarse en la experiencia directa, de otro modo sería como erigir un hermoso castillo sobre la superficie helada de un lago que se desplomará apenas llegue la primavera. Como dijo el Buda: "Yo sólo os he mostrado el camino, a vosotros os corresponde recorrerlo". La experiencia requiere perseverancia, diligencia y un esfuerzo constante. Como dijo Milarepa, el gran eremita tibetano: "Al comienzo nada llega, en medio nada permanece y, al final, nada desaparece". Todo esto requiere su tiempo, pero resulta alentador saber que, si progresamos en la medida de nuestras posibilidades, finalmente podremos comprobar su verdadera eficacia.»

Cuando Matthieu concluyó, el Dalai Lama inclinó su cabeza en señal de aprecio y dijo, con una sonrisa:

–Además del título de *gelong* (es decir, monje), Matthieu debería tener también el de *geshe* (el equivalente al doctorado de filosofía en los estudios espirituales tibetanos).

5. LA ANATOMÍA DE LAS AFLICCIONES MENTALES

¿Es posible, cuando un determinado acontecimiento político genera algún tipo de afrenta moral, responder enérgicamente pero sin vernos arrastrados por la fuerza distorsionadora de la ira? O, dicho más concretamente, ¿pueden hacerlo acaso nuestros líderes políticos, cuyas decisiones y acciones afectan a la vida de tantas personas?

Y conviene subrayar que ésta no es una pregunta meramente retórica puesto que no es extraño que, quien se halla a merced de la ira, tome decisiones erróneas y se deje arrastrar por impulsos de los que luego se arrepiente. Recuerdo que, en cierta ocasión, mantuve una conversación sobre la ira en el ámbito de la política internacional con Ronald Heifetz, fundador y director del Center for Public Leadership de Harvard, un organismo dependiente de la John F. Kennedy School of Government. Según él, las personas prestan mucha atención a lo que dice y hace el líder, y por ello la ira de éste puede tener importantes consecuencias en sus subordinados. En este sentido, los mejores líderes son los que saben canalizar más adecuadamente el desaliento y el enfado. Así pues, el político que quiera tomar las mejores decisiones deberá aprender a atemperar su propia ira.

Cuando, en 1963, se enteró de que Cuba disponía de misiles soviéticos, John F. Kennedy se enfureció y lo consideró como una afrenta personal puesto que, seis meses antes, el embajador ruso le había asegurado que esa posibilidad nunca llegaría a presentarse. Fue entonces cuando sus consejeros más próximos hicieron un auténtico y deliberado esfuerzo para ayudarle a serenarse antes de adoptar una decisión precipitada que tal vez hubiera acabado desembocando en una nueva guerra mundial.

En el ámbito de la política, la injusticia puede alentar acciones tendentes a corregirla; según Heifetz, los casos de la resistencia pasiva de Gandhi contra el colonialismo británico y del movimiento en pro de los derechos civiles encabezado por Martin Luther King Jr., ilustran perfectamente la función que debería desempeñar el líder para encauzar la ira y convertirla en una acción eficaz. Y para ello no sólo debe saber dar voz a las aspiraciones de sus subordinados y permitir así que se sientan comprendidos, sino que también debe saber canalizar adecuadamente la ira e impedir así que acabe desembocando en actos impulsivos y destructivos.

La transformación individual de la ira en una acción eficaz fue precisamente unos de los temas que abordamos en el debate de esa tarde. Según la psicología budista, es necesario diferenciar con claridad la ira derivada de una percepción limitada, por una parte y la acción resuelta –y hasta airada– contra la injusticia, por la otra. Pero la visión budista no sólo nos proporciona un modelo para encauzar adecuadamente la energía movilizada y ponerla al servicio de la compasión, sino que también nos brinda métodos prácticos para llevar a cabo este objetivo. ¿Qué cambios experimentaría el mundo si los líderes recurrieran a este tipo de métodos?

La perspectiva budista

Después del descanso para almorzar nos reunimos otra vez. Como sucedía al comienzo de cada sesión, los murmullos se vieron súbitamente interrumpidos en el momento en que el Dalai Lama entró en la sala y tomó asiento. Entonces, Alan Wallace abrió del siguiente modo la sesión vespertina:

«Esta mañana hemos tenido la ocasión de contar con dos auténticos representantes de las tradiciones occidental y budista. Pero, como coincidimos anoche en una charla con Owen y Matthieu –y como tal vez ustedes mismos hayan también pensado–, no existe nada semejante a entidades monolíticas a las que podamos denominar simplemente "tradición occidental" o "budismo" que se hayan mantenido incólumes a través del paso del tiempo.

»De hecho, cuanto más nos adentramos en estas cuestiones, más cuenta nos damos de las grandes diferencias –y hasta contradicciones– que impregnan ambas "tradiciones". A pesar de todo ello, sin embargo, seguiremos –como hemos hecho esta mañana– asumiendo algunas generalizaciones y seguiremos refiriéndonos, de modo un tanto global, a la visión occidental y a la visión budista. Nuestro dueto ya ha comenzado. Esta misma mañana, Su Santidad nos ha comentado a Jinpa y a mí que todo lo que se ha dicho le ha suscitado algunas ideas que quisiera compartir con todos ustedes. Me gustaría, pues, invitarles a escuchar a Su Santidad».

El Dalai Lama quería explicar algunas de las premisas fundamentales sobre las que se asienta la noción budista de emociones destructivas. Estas explicaciones se basan en el *Abhidharma*, uno de los textos fundacionales de la sofisticada epistemología budista, que no sólo dispone de una fenomenología, sino también una epistemología. Esa exposición teórica –que también había pasado por la cabeza de algunos de los presentes– nos permitió vislumbrar la rigurosa formación del Dalai Lama como *geshe* del más elevado de los rangos, algo que rara vez tienen ocasión de presenciar los occidentales que no acuden a sus enseñanzas. Bien podríamos decir, en este sentido, que la suya fue una presentación doctoral para personas que ni siquiera habían acudido a un parvulario budista. Y, como suele ocurrir cuando el Dalai Lama se aventura en exposiciones más teóricas, habló en tibetano y fue traducido simultáneamente al inglés.

El Dalai Lama hizo una pausa, juntó las palmas y saludó al venerable Kusalacitto, el monje tailandés, que acababa de entrar en la sala y luego empezó su exposición diciendo:

«Tenga relación directa o no con lo dicho esta mañana, se me ocurre que tal vez resulte útil señalar que el budismo distingue entre dos categorías fundamentales de la experiencia: las experiencias contingentes y dependientes de los sentidos, y aquellas otras que no dependen directamente de las facultades sensoriales y a las que califica como experiencias "mentales".

»La noción budista de "sensaciones" impregna ambos dominios, el sensorial y el mental. Pero el significado del término tibetano con el que nos referimos a la "sensación" no es tan amplio como el inglés y únicamente se refiere al placer, el dolor y la indiferencia. Desde la perspectiva budista, pues, existe una gran diferencia entre las sensaciones propias del dominio sensorial y las propias del reino mental. En este sentido, por ejemplo, los juicios de valor –que sirven para diferenciar lo correcto de lo incorrecto, lo beneficioso de lo dañino o lo deseable de lo indeseable– no se producen en el nivel sensorial, sino en el mental o conceptual. Así pues, cuando hablamos de la aplicación de razón, de la capacidad de juzgar las consecuencias a largo plazo y del proceso de análisis, estamos hablando de una actividad que se lleva a cabo en el dominio de lo que los budistas denominan pensamiento discursivo».

Luego, el Dalai Lama distinguió entre la cognición conceptual y la cognición no conceptual.

«Desde nuestra perspectiva, la cognición sensorial no es conceptual, y su relación con el objeto no se halla mediada por el lenguaje ni por los conceptos. Por ello, también se la denomina cognición inmediata no discriminativa. En el caso de hallarnos ante una flor, por ejemplo, la cognición vi-

129

sual es muy directa y sólo aprehende la flor presente con sus colores y con sus formas. Pero cuando pensamos en una flor –una cognición claramente conceptual,– el tiempo se expande hasta llegar a asimilar la flor que vimos ayer a la que vemos hoy.

»Pero el reino de la cognición mental no siempre es necesariamente conceptual. Si, por ejemplo, pensamos en una flor y repetimos de continuo ese pensamiento y centramos en él nuestra atención, también podemos llegar a establecer una relación directa e inmediata con un objeto que, en este caso, no se encuentra fuera de nosotros, sino que es una construcción de nuestra mente, una elaboración mental, una forma imaginada de la flor.» Resumiendo, pues, la percepción sensorial es únicamente no conceptual, mientras que la cognición mental –y también la memoria visual– puede ser tanto conceptual como no conceptual.»

Formas tangibles, intangibles e imaginadas

Los científicos, que no han sido entrenados en esa modalidad de análisis, habían tomado buena nota de todo lo dicho. Luego, el Dalai Lama señaló que tal vez, para los occidentales, pueda resultar un tanto difícil comprender que el objeto pueda hallarse entremezclado con su imagen mental.

«Muchas de las aflicciones –como el apego o el deseo– pueden acabar distorsionando tanto la imagen que ésta deje de corresponderse con la realidad que existe fuera de la mente.»

Éste es un punto clave de la psicología budista, el proceso mediante el cual el deseo (o la aversión) origina el equivalente de una "forma" mental, la imagen imaginada del objeto del deseo.[1]

«Desde la perspectiva budista, existen cinco tipos diferentes de formas imaginarias.»[2]

En este punto, en el que comenzaba a adentrarse en un territorio cada vez más sutil, el Dalai Lama hizo una pausa para hablar con Alan, Jinpa y Amchok Rinpoche, director de la Library of Tibetan Works and Archives, que se hallaba sentado en una fila de cuatro *lamas* situada justo detrás de él.

Tras una breve consulta en tibetano, el Dalai Lama explicó que uno de los tipos de formas imaginarias «es la que emerge en el contexto de la meditación de la práctica de la visualización», es decir, como una imagen intangible evocada intencionalmente y que sólo existe en el ojo de la mente.[3] Otra –prosiguió– es «el tipo de imágenes mentales –denominadas también formas imaginarias– que emergen en el contexto de las aflicciones» y que incluyen lo que Occidente denomina proyecciones, fantasías u otro tipo de nociones imaginadas en torno a algo o alguien y que reflejan la naturaleza distorsionada de las emociones aflictivas.

La imagen mental que nos forjamos de alguien que nos atrae, por ejemplo, es una versión idealizada de la persona real. Esa imagen proyectada mentalmente es una aflicción innata que de forma invariable distorsiona la realidad. Y esa distorsión no sólo afecta a las fantasías y los ensueños, sino también al pensamiento ordinario.

Los dos tipos de aflicciones mentales

«Así pues –prosiguió el Dalai Lama–, cuando hablamos de aflicciones estamos refiriéndonos a modalidades concretas de la cognición conceptual. Algunos de los antídotos utilizados para contrarrestar inicialmente estas aflicciones pueden ser conceptuales, pero más tarde pueden convertirse en estados no conceptuales.»

Dicho en otras palabras, los métodos utilizados para neutralizar las emociones destructivas incluyen tanto la práctica meditativa que implica el pensamiento (conceptual) como aquella otra que lo trasciende (no conceptual).

«Las aflicciones mentales (que, en sánscrito, se denominan *kleshas*) –siguió diciendo el Dalai Lama– son, por definición, distorsionadoras.»

En este sentido, debo señalar que el término "aflicciones mentales" se solapa parcialmente con el de "emociones destructivas" y que, en consecuencia, iba a desempeñar un papel esencial en nuestro debate.

«Existen dos tipos fundamentales de aflicciones mentales –continuó el Dalai Lama–. Una de ellas conlleva una visión aflictiva de la realidad, mientras que la otra no.»

Aquí estaba refiriéndose a la diferencia entre la inteligencia aflictiva (que es de índole más cognitiva) y las aflicciones emocionales (como el apego, la ira y los celos), que se derivan de un desajuste entre los pensamientos y las ideas o de algún tipo de sesgo emocional. Y la forma más adecuada de corregir o contrarrestar estas distorsiones, obviamente, se halla determinada por esta distinción.

La inteligencia aflictiva distorsiona la realidad. En este punto, el Dalai Lama se refirió a dos visiones distorsionadoras que el budismo denomina eternalismo y nihilismo. Así, mientras que la primera de ellas afirma la existencia independiente de los fenómenos, la segunda la niega rotundamente.

«Supongamos –prosiguió el Dalai Lama– que alguien sostiene una visión nihilista y afirma la cesación última de algo que, en realidad, tiene una

131

continuidad. Ésa sería una visión distorsionada, una expresión manifiesta de la inteligencia aflictiva. No basta, en tal caso, para eliminar la aflicción, con decir simplemente: "Eso es malo y no me gusta" porque, de ese modo, no se elimina la visión distorsionada. No es posible desembarazarse de este tipo de distorsiones apelando simplemente a la represión. Lo que se requiere, muy al contrario, es apelar al razonamiento. El único modo de contrarrestar una visión distorsionada consiste en recurrir a una inteligencia no aflictiva que contrarreste el efecto de la inteligencia aflictiva.

»Es necesario contrarrestarla con algo más que una aspiración, un deseo o una plegaria, con algo, en suma, que restablezca la verdadera naturaleza de la realidad. Las visiones distorsionadas son el fruto de un proceso mental, y, en consecuencia, uno puede hallarse plenamente convencido de su adecuación. El único modo de contrarrestarlas, pues, consiste en apelar a una visión correcta que socave y elimine, así, de raíz, la certeza que habíamos depositado en ellas. Por este motivo, en opinión del budismo, las visiones distorsionadas deben verse reemplazadas por una visión más cabal.»

La neutralización de las aflicciones

Luego, el Dalai Lama dirigió su atención hacia el tema que nos ocupaba, el modo de contrarrestar los estados mentales destructivos, incluyendo las emociones.

«Hablando en términos muy generales, el antídoto necesario para tratar una determinada aflicción mental debe hallarse en consonancia con la naturaleza de esa misma aflicción. Por ello, para contrarrestar el apego, por ejemplo, solemos meditar en las cualidades más desagradables del objeto en cuestión. Poco importa, en tal caso, cuál sea el objeto de apego o de deseo porque, de lo que se trata, es de neutralizarlo prestando atención a sus cualidades menos atractivas. Y también por ese motivo se recomienda el cultivo de la amabilidad para neutralizar la ira o la aversión, por ejemplo.

»Como decía Matthieu hace un rato, los diferentes antídotos contrarrestan directamente las correspondientes aflicciones. Aunque los antídotos no sean, en sí mismos, factores de realización ni de sabiduría, no cabe la menor duda de que, en el cultivo del amor y de la compasión, por ejemplo, desempeñan un papel esencial.

»Por eso, desde la perspectiva budista, el cultivo meditativo del amor y de la compasión nos obliga a prestar atención, en primer lugar, a aquellos aspectos de la realidad que despiertan esas virtudes. Y esto no es algo que suceda por arte de magia ni por intercesión divina, sino que sólo puede ocurrir cuando prestamos atención a aquellas facetas de la realidad que, en sí mismas, alientan el amor y la compasión.

»El significado etimológico del término occidental *emoción* se refiere a "algo que se pone en movimiento". Desde la perspectiva budista, la mente puede ponerse en marcha o despertar de dos formas diferentes. Una de ellas es cognitiva y consiste en utilizar la razón y tener en cuenta sus conclusiones. Este tipo de razonamientos –agregó– puede ayudarnos a despertar el amor y a poner en movimiento las emociones constructivas.

»Pero, hablando en términos más generales, lo más habitual es que la mente se ponga automáticamente en marcha con un mínimo de aprehensión conceptual como cuando, por ejemplo, uno piensa "Me gusta". Son muchas las emociones negativas o destructivas que se derivan de este tipo de funcionamiento automático.»

El Dalai Lama subrayaba cada una de esas afirmaciones con gestos que recordaban el típico debate tibetano. Finalmente concluyó:

«Es imprescindible, pues, desde la perspectiva budista, comprender la naturaleza de la realidad para tratar adecuadamente las aflicciones ya que, en su ausencia, acabamos cayendo en la cosificación eternalista o en algún tipo de negación nihilista. Por todas estas razones, resulta esencial el establecimiento de una cognición válida».[4]

Algunas preguntas

El lenguaje corporal de Francisco Varela me advirtió que quería intervenir e, inclinando la cabeza en su dirección, alerté a Su Santidad.

Las explicaciones del Dalai Lama sobre la cosificación y el nihilismo, aunque aparentemente abstrusas, son muy conocidas por todos los practicantes del budismo tibetano, entre los que por supuesto estaba Francisco. El budismo nos aconseja contemplar la realidad en dos niveles diferentes. En un nivel último, las entidades aparentes se descomponen en sus procesos constituyentes, y uno comprende la vacuidad de la mente y de la realidad. En el nivel convencional de la existencia cotidiana, sin embargo, todos funcionamos como si el yo y los objetos que nos rodean fuesen entidades permanentes.

La visión budista de "la vacuidad del yo" concuerda con los modelos del "yo virtual" desarrollados tanto en los campos de la biología y de la ciencia cognitiva (tan conocidos por Varela) como en el de la filosofía de la mente. Desde esa perspectiva, el yo puede considerarse como una propiedad que emerge en la interfaz que hay entre la mente y el mundo. Al igual que ocurre con la mente, el yo carece de existencia substancial y no puede ser situado en ningún lugar basándose en los procesos biológicos y cognitivos subyacentes. Sin embargo, mediante una especie de ilusión óptica de la mente, acabamos cosificando al yo y atribuyéndole una solidez que no resiste el análisis profundo.

Francisco pidió entonces al Dalai Lama que aclarase el nivel desde el que estaba hablando.

–¿Cuando usted habla de cosificar la realidad se refiere a la incomprensión de su naturaleza esencialmente vacía, o acaso está hablando de un nivel más relativo?

–A ambas –replicó el Dalai Lama–, tanto a la naturaleza fenomenológica de la realidad como a su naturaleza ontológica. Desde la perspectiva budista, dicho en otras palabras, la realidad cotidiana y relativa refleja la fenomenología de nuestras experiencias cotidianas, mientras que el nivel último revela su verdadera naturaleza.

–¿Qué opina Su Santidad del caso de una situación que admita múltiples interpretaciones? ¿Acaso existe, entonces, una sola percepción correcta? –inquirió nuevamente Francisco.

–Desde el punto de vista de lo que se presenta ante los sentidos –respondió el Dalai Lama–, algunas percepciones están equivocadas. Creo que esto es muy pertinente para la ciencia. Si algo, por ejemplo, es blanco, entonces no es negro y, si es negro, no es blanco. No se trata aquí de una cuestión de opinión o perspectiva, sino de verdad o falsedad.

Pero, en términos de la cognición conceptual, sin embargo, existe un número infinito de perspectivas sobre cualquier cosa que se presente a la mente. Y ello es así porque la cognición mental selecciona determinados rasgos concretos del objeto en cuestión, cosa que no ocurre con la percepción sensorial. De ese modo, lo que uno filtra o selecciona determina lo que es verdadero desde esa perspectiva. Una persona elimina esto, y, en consecuencia, esa cognición es verdadera para él, mientras que otra persona elimina otra cosa, y su cognición también es cierta para él.

Entonces Owen trajo a colación el tema del juicio estético, la diferencia entre hechos y valores que pertenecen al dominio de la conceptualización.

–En tal caso –insistió Francisco– si queremos comprender la verdadera naturaleza del mundo debemos admitir su indeterminación, es decir, comprender su multiplicidad y su posibilidad. E insisto en ello porque la mente occidental está muy determinada por la tradición empírica, y los empiristas no dudan en convertir sus afirmaciones en torno a la verdadera naturaleza de la realidad en modalidades objetivas e incuestionables, centrándose en modalidades mucho menos sutiles que las que estamos debatiendo aquí.

La fragilidad de las aflicciones

Advirtiendo que Owen Flanagan quería hacer algún comentario, el Dalai Lama le cedió la palabra.

–Estoy confundido –dijo Owen– y quisiera que Su Santidad y Matthieu me lo aclarasen.

Matthieu ha dicho –y creo que los filósofos occidentales coincidirían hoy en día con esta afirmación– que la cosificación del yo constituye un serio problema. Pero lo cierto es que la creencia en la existencia de un ego o de un "yo" tiene una larga tradición.

Los argumentos que usted ha esgrimido en sus escritos –prosiguió Owen, dirigiéndose al Dalai Lama–, los que Matthieu ha expuesto esta mañana y las discusiones filosóficas que sostengo con mis amigos en los Estados Unidos coinciden en que –independientemente de que prestemos atención al cuerpo humano, al modo en que funciona la mente, o a la forma en que se relaciona con el mundo– es un error pensar en la existencia de un ego o de un yo permanente. Éste es un tipo de argumento bastante frecuente en la ciencia cognitiva y en la filosofía de la mente.

Luego Owen cuestionó el salto dado por Matthieu desde las prácticas meditativas avanzadas a las afirmaciones sobre la esencia de la naturaleza humana.

–Matthieu también ha esgrimido un segundo argumento al hablar de la conciencia luminosa y ha dicho que, cuando uno aprende ciertas prácticas o técnicas meditativas, se da cuenta de la posibilidad de vaciar la mente de todos los estados emocionales aflictivos. Luego concluyó que eso mismo constituye una demostración de que las emociones aflictivas o destructivas no forman parte intrínseca de la naturaleza esencial de la mente.

Pero la lógica de esa argumentación no me parece muy clara. Yo admito la existencia de ciertas prácticas meditativas que son evidentes para quien las experimenta puesto que, si vacío mi mente de todo contenido, ello es, para mí, una evidencia manifiesta. Lo que no me parece adecuado es basarme en esa experiencia para establecer cualquier generalización en torno a la naturaleza esencial de la mente. Si yo pudiera vaciar mi mente de emociones destructivas, de emociones positivas, de cualquier pensamiento y de cualquier sensación concreta, esa misma lógica me llevaría a concluir que nada de ello forma parte intrínseca de la mente. Me pregunto si Su Santidad o Matthieu están dispuestos a aceptar eso.

–Tal vez nos enfrentemos aquí –comenzó diciendo el Dalai Lama– con un problema semántico. Cuando los budistas decimos que las aflicciones mentales no forman parte inherente de la mente no pretendemos, en modo alguno, decir que no sean naturales. Porque lo cierto es que esas aflicciones también son cualidades innatas de la mente. Lo único que pretendemos, por el contrario, es decir que las aflicciones no afectan a lo que nosotros llamamos su aspecto más fundamental, la naturaleza luminosa de la mente.

Y son varias las premisas que sustentan esta afirmación. Una de ellas es que la naturaleza esencial de la mente es luminosa. La segunda es que todas las aflicciones que experimentamos se asientan en una forma distorsionada de percibir el mundo, es decir, que carecen de un soporte estable y sólido, no se basan en la realidad y que, en consecuencia, son muy frágiles.

Otra premisa se asienta en la existencia de poderosos antídotos para contrarrestar esas aflicciones y erradicar su fundamento subyacente, restableciendo así el contacto con la realidad. También hay que decir, por último, que esos antídotos también son cualidades de la mente, lo cual supone la posibilidad de cultivarlos y desarrollarlos. De todas estas afirmaciones, pues, deducimos la posibilidad de eliminar las aflicciones.

–Eso es precisamente lo que quería aclarar –respondió Owen satisfecho–. Y me parece muy útil, porque en este encuentro hablaremos mucho de la naturaleza esencial de la mente y de sus cualidades. Pero la gran pregunta que nos veremos obligados a responder tanto los budistas como los occidentales es su grado de maleabilidad y plasticidad. Son muchas las técnicas que podemos aprender unos de otros.

Los percebes de la mente

«Existen dos grandes tipos de aflicciones mentales –prosiguió el Dalai Lama–. Una de ellas es lo que nosotros denominamos *connata* –por oposición a *innata*–, lo que significa "nacido al mismo tiempo" o "coemergente". Según el budismo, nuestra mente se ha visto obstaculizada, desde el origen sin principio del tiempo, por aflicciones mentales coemergentes. Pero también existen aflicciones mentales adquiridas que uno va recopilando a lo largo de toda su vida, como esos percebes que se adhieren al casco de un barco que atraviesa el océano. Hay quienes recogen muchos, y otros que sólo recogen unos pocos.

En mi opinión, las aflicciones mentales adquiridas no sólo incluyen lo que la psicología denomina hábitos neuróticos, sino cualquier creencia aprendida y distorsionada como, por ejemplo, la creencia en la superioridad natural de nuestro propio grupo.

»Pero ni las aflicciones connatas ni las adquiridas –prosiguió el Dalai Lama– son intrínsecas a la misma naturaleza luminosa de la mente. Y debo decir que esta naturaleza no es un estado muy elevado, no es algo que uno logre, sino algo primordial, fundamental y esencial. La observación detenida de la naturaleza de la cognición o de la mente nos permite advertir la presencia de dos rasgos fundamentales e indisociables, el puro acto cognitivo que los tibetanos llamamos *rigpa* y su aspecto luminoso o cristalino que facilita el surgimiento de las apariencias y que es, por decirlo de otro modo, el "hacedor de apariencias".

»Así pues, la naturaleza esencial de la mente –*rigpa*– es la cognición pura. Pero su luminosidad fundamental se ve eclipsada por las aflicciones mentales que, por su misma naturaleza, son erróneas y constituyen la fuente de la distorsión del conocimiento. Por ello, decimos que esas aflicciones no son consubstanciales a la naturaleza de la mente, lo que parece sugerir la posibilidad de separar la cognición de las aflicciones mentales.»

Quizá pensando en los tres maestros de Dzogchen que se hallaban sentados detrás de él –Mingyur Rinpoche, Tsoknyi Rinpoche y Sogyal Rinpoche– y en los varios occidentales asistentes que habían estudiado con ellos, el Dalai Lama se vio obligado a matizar en un aparte:

–Debo señalar aquí, para no confundir a quienes han sido introducidos al Dzogchen, que no estamos refiriéndonos ahora al *rigpa* en el sentido de conciencia primordial y prístina que le atribuye este sistema contemplativo, sino en el sentido inmediato que le da la psicología budista como "cognición" pura.

Las distintas aflicciones requieren también distintos antídotos

Luego, el Dalai Lama siguió diciendo que este tipo de análisis del funcionamiento de la mente nos permite disponer de un amplio abanico de estrategias para afrontar la amplia variedad de las emociones aflictivas.

«Cada aflicción mental necesita su propio antídoto. Algunos de ellos recurren al uso de la imaginación para contrarrestar una aflicción mental. Pero hay que señalar que este tipo de meditación imaginaria no coincide con la verdadera naturaleza de la realidad.

»Existe una gran diversidad de procedimientos meditativos para contrarrestar las aflicciones mentales que se hallan más en consonancia con la verdadera naturaleza de la realidad. El compromiso directo con la verdadera naturaleza de la realidad se opone y, en consecuencia, neutraliza las aflicciones mentales que se basan en una aprehensión falsa de la realidad.

»Bien podríamos decir, en este sentido, que los antídotos que recurren a la imaginación para contrarrestar una determinada aflicción mental son bastante rudimentarios, porque sólo se ocupan de los síntomas. Si lo que realmente queremos es erradicar por completo esa aflicción, no tenemos más alternativa que reestablecer el contacto con la realidad misma, porque el problema se asienta en una relación inadecuada o en una visión equivocada de la realidad.»

–Y es que –puntualizó entonces Matthieu– cuando hablamos de liberarnos de las emociones negativas no estamos pretendiendo tanto desembarazarnos de algo como de disipar un error. Para liberarnos del modo erróneo de relacionarnos con el pensamiento y con la realidad no basta con dejar la mente en blanco. En realidad, no existe "nada" de lo que desembarazarnos, de lo único que debemos liberarnos es de una forma errónea de percibir y de conocer.

–Se trata de algo semejante a los distintos estadios que atraviesa la educación de un niño –prosiguió el Dalai Lama– que, en la medida en que va adquiriendo conocimiento, disipa su ignorancia. Pero ello no implica, en modo alguno, la existencia de una entidad tangible llamada ignorancia que vaya eliminándose gradualmente.

–Si usted toma equivocadamente una cuerda por una serpiente –dijo entonces Matthieu poniendo un ejemplo clásico de percepción distorsionada–, no hay serpiente alguna que desaparezca en el momento en que reconoce que, en realidad, se trata de una cuerda.

Entonces Paul Ekman, el investigador de las emociones, que había seguido muy atentamente el debate hasta ese momento, entró por vez primera en él. Su comentario se basaba en su idea de que las emociones han desempeñado una función muy positiva de supervivencia en el proceso de la evolución. Esto fue lo que dijo:

–Pero este mismo error, en mi opinión, podría ser muy valioso para la supervivencia porque hay ocasiones en las que, en realidad, no se trata de una cuerda sino de una serpiente. En tal caso, ese mecanismo de alerta resulta sumamente útil. Buena parte del debate que hemos tenido hasta el momento parece asumir que las emociones se basan en la ignorancia, pero ello no nos permite advertir que también pueden cumplir con una función esencial para la supervivencia. Pero todavía no estoy en condiciones de ver el modo de integrar las visiones psicológica y budista y diferenciar las emociones útiles de las inútiles.

–¿Está usted diciendo –preguntó entonces Jinpa, tratando de clarificar la esencia del asunto para el Dalai Lama– que, si las emociones no fueran útiles desde una perspectiva evolutiva, no existirían?

–¿Cuáles son entonces, en su opinión –preguntó el Dalai Lama, después de deliberar un momento en silencio–, las ventajas evolutivas de la muerte?

–¡Vaya! ¡Ésa sí que es una buena pregunta! –exclamó Paul, sorprendido por el giro que había tomado la conversación.

–Nadie parece desear la muerte –prosiguió el Dalai Lama–, pero el mismo hecho de que hayamos nacido conlleva la inevitabilidad de la muerte. Pero el nacimiento tiene sus ventajas... y debemos servirnos adecuadamente de la vida.

La emoción es como la muerte, en el sentido de que forma parte de nuestra mente, de nuestra vida y de nuestra naturaleza –siguió diciendo el Dalai Lama–. Sin embargo, algunas emociones son destructivas y otras son positivas. Así es que merece la pena –o, al menos, no supondrá ninguna pérdida de tiempo– analizar qué emociones son destructivas y cuáles son constructivas o beneficiosas. De ese modo podremos tratar de minimizar las emociones destructivas y de expandir las positivas, porque queremos una sociedad más feliz. Ésta es una respuesta muy sencilla.

Este pequeño diálogo –en el que el uso del contraejemplo de la muerte desconcertó a Paul– evidencia un choque intercultural. El Dalai Lama había recurrido al ejemplo de la muerte para contrarrestar la afirmación evolucionista de que, puesto que tenemos emociones, necesariamente deben sernos de alguna utilidad y tener algún valor para la supervivencia. Pero, desde la perspectiva de la dialéctica budista, sin embargo, esta línea argumental carece de sentido, y por ello el Dalai Lama invocó –para evidenciar el absurdo– el ejemplo de la muerte.

En esta contraargumentación, el Dalai Lama se había saltado varios de los pasos de la lógica argumental propia de los debates típicamente budistas, cuya secuencia –en el caso de haberse desarrollado en el patio de un monasterio– podría haber sido perfectamente la siguiente:

«Muy bien. Usted afirma que las emociones desempeñan una función evolutiva, pero ¿qué diría entonces con respecto al odio, la ira y la crueldad causada por el ser humano? ¿Y qué diría sobre el abuso infantil? Y esta secuencia podría haber seguido hasta llegar a la pregunta sobre el significado evolutivo de la muerte. Todo ello simplemente nos indica que los hechos de la vida no son útiles *ipso facto*, un punto, por otra parte, respaldado por pensadores como Stephen Jay Gould, que afirman que no todos los rasgos de la evolución son adaptativos».[5]

De vuelta a la vida cotidiana

Luego, Su Santidad volvió de nuevo al terreno que todos compartíamos, el nivel de las preocupaciones cotidianas.

«El marco de referencia más adecuado para encuadrar nuestro debate en torno a la naturaleza destructiva de las emociones debe ayudarnos a comprender el modo en que estas nos afectan en la vida cotidiana. Matthieu nos ha presentado un relato budista de las emociones desde el punto de vista de la aspiración espiritual y de la posibilidad de liberarnos por completo de las emociones destructivas, un estado denominado iluminación o nirvana. Desde esa perspectiva, las emociones negativas se derivan de ciertos tipos de aflicciones como, por ejemplo, la que nos lleva a asumir que la realidad tiene una existencia intrínseca.

»Pero ése no es realmente el contexto de nuestro debate actual, que debería mantenerse dentro de un marco estrictamente secular. Y, desde esa perspectiva, la creencia en la naturaleza intrínseca de la realidad no tendría por qué ser aflictiva. De hecho, hasta podría llegar a tener efectos positivos. No existe, pues, necesidad alguna de desembarazarnos de la creencia en la naturaleza inherente de la realidad.»

–Estoy completamente de acuerdo –dijo entonces Paul Ekman–. La cuestión, en mi opinión, consiste en identificar cuándo las emociones son destructivas y cuándo no lo son –porque insisto en que, en ocasiones, no lo son– y el modo de cambiarlas. También debemos evitar quedarnos atrapados en las palabras, porque lo que habitualmente consideramos como emociones *negativas* –como el miedo, por ejemplo– puede ser, en determinadas circunstancias, muy positivo.

–Muy cierto –señaló el Dalai Lama–. Lo mismo ocurre también dentro del budismo.

De los cómics a Cambridge

Hasta ese momento, el debate se asemejaba a una excursión por el apasionante territorio de la psicología y de la filosofía budista, guiados de la mano del Dalai Lama, que obviamente había disfrutado del paseo. El resto del día se centraría en una respuesta budista más concreta a la presentación de Owen.

Al igual que el Dalai Lama, el erudito budista Thupten Jinpa había sentido también la necesidad de definir las emociones que el budismo considera destructivas. Jinpa fue elegido por todos para presentar la noción de factores mentales aflictivos, el equivalente budista a la idea occidental de emociones destructivas. Durante el receso para almorzar había estado preparado, junto a Alan, un resumen basado en los textos clásicos del *Abhidharma*. Alan suspendió entonces provisionalmente su papel de intérprete para presentar el análisis de Jinpa, dejando que éste tradujera al Dalai Lama las dudas que pudieran aparecer.

Casi nadie conoce el increíble camino que ha llevado a Jinpa (como le llaman sus amigos) a convertirse en el principal intérprete del Dalai Lama al inglés.

Nacido en la frontera occidental del Tíbet con Nepal, Jinpa llegó a la India siendo todavía un niño con toda su familia cuando ésta se vio obligada a abandonar el país en 1960, poco después del exilio del Dalai Lama. Sólo tenía cinco o seis años cuando le vio por vez primera visitando una guardería para niños tibetanos en Simla (la India). En esa ocasión, Jinpa, que acabó el día paseando de la mano del Dalai Lama, sólo le hizo una pregunta: «¿Cuándo podré hacerme monje?».

A la edad de once años, Jinpa ingresó en un monasterio. Siempre fue un buen alumno y comenzó a aprender inglés en el tiempo libre que le dejaban sus estudios. En los primeros años de escuela había recibido nociones rudimentarias de inglés y ahora seguía estudiando por su propia cuenta utilizando cómics indios (fascículos en inglés del *Ramayana* y de otros clásicos de la mitología hindú) y pasando luego a relatos policíacos, como la conocida colección de Perry Mason. Escuchaba ávidamente la BBC en una vieja radio de transistores que se había agenciado y de la que aprendió el marcado acento de Oxbridge que aún conserva.

También escuchaba las emisiones de la Voice of America, cuyos locutores utilizaban un lenguaje deliberadamente sencillo, hablando con lentitud y repitiendo las frases. A comienzos de los años setenta, Jinpa se hallaba en un monasterio de Dharamsala y frecuentaba a los *hippies* para perfeccionar su inglés. Con el tiempo, fue recopilando números atrasados de la revista *Time* que traducía, con la ayuda de un pequeño diccionario de bolsillo, palabra a palabra hasta llegar a invertir, en ocasiones, un día entero para descifrar una página. Así fue como, a los diecisiete años, devoraba todas las novelas victorianas que caían en sus manos.

Su conocimiento del inglés –ya que era el único monje de su monasterio que lo hablaba– le llevó a ocuparse de los negocios de la comunidad monástica. En cierta ocasión, mientras se hallaba en un monasterio del Sur de la India, se le encomendó la misión de hacerse cargo de una empresa de yute de Bangalore; al cabo de un par de años, volvió a su monasterio –y con él al atuendo monástico– encargándose de la dirección de una fábrica de alfombras. Posteriormente, su afán de conocimiento le llevó a buscar un maestro, un erudito que vivía en semirretiro, y, para poder seguir sus enseñanzas, Jinpa abandonó su comunidad monástica original y se desplazó al monasterio de Ganden, cerca del poblado indio donde vivía su maestro.

Así fue como, a los veinte años, Jinpa comenzó sus estudios para obtener el grado de *geshe*, un aprendizaje que suele requerir entre veinte y treinta años. Pero su capacidad de aprendizaje, ya fuera en la escuela o en el monasterio, había ido aumentando con el paso del tiempo y concluyó sus estudios en once años, un período de tiempo extraordinariamente breve al final del cual la universidad monástica de Ganden le otorgó el título de *geshe lharampa* (el equivalente a un doctorado en filosofía), pasando luego varios años en ella enseñando filosofía budista.

En cierto viaje que hizo a Dharamsala para visitar a sus hermanos, que todavía se hallaban en la escuela, se enteró de que, al día siguiente, el Dalai Lama iba a transmitir unas enseñanzas del *Dharma*. Entonces se le presentó, casi por pura casualidad, la oportunidad de ejercer como intérprete, puesto que uno de los organizadores del evento, que había oído que Jinpa hablaba inglés, le pidió que se hiciera cargo de la traducción, ya que el intérprete previsto no iba a llegar hasta el día siguiente.

Un tanto reticente –y manifiestamente nervioso–, Jinpa se encontró traduciendo lo que resultó ser un texto que sabía de memoria y que, en consecuencia, le resultó muy fácil de traducir. Esa traducción fue emitida por frecuencia modulada a los angloparlantes presentes, proporcionando así a Jinpa el placer añadido de sentirse como uno de los locutores que retransmitían los encuentros deportivos que tanto había escuchado en la BBC. Finalmente, Jinpa acabó haciéndose cargo de la mayor parte de las traducciones de ese ciclo de enseñanzas.

Esta actividad le llevó a conocer al Dalai Lama, quien le preguntó si estaría dispuesto a viajar con él como intérprete, un honor que Jinpa aceptó muy complacido y, desde 1986, ha venido desempeñando gustosamente el papel de principal intérprete del Dalai Lama al inglés, en especial en sus viajes a ultramar, una tarea que ha ido simultaneando con la traducción de numerosos libros.

Los diálogos sostenidos entre el Dalai Lama y los filósofos y científicos occidentales llevaron a Jinpa a sorprenderse por el escaso conocimiento y aprecio que éstos suelen mostrar hacia la enriquecedora tradición espiritual del budismo. Es cierto que muchos de ellos tienen un conocimiento académico del budismo, pero no puede decirse que exista un diálogo entre iguales entre la filosofía occidental y la filosofía budista. A fin de compensar ese desequilibrio y expandir sus propios horizontes intelectuales, Jinpa ingresó en 1989 en la Cambridge University para estudiar filosofía occidental, haciendo verdaderos malabarismos para cumplir con sus dos objetivos de estudiar filosofía y ejercer como intérprete del Dalai Lama. Su tesis doctoral versó sobre la filosofía de Tsongkhapa, un gran pensador tibetano del siglo XIV.[6]

Después de licenciarse en filosofía y de doctorarse en estudios religiosos en Cambridge, Jinpa permaneció allí –volviendo a usar ropajes laicos– como profesor adjunto de religiones orientales en el Girton College. Hoy en día, Jinpa está casado (con Sophie Boyer, a quien conoció en un viaje a Canadá), es padre de dos niños y vive en Montreal. Allí trabaja en la traducción y edición de textos tibetanos y dirige el Institute of Tibetan Classics, una institución que se encarga de la traducción al inglés de los textos clásicos tibetanos para integrarlos así en la herencia intelectual y literaria de la humanidad. ¡Y, en consonancia con su búsqueda intelectual en Occidente, ha escrito también la entrada correspondiente al budismo tibetano de la *Encyclopedia of Asian Philosophy*![7]

Durante el tiempo en que estudió para convertirse en *geshe*, Jinpa se distinguió por su especial destreza para el debate intelectual, una habilidad que casi ha terminado convirtiéndose en su segunda naturaleza. Aun hoy en día, como intérprete del Dalai Lama, se descubre formulándose preguntas espontáneas a modo de debate, actuando a modo de *sparring* intelectual de Su Santidad. Por ello, a veces, hace un leve movimiento, inadvertido para la audiencia aunque evidente para el Dalai Lama, que le cede entonces la palabra.

A pesar de que rara vez cae en esta tentación mientras actúa como intérprete –y jamás lo hace durante el curso de una enseñanza religiosa–, tuvimos la oportunidad de constatar esta habilidad casi refleja de Jinpa, aunque habitualmente se hallara circunscrita a la audiencia tibetana, microdebates que proporcionaron un telón de fondo monástico a nuestro debate.

La lista tibetana de las emociones destructivas.

Alan comenzó presentando del siguiente modo la contribución de Jinpa: «Owen nos ha presentado una lista de diferentes emociones que, desde la perspectiva budista, resulta muy heterogénea. Hemos creído que también sería útil dedicar unos pocos minutos a presentar una lista parecida desde la perspectiva budista. Como muchos de ustedes saben, no existe ningún término budista tibetano ni sánscrito cuyo significado concreto sea el de "emoción"».[8]

Como Matthieu había señalado, una de las creencias fundamentales del budismo es la necesidad de superar las consecuencias destructivas de lo que la psicología occidental denomina emoción. Pero el análisis budista no establece la misma diferencia entre las emociones destructivas y las emociones constructivas, sino que las considera como estados mentales aflictivos que empañan la claridad y ocasionan un desequilibrio emocional. Como no tardaremos en advertir, el análisis budista al respecto es mucho más concreto y meticuloso que el occidental.

«Veamos ahora las similitudes entre la clasificación budista –prosiguió Alan– y la distinción occidental entre emociones destructivas y emociones constructivas. Thupten Jinpa ha extraído, de una enumeración clásica, seis aflicciones mentales primarias, algunas de las cuales identificaremos fácilmente como emociones, y otras no. También presentaremos una enumeración de otras veinte aflicciones mentales secundarias, algunas de las cuales, de nuevo, son emociones, y otras no.»

Entonces Alan proyectó una diapositiva que, bajo el título «Seis principales aflicciones mentales», incluía la siguiente lista:

1. Apego o deseo
2. Ira (que incluye la hostilidad y el odio)
3. Orgullo
4. Ignorancia e ilusión
5. Duda
6. Visiones erróneas

–Las dos aflicciones mentales del apego y el deseo y la hostilidad y la ira –señaló el Dalai Lama– están ambas fijadas en algún objeto. En el primer caso, esa fijación tiene que ver con el apego, con el hecho de ir hacia el objeto y, en el segundo, con la repulsión, con el hecho de alejarse del objeto.

La duda –prosiguió– es un tipo de aflicción que nos lleva a una comprensión errónea de la realidad. No se trata de una mera vacilación, sino de una duda que implica un alejamiento de la realidad.

–Pero también hay que señalar –puntualizó entonces Alan–, que existen formas sanas de duda. De hecho, la duda es muy importante para el cultivo de la comprensión profunda. No debemos olvidar que el budismo es una tradición experiencial que nos obliga a no aceptar nada que no se halle suficientemente corroborado por la propia experiencia, de otro modo, no podremos avanzar. Aunque los términos incluidos aquí se definan como aflicciones mentales, ello no quiere decir que todos sean, en todos los casos, negativos.

–En los escritos de Su Santidad he leído –dijo entonces Paul Ekman– que, del mismo modo que no todas las dudas son aflictivas, tampoco toda ira es aflictiva. ¿Por qué no define usted la ira aflictiva para que, de ese modo, podamos comprender los distintos tipos de ira?

¿Puede la ira ser una virtud?

–Para ello deberíamos comenzar distinguiendo –dijo entonces el Dalai Lama– dos términos tibetanos estrechamente relacionados, *khongdro* (que suele traducirse como "ira") y *shedang* (que suele traducirse como "odio"). Pero también existen ciertos tipos de ira que se ven movilizados por la compasión, en cuyo caso se trata de un estado mental ajeno al odio o *shedang*. Es cierto que se expresa en forma de ira, pero de una ira derivada de la compasión.

–Es una especie concreta de ira que contempla la realidad tal cual es –señaló entonces Francisco Varela.

Alan se dirigió al Dalai Lama y tradujo este comentario al tibetano como «una especie de ira válida que dimana de la compasión y que aprehende adecuadamente la realidad».

–¿Existe acaso tal cosa? –preguntó entonces.

–No estoy muy seguro de ello –dijo el Dalai Lama después de deliberar en silencio unos instantes–. Lo que sí existe es algo llamado "compasión aflictiva".

Esa afirmación provocó el siguiente comentario sorprendido de alguien de la sala:

–La compasión es una de las virtudes clásicas, pero también es posible que, aun así, sea aflictiva.

–¿A qué se refiere? –pregunté asombrado.

–Eso es, al menos, lo que afirma el *Pramanavarttika*, un antiguo texto clásico de epistemología de la tradición budista indotibetana, aunque lamentablemente no da ningún ejemplo de ello.[9] Lo único que dice es que existe tal cosa. Por lo general, la compasión se considera como un estado mental virtuoso y sano. Pero también es posible que el afecto se combine con la identificación, en cuyo caso esa mezcla de compasión y apego es muy probable que acabe convirtiendo la compasión en algo aflictivo.

–¡Pero, si existen claras referencias a la compasión aflictiva, tal vez sea posible también que exista una ira virtuosa! –propuso entonces el Dalai Lama con un estallido de risa, porque la misma noción de "ira virtuosa" es, desde la perspectiva budista, una paradoja.

Yo creo –sugirió el Dalai Lama– que, en lugar de incluir la ira en la lista, podríamos hablar del odio, *shedang*.

–Todo eso depende de nuestra motivación –puntualizó Matthieu Ricard–. Si alguien se dirige caminando hacia un acantilado y está a punto de caer por él y no le escucha cuando usted le grita: «¡Detente!» podía, por ejemplo, enojarse y decirle: «¡Eh tú, estúpido, detente!», en cuyo caso su ira tendría una motivación completamente altruista, ya que usted se habría visto obligado apelar a ella después de que otras modalidades más amables no hubieran surtido el efecto deseado.

Como suele ocurrir cuando los tibetanos instruidos debaten temas de filosofía budista, se suscitó entonces un apasionado y largo debate entre los *lamas* presentes. El Dalai Lama no parecía hallarse cómodo con la sugerencia de Matthieu de que, desde la perspectiva budista, pudiera existir una ira virtuosa, es decir, un tipo de ira que no fuera aflictiva. En su opinión, si realmente es ira, deberá ser, por definición, aflictiva, aun cuando se manifieste en forma de acción compasiva. También es posible, por otra parte, *parecer* airado sin tener realmente la experiencia interna de la ira. Quizás ese tipo de ira aparente pudiera asentarse en la compasión, como había sugerido el ejemplo de Matthieu. Pero el Dalai Lama no quería dar una impresión que socavase la visión budista básica de la ira como un factor aflictivo.

–Matthieu ha dicho que, en ciertas ocasiones, las conductas airadas o las palabras duras –como, por ejemplo, gritar "¡Detente, estúpido!"– pueden ser un medio hábil, o incluso el único medio, para evitar que una persona caiga por un precipicio. ¿Pero es preciso, en tal caso, experimentar internamente la aflicción de la ira para comportarse de ese modo? –comentó Alan.

–Lo cierto es que una conducta airada podría hallarse perfectamente motivada por la compasión –señaló el Dalai Lama.

Luego señaló que ciertas prácticas del budismo Vajrayana predominante en el Tíbet no apuntan exclusivamente –como sucede en otras ramas de la práctica budista– a contrarrestar o reprimir el odio y la agresividad (así como también el deseo y el apego), sino a transformarlas, en cuyo caso el practicante trabaja de forma directa con las aflicciones mentales para liberarse al final de ellas.

–Desde este punto de vista –concluyó diciendo el Dalai Lama–, es cierto que, en determinadas ocasiones, la forma más eficaz de proceder –es decir, los medios más hábiles– de quien ha conseguido liberarse de las aflicciones puede asumir un aspecto airado (el habla colérica, la acción colérica, etcétera), pero, en cualquiera de estos casos, la persona en cuestión debe hallarse internamente desidentificada de ese sentimiento.[10]

El valor de la afrenta moral

Owen se inclinó hacia adelante y entró nuevamente en liza diciendo:
–Su Santidad ha sido muy cauto al admitir la posible existencia de una ira no aflictiva que brota de la compasión. Yo creo que, en este sentido, puede haber una diferencia entre las visiones budista y occidental al respecto, una diferencia que guarda cierta relación con la visión de Paul en torno a las emociones positivas. Creo que el valor de la indignación o de la afrenta moral no sólo cumple con una función práctica, sino que es muy positivo sentirse indignado frente a situaciones tan injustas como las creadas por Pol Pot, Hitler, Stalin o Milosevic, pongamos por caso. ¿Qué opina usted de ello?

–Es cierto que el Vajrayana contempla la indignación moral en contra de las injusticias, aunque esa actitud no es representativa de todo el budismo. Ahí están, para ilustrarlo, las divinidades coléricas, cuyo significado simbólico es el de expresar la rabia en contra de alguna forma de influencia nefasta –replicó el Dalai Lama.

En el ejemplo mencionado por Matthieu del uso de la ira para evitar que una persona se despeñe por un acantilado –prosiguió–, la compasión y la ira están estrechamente ligadas.

La práctica de la meditación para el desarrollo de la paciencia y de la tolerancia, por otra parte, puede centrarse en una conducta vil, en cuyo caso uno no experimentará ira, hostilidad ni agresividad hacia la persona que la cometa, sino, muy al contrario, compasión. Pero lo cierto es que también existe el deseo –completamente despojado de ira– de querer detener, rechazar y eliminar ese comportamiento, en cuyo caso, uno es paciente con la persona pero no con su conducta. Pero ambas actitudes deben ser ejercitadas simultáneamente, para que la paciencia no acabe desembocando en la indiferencia.

La posibilidad de transformar la ira en una mezcla de compasión y paciencia llamó inmediatamente la atención de Paul Ekman, que había pensado bastante en ese sentido.

–Creo que ésta es una aportación muy útil –dijo entonces Paul al Dalai Lama–. Cuando estaba leyendo uno de los libros de Su Santidad, también

147

leí la misma idea en el último libro de Richard Lazarus, un psicólogo americano que desconoce su obra.[11] En opinión de Lazarus –una opinión que comparto plenamente–, se trata de algo muy difícil de lograr pero no imposible. Espero que los meditadores con largos años de experiencia puedan enseñarnos los pasos intermedios del proceso de transformación de la ira en compasión.

También debo señalar que creo que hemos estado mezclando dos cuestiones diferentes –añadió Paul–. Una de ellas es lo que los seres humanos pueden lograr mediante el esfuerzo, como no ser vulnerables al enfado, por ejemplo, algo en lo que la teoría y la práctica budista pueden enseñarnos muchas cosas a los occidentales. La otra cuestión tiene que ver con ejemplos cotidianos de un tipo de ira que no sea dañina ni destructiva, como el sugerido por Matthieu.

–Éste es un punto al que volveremos reiteradamente en los próximos días –concluyó Alan.

Esa afirmación acabó siendo premonitoria. De hecho, la transformación de la ira acabaría convirtiéndose en uno de los temas más profundos de todo nuestro encuentro, no sólo de un modo teórico, sino también práctico, para todos nosotros, incluido el mismo Paul.

Más aflicciones

Alan estaba muy motivado por comentar la lista de emociones destructivas elaborada por Jinpa. Luego prosiguió diciendo:

«Hemos pasado un buen rato hablando de las seis aflicciones mentales primordiales. Ahora debemos pasar a las siguientes veinte aflicciones mentales secundarias derivadas, todas ellas, de las aflicciones fundamentales del apego o deseo, la ira y la ignorancia, lo que la literatura budista denomina los Tres Venenos».

Entonces apareció la siguiente lista en la pantalla:

Veinte aflicciones mentales derivadas

Ira
1. Cólera
2. Resentimiento
3. Rencor
4. Envidia/celos
5. Crueldad

Apego
6. Avaricia
7. Autoestima exagerada
8. Excitación
9. Ocultamiento de los propios defectos
10. Embotamiento

Ignorancia
11. Fe ciega
12. Pereza espiritual
13. Olvido
14. Falta de atención introspectiva

Ignorancia + apego
15. Petulancia
16. Engaño
17. Desvergüenza
18. Desconsideración hacia los demás
19. Falta de escrúpulos
20. Distracción

«Las cinco primeras aflicciones secundarias –comenzó Alan– se derivan de la ira. La cólera no es más que un brote de exasperación, un ataque de furia. El resentimiento es un ataque de ira más duradero. El rencor es otro derivado de la ira, como también se dice que lo son la envidia y los celos. Cuando Thupten Jinpa y yo estábamos preparando esta lista y tratábamos de determinar de cuál de las tres aflicciones primarias se deriva cada una de ellas, Jinpa estaba convencido de que la envidia y los celos se derivan del apego, mientras que yo creo firmemente que representan una mezcla entre el apego y la ira. Éste es un punto, pues, claramente abierto a la interpretación. La crueldad, por último, es un claro derivado de la ira.

»Veamos ahora las aflicciones que se derivan del apego. Comenzamos con la avaricia, a la que también se denomina tacañería. El exceso de autoestima –del que Owen también hablaba esta mañana– consiste en una visión desproporcionada de nuestras propias cualidades. La excitación es un término técnico que se refiere específicamente al ámbito de la meditación y que tiene que ver con la mente que se ve compulsivamente arrastrada hacia algún objeto de deseo.

»El ocultamiento –tanto a los demás como a nosotros mismos– de nuestros defectos es un tipo de ilusión que se deriva de la ignorancia. El embotamiento también es un término ligado a la meditación, aunque tiene manifestaciones mucho más ubicuas y consiste en una falta de claridad mental con la que están muy familiarizados los meditadores.»

Las aflicciones derivadas de la ignorancia

El siguiente conjunto de aflicciones se deriva de lo que el budismo denomina ilusión o ignorancia. La lista comenzaba con la fe ciega, y Alan se dio inmediatamente cuenta de lo extraña que puede resultar para los occidentales. Por ello dijo:

«El budismo considera la fe como una virtud, pero no ocurre lo mismo con la fe ciega. En este sentido, la fe inteligente se basa en la realidad mientras que su ausencia, por el contrario, se considera una aflicción mental.

»La siguiente aflicción –llamada *lelo* en tibetano– suele traducirse como "pereza", pero se trata de algo mucho más concreto. Desde la perspectiva budista, la persona que trabaja dieciséis horas al día y que sólo se preocupa de ganar dinero sin prestar atención a su salud está decididamente en manos de *lelo*. El adicto al trabajo no es una persona especialmente perezosa, pero quien está afectado por *lelo* desdeña el cultivo de la virtud y de la purificación de la mente. Tal vez, la traducción más adecuada de la noción budista sea la de "acedía", la "pereza espiritual" de la que habla la tradición cristiana.

»El olvido es otro término procedente de la literatura meditativa que se refiere a la falta de atención o falta de interés. La práctica meditativa requiere un control interior, y su ausencia conduce al despiste. Creo que este punto tiene mucho que ver con algunas cosas de las que Dan habla en su libro *Inteligencia emocional*. En este sentido, las personas más introspectivamente desatentas son las emocionalmente menos inteligentes».

–¿Estás refiriéndote a la conciencia de uno mismo? –pregunté, puesto que ése fue el término general utilizado en mi libro para referirme a la atención introspectiva.

–En realidad, los budistas no utilizan este término –respondió Alan (probablemente porque, como había señalado antes el Dalai Lama, la noción de ego es considerada como una cosificación ilusoria)–, pero en cualquiera de los casos son muy similares.

«Finalmente –prosiguió Alan–, tenemos un último conjunto de aflicciones que se derivan simultáneamente del apego y la ignorancia. A este grupo pertenecen la petulancia, un tipo de ilusión muy concreta en la que uno pretende de manera consciente y deliberada tener cualidades que, de hecho, no posee o exagerarlas desproporcionadamente. Luego tenemos el engaño (el opuesto de la petulancia), en el que uno trata de ocultar, oscurecer o restar importancia a sus defectos.

»La desvergüenza se deriva de una falta de conciencia en la que, independientemente de que los demás nos descubran o no, uno carece de toda sensación de dignidad. ¿No les parece acaso una aflicción mental la falta de remordimiento cuando uno se halla implicado en un comportamiento deplorable? ¿No les preocupa incurrir en acciones realmente vergonzosas? El opuesto de esa actitud es la desconsideración hacia los demás, es decir, la falta de todo interés por el modo en que los demás valoran su conducta. Con ello no estamos afirmando que uno deba preocuparse por la reputación o algo parecido, sino que sólo estamos refiriéndonos a la falta de preocupación realista por el hecho de que uno es una criatura social y no puede sustraerse de la relación con los demás. Así pues, cuando uno se halla implicado en algo moralmente reprobable y se despreocupa de lo que piensen los demás al respecto, está incurriendo en esta aflicción mental.

»La inconsciencia es una actitud de completa indiferencia hacia las acciones, las palabras y los pensamientos sin la menor preocupación por su adecuación. La distracción, por último, se asemeja al olvido y tiene que ver con una mente incoherente y que se ve arrastrada por todo tipo de estímulos. Todas éstas son las aflicciones derivadas de la ignorancia y del apego.»

La aflicción número diecisiete

Todas esas explicaciones se basan en fuentes tibetanas. Pero, como ocurre en la moderna psicología occidental, también existen, en el caso del budismo, diversas escuelas filosóficas.

El venerable Kusalacitto, un monje en la tradición Theravada tailandesa, había recibido el encargo de presentar la visión que al respecto tienen las escrituras clásicas del budismo pali. El *bhante* (nombre con el que se conoce a los monjes tailandeses) comenzó diciendo:

«El término pali con el que se conoce a la aflicción número diecisiete, la desvergüenza, es el de *ahirika*, que significa "ninguna vergüenza". La persona afectada de *ahirika* puede incurrir con cierta facilidad en malas acciones, no sólo molestar a los demás, sino incluso llegar a matar. En tal caso, uno no se preocupa por las formas, por la etiqueta o por el hecho de hallarse en una posición socialmente elevada, sino que tan sólo se sirve de todo ello para incurrir en comportamientos poco virtuosos. Ése es el significado de *ahirika*.

»El término sánscrito con el que se conoce la aflicción número dieciocho es *anottopa*, es decir, la desconsideración hacia los demás. La persona aquejada de *anottopa* no tiene miedo al mal *karma* y, al no tener en cuenta las consecuencias de sus actos, suele incurrir en todo tipo de malas acciones».

–Se trata de una irresponsabilidad y de una falta de interés por las consecuencias últimas de las propias acciones –resumió Alan.

El comentario del *bhante* suscitó un debate sobre los matices del significado de ambas aflicciones. Para ello, Alan consultó un libro titulado *The Mind and Its Functions*, escrito por Geshe Rabten, uno de sus primeros maestros, extractos del cual había sido distribuidos entre los participantes como parte del material introductorio del congreso. Ese tipo de debates refleja, en parte, antiguas disputas entre las distintas vertientes del budismo en torno a la fenomenología de la conciencia. Jinpa esperaba que el debate transmitiese a los científicos que se hallaban en la sala una idea sobre la complejidad y diversidad de fuentes de que dispone la literatura de la psicología budista.[12]

–En uno de los diálogos de Platón –observó entonces Owen– hay un interlocutor de Sócrates llamado Trasímaco que trata de explicar que es mucho mejor *parecer* justo que ser justo como si, desde su perspectiva, bastase con parecer bueno, sin serlo realmente.

–¡Ésa es, precisamente, la aflicción número diecisiete! –dijo entonces Alan.

–Y, además, representa una defensa del número diecisiete –puntualizó Owen– porque afirma que, en lo más profundo, todo el mundo aspira a eso y que basta con ello.

–Pero, desde la perspectiva del budismo, ese tipo de justificación es el fruto de una inteligencia aflictiva –concluyó entonces Alan.

Las aflicciones desestabilizan el equilibrio de la mente

–Éste es un esbozo muy rápido –prosiguió Alan– de nuestra lista de aflicciones. Ustedes se darán cuenta con facilidad de que algunas de ellas son emociones, y que otras no lo son tanto. Pero debo decir que esta clasificación no pretende categorizar las emociones –algo que el budismo no considera especialmente útil–, sino que tiene otros objetivos.

–Aquí hay una cuestión muy importante –señaló entonces Francisco Varela–. Todos nosotros estamos de acuerdo, por ejemplo, en que la falta de vergüenza es un estado mental aflictivo que no parece ir acompañado de ninguna emoción. ¿Qué ocurre con las aflicciones mentales que no son emociones?

–Estados mentales o procesos mentales –sugirió Alan, citando los términos neutrales utilizados más a menudo.

–¡Sí! –dijo Francisco–. ¿Pero no les parece extraño que algunos vayan acompañados de emociones y otros no?

–Su Santidad dijo antes que todos los estados mentales van acompañados de sentimientos –recordó Alan–. El placer y el dolor estaban en su lista de emociones, al igual que la tristeza, la alegría, la felicidad...

–Sí, así es –reconoció Francisco–. Pero la vergüenza, por ejemplo, es una emoción, mientras que la desvergüenza, por su parte, puede ser completamente neutra. ¿Qué nos dice sobre la naturaleza de la mente el hecho de que alguien pueda hallarse aquejado de una aflicción mental que no se base en una emoción?

Con este comentario, Francisco estaba poniendo de relieve una de las diferencias subyacentes a los mismos paradigmas que dan lugar a las respectivas visiones que sostienen Occidente y el budismo en torno a las emociones destructivas.

Desde la perspectiva occidental, el valor positivo o negativo de una emoción –ya sea placentera o desagradable– está ligado al hecho de que pueda llevar a las personas a dañarse a sí mismas o a los demás.

En el caso del budismo, sin embargo, la destructividad de una emoción se asienta en una acepción mucho más sutil del concepto de daño, es decir, al hecho de que un determinado estado mental (algo que incluye a las emociones) puede desasosegar a la mente e interferir con el progreso espiritual.

–Según la tradición tibetana, todas las aflicciones mentales son procesos que desestabilizan el equilibrio de la mente, independientemente de que posean un componente fuertemente emocional o no –concluyó Alan.

Entonces Francisco asintió con la cabeza, aparentemente satisfecho.

El contexto más amplio de la aflicción

Como dijo anteriormente, el Dalai Lama sentía la necesidad de transmitir a los científicos presentes la idea del contexto teórico en el que cobraba sentido la enumeración budista de las emociones aflictivas. Y eso fue lo que se aprestó a hacer a continuación:

–No creo que todos los ítems representados en la lista sean necesariamente aflicciones. La inclusión del olvido en la lista no implica que todos los casos de olvido tengan que ser aflictivos. Y lo mismo podríamos decir con respecto a la duda, porque existen formas sanas de duda que contribuyen de manera muy positiva a cultivar y profundizar nuestra comprensión espiritual. Además, cualquier empresa científica requiere del cultivo de una actitud necesariamente escéptico que resulta imposible sin la duda. De modo que las veinte aflicciones que hemos presentado sólo lo son en el sentido de que se derivan de las aflicciones primordiales».

Luego procedió a explicar el contexto más amplio del que forman parte esas veinte aflicciones mentales.

«Existen muchos factores mentales que no están, en modo alguno, relacionados con ninguna de las aflicciones mentales primarias. Cuando uno, por ejemplo, se encuentra en el sueño profundo sin sueños, no posee sensación alguna de vergüenza. En tal caso, la ausencia de toda sensación de vergüenza no implica que uno se halle aquejado de esa aflicción mental porque, para que sea una auténtica aflicción mental, debe hallarse ligada a alguna de las aflicciones mentales primarias.

»Si queremos comprender mejor el significado de las aflicciones mentales –prosiguió–, debemos considerarlas desde el contexto más amplio del *Abhidharmakosha*, un texto budista sánscrito que enumera cincuenta y una facultades mentales, aunque tampoco se trate de una enumeración completa. Desde esa perspectiva, existen cinco factores mentales omnipresentes (el sentimiento, el discernimiento, la intención, el contacto y la atención), cinco factores mentales cultivados (la aspiración, la valoración, el recuerdo, la concentración y la inteligencia), cuatro factores mentales variables que pueden ser virtuosos o no virtuosos (la somnolencia, el arrepentimiento, la atención a lo general y la atención a los detalles) y, por último, once factores mentales sanos (entre los que se encuentra la fe). Tal vez, en este contexto, cobre más sentido la lista que hemos presentado –concluyó el Dalai Lama.»

Como sucede en el caso de la ciencia cognitiva, pues, el modelo budista de la mente incluye los procesos neutrales de la vida mental que facilitan la percepción y el pensamiento. Pero, a diferencia de ella, sin embargo, el análisis budista tiene un objetivo eminentemente práctico y está orientado hacia el progreso espiritual. Los once factores sanos representan elementos de la mente esenciales para el desarrollo espiritual, mientras que las aflicciones mentales, por su parte, son obstáculos para ese desarrollo. En este sentido, los estados mentales aflictivos derivados de los Tres Venenos –el deseo, la aversión y la ilusión– interfieren con el aprendizaje de la disciplina ética, la meditación y la sabiduría. Tal vez, desde esta perspectiva, quede más claro el modo en que el olvido o la desvergüenza, por ejemplo, obstaculizan el progreso espiritual y son, en ese sentido, aflictivas.

¿Aflicción sin emoción?

Richard Davidson, cuya investigación sobre las emociones se había centrado en algunos de estos mismos puntos, entró entonces por primera vez en el debate diciendo:

–¿Les importaría que volviera al punto de las aflicciones que no van acompañadas de ninguna emoción negativa? La mayoría de los científicos occidentales que se ocupan del estudio de la emoción estarían de acuerdo en que las emociones implican una valoración positiva o negativa y, en consecuencia, que, si existe alguna emoción presente, también deberá existir un sentimiento positivo o negativo. Estas aflicciones son procesos mentales complejos que parecen incluir algún elemento emocional. Es cierto que también pueden implicar otras cosas, pero, desde mi punto de vista, todas ellas encierran un componente emocional. Me pregunto si todas las aflicciones conllevan necesariamente una emoción negativa, o si es posible experimentarlas en ausencia de toda emoción negativa.

–Quisiera aclarar, como intérprete y moderador, este punto –replicó Alan–. Hace un rato, Su Santidad caracterizaba al apego y a la aversión como una especie de atracción y de rechazo compulsivos, un movimiento de acercamiento y de alejamiento del objeto, respectivamente. Tal vez por ello sea muy fácil, desde la perspectiva occidental, considerar a lo primero como algo positivo, y a lo segundo como algo negativo.

¿Cuándo usted dice "positivo" quiere decir virtuoso, sin distorsión y ajeno a toda aflicción? –preguntó entonces Alan a Davidson–. ¿O acaso entiende lo "positivo" y lo "negativo", respectivamente, como algo más ligado al apego y a la aversión?

–El uso occidental de estos términos –respondió Richie, como casi todos le llamábamos– suele referirse a las enumeraciones convencionales de emociones positivas y negativas. En tal caso, emociones como la felicidad y la satisfacción, por ejemplo, se hallarían bajo el epígrafe de lo "positivo". Por su parte, la noción de apego no ha terminado calando en el léxico de la psicología occidental de la emoción.

–Probablemente sería considerado como algo positivo, ¿no le parece? –preguntó Alan– como cuando, por ejemplo, alguien dice: «Realmente me gusta el pomelo».

–Así es –replicó Richie–. Y esto también tiene que ver con el hecho de si las emociones positivas pueden distorsionar nuestra capacidad de aprehender la realidad cumpliendo entonces con una función semejante a las emociones destructivas descritas por Matthieu. Desde la perspectiva budista, las emociones positivas asociadas con el apego probablemente conducirían a una merma de nuestra capacidad para aprehender de manera cabal la realidad.

Alan y Richie acababan de establecer una diferencia fundamental en las creencias subyacentes de las visiones budista y occidental en torno a la emoción.

La distinción budista entre los estados mentales sanos y los insanos (o positivos y negativos) se asienta en el hecho de que aquellos nos acercan más al despertar espiritual, mientras que los últimos lo obstaculizan. La visión occidental, por su parte, opone simplemente las emociones placenteras (o positivas) a las desagradables (o negativas).

Pareciera, pues, como si Occidente clasificara las emociones en función del bienestar que proporcionan, mientras que el budismo parece hacerlo dependiendo del grado en que promueve o dificulta el progreso espiritual.

¿Puede existir un apego positivo?

–Quisiera ahora responder a su comentario anterior sobre la posible existencia de formas positivas de apego –dijo el Dalai Lama–. Para ello es importante recordar que, desde el punto de vista budista, la aspiración espiritual última consiste en el logro de la iluminación, y que, en consecuencia, el apego es considerado como uno de los principales obstáculos que impiden el logro de ese estado. Por ello, dicho sea de paso, el apego constituye una de las principales aflicciones.

Los niveles más sutiles del apego perpetúan el ciclo de los renacimientos. Desde esta perspectiva, pues, el apego constituye una aflicción o un oscurecimiento. Si cambiamos, no obstante, el marco de referencia de nuestro discurso y eliminamos de la ecuación la aspiración última de alcanzar la liberación, es decir, si tratamos de comprender la naturaleza de la emoción desde una perspectiva estrictamente secular, las cosas, por supuesto, son muy diferentes.

En tal caso, algunas de las formas de apego que, desde la perspectiva espiritual del budismo, pueden ser consideradas como una aflicción, no necesariamente tienen por qué ser destructivas. De hecho, algunas de las formas de apego, que para el logro del *nirvana* son destructivas, resultan, no obstante, positivas para la sociedad.

–El término "aflictivo", pues, depende completamente del contexto desde el que contemplemos las emociones –comenté.

–El término destructivo puede ser contextual –aclaró Jinpa–. El apego que, desde un punto de vista budista, puede resultar destructivo, también puede ser de gran ayuda cuando asumimos una perspectiva cotidiana, en la que la aspiración no consiste en alcanzar la iluminación sino en el logro de una vida y de una sociedad más feliz.

¿Quién es el responsable?

–¿Existe alguna diferencia, desde la perspectiva budista –preguntó Jeanne Tsai, una investigadora de las emociones que, en la actualidad, trabaja en la Stanford University–, que torne al individuo más o menos responsable de estas emociones aflictivas? La psicología clínica considera que algunas personas no controlan sus conductas destructivas, como ocurre con los esquizofrénicos, o con quienes atraviesan un estado psicótico provocado por algún trastorno genético, biológico o quizás ligado a algún trauma del nacimiento. ¿Qué es lo que piensa el budismo sobre los psicópatas, las personas que incurren, sin remordimiento ni control alguno, en conductas muy destructivas para los demás?

–Existe ciertamente una idea paralela en la visión budista de los valores morales –respondió el Dalai Lama–. El budismo considera como menos negativas aquellas acciones que se derivan de la ignorancia que aquellas otras en las que el individuo actúa con plena conciencia de las consecuencias y de la gravedad de su acción, algo se considera moralmente reprobable. La ignorancia, por tanto, es considerada como un eximente. Es posible, por ejemplo, que una persona camine matando hormigas sin darse cuenta ni siquiera de ello. En tal caso, uno está implicado en un asesinato y acumula *karma*, pero se trata de un *karma* bastante ligero, porque ignoraba que tal cosa estuviera ocurriendo.

Consideremos, por ejemplo –prosiguió el Dalai Lama–, a un niño que se divierte matando moscas y dándoselas a comer a las arañas sin saber ni siquiera que los insectos también tienen sensaciones. Este tipo de asesinato está motivado por la ignorancia y la ilusión. De modo parecido, las personas que sacrifican animales pensando que, de ese modo, satisfacen a algún dios también actúan basándose en la ignorancia porque realmente no saben el daño que causan. Sospecho que sería muy raro el caso de alguien que hiciera daño con la intención deliberada de herir a la criatura en cuestión. Creo que esas personas opinan que eso es bueno y que, de ese modo, están complaciendo a su dios.

Ese tipo de asesinatos se deriva de la ilusión. Existe un segundo nivel de responsabilidad moral que se produce cuando el asesinato se deriva del apego. Supongamos que usted quiere comerse a ese yak. Usted no quiere lastimarlo, sino que tan sólo quiere comer su carne. Otro nivel muy distinto es el de quien quiere infligir daño de manera deliberada.

Es muy probable que, en términos de responsabilidad, el *karma* más ligero sea el que se derive de la ilusión y el más pesado –porque conlleva la máxima responsabilidad– el que se derive de la maldad. Los psicóticos, los esquizofrénicos y similares están aquejados de una forma muy intensa de ilusión. Así pues, el asesinato provocado por un esquizofrénico sería una forma extrema de ilusión, y su responsabilidad y repercusiones kármicas, por tanto, serían menores.

–¿Qué es lo que usted piensa sobre el caso ya mencionado del niño de seis años que se enfadó, fue con un arma a su escuela y mató a una niña? Por el momento, no ha sido acusado de asesinato –pregunté.

Esa pregunta suscitó un largo debate en el círculo tibetano, considerando los matices del caso.

–Ese niño estaba enfadado –respondió finalmente el Dalai Lama– y constituye un ejemplo del asesinato derivado de la ira y de la ignorancia. ¿Estoy en lo cierto al pensar que ese niño de seis años pudo haber tenido el deseo de disparar y matar a la chica, pero que no llegó a comprender la idea de la irreversibilidad de su acto?

–No parece que un niño de esa edad comprenda bien lo que es la muerte –repliqué.

–¿Estás diciendo que no creía que fuese a morir? –preguntó Matthieu con cierto escepticismo–. ¿Acaso no entiende lo que es la muerte?

–Ésta es una pregunta que entra de lleno en el campo de la psicología evolutiva –acoté, pasando así el testigo al psicólogo evolutivo Mark Greenberg.

–Nosotros creemos –dijo Mark– que, a los siete años, el niño no suele comprender las consecuencias permanentes de una acción de tal envergadura y suponemos que lo que quiso hacer fue herir sus sentimientos, o tal vez lastimarla físicamente, pero sólo de un modo provisional y no permanente.

Alan señaló entonces del siguiente modo uno de los factores que podrían, en el caso de un niño, contribuir a la idea mágica de que la muerte es reversible:

–También debemos recordar que los niños de seis años ven películas de dibujos animados en las que, por más que mate a una criatura, la arroje desde lo alto de un acantilado y se la llene de agujeros de bala, acaban levantándose como si nada hubiera pasado. No resulta, pues, tan claro que su entorno les proporcione una idea muy definida de la irreversibilidad de la muerte.

–Es verdad –admitió Matthieu–. En algún lugar he leído que un adolescente estadounidense de veinte años habrá visto del orden de cuarenta mil asesinatos en la televisión... y es evidente que eso debe tener alguna consecuencia.

Alan consideró entonces que ese comentario era una oportunidad para concluir resumiendo lo dicho ese día:

–Quizá la moraleja que debamos extraer de todo ello sea que debemos ser muy lúcidos y responsables y darnos cuenta de que acaban de tocar las cuatro en punto. Deberíamos despedirnos agradeciendo a Su Santidad que comparta su tiempo con nosotros. Gracias a todos ustedes y, muy especialmente, a los dos presentadores de hoy.

Así fue como acabamos el día en el mismo punto en que lo habíamos empezado, reflexionando sobre el papel que desempeñan las emociones destructivas en el desconcertante caso de un asesino de seis años.

SEGUNDO DÍA:

LAS EMOCIONES EN LA VIDA COTIDIANA

21 de marzo de 2000

6. LA UNIVERSALIDAD DE LAS EMOCIONES

¿Poseen algún valor el enojo, el pánico o la depresión? ¿Podrían ser acaso las emociones destructivas subproductos accidentales de la selección natural que no cumplieran con ninguna función evolutiva o, por así decirlo, "tímpanos" [*spandrels*] de la evolución?

Recordemos que, en el ámbito de la arquitectura, los tímpanos son efectos colaterales y "gratuitos" de las bóvedas y de los arcos que, si bien pueden desempeñar un papel decorativo, carecen de toda función estructural.

En 1994, Owen Flanagan pronunció una conferencia en la Society for Philosophy and Psychology titulada «Deconstructive Dreams: The Spandrels of Sleep» basada en la teoría de los "tímpanos" de la evolución de Stephen Jay Gould y Richard Lewontin. Desde esta perspectiva, existen ciertos aspectos de la conducta humana que carecen de todo valor de supervivencia y que pueden ser considerados como los "tímpanos" de la arquitectura, meros subproductos que poseen un valor puramente ornamental. En opinión de Flanagan –una opinión, por otra parte, sugerida por la investigación pionera realizada al respecto por Alan Hobson en Harvard–, aunque los sueños poseen un valor adaptativo, no fue ése el propósito que les confirió la Madre Naturaleza. Es cierto que los sueños pueden ser enriquecedores y servir para la exploración de uno mismo, pero en modo alguno son, desde esa perspectiva, esenciales para la supervivencia.

Las emociones destructivas, por su parte, también pueden ser consideradas como "tímpanos", subproductos de algo útil en la conducta humana que, en sí mismas, carecen de toda importancia para la supervivencia y que, en ocasiones, hasta pueden resultar negativos. Éste es un principio que perfectamente podría aplicarse a cualquiera de las emociones aflictivas, como el deseo, la ira, el miedo o la tristeza (por no mencionar la envidia y los celos de la enumeración budista), que, cuando superan un determinado umbral, se tornan destructivas. De hecho, gran parte del manual diagnóstico oficial de la American Psychiatric Association contiene una tipología de las emociones destructivas inútiles, trastornos creados por una emoción otrora útil que ha terminado desproporcionándose, está fuera de lugar, o simplemente se ha descontrolado.

No todo el repertorio de la conducta humana es adaptativo, aunque la mayor parte sí parece serlo. Owen Flanagan coincide con la visión evolucionista que se pregunta por el valor adaptativo de cualquier rasgo humano. Y también es eso, precisamente, lo que hace Paul Ekman con las emociones básicas, fruto, en su opinión, de los ajustes necesarios para adaptarse a un determinado entorno. Este segundo día nos cuestionaremos si las emociones básicas que antaño desempeñaron con una función evolutiva podrían haber acabado convirtiéndose en "tímpanos" de la conducta humana, es decir, elementos con los que contamos, pero que ya no necesitamos.

Un sombrío telón de fondo

Ayer lucía un sol espléndido, pero hoy ha amanecido nublado, y la tormenta se cierne sobre nosotros y nos ha acompañado a lo largo de todo el día. A la hora del almuerzo llovía intermitentemente.

Los rumores de que un perro rabioso merodeaba por el pueblo nos han disuadido de dar un paseo. Según nos dijeron, ya había atacado a siete personas. Dick Grace, uno de nuestros observadores y un hombre muy compasivo, tropezó con una de las víctimas –un niño que había sufrido una terrible mordedura en la cara– y lo llevó al hospital.

El Dalai Lama estaba un tanto preocupado por su tos. Llevaba una semana resfriado a raíz de un viaje que hizo la semana pasada al Sur de la India, a donde había ido para ordenar a varios centenares de monjes tibetanos. La llovizna, el perro rabioso y el resfriado del Dalai Lama parecían confabularse para crear un sombrío telón de fondo que se ajustaba perfectamente a nuestro tema, las emociones destructivas.

Abrí la sesión recurriendo a la metáfora del tapiz y dije:

«Como Su Santidad sabe bien por los diálogos que hemos celebrado anteriormente, estos encuentros se asemejan a la confección de una alfombra que va revelándonos toda su riqueza en la medida en que avanzamos. Owen Flanagan tejió ayer lo que podríamos denominar la urdimbre de esa alfombra –la comprensión filosófica– y esbozó varias cuestiones esenciales desde la perspectiva de la filosofía moral occidental. Luego Matthieu nos resumió la visión budista de las emociones como factores que enturbian la visión clara y también señaló la posibilidad de intervenir antes, durante o después del surgimiento de una determinada emoción aflictiva. Alan asimismo nos presentó una lista de las emociones aflictivas que resulta muy curiosa si la comparamos con la que anteriormente nos ofreció Owen, no sólo por sus muchas yuxtaposiciones, sino también por sus importantes diferencias. Éstas son algunas de las muchas ideas a las que volveremos durante el día de hoy.

»Su Santidad ha sido muy amable al compartir con nosotros un vislumbre de la sofisticada visión que tiene la psicología budista con respecto a la naturaleza de las emociones aflictivas y los procesos de los actos mentales. Si realmente queremos intervenir de manera eficaz en el proceso emocional, debemos entenderlas lo suficientemente bien como para encontrar el remedio más apropiado.

»Ésa es la urdimbre que configura nuestro tapiz. Ahora empezaremos a tejer la trama y, de la interacción entre ambas, emergerá toda su colorida riqueza. Comenzaremos con Paul Ekman, profesor de psicología y director del Human Interaction Laboratory de la facultad de medicina de la University of California en San Francisco. Pero lo que realmente deben saber es que Paul lleva más de treinta años investigando el mundo de las emociones y es un auténtico maestro en la lectura de las emociones y de las expresiones faciales y posee un dominio personal único que casi se asemeja a un *siddhi* –dije, usando el término sánscrito con el que se conoce a las facultades extraordinarias.

»Paul ha aprendido a controlar voluntariamente cada uno de los más de ochenta músculos que configuran el rostro humano para poder analizar y valorar con precisión científica la relación que existe entre la activación de ciertos músculos y una determinada emoción. Ese aprendizaje le ha permitido detectar cambios fugaces que ponen de relieve nuestros verdaderos sentimientos, una habilidad que ha transmitido a los agentes de la policía y del servicio secreto.

»Por ello debo señalarles que, si ocultan algún sentimiento, Paul no tardará en advertirlo –agregué, en un tono más informal».

Un detector de emociones

Era un día de comienzos de diciembre anormalmente caluroso, y Paul y yo caminábamos por las irregulares aceras que discurren entre las encantadoras mansiones de estilo victoriano mientras nos dirigíamos a una reunión en el Center for Comparative Religions, de la Harvard Divinity School, de Cambridge. Esa mañana debía coordinar los esfuerzos de siete especialistas en temas muy diversos que, en el mes de marzo, tenían que presentar al Dalai Lama sus descubrimientos y sus ideas en torno al tema de las emociones destructivas. Por ello, aunque estaba interesado en lo que Paul me contaba, una parte de mi mente no dejaba de dar vueltas a la reunión que íbamos a celebrar.

Paul, el mayor experto del mundo en el campo de la expresión facial de las emociones, acababa de editar una cinta de vídeo de una hora aproximada de duración con la que aseguraba que podía enseñar a cualquiera a detectar en el rostro de una persona los signos más imperceptibles de la ira, del miedo o de cualquier otra emoción. Según decía, con la ayuda de esa cinta podía enseñar en una hora a cualquiera a detectar microemociones cuya duración es inferior a un cuarto de segundo.

Todo ello no sólo me interesaba, sino que incluso me fascinaba. En sus conferencias solía insistir en la posibilidad de desarrollar –y, en consecuencia, de aprender– la empatía, es decir, la capacidad de registrar las emociones que está experimentando otra persona, una idea que resulta sumamente interesante. Y ahora tenía una respuesta mucho más concreta.

Mientras nos acercábamos al lugar del encuentro, Paul comenzó a hablar del libro que estaba escribiendo, un tema que, por otra parte, me pareció un tanto tangencial. Mi atención seguía dividida entre sus comentarios y la preocupación por la reunión que no tardaría en dirigir, y por mi mente cruzó la idea de que, en el minuto aproximado que llevaba hablando, ya había escuchado todo lo que quería. Por un instante empecé a impacientarme y hasta me sentí un poco irritado, aunque estoy seguro de que no di ninguna muestra de ello.

–Cualquiera que se hubiera entrenado con esa cinta en la detección de emociones sabría que, en este preciso instante, estás un poco enfadado conmigo –dijo entonces Paul, como quien no quiere la cosa.

Fue un pequeño milagro. «¿Cómo diablos –me pregunté– se habría dado cuenta de que, en esa precisa fracción de segundo, estaba irritado?» Pero a Paul, sin embargo, no le pareció nada extraño y volvió a hablar del vídeo y de su uso para enseñar empatía a los policías y siguió hablando de ello hasta el momento en que entramos en la sala.

Este ejemplo caracteriza perfectamente el genio de Paul, que no es tanto un extraordinario lector de mentes, como un extraordinario detector de emociones.

Advertir lo inadvertido

La carrera académica de Paul Ekman comenzó a eso de los quince años cuando, escapando de su problemática familia de New Jersey, se refugió en la University of Chicago, que tenía un programa para admitir a estudiantes brillantes que, como él, no habían acabado la escuela secundaria. En cierto modo, esto le salvó la vida porque pasó de la aburrida rebeldía casera a los grandes retos intelectuales, uno de los cuales fue su descubrimiento de Freud y su posterior decisión de convertirse en psicoterapeuta.

Luego Paul estudió psicología clínica en la Adelphi University, uno de los pocos lugares que, en ese tiempo, no centraba tanto su atención en la investigación académica como en la práctica clínica. Pero Paul resultó ser la oveja negra de su clase porque, en lugar de interesarse por la psicoterapia, acabó dedicándose a la investigación. Pero el momento crucial de su carrera se produjo cuando, después de licenciarse, se dedicó a observar sesiones de psicoterapia a través de un espejo unidireccional y se quedó muy impresionado al cobrar conciencia de que lo que ahí estaba ocurriendo no se transmitía tanto a través de canales verbales como no verbales (como el tono de voz, las expresiones faciales y el gesto).

Así es como Paul descubrió lo que acabaría convirtiéndose en su vocación, advertir lo inadvertido. De Adelphi pasó luego al Langley Porter Institute, el hospital psiquiátrico de la facultad de medicina de la University of California de San Francisco, atraído fundamentalmente por la personalidad de Jürgen Ruesch, uno de los pocos investigadores que, en esa época, había publicado algo sobre la conducta no verbal.

Reclutado por el ejército poco después de acabar su carrera, Paul se convirtió en el psicólogo jefe del enorme campamento de Fort Dix (New Jersey). La tarea que tenía encomendada era la psicoterapia, pero ninguno de los cuarenta mil soldados que, cada ocho semanas, desfilaban por el campamento, parecía tener tiempo ni interés en acudir al psicólogo. Ahí fue, precisamente, donde Paul tuvo sus dos primeros éxitos como investigador.

Una de las investigaciones puso de relieve que, el hecho de que los soldados tuvieran la oportunidad de "desalistarse" durante los primeros tres días de campamento –es decir, la posibilidad de declararse inútiles para el servicio y ser así devueltos a casa–, no modificaba la tasa global de bajas que acababan produciéndose. Dicho en otras palabras, los soldados no parecían aprovechar la ocasión para escapar del servicio militar, con lo cual disminuía considerablemente también la incidencia de crisis nerviosas que acababan provocando la baja definitiva. El impacto de ese estudio fue tal que el general que dirigía Fort Dix cambió la política y proporcionó a los reclutas la oportunidad de abandonar el ejército en el momento mismo de entrar en el campamento.

Luego Paul se dio cuenta de que los calabozos estaban llenos de soldados que habían sido detenidos por ausentarse sin permiso del servicio. La investigación de Paul demostró que la mayoría de los reclutas volvían por sí mismos y que, cuando se les castigaba con un trabajo extra, reincidían un 90 por ciento menos que quienes eran encarcelados por el mismo motivo. Esa investigación también supuso un cambio de política del campamento que llevó a reemplazar la reclusión por un trabajo adicional.

Estos éxitos acabaron convenciéndole de que el mejor modo de cambiar el mundo no era la psicoterapia, sino la investigación.

El hombre de los siete mil rostros

En los años sesenta, Paul volvió a investigar en Langley Porter, donde conoció a Sylvan Tomkins, un filósofo reciclado en psicólogo cuyo trabajo sobre la expresión no verbal de las emociones se convirtió para él en una auténtica fuente de inspiración. Entonces consiguió una beca para llevar a cabo una investigación intercultural de los gestos y la expresión de las emociones, para lo cual se centró en un grupo étnico de Nueva Guinea que, según se creía, todavía vivía en la Edad de Piedra. En esa remota tribu descubrió que las formas de expresión de las emociones eran perfectamente reconocibles en todo el mundo. Y ese descubrimiento le llevó a una lectura detenida de Darwin que, hacía mucho tiempo, había abogado por la tesis de la universalidad de la expresión de las emociones.

Conocí a Paul a comienzos de los ochenta, a propósito de un artículo que escribí en torno a su investigación sobre la expresión facial de las emociones. Paul no tardó en darse cuenta de que la expresión facial es una ventana abierta a las emociones de otra persona. Lamentablemente, sin embargo, por aquel entonces no existía ningún método científico para poder interpretar las emociones implícitas en los movimientos de los músculos del rostro, y Paul se vio obligado a desarrollar su propio sistema. Paul y su colaborador Wallace Friesen invirtieron cerca de un año en el estudio de la anatomía facial y aprendieron también a mover de manera consciente cada uno de los músculos de la cara, para poder estudiar el papel que desempeñan en la configuración de una determinada emoción. Tengamos en cuenta que la anatomía del rostro admite unas siete mil combinaciones visualmente distintas de todos esos músculos.

Ese trabajo fue realmente minucioso. Paul tomó prestado un método desarrollado por Guillaume Duchenne du Boulogne, un neurólogo del siglo XIX que había estimulado de forma eléctrica la musculatura facial del rostro de una persona que no tenía sensibilidad al dolor –lo que le permitió despreocuparse de la intensidad de la descarga– para tratar de describir los cambios de apariencia del rostro. Pero Paul no fue tan afortunado y, cuando tenía dudas sobre el funcionamiento de un determinado músculo, se vio obligado a atravesarse la piel con una aguja hasta llegar al músculo y poder así estimularlo eléctricamente algo que, como todavía recuerda, no resultaba nada divertido.

Seis años más tarde, sin embargo, todo el trabajo realizado en la investigación científica de las emociones supuso un gran paso hacia adelante que puso de relieve que cada emoción pone en funcionamiento un determinado conjunto de músculos de un modo tan preciso que es posible representar gráficamente, mediante una notación muy precisa, los distintos movimientos implicados en una determinada emoción. Así fue como, por vez primera, los científicos pudieron llegar a determinar con cierto detalle las emociones que experimentaba una persona observando simplemente los cambios concretos que se producen en sus músculos faciales.

Hoy en día, el Facial Acting Coding System es usado por más de cuatrocientos investigadores de todo el mundo, y hay un par de equipos de investigación que están tratando de automatizar el proceso, de modo que es muy probable que, antes de cinco años, dispongamos de lecturas muy precisas de los cambios emocionales sutiles que experimenta una persona, del mismo modo que el electroencefalograma nos proporciona una lectura muy detallada de las ondas cerebrales.

La posibilidad de participar en nuestro encuentro había coincidido con el libro que Paul trató de describirme durante nuestro paseo hasta Cambridge.[1] En él se ocupaba de muchos de los temas que estábamos discutiendo y, más en particular, de las emociones funcionales y disfuncionales y del modo en que podemos cambiar lo que nos emociona. Paul creía que las varias décadas de investigación invertidas en el dominio de las emociones le habían enseñado muchas cosas que podrían interesar al Dalai Lama, pero aún estaba más interesado, si cabe, por lo que ese diálogo podría aportarle a él. Tal vez –pensaba–, los muchos siglos de ciencia interna desarrollada por el budismo tibetano le enseñarían métodos prácticos, desconocidos por la ciencia occidental, para gestionar más adecuadamente nuestra experiencia emocional.

Pero Paul también tenía una motivación más personal para asistir al encuentro de Dharamsala. Desde la época de la guerra fría, en la que tuvo que ocuparse de analizar las posibles bajas en caso de guerra nuclear, Paul había sido un miembro activo de las organizaciones que abogaban por el desarme. Este activismo parecía haber sido heredado por su hija universitaria Eve que, desde los quince años, se había interesado por la causa del pueblo tibetano. Todo ello contribuyó a que Paul decidiese acudir a Dharamsala acompañado de su hija, que asistió como espectadora, y todos sus signos no verbales evidenciaban lo orgulloso y satisfecho que estaba de tenerla consigo durante toda la semana.

Los universales

Paul, al que se había encomendado la misión de revisar el marco científico de las emociones, comenzó diciendo:

«Considero un gran honor tener la oportunidad de participar en este diálogo con Su Santidad. Antes que nada debo disculparme por haber pasado cuarenta años estudiando las emociones y no haberme interesado por el budismo hasta hace sólo cuatro meses. Todo lo que sé al respecto lo he leído en cuatro de sus libros, de modo que pido perdón anticipadamente por la ingenuidad que sin duda evidenciarán mis palabras.

»Quisiera comenzar diferenciando claramente los hechos científicos (de los que tenemos pruebas) de las teorías (que, pese a carecer de evidencia, se ocupan de algunas cuestiones muy interesantes). Empezaremos con aquéllos, aunque creo que pasaré más tiempo hablando de estos últimos.

»Permítanme empezar hablando de los universales. Cuando comencé mi investigación en este dominio, Occidente sostenía la creencia básica de que las emociones, como el lenguaje y los valores, difieren de una cultura a otra. Entonces se creía que la expresión de las emociones se aprende y que esa expresión es, en consecuencia, el fruto y el reflejo de las diferencias interculturales. Esa visión contradecía claramente la opinión sostenida por Charles Darwin en 1872 en su libro *La expresión de las emociones en el hombre y en los animales*, según la cual aunque nuestras emociones evolucionan, todavía compartimos algunas con otros animales y constituyen una fuerza que aglutina toda la humanidad».

Luego Paul proyectó una serie de diapositivas de rostros con expresiones muy marcadas y dijo:

«En la primera investigación que realicé sobre este campo presenté estos mismos rostros y otros similares a personas de veintiún culturas diferentes del mundo entero, solicitándoles que identificaran la emoción que expresa cada uno de ellos. La investigación demostró que, independientemente de las diferencias de lenguaje y de bagaje cultural, no existen dife-

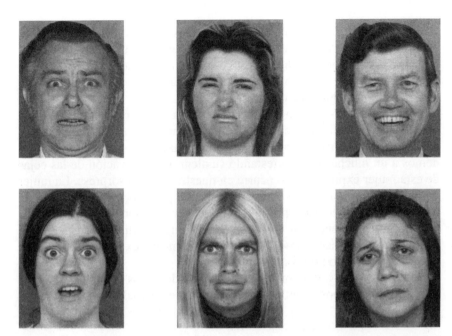

Imágenes de rostros expresando emociones diferentes que Paul Ekman presentó a personas de distintas culturas y les pidió que trataran de identificar.

rencias interculturales en su interpretación. Así pues –y aunque las palabras utilizadas en cada caso para expresarse fueran diferentes–, todos los implicados atribuyeron la tercera de las imágenes de la primera fila presentadas arriba a la felicidad. Y lo mismo ocurrió con el rostro de su izquierda, a la que todos identificaron como disgusto o asco.

»Pero ese tipo de investigación todavía dejaba abierta una posibilidad, ya que todos los participantes considerados habían estado expuestos a las mismas películas de televisión y de cine y cabía la posibilidad de que no se tratara de un producto de la evolución, sino que hubieran aprendido esas expresiones de Charlie Chaplin, John Wayne o Richard Gere (un reconocimiento explícito a Gere, que asistía como espectador y se hallaba sentado justo detrás de Paul). Fue para cubrir esa eventualidad que acometí el mismo estudio con personas que no habían tenido contacto alguno con el mundo exterior. Por aquel entonces, había un científico que estaba estudiando una enfermedad que afectaba a un grupo étnico de Nueva Guinea que se hallaba en la Edad de Piedra y de quienes habría filmado unos tres mil metros de película. Se trataba de un grupo que todavía utilizaba utensilios de piedra y que no había tenido ningún contacto con el mundo externo.

»Pasé seis meses estudiando esas películas antes de descubrir que, en ellas, no aparecía nada especial, puesto que no tenía ninguna dificultad en interpretar sus emociones. Dicho de otro modo, no fue necesario que aprendiera su lenguaje expresivo –sus expresiones faciales–, porque su lenguaje emocional era también el mío.

»En el año 1967, viaje a Nueva Guinea para estudiar directamente a ese grupo –añadió Paul, al tiempo que iba proyectando diapositivas de algunas de las expresiones espontáneas que su equipo había fotografiado–. Aquí tenemos a un muchacho manifestando su alegría. La elevación de las cejas de esta mujer expresa, como ocurre en nuestro caso, la sorpresa. La mujer que pueden ver ahora está enfadada conmigo por haber transgredido una norma cultural y haberle prestado demasiada atención. La expresión de este hombre evidencia su asco al verme comer el alimento de una lata de conservas que había llevado conmigo... la misma expresión, por cierto, que hice yo cuando probé su comida.

»Pero, por más interesantes que resulten todos estos ejemplos, no constituyen, en sí mismos, ninguna demostración científica. Para ello, debía lle-

Muchacho alegre, mujer enfadada y hombre expresando el asco que le produce ver a Paul alimentándose de comida envasada.

var a cabo una investigación más sistemática. En el más interesante de todos los experimento realizados, les contaba una determinada historia y les pedía que me expresaran con su rostro cuál sería su respuesta».

Paul ilustró entonces su relato mostrándonos algunas dispositivas tomadas por él mismo durante su viaje a Nueva Guinea.

«Debo señalar que esas personas ignoraban lo que es una cámara y que, en consecuencia, no se avergonzaban de ser filmados ni fotografiados. Los casos que les propuse eran los siguientes: "Muéstrame cuál sería tu rostro si estuvieras a punto de pelearte con alguien". "¿Cómo sería si alguien hiciera algo que te disgustase, aunque no tanto como para pelearte con él?" "¿Y si te acabaras de enterar de la muerte de tu hijo?" y, por último, "¿y si hubiesen llegado al pueblo unos amigos a los que no ves desde hace mucho tiempo?".

»No resulta nada sorprendente que, cuando mostré esas imágenes a estudiantes universitarios que no se hallaban familiarizados con esa tribu, no tuvieran ninguna dificultad en interpretar sus emociones. Ésa fue, para mí, una prueba irrefutable de que Darwin estaba en lo cierto al afirmar la universalidad de la expresión de las emociones.

»Pero esa universalidad no sólo se refiere a la expresión de las emociones, sino también a algunos de los eventos que las desencadenan. Todavía carecemos de una prueba irrefutable al respecto, pero todas las evidencias de que disponemos sugieren que, a un nivel abstracto, son las mismas para todas las personas, aunque los detalles puedan diferir. Así, por ejemplo, la tristeza o la angustia parecen derivarse del mismo tema común –una pérdida importante–, aunque la persona o cosa perdida puedan diferir en función de los individuos e incluso de las culturas.

»Y, del mismo modo que existe una universalidad en los eventos que desencadenan una determinada emoción, también la hay en algunos de los cambios que se producen en nuestro cuerpo cuando la experimentamos. Con mi colega Robert Levenson, de la University of California en Berkeley, llevé a cabo un estudio sobre los cambios que acompañan cada emoción. El enfado y el miedo, por ejemplo, suelen ir acompañados de un aumento de la tasa cardíaca y de la sudoración aunque, en el primero de ellos, hay un aumento de la temperatura de las manos mientras que, en el segundo, las manos se enfrían. Y esta diferencia en la temperatura de la piel es universal, porque también podemos advertirla si nos desplazamos a Minangkabao, en las tierras altas del Oeste de Sumatra, pongamos por caso.»

Dieciocho tipos diferentes de sonrisa

«Otro punto importante –prosiguió Paul– tiene que ver con la diferencia entre la expresión voluntaria y la expresión involuntaria, un descubrimiento realizado por el mencionado neurólogo francés del siglo pasado, Guillaume Duchenne.»

Paul proyectó entonces una imagen en la que se hallaba el doctor Duchenne con un paciente con una sonrisa simulada y el mismo paciente con una sonrisa auténtica y dijo:

«El paciente que se halla a su izquierda carecía de sensibilidad al dolor en su cara y, por ello, el doctor Duchenne pudo aplicarle electrodos para estimular su musculatura facial y descubrir, de ese modo, por ejemplo, el músculo que levanta los labios. Pero cuando contempló la imagen se dio cuenta de que, por más que sonriera, no parecía feliz. Entonces le contó un chiste y tomó una segunda fotografía que, comparada con la primera, pone de relieve la activación del músculo que rodea el ojo y que se encarga de levantar las mejillas».

Luego proyectó un par de fotografías de sí mismo con una sonrisa simulada y una sonrisa verdadera y dijo:

«En opinión de Duchenne, el músculo orbicular del ojo no se halla bajo control voluntario y por ello sólo acompaña a la emoción verdadera. "Su ausencia –en palabras del mismo Duchenne–, sirve para desenmascarar al falso amigo". En uno de los libros de Su Santidad me he enterado de su interés en la sonrisa, pero debo decirle que mi investigación me ha llevado a determinar la existencia de dieciocho tipos diferentes de sonrisa».

Ese comentario provocó una gran sonrisa en el Dalai Lama que pareció activar todos los músculos de su rostro.

–¡Dieciocho! –exclamó el Dalai Lama, agregando luego sardónicamente– ¿Y cuándo tiene pensado descubrir el decimonoveno?

–En realidad, espero no hacerlo –replicó Paul–. Bastantes problemas tengo ya con convencer a la gente de la existencia de dieciocho tipos diferentes de sonrisa.

«Permítame contarle ahora algo acerca de la investigación realizada durante la última década. Hasta hace unos quince años, los descubrimientos de Duchenne permanecieron casi completamente ignorados, como si no existieran.

La primera evidencia real fue que nuestro estudio mostraba diferencias en la sonrisa cuando la persona mentía y afirmaba estar bien cuando, de hecho, se sentía pésimamente. En dos estudios que realizamos en colaboración con Richard Davidson descubrimos que, cada una de esas sonrisas, iba

Izquierda: Paul Ekman exhibiendo una sonrisa simulada.
Derecha: Sonrisa auténtica.

asociada a una pauta diferente de actividad cerebral. Y hay que decir que, en este sentido, la mayor parte de la actividad cerebral que acompaña la sonrisa verdadera implica la activación del músculo orbicular del ojo.»[2]

Mentira, detección y equipamiento emocional

Paul dejó entonces de lado el tema de la sonrisa simulada y empezó a hablar de la investigación realizada en torno al engaño y la mentira.

–Existe un tipo de investigación –que sólo he realizado en Estados Unidos– que pone de relieve que casi todo el mundo –incluidos los policías, los psiquiatras, los abogados y los aduaneros– es engañado con cierta facilidad y es incapaz de detectar la mentira mediante una simple conversación.

–¿Y qué me dice de los políticos? –preguntó sonriendo el Dalai Lama–. Aunque la pregunta había sido formulada amablemente, Paul advirtió en ella una cierta ironía. En el vuelo que nos condujo de Delhi a Jammu, Paul había leído la autobiografía del Dalai Lama titulada *Freedom in Exile* y le sorprendieron las muchas ocasiones en que describe haber sido engañado por los políticos chinos que asumieron el control del Tíbet.

–En este sentido –respondió Paul– sólo puedo decirle que he estudiado las mentiras que dicen los políticos, no si son capaces de detectarlas. Pero este mismo hecho resulta, en cierto modo, sorprendente, porque existen muchos indicios conductuales sutiles que nos revelan si alguien dice la verdad o está mintiendo. Y todos ellos se ponen de relieve a través del rostro y de la voz, ya que los métodos que apelan al lenguaje corporal y verbal nos permiten discernir la verdad de la mentira con un grado de exactitud que supera el 85 por ciento.

También hemos descubierto la existencia de un pequeño grupo de personas cuya precisión a este respecto es tan exacta como nuestras medidas objetivas. Son personas muy capaces de hacerse una idea adecuada de lo que está ocurriendo con sólo escuchar y mirar. En la actualidad, estamos tratando de determinar de qué depende esta infrecuente habilidad que sólo se presenta en menos de un 1 por ciento de la población.[3]

Luego Paul volvió a prestar atención a la estrecha relación que existe entre la expresión facial de las emociones y los cambios corporales.

«En el curso de nuestra investigación también descubrimos algo realmente sorprendente y es que la expresión facial deliberada provoca cambios fisiológicos. Así pues, el hecho de asumir intencionalmente la expresión facial propia de una determinada emoción suscita los mismos cambios fisiológicos que acompañan la expresión espontánea de esa emoción. Esto fue algo que advertimos tanto en nuestro trabajo sobre la fisiología corporal como en algunas de las investigaciones realizadas con Richard Davidson en torno a los cambios cerebrales. Así pues, el rostro no es únicamente una ventana para la expresión de las emociones, sino que también nos proporciona un modo de activarlas.»[4]

–¿Y ello incluye también a las expresiones voluntarias? –preguntó el Dalai Lama.

–Es algo que se pone voluntariamente en marcha, pero cuya expresión activa el sistema involuntario –respondió Paul.

Dicho en otras palabras, el simple hecho de esbozar una sonrisa desencadena una serie de respuestas cerebrales que se asemejan a las propias de la felicidad. Y lo mismo ocurre en sentido contrario –como demostró otro experimento realizado por Paul en colaboración con Richard Davidson–, puesto que el hecho de fruncir el ceño pone en marcha los mecanismos asociados a la tristeza.

«Quisiera ahora –continuó Paul– señalar algunas diferencias individuales en la expresión de las emociones. Como ya he señalado anteriormente, mi trabajo comenzó centrándose en las facetas universales de la emoción, pero en los últimos diez años he estado trabajando en el campo de las diferencias individuales. Y debo decir que, en este sentido, las personas presentan estilos afectivos diferentes, ya que la velocidad, la expresividad, la intensidad y la latencia de la emoción, por ejemplo, presentan una amplia variabilidad interpersonal.

»Nuestros descubrimientos también han puesto de relieve que, en la mayoría de las personas, el sistema emocional no está fragmentado sino que es unitario. No es posible, como hace algún tiempo pensaban los científicos, tener una gran expresividad y una respuesta fisiológica muy pequeña. Las distintas partes del equipamiento emocional funcionan de manera conjunta. Así pues, si las expresiones son intensas y veloces, también lo son los cambios que se producen en los órganos gobernados por el sistema nervioso autónomo. Y también hemos descubierto que, hablando en términos generales, esas diferencias interindividuales no se hallan restringidas a una determinada emoción ya que si, por ejemplo, su respuesta a la ira es grande, también lo es su respuesta al miedo.»

Todas esas diferencias sugieren una posible explicación a los malentendidos relativos a la interpretación de las emociones. Todos damos por sentado –de manera natural pero incorrecta– que los demás experimentan las emociones exactamente del mismo modo en que lo hacemos nosotros. Los descubrimientos realizados por Paul sugieren que algunas personas –especialmente aquellas cuyas respuestas emocionales son rápidas, intensas y prolongadas– suelen tener ciertas dificultades para gestionar de manera adecuada sus emociones. Todo ello nos obliga a preguntarnos por el momento del desarrollo evolutivo del niño en que empiezan a aparecer estas diferencias en el modo de experimentar las emociones. Tal vez, en opinión de Paul, la respuesta a esta pregunta –que, según él, todavía estamos lejos de descubrir– pueda ayudarnos a intervenir en el momento adecuado y contribuir así al desarrollo de la capacidad de gestionar las emociones. Dos días después, sin embargo, la presentación de Mark Greenberg iba a describirnos programas de aprendizaje emocional orientados a los niños.

La libre expresión de las emociones

Paul me contó más tarde que le había sorprendido la sinceridad y libertad con que el Dalai Lama expresa sus emociones. Su rostro, según dijo, era muy expresivo y no sólo deja traslucir muy claramente sus cambios emocionales, sino también sus pensamientos. Basta con contemplar su rostro –dijo– para advertir con claridad cuando está concentrado, cuando duda, cuando comprende y cuando está de acuerdo. Pero lo más curioso es, en su opinión, su extraordinario buen humor, una sensación continua de asombro y contento que refleja claramente la contagiosa alegría con que afronta las vicisitudes que le depara la vida.

Pero ello no significa que el Dalai Lama no pueda experimentar tristeza u otros sentimientos. En realidad, parece una persona muy sensible al sufrimiento de los demás, y su aflicción por su dolor se transparenta, al menos por un instante, en su rostro. Paul también estaba sorprendido por la rapidez con la que parecía recuperarse de las emociones más inquietantes y por el hecho de que su modalidad más típica de respuesta tendiera siempre a contemplar las facetas divertidas y positivas.

Como buen conocedor del rostro humano, Paul señaló también otras singularidades que advertía en el Dalai Lama. En primer lugar destacó la amplitud de su rostro y lo bien articulada que se hallaba su musculatura facial. Lo más sorprendente –dijo– es que su cara no parece la de alguien de sesenta y cuatro años, sino de veinte. Tal vez, especuló Paul, ello sea una consecuencia del hecho de no reprimir sus emociones y de permitir que su rostro las exprese directamente, lo que implica una actividad muscular mucho más frecuente de lo habitual. A diferencia, pues, de la habitual represión de la expresión de las emociones, el Dalai Lama no parece tener el menor empacho en mostrarlas.

Esta ausencia de represión, a su vez, evidencia una confianza nada frecuente. A eso de los cinco o seis años, la mayoría de los niños se avergüenzan de ciertos sentimientos, y esa vergüenza les lleva a implantar una pauta de represión de un determinado rango del espectro emocional. Pero, en opinión de Paul, el Dalai Lama no mostraba el menor signo de haber aprendido a avergonzarse de lo que sentía, algo que sólo sucede en los niños más afortunados.

Atrapados en la emoción

Luego Paul dejó de lado la revisión de los descubrimientos científicos realizados sobre la expresión de las emociones y comenzó a prestar atención a lo que ocurre en el momento en que experimentamos una determinada emoción.

«Los occidentales creemos que uno de los rasgos que permiten distinguir a las emociones de otros fenómenos mentales es su mayor velocidad. Las emociones pueden desplegarse en una fracción de segundo (aun cuando, en algunos casos, requieran más tiempo). Un segundo aspecto que las caracteriza es su evaluación automática, una evaluación que discurre a tal velocidad que no somos conscientes de ella y sólo podemos advertir sus efectos cuando ya estamos asustados, enfadados o tristes, es decir, después –pero no antes– de la emergencia de la emoción.

»El momento en que cobramos conciencia se produce entre medio segundo y un cuarto de segundo después de que la emoción haya aparecido. Precisamente, por ello hablamos de evaluación automática. Dicho en otras palabras, nos hallamos a merced de una emoción aun antes de haber advertido su presencia.»

–¿Está usted sugiriendo –preguntó entonces el Dalai Lama– que una cosa es el proceso de aparición de la emoción y otra distinta el modo de experimentarla y que sólo es posible cobrar conciencia de ambos procesos una vez que se han producido?

–No –aclaró Paul–. Lo normal es que uno sólo se torne consciente después de la emergencia de la emoción, como si ésta sólo atrajera nuestra atención una vez que se manifiesta, pero no durante el proceso que la genera. En el caso de que la evaluación fuera consciente –y de que, por tanto, fuésemos responsables de la aparición de la emoción–, nuestras vidas serían, para bien o para mal, muy diferentes. En lugar de ello, los seres humanos sentimos como si la emoción fuera algo *ajeno* que nos sucede. Yo no elijo tener una emoción, asustarme ni enfadarme, sino que súbitamente me doy cuenta de que estoy enfadado. A veces puedo llegar incluso a creer que alguien ha provocado esa emoción, pero no me doy cuenta, por ejemplo, del proceso de evaluación que me lleva a evaluar «lo que hizo Dan me enojó».

La visión occidental de las emociones considera que el momento en que se presentan –un momento ciertamente crucial– es algo sobre lo que sólo podemos especular, pero que, en realidad, nunca conoceremos a ciencia cierta. Desde esta perspectiva, pues, sólo cobramos conciencia de una emoción cuando nos hallamos inmersos en ella y en modo alguno podemos controlar su aparición.

–Me pregunto –interrumpió entonces el Dalai Lama– si podría haber algún método análogo a la práctica meditativa que permita el cultivo de la capacidad introspectiva para controlar los estados mentales. Porque debo decir que, en tal caso, uno permanece especialmente atento para detectar cualquier signo de distracción, ya sea debido a la excitación o a la lasitud, que entorpezca la claridad mental. En los estadios iniciales –y, por tanto, poco desarrollados– del desarrollo de esta capacidad introspectiva, sólo podemos darnos cuenta de la presencia de la excitación o de la lasitud después de que éstas hayan hecho acto de presencia. Pero el ejercicio de esta habilidad va perfeccionando tal destreza hasta el punto de que uno llega incluso a detectar el momento en que la lasitud o la excitación están a punto de emerger. Y lo mismo podríamos decir con respecto al surgimiento del apego y del rechazo.

–Ésta es una cuestión muy importante –dijo Paul– de la que, por otra parte, sabemos muy poco. Pero espero aprender algunas cosas sobre el modo de aumentar nuestra capacidad para cobrar conciencia del proceso de evaluación.

–Este punto podría ser interesante para Dan –apuntó entonces Alan, traduciendo un comentario anterior del Dalai Lama–. Según la psicología budista, el término introspección –es decir, el control de nuestros estados mentales– es un derivado de la inteligencia.

Las teorías de la inteligencia emocional sobre las que he escrito postulan que la conciencia de uno mismo es una de sus cuatro aptitudes fundamentales.[5]

–¿Te refieres, claro está, a la inteligencia emocional? –pregunté, recalcando la conexión que existe entre ambos términos.

–En realidad, la inteligencia emocional no es más que uno de sus aspectos –apostilló Alan–. El término sánscrito *prajña* algunas veces se traduce como "sabiduría", pero, según la psicología budista, su significado exacto es el de "inteligencia".

Según el modelo propuesto por la inteligencia emocional, la conciencia de uno mismo incluye la capacidad de gestionar adecuadamente las propias emociones, una habilidad fundamental para nuestra vida afectiva. Desde una perspectiva ideal, ello incluiría la capacidad de detectar las emociones destructivas en el mismo momento en que empiezan a aparecer –como acaba de señalar el Dalai Lama con respecto a la práctica meditativa– y no sólo después de que hayan atrapado a nuestra mente como, según Paul, suele ocurrir. Si pudiéramos cobrar conciencia de nuestras emociones destructivas en el mismo momento en que se originan, estaríamos aumentando nuestra libertad para elegir las respuestas más adecuadas.

Pensamientos privados, sentimientos públicos

«El proceso de evaluación –continuó Paul– depende de dos aspectos diferentes. Por una parte, se halla determinado por la historia de nuestra especie en este planeta (ya que, como señala cierto teórico, nuestras respuestas reflejan la sabiduría de las edades) y, por la otra, también se ve influido por nuestra historia personal. Así pues, la filogenia y la ontogenia han sido útiles y adaptativas para la humanidad; y lo que ha sido útil y adaptativo en nuestro proceso de crecimiento y desarrollo acaba dejando su impronta en nuestra respuesta de evaluación.

»Las emociones no son privadas sino públicas. Con ello quiero decir que nuestra expresión verbal, gestual y postural delatan las emociones que estamos experimentando. Así pues, nuestros pensamientos son privados, mientras que nuestras emociones son públicas, y los demás saben cómo nos sentimos, lo cual es muy importante para comunicarnos.»

Este punto suscitó un largo debate en la comitiva tibetana, en la que el Dalai Lama buscó el término tibetano correspondiente al término *pensamiento* del que estaba hablando Paul, una cuestión, por otra parte, fundamental en el diálogo entre el Dalai Lama y la psicología. Desde la perspectiva budista, no existe una clara separación entre las emociones y los pensamientos, ya que las emociones están inevitablemente cargadas de pensamientos y no es de extrañar, por tanto, que el término tibetano para referirse al "pensamiento" incluya también su tono afectivo. El tibetano no establece la misma distinción nítida entre pensamiento y emoción que hace Occidente, sino que entiende –como hace la moderna neurociencia– que ambos se encuentran estrechamente relacionados.[6]

–Uno podría tener una actitud que se halla entremezclada con una emoción, con una actitud negativa, por ejemplo, que vaya inmediatamente seguida de odio –señaló el Dalai Lama.

–Son muchos los pensamientos que van acompañados de emociones –reconoció Paul–, pero eso no ocurre en todos los casos. Si el pensamiento está ligado a una emoción, entonces usted verá indicios de esa emoción. Permítame darle un ejemplo que subrayo con cierta frecuencia en mi trabajo sobre el engaño. Cuando usted habla con alguien que es sospechoso de un crimen y parece asustado, no resulta fácil discernir si se trata del miedo del culpable a ser descubierto o del miedo de la persona inocente a no ser creída. Nosotros no estamos en condiciones de determinar cuál es el contenido de su pensamiento, ya que lo único que podemos detectar son las emociones que suscitan.

En una obra de teatro de Shakespeare, por ejemplo, Otelo mata a Desdémona. Él estaba en lo cierto al advertir los signos de su miedo, pero los interpretó equivocadamente, ya que los atribuyó a la infidelidad, cuando lo cierto es que sólo era una mujer que temía a su celoso marido.

–El budismo –dijo el Dalai Lama– trata de comprender la relación causal que existe entre las emociones y los pensamientos. En muchos casos, es la emoción la que origina una cierta intención, de modo que no es infrecuente que la emoción preceda o facilite la aparición del pensamiento.

La ética budista habla de tres tipos de estados mentales no virtuosos, dos de los cuales están estrechamente ligados a la emoción. Uno es la codicia y el otro el rencor. La primera se origina en una identificación con un determinado objeto que luego da origen al pensamiento "quiero eso". La codicia también podría verse alentada por el enfado o por otras emociones. De manera semejante, la cólera y el odio también suelen provocar el rencor y todos sus pensamientos asociados.

–Completamente de acuerdo –respondió Paul.

–En todos estos casos –señaló el Dalai Lama–, la emoción parece preceder al pensamiento.

–A veces le precede, otras ocurre al mismo tiempo y aun en otras le sucede –concluyó Paul.

Actuar sin pensar

«Veamos un par de puntos más. La aparición de una emoción provoca una serie de cambios en nuestra expresión, en nuestro rostro, en nuestra voz, en el modo en que pensamos y nos moviliza a la acción. Estos cambios se producen de manera involuntaria, y si no estamos de acuerdo con ellos, lo experimentamos como una lucha, en cuyo caso nos esforzamos por controlar, por no mostrar, por no hablar o por no actuar. Un aspecto decisivo de la emoción es el hecho de que, durante un instante –o durante bastante más que un instante–, acaba secuestrándonos –dijo Paul.

»Las emociones pueden ser muy breves. Hay ocasiones en que no duran más que un segundo o dos. En un determinado momento puedo estar feliz, al siguiente enojado y un instante después triste. Pero también es posible que la emoción perdure durante más tiempo.

»Lo que he estado describiendo es realmente una visión evolucionista de la emoción. En algún lugar de su autobiografía, Charles Darwin dice algo así como que: "todos los seres vivos se han desarrollado a través del proceso de selección natural guiándose a través de las sensaciones placenteras, especialmente las derivadas de la sociabilidad y del amor a nuestra familia". Creo que esta afirmación coincide bastante con la visión de Su Santidad, aunque entre ambas existan algunas interesantes diferencias.»

Paul entregó entonces al Dalai Lama una copia de *La expresión de las emociones en el hombre y en los animales*, el libro clásico de Darwin sobre la emoción, que Paul acababa de editar acompañado de un comentario científico moderno.

«Una de las ideas fundamentales de Darwin que han resistido el paso del tiempo es la continuidad de las especies o, dicho en otras palabras, que las emociones no son privativas del ser humano. El pensamiento occidental ha oscilado entre dos opiniones diferentes, que la emoción es exclusiva de los animales, o que lo es del ser humano. Si reconociésemos que los animales tienen emociones, no podríamos tratarlos del modo en que los tratamos. Así pues, existe una continuidad entre las distintas especies, como también existe una universalidad que trasciende las diferencias interculturales.

»Otra idea de Darwin –probablemente más controvertida– es que nuestras emociones evolucionaron a lo largo de la historia para ocuparse de las cuestiones vitales más importantes –como la crianza de los hijos, la amistad, el apareamiento, el antagonismo, etcétera– y que su misión es la de ponernos rápidamente en funcionamiento sin necesidad de apelar al pensamiento.

»Me viene ahora a la mente una anécdota procedente del viaje que nos trajo aquí –dijo Paul–, recordando nuestra desoladora experiencia por las atestadas carreteras de la India, una mezcla espontánea de enormes camiones Tata, autobuses apiñados de pasajeros, taxis, coches, *rickshaws*, peatones y vacas expuestas a un Sol abrasador moviéndose todos en función de la ley aleatoria del movimiento browniano. Cuando un vehículo adelanta suele venir otro a toda velocidad en sentido contrario; en el momento en que se cruzan a toda velocidad tocando el claxon y abriéndose paso milagrosamente, se dispara una inyección de adrenalina.

»Hay veces –prosiguió Paul, con esa escena fresca en su mente– en que uno esta conduciendo cuando, súbitamente, se da cuenta de que otro coche se le echa encima. Sin necesidad de pensarlo, y antes incluso de saber cómo lo ha hecho, gira el volante y pisa el freno, en cuyo caso la emoción le ha salvado la vida. Si hubiera tenido que pensar para reconocer el peligro y decidir lo que tenía que hacer, es muy probable que no hubiera podido evitar la colisión. Pero no hay que olvidar que esas mismas características también nos meten en algún que otro problema.»

–¿Pero acaso esa respuesta –preguntó entonces el Dalai Lama– no es una respuesta condicionada porque, si la persona no hubiera aprendido a conducir y a pisar el freno, no habría podido responder adecuadamente?

–Así es –respondió Paul–. Y, a pesar de que este aprendizaje no se lleve a cabo en la infancia sino en la juventud, acaba automatizándose e integrándose en el mismo mecanismo de la emoción. Por ello, cuando algo se aproxima demasiado rápidamente a nuestro campo visual, respondemos de inmediato, sin preocuparnos de averiguar antes de qué se trata. Cuanto más aprendemos una determinada respuesta más automática se torna; por este motivo nuestras respuestas emocionales dependen mucho de lo que hayamos aprendido a lo largo de nuestro proceso de desarrollo. Luego veremos si es posible desaprender alguna de ellas.

Las familias básicas de las emociones

«La última de las ideas de Darwin que resulta relevante para nuestra conversación tiene que ver con la existencia de diferentes emociones. Y es que no sólo existen emociones positivas y emociones negativas, sino que cada emoción apunta a un propósito diferente. ¿Cuántas emociones hay? Veamos ahora una lista de las distintas emociones de las que tenemos una cierta evidencia científica.

»Mucho se ha hablado de las emociones básicas, es decir, de las emociones de las que se derivan todas las demás. Son varias las escuelas filosóficas y la investigación realizada en el ámbito intercultural (para determinar si una emoción es universal) y en el de la comparación entre las distintas especies (para ver si también se presentan en los primates), dos dominios clave para averiguar si una determinada emoción pudo haber sido esencial para la evolución. Según Paul, existen diez emociones básicas: el enojo, el miedo, la tristeza, el disgusto, el desprecio, la sorpresa, el disfrute, la turbación, la culpabilidad y la vergüenza, "cada una de las cuales no representa tanto una emoción como una familia de emociones. En este sentido, existe toda una familia de sentimientos ligados, por ejemplo, al enojo".»

La lista de Paul comparte ciertas similitudes con la lista de los estados mentales proporcionados por la psicología budista. Esta noción de familias de emociones llamó poderosamente la atención del Dalai Lama, que estableció varias comparaciones inmediatas con la tipología budista con la que estaba familiarizado, lo que originó un largo debate con Jinpa, siempre dispuesto a ejercitarse en la modalidad de debate tibetano. Finalmente, Su Santidad preguntó a Paul:

−¿Diría usted que la codicia es una emoción? Porque aquí parece haber un cierto desacuerdo.

−Yo creo que se halla más próxima a la envidia −replicó Paul−. Creo que cada emoción forma parte de una familia de sentimientos y que, en este sentido, la codicia forma parte de la familia de la envidia −que, por cierto, no se halla en la lista de las emociones básicas esenciales para la supervivencia.

Cuando comencé a estudiar el desprecio –siguió diciendo Paul–, creía que se trataba de una emoción estrictamente occidental, más en concreto inglesa, pero no tardé en descubrir pruebas de su universalidad y evidencias de que no sólo afecta al ser humano, sino también a otros animales. La investigación realizada por Stephen Suomi, por ejemplo, ha puesto de relieve que, cuando un primate dominante es desafiado por otro más joven, responde con el mismo despliegue muscular puesto en marcha por el ser humano en situaciones parecidas.

–¿Son todas las emociones de su lista (el miedo, el enfado, el disgusto, etcétera) –preguntó entonces el Dalai Lama– espontáneas? ¿Son comunes también a los animales? ¿Somos necesariamente inconscientes de su aparición? ¿Podría haber casos de miedo, por ejemplo, que fueran el resultado de los procesos del pensamiento?

–Sí –dijo Paul–, el miedo está muy ligado a las expectativas negativas. No es nada infrecuente, por ejemplo, que, si tengo que esperar varios días para conocer el resultado de una biopsia, mi mente vuelva a ello una y otra vez, dando vueltas y más vueltas a las posibles consecuencias de esa situación y experimente miedo. En mi opinión –una opinión que, debo decirlo, no todo el mundo comparte– se trata de un proceso que también puede presentarse en el caso de los primates. Y es que algunos primates pueden ser conscientes del modo en que se sienten, prever eventos emocionales y experimentar un cierto sufrimiento anticipado.

–Este punto –dijo entonces el Dalai Lama– nos lleva de nuevo al tema de la inteligencia aflictiva. Es cierto que ese uso de la inteligencia reflexiva puede generar miedo, pero me pregunto si los animales pueden incurrir también en ese tipo de procesos. Tal vez sea así de un modo muy general, pero no me cabe la menor duda de que ése es un tipo de funcionamiento típicamente humano.

–Estoy de acuerdo con usted, pero también me pregunto si ésa no es una actitud que subestima lo que ocurre en otras especies –dijo entonces Paul, subrayando un punto que evocaba los escritos de Su Santidad sobre la compasión, que nos invita a tratar con el mismo respeto hasta el más pequeño de los insectos.

Siete tipos de felicidad

«Cada una de las distintas familias de la emoción –explicó Paul– incluye un complejo de sentimientos relacionados como ocurre, por ejemplo, con las siete modalidades que componen la familia de la felicidad:

Regocijo
Fiero (el gozo de afrontar un reto)
Alivio
Excitación, novedad
Sobrecogimiento, admiración
Placeres sensoriales (en cada uno de los sentidos)
Calma y sosiego

»Aunque no dispongamos de pruebas fehacientes en todos los casos, creo que cada uno de los sentimientos mencionados constituye una emoción. Basándome en lo que he estado pensando durante la última semana, he añadido a la lista el estado de calma o sosiego. Y, aunque los términos tal vez no estén muy bien elegidos, creo que no hay duda de que se mueven en ese rango.»

–¿Podría tratarse acaso de la ecuanimidad? –sugerí, recurriendo al término utilizado por la literatura budista para referirse a un estado de plenitud equilibrada.

–Me parece muy adecuado –asintió Paul–. Como bien ha dicho el Dalai Lama, el hecho de que no dispongamos de una palabra para referirnos a una emoción no significa que ésta no exista, como tampoco implica necesariamente su existencia el hecho de que tengamos una palabra para nombrarla. Me gustaría señalar, a modo de ejemplo, el término *fiero*, que se refiere al placer que acompaña al hecho de afrontar un reto. En inglés carecemos de una palabra para esa emoción concreta y, por lo que me han dicho, tampoco la hay en alemán o en ruso. Pero en italiano existe un término concreto para referirse a esa emoción.

Matthieu y Francisco señalaron entonces que el francés dispone de una palabra parecida, *fierté*, que suele traducirse como "orgullo" para referirse a la satisfacción producida por el trabajo bien hecho... aunque Francisco puntualizó que «la felicidad no está incluida en la ecuación que compone el vocablo francés».

«Les agradezco el comentario –dijo Paul–. Luego pasó al siguiente punto, el último que iba a tocar antes de la interrupción. En sí misma, la palabra felicidad no nos comunica de qué *tipo* de felicidad estamos hablando. El hecho de que sólo haya esbozado siete tipos de felicidad no significa que no existan más. Ese número únicamente refleja los límites de mi imaginación. Así pues, existe el regocijo (que se mueve en un espectro que va desde muy débil a muy intenso), el *fiero* (que es una emoción diferente) y el alivio (que es la emoción que uno experimenta cuando se entera, por ejemplo, de que no tiene cáncer).

»También hablamos del sentimiento de excitación (que se deriva de la novedad), del sentimiento de sobrecogimiento y admiración (una emoción que no es muy frecuente pero sí muy importante) y del sentimiento de calma y sosiego. Éstos son, desde mi punto de vista, los siete tipos diferentes de felicidad que configuran esta familia emocional.»

–¿El sobrecogimiento del que habla –preguntó entonces Alan– sólo tiene que ver con algo positivo, elevado o excelente? ¿No podría referirse también a la emoción que me embarga cuando me siento sobrecogido por un accidente de tráfico y un cuerpo tirado en la calzada y digo: «¡Qué terrible!»?

–La verdad es que no lo sé –respondió Paul–, pero cuando he preguntado a la gente por experiencias de sobrecogimiento, sólo me han hablado de admiración.

–Algo positivo entonces –concluyó Alan.

–Tal vez –aclaró en ese momento Paul– conviniera llamarlo sobrecogimiento positivo.

Entonces dije que había llegado ya el momento del descanso matutino. Durante ese período, Su Santidad me dijo que estaba muy interesado en los correlatos neuronales de los procesos mentales de los que Paul había estado hablando y le pareció muy bien cuando se enteró de que Richard Davidson hablaría de ello al día siguiente.

Los estados de ánimo y sus desencadenantes

Después de la pausa, Paul tomó nuevamente la palabra:

«La lista anterior no incluye los estados de ánimo. Aunque los estados de ánimo están relacionados con las emociones, no son lo mismo que ellas. Su diferencia más palpable reside en su duración. Las emociones pueden aparecer y desaparecer en cuestión de minutos o de segundos, mientras que los estados de ánimo pueden llegar a durar varios días».

–¿Cómo definiría usted un estado de ánimo? –preguntó el Dalai Lama–. ¿Es acaso el impacto que deja un evento emocional?

–Su pregunta –respondió Paul– tiene que ver con otro aspecto que diferencia a los estados de ánimo de las emociones. Cuando experimentamos una emoción podemos decir lo que la produjo, podemos concretar el hecho que la desencadenó y la puso en marcha, pero no es esto lo que suele ocurrir en el caso de los estados de ánimo. Cada mañana nos despertamos con un estado de ánimo irritable, feliz, temeroso o triste sin saber muy bien por qué. Creo que los estados de ánimo son producidos por cambios internos que no guardan mucha relación con lo que ocurre en el exterior.

Pero también existe una segunda forma de aparición de los estados de ánimo que está ligada a experiencias emocionales muy intensas. Si experimentamos numerosos episodios de regocijo en un corto período de tiempo, por ejemplo, no es extraño que entremos en un estado de ánimo muy eufórico. Y, por el contrario, si nos enfurecemos muchas veces en un corto período de tiempo, tampoco es de extrañar que acabemos asentándonos en un estado de ánimo irritable. Éstos son, en mi opinión, los dos caminos que conducen a un estado de ánimo.

–¿No podría darse el caso –pregunté, pensando en la terapia cognitiva, según la cual las emociones perturbadoras se ven desencadenadas por pensamientos sutiles que suceden en el trasfondo de la mente y que el hecho de cobrar conciencia de ellos nos libera de su presa– de que ciertos pensamientos de fondo, de los que no nos damos cuenta, puedan provocar la aparición de un determinado estado de ánimo?

–Claro que sí –asintió Paul–. En realidad, sabemos tan poco sobre las causas de los estados de ánimo como de las causas de las emociones.

El Dalai Lama preguntó entonces a Paul si los estados de ánimo podrían depender de las propias condiciones fisiológicas o del entorno, y éste respondió afirmativamente.

–¿Y no podría también producirlos –preguntó entonces Alan– el hecho de hallarse sometido a malos tratos?

–Ése precisamente sería el caso antes mencionado de un estado de ánimo generado por una experiencia emocional muy intensa –señaló Paul.

–Pero, en ese caso, el desencadenante estaría claramente identificado –apostilló el Dalai Lama.

–Así es –dijo Paul–. Y eso es también lo que suele ocurrir con los estados de ánimo que siguen el segundo de los caminos mencionados, las experiencias emocionales intensas, en cuyo caso uno conoce los motivos por los que se encuentra en ese estado de ánimo.

«Los estados de ánimo –prosiguió Paul– sesgan o limitan nuestro pensamiento, y ello nos torna especialmente vulnerables, lo que nos crea numerosos problemas, porque modifica nuestra forma de pensar. No es extraño, por ejemplo, que, si me despierto en un estado de ánimo irritable, cosas que habitualmente considero nimias y no me afectan empiecen a frustrarme y acabe enfadándome con más facilidad. Pero el peligro de los estados de ánimo no se limita a influir sobre nuestro pensamiento, sino que también magnifica el impacto de las emociones. Cuando nos encontramos en un estado de ánimo irritable, por ejemplo, nos enfadamos con más frecuencia y facilidad, nuestro enfado dura más tiempo y resulta bastante más difícil de controlar. Se trata de un estado ciertamente muy desagradable... en el que no quisiéramos volver a encontrarnos.»

Como luego veremos, ese último comentario de Paul resultó ser premonitorio.

Más tarde, se llevó a cabo un debate colateral en tibetano entre el Dalai Lama, los *lamas* presentes y los traductores, que Alan nos resumió del siguiente modo:

Ellos están tratando de determinar el equivalente tibetano de la expresión "estado de ánimo", lo que no resulta nada sencillo, porque también sucede aquí lo mismo que ocurría con la palabra "emoción".

–Pero quisiera recordar una vez más a Su Santidad lo que usted mismo comenta en sus libros –dijo entonces Paul–: «El hecho de que no dispongamos de una palabra para referirnos a algo no implica su inexistencia».

–Estamos tratando de explicar que los estados de ánimo ocurren de un modo espontáneo e incontrolable –aclaró Jinpa.

–Deben haber ciertas condiciones que favorecen su emergencia –dijo entonces el Dalai Lama–, aun cuando no nos resulten evidentes.

–Es cierto que existen condiciones –asintió Paul– que desencadenan los estados de ánimo, pero se trata de condiciones que suelen ser opacas para nosotros, es decir, que se encuentran fuera de nuestra conciencia y, en consecuencia, resultan imposibles de determinar. Es muy común decir: «No sé por qué estoy tan irritable», pero no significa que no exista, para ello, ningún motivo, sino tan sólo que lo ignoramos.

–La psicología budista –replicó entonces el Dalai Lama– explica las causas y los mecanismos que facilitan el surgimiento del enfado. Pero el término "infelicidad mental" con el que suele traducirse el vocablo tibetano relativo al desencadenante del enfado –la sensación continua de insatisfacción– no resulta, por cierto, muy afortunado. Cuando usted se encuentra insatisfecho, suele irritarse con relativa facilidad y es muy proclive a enfadarse. Me pregunto si eso tendrá que ver con sus ideas al respecto.

–Me parece muy claro –asintió Paul.

La psicología budista explica la irrupción de un determinado estado mental –como el enfado, por ejemplo– en términos de causas directas y de causas secundarias. Entre ellas, cabe destacar los estímulos externos del medio ambiente, el estado fisiológico, los propios pensamientos y otras influencias ocultas (derivadas de lo que los budistas consideran experiencias de vidas anteriores almacenadas en nuestra mente en forma de tendencias latentes).

Pero una diferencia fundamental entre el budismo y la mayoría de las visiones occidentales es que aquél se esfuerza en liberarse por completo del enfado, mientras que éstas suelen considerar al enfado, en su justa medida y en la situación adecuada, es algo perfectamente legítimo y son muy pocos quienes contemplan tan sólo la necesidad de erradicarlo.

Paul pasó entonces a explorar la familia del enfado, comenzando con sus parientes emocionales más cercanos, el odio y el resentimiento.

«Debo comenzar señalando que yo no utilizo estos términos en el sentido habitual que se les da en Occidente, ni tampoco como los emplea Su Santidad en sus escritos –dijo Paul–. Pero lo importante no es tanto utilizar los términos exactos como identificar si se trata de estados claramente diferenciados.

»El resentimiento es la emoción duradera de ser tratado de manera inadecuada o injusta. Cuando estamos resentidos, no lo estamos de continuo, sino tan sólo en aquellas ocasiones en que un determinado acontecimiento nos lo evoca. Se trata de una emoción que puede aumentar hasta alcanzar un punto crítico que acaba ocupando la totalidad de nuestra mente, pero no es así como habitualmente se nos presenta, ya que suele mantenerse agazapado y dispuesto a emerger en el momento en que se cumplan determinadas condiciones.»

–¿Cabría decir que, cuando esta emoción no alcanza el punto de ebullición necesario para manifestarse, permanece en esa gran categoría que la psicología occidental denomina subconsciente? –preguntó entonces el Dalai Lama.

–Lo cierto es que no podemos afirmar claramente dónde está –dijo Paul–. Lo único que podemos decir es que se halla fuera de la conciencia y dispuesta a emerger.

–Según la psicología budista –señaló el Dalai Lama–, las emociones no siempre son manifiestas, sentidas o experimentadas, sino que también pueden hallarse presentes en forma de tendencias inconscientes o inactivas hasta el momento en que algo cataliza su aparición.

–El término pali *anusayas* (que significa "tendencias latentes") se refiere precisamente a este punto –intervine entonces–. Esta noción de la psicología budista sostiene que la mente alberga diferentes tendencias emocionales, incluyendo las emociones destructivas derivadas de experiencias pasadas que han acabado convirtiéndose en hábitos mentales.[7] Ésa es la explicación, según la psicología budista, de que el enojo, por ejemplo, pueda presentarse en una ocasión futura con más facilidad e intensidad que la anterior aun cuando, entre una ocasión y otra, se desvanezca por completo e incluso se vea reemplazada por la compasión o el perdón. Y es que, dadas las adecuadas circunstancias desencadenantes, el enfado latente puede volver a presentarse con toda su fuerza. Por este motivo, cuando el budismo habla de erradicar las emociones destructivas, está refiriéndose también a la erradicación de todas esas tendencias latentes.

«El resentimiento puede verse fácilmente reactivado –siguió diciendo Paul–, pero la clave para ello es la sensación de haber sido tratado injustamente. El odio, al igual que el resentimiento, es muy duradero e implica, al menos, tres emociones: el disgusto, la ira y el desprecio.»

–¿Ubicaría usted en la misma categoría –preguntó entonces el Dalai Lama– el resentimiento basado en una injusticia real y el evocado por ideas que no tienen nada que ver con la realidad?

–En mi opinión, se trata de dos modalidades muy diferentes de resentimiento –respondió Paul–. El odio, al igual que el resentimiento, es muy duradero y, como él, puede ser inconsciente e inflamarse hasta el punto de llegar a ocupar de continuo nuestra mente. Pero difiere del resentimiento en el hecho de que, aunque se centre en una persona, no está ligado a una injusticia concreta. Espero que esta tarde podamos debatir si ese tipo de emoción necesariamente es destructiva porque, en mi opinión, no siempre es así.

El odio hacia Hitler, por ejemplo –añadió Paul–, podría llevarme a entregar mi vida a la lucha contra la intolerancia y la violencia. Desde mi perspectiva, pues, el odio no siempre conduce a una conducta destructiva hacia uno mismo o hacia los demás.

Las sutilezas del amor y de la compasión

Con la lista de las familias de emociones básicas todavía en la pantalla, Paul pasó a ocuparse del amor, uno de los quince parientes emocionales de la familia del disfrute al que, obviamente, incluye y trasciende. Aunque sus impulsos momentáneos sean agradables, el amor no es una emoción momentánea, sino que está ligada a un compromiso a largo plazo, un estado complejo de identificación.

«Quisiera diferenciar ahora tres tipos diferentes de amor para los que me gustaría disponer de tres palabras claramente distintas. Se trata del amor parental, de la amistad y del amor romántico, habitualmente el más breve de los tres –añadió Paul, con una sonrisa.»

–¿No sería acaso este último una subdivisión de la amistad? –preguntó el Dalai Lama.

–Yo no creo que el amor romántico perdure a menos que se asiente en una amistad que le proporcione estructura –respondió Paul–. Cuando esa amistad no se desarrolla, el amor romántico no perdura en el tiempo. Además, el amor romántico posee dos componentes adicionales, la intimidad sexual (ausente en el caso de la amistad) y la concepción y educación de los hijos en el seno de una relación duradera.

Estos tipos de amor proporcionan los contextos en los que se experimentan multitud de emociones. Yo quiero a mi hija (que está sentada por ahí), pero ello no significa que, en ocasiones, no me enfade o me preocupe mucho por ella. Rara vez me siento a disgusto con ella y son muchas las ocasiones en que me siento orgulloso o gratamente sorprendido por ella. Pero la clave de las diferentes emociones que siento por ella no se encuentra en las emociones mismas, sino en el compromiso duradero e incondicional que mantenemos.

¿Cuál es el papel que desempeña la compasión a este respecto? Aquí empezamos a adentrarnos en un terreno algo resbaladizo. ¿Se trata de un rasgo emocional? ¿Es acaso una actitud y no un rasgo? Ciertamente, la compasión parece una condición en la que uno se torna sensible a las emociones de los demás. En tal caso, uno es capaz de advertir y saber lo que sienten, pero la compasión trasciende a la mera empatía. ¿Por qué resulta tan difícil de cultivar y desarrollar? ¿Cualquier persona puede ser compasiva? ¿Poseen ciertas personas una predisposición especial hacia ella y, en tal caso, por qué?

El Dalai Lama mostró su interés por lo que Paul estaba diciendo asintiendo con la cabeza.

«El ejemplo que me parece más adecuado para abordar el tema de la compasión –señaló Paul– es la dedicación y preocupación incondicional que existe entre una madre y su hijo. Se trata de un estado tan intenso que no tengo palabras para describirlo, un estado que, en sí mismo, impide la aparición de muchas actitudes negativas. Ello no quiere decir que la madre no se enfade nunca con su hijo, pero lo cierto es que –al menos desde una perspectiva ideal– nunca le hará daño. Sé que algunos occidentales me preguntarían por qué no hablo de "cuidador" y de niño, pero lo cierto es que, biológicamente hablando, ése no me parece un modelo tan bueno como el que proporciona la relación madre-hijo. Desde hace muy poco tiempo estamos empezando a conocer algunas de las hormonas responsables de la relación biológica entre una madre y su hijo. Pero dejaré que mi amigo, Richie –Richard Davidson– se ocupe mañana de la biología de las emociones.»

–Ése es también el modelo –dijo entonces el Dalai Lama– que utilizan los textos budistas para abordar el tema de la compasión.

–Existe un tipo de meditación tibetana sobre la compasión –dijo entonces Alan– en la que uno considera que los seres han sido su madre en alguna vida pasada. Se trata de un tipo de meditación diseñada para despertar el afecto y la gratitud evocando a la persona que nos ha demostrado el mayor amor y compasión.[8]

–El budismo define técnicamente la compasión –aclaró Matthieu desde la perspectiva budista– como el deseo de que los demás puedan liberarse del sufrimiento y de las causas del sufrimiento. El amor, por su parte, se define como el deseo de que los demás sean felices y descubran las causas de la felicidad.

«No cabe la menor duda de que la naturaleza del compromiso entre padres e hijos es tal que aquéllos pueden sacrificar su vida por éstos –continuó Paul–. Antes de leer sus libros, yo creía que esta emoción era privativa de la relación que existe entre un padre y su hijo, pero, en sus libros, usted postula la posibilidad de experimentar algo así por un grupo mucho más amplio. Espero que podamos regresar a este punto, porque lo único que tengo que decir al respecto es expresar mi admiración.»

–Me pregunto si establece usted alguna distinción entre la compasión aflictiva y la compasión no aflictiva –comentó el Dalai Lama–. En el primero de los casos, el objeto de la compasión es también un objeto de apego porque, cuando ve en peligro a su querido hijo, experimenta apego y compasión. En el caso de la compasión no aflictiva, por el contrario, el objeto de la compasión –que podría llegar incluso a ser un enemigo– no despierta el apego.

–Me parece que acaba de hacer usted una distinción fundamental –respondió Paul–. Yo creo que la compasión aflictiva a la que se ha referido está muy ligada al sentimiento de posesión. Como padre, me parece muy difícil dar autonomía a mis hijos puesto que, en el mismo momento en que crecen y pueden dañarse a sí mismos, escapan ya de mi posible control. Yo tengo que aprender a dejarles ser libres, una tarea muy difícil para un padre, porque nadie quiere que a sus hijos les ocurra nada malo. Pero las cosas no van nada bien si uno no permite que sus hijos vayan dirigiendo su propia vida. Ser padre significa necesariamente preocuparse.

–Usted es un padre muy bueno –dijo el Dalai Lama riéndose y asintiendo con una expresión seria, cuando se disiparon las risas de la sala, que subrayaba la sinceridad de sus palabras. Posteriormente, Su Santidad me dijo que los comentarios de Paul le habían parecido muy elocuentes y conmovedores. Y ése fue también uno de los momentos que Paul recordaría como uno de los puntos emocionalmente álgidos de la semana.

Entre el impulso y la acción. Los puntos de apoyo de la mente

Paul entonces pasó a un punto crucial: ¿Cómo podríamos controlar mejor nuestras emociones destructivas? Él reconoció, desde el mismo comienzo, que la ciencia sabe muy poco sobre el modo en que se desencadenan las emociones, aunque parece que suceden de manera automática y que su puesta en marchase produce fuera de nuestra conciencia. Por ello suelen pillarnos por sorpresa y se presentan de manera inesperada. ¿Podemos hacer algo por modificar la evaluación original que las provoca y sustraernos, de ese modo, de su automaticidad? En tal caso dispondríamos de más tiempo entre el impulso que nos lleva a actuar y la reacción real y, en consecuencia, tendríamos también más oportunidades de responder de un modo más mesurado.

«Recuerdo que, cuando era psicoterapeuta, hace ya más de cuarenta años –dijo Paul–, uno de mis profesores me comentó: "El objetivo al que usted debe apuntar al tratar a sus pacientes es el de aumentar el lapso existente entre el impulso y la acción". Su Santidad, sin embargo, no está hablando de aumentar el tiempo que va desde el impulso hasta la acción, sino el tiempo de evaluación que *precede* al impulso, una diferencia sumamente importante.

»Resumiendo, pues –prosiguió Paul–, existen dos momentos puntuales en los que la conciencia de lo que ocurre podría contribuir a aumentar nuestra capacidad de controlar las emociones destructivas. Supongamos, por ejemplo, que alguien se nos cuela mientras estamos esperando nuestro turno, en cuyo caso llevamos a cabo una evaluación rápida –a la que podemos denominar "conciencia de evaluación"– de la conducta de esa persona que nos lleva a concluir "qué maleducado". Tal vez, si pudiéramos cobrar conciencia de esa evaluación, si nos diéramos cuenta de ella y fuésemos conscientes de lo que está ocurriendo, podríamos dar un paso atrás y cuestionar esa creencia, cayendo entonces en la cuenta de que no nos ha visto, o de que no merece la pena enfadarse por esa nimiedad.»

Pero, en opinión de Paul, esa posibilidad es muy remota, porque el proceso de evaluación es muy rápido y se produce en regiones cerebrales que operan fuera del marco de nuestra conciencia.

«En un momento posterior a la evaluación (que nos lleva a decir, por ejemplo, "Vaya conducta más grosera e injusta") –prosiguió Paul– aparece un impulso que nos conduce a la acción y a desaprobar bruscamente, pongamos por caso, la conducta de esa persona. Ese segundo momento –comentó Paul– nos proporciona una nueva oportunidad para cobrar conciencia del impulso, reevaluarlo y elegir así una respuesta más acorde. Esta segunda posibilidad –a la que Paul llamó "conciencia del impulso"– puede ocurrir de forma ocasional, pero no resulta nada sencillo y requiere de la adecuada práctica.»

Pero también existe la posibilidad de cobrar conciencia de lo que está sucediendo en un momento posterior, cuando empezamos a hablar, o experimentamos la tensión de nuestro cuerpo. Así pues, la observación de la acción en el mismo momento en que ocurre –al que Paul se refirió como "conciencia de la acción"– nos proporciona una tercera posibilidad de intervención para controlar nuestras acciones e interrumpir, o modificar, nuestros hábitos emocionales.

¿Cómo podemos educar nuestra atención para fortalecer la capacidad de controlar el momento de evaluación y ampliar así el intervalo existente entre el impulso y la acción? En este sentido, Paul estaba muy interesado en la meditación de la atención plena, una práctica budista que enseña a observar todo lo que ocurre en la propia mente. En opinión de Paul, la meditación de la atención plena nos ayuda a prestar atención a la acción y a los impulsos que la elicitan, pero no tenía tan claro si también podría contribuir a aumentar nuestra conciencia del momento de la evaluación. Además, también estaba interesado en otras técnicas que pudieran ayudarnos a tornarnos conscientes de lo que estamos sintiendo o haciendo, como el *feedback* que nos proporciona nuestro cuerpo (aunque no creía que estas últimas fueran de gran ayuda en lo que respecta a cobrar conciencia del impulso y, mucho menos, de la evaluación).

El objetivo consiste, obviamente, en aumentar nuestra capacidad de elección. Según Paul, aunque la función evolutiva de las emociones discurre por derroteros ajenos a la conciencia, las cosas funcionarían mejor si tuviéramos la posibilidad de elegir, sobre todo en el caso de que las emociones nos aboquen a acciones destructivas para nosotros mismos o para los demás, es decir, cuando no percibimos adecuadamente lo que ocurre. En resumen, pues, Paul señaló tres posibles puntos de intervención diferentes, el momento de la evaluación, el momento del impulso y en el momento de la acción.

«Permítanme volver ahora –continuó Paul– a la cuestión más general de la automaticidad de la evaluación. Tengamos en cuenta que la evaluación nos lleva a responder a determinadas situaciones de forma emocionalmente distinta a los demás.»

–¿Estoy en lo cierto –preguntó entonces el Dalai Lama– al pensar que, en opinión del psicoanálisis y de la psicología occidental, la manifestación física y verbal de las emociones negativas es indeseable y, por tanto, uno debe tratar de impedir su emergencia? Aunque también existe la comprensión de que, si las emociones forman parte del psiquismo humano, no hay nada malo en ellas y no deberían ser modificadas ni prolongadas a voluntad. Con ello, el Dalai Lama estaba comparando el objetivo budista de erradicar las emociones destructivas con el objetivo psicoterapéutico de no cambiar tanto las emociones como la conducta.

Paul eludió responder a esa cuestión y pasó a centrarse en las respuestas emocionales esenciales que no pueden ser eliminadas.

«Es muy improbable –dijo, en este sentido–, que podamos aprender a evitar ciertas respuestas emocionales como, por ejemplo, cuando el avión en que uno viaja cae repentinamente en un bache de aire y se dispara una respuesta automática de miedo. Las conversaciones que he mantenido al respecto con pilotos han puesto de relieve que, por más familiarizados que se hallen con esa situación, esa respuesta emocional se repite una y otra vez. Es como si esta respuesta se hallara tan asentada que no hubiera modo alguno de transformarla.»

–¿Es cierto que los pilotos –preguntó el Dalai Lama– siguen experimentando la misma emoción independientemente de las veces que se ven expuestos a ella? Mi experiencia parece ser diferente porque, en la medida en que he ido acostumbrándome a volar, cada vez siento menos miedo y experimento menos sus síntomas físicos

–Creo que aquí existen varias cuestiones en juego –señaló Paul–. La primera es si la respuesta de miedo es cada vez menor. Luego debemos tener en cuenta que las personas que experimentan el vuelo como una amenaza difícilmente pueden convertirse en pilotos. Además, los pilotos no han tenido las experiencias de Su Santidad, de modo que no estamos en condiciones de llevar a cabo generalizaciones a partir de su experiencia.

–Tal vez debería saber que, la primera vez que volé, estaba realmente asustado –dijo entonces el Dalai Lama, despertando la risa de alguno de los presentes–. Creo que, independientemente del miedo que suscite la situación, la experiencia de los pilotos debe surtir algún efecto.

La liberación del miedo

«Ahora deberíamos –prosiguió Paul– cuestionarnos un punto muy importante. ¿Puede acaso el ser humano aprender a dejar de temer algunas de las cosas que le producen miedo? Yo diría que, en la mayor parte de los casos, resulta bastante improbable desaprender las respuestas que son el producto de la evolución. Aunque también debo añadir que son muy pocas las respuestas que cumplen con este requisito y que, en su mayoría, las cosas que nos asustan o nos enfadan son el fruto del aprendizaje y que, en consecuencia, podemos desaprenderlas.»

–Según el budismo –señaló el Dalai Lama– existen dos formas diferentes de activación de las aflicciones mentales. Una de ellas tiene que ver con la presencia de un acontecimiento imprevisto y breve, mientras que la otra se deriva de causas mucho más profundas derivadas de nuestras predilecciones y tendencias habituales. Estas últimas son las más difíciles de modificar.

Este comentario puso sobre el tapete un punto que yo había querido formular anteriormente acerca del campo de aplicación de la psicoterapia.

–Su Santidad –dije entonces–, me gustaría mencionar aquí una investigación dirigida por Lester Luborsky en la University of Pennsylvania. La conclusión revelada por ese estudio puso de relieve que la psicoterapia exitosa no transforma tanto los sentimientos del paciente –ya que el sujeto sigue experimentando los mismos miedos y enfados que antes del proceso terapéutico, aunque ciertamente de un modo menos intenso– como las acciones que éste emprende. Así pues, el sujeto sigue experimentando la misma emoción, aunque parece que aprende a cambiar sus respuestas.

–Tal vez ésa sea una limitación del enfoque terapéutico considerado y haya otras modalidades de intervención más adecuadas –comentó Paul–. Si se me permite utilizar la metáfora del procesador de información, existe un sistema de almacenamiento en el que van acumulándose los acontecimientos que hemos aprendido a temer, o que nos han enfadado o entristecido durante toda nuestra vida. Y también es muy posible que las cuestiones almacenadas durante determinados períodos críticos, o que superen una determinada intensidad, resulten más difíciles de erradicar.

Quisiera volver a un punto que Su Santidad ha tocado anteriormente y que se refiere a la importante diferencia que existe entre la regulación de nuestra respuesta emocional antes de que se produzca o durante su emergencia. Y, como hemos señalado, existen tres momentos –o, si lo prefieren, tres oportunidades– de intervención diferentes. El objetivo, en mi opinión, debería ir más allá del campo de aplicación de la psicoterapia mencionado por Dan. No se trataría, por tanto, de emocionarse y luego preguntarse «¿por qué me enfado con esto?» o «¿por qué me asusta aquello?», sino de conseguir que tal cosa no ocurra.

Pero, en el caso de que usted no consiga alcanzar esa meta, el segundo objetivo es el de no llevar el impulso a la práctica y no permitir que acabe dañando a los demás. Lo único que puede hacer, finalmente, si tampoco logra ese objetivo, es aprender de ello en la expectativa de que la próxima vez lo hará mejor. Pero el primer paso, en mi opinión, es el más importante de todos.

–¿Se corresponden, estos tres objetivos, con los tres estadios mencionados que se producen antes, durante y después de la emoción? –preguntó entonces el Dalai Lama.

–Eso creo –respondió Paul– y quisiera ilustrarlo con un ejemplo. Pero, antes de ello, veamos una cuestión algo más abstracta. Tengamos en cuenta que, una vez que han emergido plenamente, las emociones poseen un gran poder esclavizante. Por eso, decimos que existe un período refractario (que puede durar desde unos pocos segundos hasta mucho más tiempo), durante el cual no estamos en condiciones de admitir nueva información o, en el caso de hacerlo, la interpretamos mal y sólo tenemos en cuenta aquellos datos que corroboran la emoción que estamos sintiendo. Mientras nos hallamos en ese período es como si nos hallláramos secuestrados por la emoción, lo que no necesariamente significa que debamos dejarnos arrastrar por ella. La emoción sólo concluye cuando acaba el período refractario.

Me gustaría saber qué prácticas pueden ayudarnos a reducir ese período refractario –señaló Paul, advirtiendo que existen tres posibles vías de intervención: no caer en las garras de la emoción, reducir la duración del período refractario, o tratar de encauzar más adecuadamente nuestras acciones aun cuando nos hallemos en pleno período refractario.

El caso de Tim

Luego, Paul volvió al ejemplo que nos había prometido, extraído de las páginas del libro que estaba escribiendo titulado *Gripped by Emotion*.

«Supongamos el caso de un niño, al que llamaré Tim, cuyo padre estaba siempre gastándole bromas humillantes. Y, por más que Tim se enfadara por ello, su padre no dejaba de gastarle bromas. No es de extrañar, por tanto, que, a eso de los cinco años, la posibilidad de que una persona poderosa se burlase de él acabó grabándose muy profundamente en su sistema de almacenamiento emocional.

»Hoy en día, veinte años más tarde, Tim es una persona normal y corriente. Nadie trata de humillarle, pero cuando alguien le gasta una broma, se enfada de inmediato. Es como si no pudiera aceptar los chistes ni las bromas. ¿Cómo afronta Tim esta situación? Es evidente que no quiere estar siempre enfadado. Hay veces en que, después de una situación de ese tipo, siente que su reacción ha sido desproporcionada y que las personas no tenían intención de dañarle. Pero, en cualquiera de los casos, lo cierto es que la situación se encuentra fuera de su control.

»El primer paso, por tanto, consiste en identificar el detonante que desencadena la situación, para que el yo consciente sepa que ése es un gatillo de suma importancia y uno conozca su origen. Es evidente que esto resulta mucho más fácil de decir que de llevar a cabo y que, en ocasiones, es necesaria la colaboración de personas que puedan ayudarnos a darnos cuenta de las situaciones que activan nuestra ira. El segundo paso, después de haber cobrado una cierta conciencia de los eventos que desencadenan la emoción, consiste en reflexionar al respecto y considerar la posibilidad de que las bromas no tengan la mala intención que les atribuimos y podamos reevaluar, de ese modo, lo ocurrido.

»Luego podemos empezar a poner en práctica otras formas de respuesta. También podemos incluso anticipar la aparición de un determinado episodio y prepararnos antes de que ocurra. De este modo es posible ir reduciendo paulatinamente la carga emocional con que reaccionamos a las bromas.

»Existen, a mi juicio, siete factores que determinan la posibilidad de eliminar el elemento desencadenante. El primero de ellos tiene que ver con la mayor o menor proximidad del evento a la función evolutiva con la que cumple la emoción en cuestión. Y, aunque nadie sepa cuál es la función evolutiva exacta con la que cumple la ira, vamos a suponer, por un momento, que usted está frustrado porque algo o alguien ha interferido con lo que usted estaba tratando de hacer.

»Cuanto más próximo se halle un determinado evento desencadenante a esta cuestión, más difícil resulta ignorarlo. Si el padre de Tim, en lugar de bromear con él, le hubiera sujetado por los brazos hasta inmovilizarle, su ira resultaría mucho más difícil de desaprender porque, en tal caso, el gatillo desencadenante comprometería mucho más su supervivencia. Pero su caso es mucho más sencillo. Podemos aprender a enojarnos con cualquier cosa, pero cuanta menos implicación tenga para el proceso evolutivo, más fácil resultará desaprenderlo.

»Permítanme ahora ponerles otro ejemplo. Cuando el jefe de mi departamento supo lo que estaba escribiendo dijo: "¿Podrías explicarme por qué me enfado cuando, al venir en coche al trabajo, alguien quebranta una norma de circulación y no me cede el paso cuando debería hacerlo? ¿Qué más da llegar unos minutos antes o después? No me enfado así cuando, en el trabajo, alguien pone dificultades a un proyecto en el que llevo trabajando varios meses. A pesar de que es muy importante para mí, nunca me enfurezco tanto como en la otra situación. ¿Se te ocurre alguna explicación?".

»Yo creo –continuó Paul– que esa experiencia se halla muy próxima al tema de la frustración y que además es de orden físico. Por ello, aunque parezca insignificante, no lo es tanto desde el punto de vista emocional de nuestro cerebro y resulta bastante más difícil de abordar.»

–Me parece muy buen ejemplo –dijo el Dalai Lama.

«El segundo factor –prosiguió Paul– es la época en la que el sujeto aprendió ese factor desencadenante. Porque es muy posible que existan ciertos períodos críticos del aprendizaje que posteriormente dificulten el cambio de rumbo. La creencia general en Occidente es que, cuanto más temprano es el aprendizaje, más difícil resulta de erradicar. En este sentido, Tim lo tiene difícil, porque el suyo fue un aprendizaje muy temprano.

»El tercer factor a tener en cuenta es la intensidad emocional con que fue aprendido que, en el caso que nos ocupa, era muy fuerte. Su padre bromeaba despiadadamente con él, y eso resulta muy difícil de modificar. La repetición puede ser un cuarto elemento que contribuya a la fortaleza con la que consolida una determinada emoción.

»El quinto factor es algo más complicado, porque tiene que ver con variables de orden más interno. Si Tim pertenece al tipo de persona que responde más rápidamente a las emociones, o si éstas son más intensas, tendrá más problemas para controlarlas que quienes las experimentan de un modo más moderado y menos intenso. Por eso, el mismo evento puede provocar resultados distintos en las diferentes personas.

»El sexto factor está ligado al estado de ánimo. Si Tim, por ejemplo, se hallase en un estado de ánimo irritable, sería mucho más vulnerable aun cuando todavía no hubiera alcanzado el punto en que responde airadamente a las bromas.

»El último factor es el temperamento.»

–¿Cuál es, a su juicio, la diferencia que hay entre el estado de ánimo y el temperamento? –preguntó el Dalai Lama. (Según me comentó luego, esa distinción –a la que la psicología budista, por cierto, no había prestado mucha atención– le había parecido muy interesante.)

–Yo creo –respondió Paul– que el modo más fácil de establecer la diferencia entre el estado de ánimo y el temperamento es su duración. Los estados de ánimo se mantienen durante horas y habitualmente no superan el día, pero el temperamento perdura una larga temporada, aunque no necesariamente toda la vida. Lo cierto es que no lo sabemos con precisión. Parece que algunos temperamentos se desarrollan a través de la experiencia, mientras que otros son heredados (aunque también puedan verse modificados por la experiencia). En cualquiera de los casos, el temperamento permanece medianamente estable a lo largo de los años. Por este motivo, independientemente de que Tim hubiera experimentado muchos episodios de ese tipo a una edad muy temprana, le resultará mucho más difícil cambiar las cosas si tiene un temperamento hostil que si posee un temperamento básicamente sociable y amistoso.

Esperando una llamada telefónica

«Quisiera compartir ahora con ustedes otro ejemplo que me sucedió hará aproximadamente un mes, cuando estaba preparando mi presentación para este encuentro. No es un ejemplo del que esté especialmente orgulloso, pero creo que ilustra a la perfección el punto que quiero comentarles, porque lo conozco muy bien. Mi esposa Mary Ann, que da clases en una universidad diferente de la mía, se hallaba en Washington en un congreso. Yo vivo en San Francisco. Cuando uno de nosotros está de viaje, solemos llamarnos cada noche por teléfono. Cuando ella me llamó la noche del viernes, yo le dije que ese sábado iba a cenar con un colaborador y que luego trabajaríamos un poco, de modo que llegaría demasiado tarde a casa como para llamarla, a lo que ella respondió: "Muy bien, mañana te llamo". Perfecto –respondí.

»Mary Ann me conoce muy bien y sabe que los domingos que ella está ausente, yo me siento ante el ordenador a eso de las siete y media de la mañana (que eran las diez y media en Washington). Pero a esa hora no recibí ninguna llamada, ni tampoco a las ocho y media. A las nueve (las doce en Washington) empecé a enfadarme. "¿Por qué no me habrá llamado?" –me pregunté. Pero la cosa no acabó ahí, porque entonces empecé a pensar lo que podría haber ocurrido la noche anterior y comencé a sentir celos. Luego me enfadé conmigo mismo, por estar celoso, y también con ella porque, si me hubiera llamado, me hubiese ahorrado todo eso. Como ustedes pueden fácilmente suponer, a esas horas me hallaba ya sumido en pleno período refractario, un período en el que uno es incapaz de prestar atención a cualquier dato que pueda interrumpir el curso de la emoción.

»Luego pensé en la posibilidad de que hubiera sufrido un accidente y me asusté. ¿No debería llamar a la policía de Washington? Entonces me enfadé de nuevo conmigo. "¿Por qué tengo que tener miedo?" "Si me hubiera llamado, no me encontraría en esa lamentable situación."

»A las once el teléfono seguía sin sonar; finalmente, llamó a mediodía. A esas horas yo ya estaba furioso, pero no le dije nada, ni le eché en cara que no me hubiese llamado, ni le dije lo mal que lo había pasado. Lo cierto es que quiero decírselo, pero no lo hice y tampoco pude ocultar el tono distante de mi voz. No quería comportarme de ese modo, pero no pude impedirlo, de modo que era muy consciente de que ella sabía que estaba enfadado.

»Por su parte, Mary Ann no me preguntó nada, y la llamada telefónica resultó muy insatisfactoria. Ella no respondió positivamente a mi enfado, y no hablamos del tema. Yo era muy consciente de que, si hubiera dicho algo, las cosas habrían cambiado, pero colgamos a los dos o tres minutos, sabiendo que volveríamos a vernos esa misma noche.

»Cuando pasó el período refractario me dije: "Sé que Mary Ann odia usar el teléfono". De hecho, lo odia tanto que, si está en casa y tiene que llamar a alguien, suele pedirme que lo haga yo, a lo que yo respondo algo así como: "Muy bien, pero tú te encargas de lavar los platos". Pero, mientras me hallaba en pleno período refractario, no se me ocurrió pensar algo tan sencillo como que no me llamó simplemente porque no le gusta hablar por teléfono, sino que seguí dándole vueltas a la posibilidad de que me hubiera sido infiel.

»He de decir que mi madre me abandonó a los catorce años y que el enfado que experimento cuando me siento abandonado por una mujer ha acabado convirtiéndose en un guión emocional de mi vida. Yo nunca tuve la ocasión de expresarle a mi madre el enfado que sentía con ella, de modo que permanece agazapado y a la espera de manifestarse en cualquier ocasión propicia. Éste es un tema al que soy especialmente vulnerable. Yo sabía todo eso, pero durante el período refractario, fue como si hubiera perdido la posibilidad de acceder a esa información. Después de veinte años de matrimonio, también sabía que puedo confiar plenamente en Mary Ann y que no tenía el menor motivo para estar celoso. Todo esa información estaba en mi interior, pero durante el período refractario, sólo podía tener en cuenta aquellos datos que corroborasen la emoción que estaba experimentando.

»Afortunadamente, un par de minutos después de haber hablado con ella, reevalué de este modo todo lo sucedido. Entonces la llamé de nuevo y, aunque seguí sin decirle que me había enfadado, charlamos más distendidamente. Días más tarde volvimos a hablar del episodio y me dijo: "Me di cuenta de que estabas enfadado, pero no quise comentar nada al respecto".

»Ahora creo que, si volviese a repetirse una situación parecida, no me enfadaría, porque he aprendido algo nuevo. Es cierto que no puedo acortar la duración del período refractario, pero sí que puedo evitar decir o hacer algo de lo que luego me arrepienta. Después de aquello, analicé cuidadosamente todo aquello que podría contribuir a evitar que cayese de nuevo en ese tipo de situación. Nadie quiere seguir incurriendo una y otra vez en los mismos errores.

»Tal vez resulte excesivo suponer que siempre podemos estar en condiciones de anticipar la aparición de una emoción, pero este tipo de episodios pueden enseñarnos a ser emocionalmente más inteligentes.»

Este relato fue uno de los momentos de la presentación de Paul que más impresionó a Su Santidad. Él consideró el enfoque de Paul como una especie de contemplación de la naturaleza destructiva de la ira, semejante a la práctica budista en que se analiza lógicamente las consecuencias que se derivan del hecho de dejarnos arrastrar ciegamente por nuestras emociones. Pero Paul no era budista, y, para el Dalai Lama, su enfoque científico resonaba con su convicción de que la esencia de todas las grandes religiones del mundo comparten el mismo objetivo de fortalecer las cualidades positivas de la naturaleza humana.

Evidentemente, el budismo dispone de métodos muy concretos y únicos para tratar con las emociones destructivas.[9] Pero el Dalai Lama creía que la capacidad de adiestrar la propia mente para comprender –y para controlar– más adecuadamente los aspectos destructivos de las emociones es algo que –como sugiere el ejemplo de Paul– todo ser humano puede llevar a cabo.

La ira. La eliminación de lo que nos frustra

«La ira –prosiguió Paul– es una emoción muy problemática, una emoción que, con mucha frecuencia, nos lleva a dañar a los demás. En primer lugar, yo no creo que la ira siempre se asiente en la violencia, al menos, no es una consecuencia biológicamente necesaria de ella. En mi opinión, muy al contrario, creo –aunque no tenga la menor evidencia al respecto– que el objetivo de la ira es el impulso para eliminar los obstáculos que se interponen en nuestro camino y nos frustran, lo que no necesariamente implica violencia.»

–¿Quiere usted decir –preguntó entonces el Dalai Lama– que, desde la perspectiva de la evolución, el objetivo de la ira no es tanto el de dañar a los demás, como el de eliminar los obstáculos que interfieren nuestro camino?

–Ésa es, precisamente, mi opinión –dijo Paul–, aunque no tenga la menor prueba de ello, ni tampoco coincida necesariamente con lo que opinen todos los estudiosos y científicos occidentales. Veamos ahora una lista de los eventos que con mayor frecuencia preceden a la ira, como los obstáculos físicos, la frustración, ser objeto de una agresión o la ira de otra persona. Uno de los aspectos más peligrosos de la ira es que genera más ira y que, en consecuencia, exige un gran esfuerzo no responder a ella con más ira todavía.

El Dalai Lama asintió entonces con la cabeza.

–La decepción que puede causarnos otra persona –siguió diciendo Paul– también puede desencadenar la ira. Pero el tema común es la frustración.

–Según el budismo –dijo entonces el Dalai Lama–, la tolerancia es el opuesto de la ira; la tolerancia o paciencia frente al daño que nos causan los demás, es el opuesto de la violencia. Creo que esto coincide con su visión de que el objetivo de la ira, desde el punto de vista de la evolución, no es la violencia.

–Yo avanzaría todavía un paso más –replicó Paul– y diría que la forma más adecuada de eliminar los obstáculos consiste en asumir la perspectiva de la otra persona. En tal caso, en lugar de reaccionar verbal o físicamente, usted se pregunta por qué puede estar comportándose como lo hace. Los escritos de Su Santidad diferencian muy claramente el acto del actor, lo que me parece muy compatible con el punto de vista occidental.

Las variedades de la violencia

«Quisiera insistir una vez más –continuó Paul– en que el término ira engloba toda una familia de emociones, cada una de las cuales posee una intensidad distinta, como ocurre, por ejemplo, con la irritación, la rabia y la furia. Otros miembros de la familia de la ira son la indignación, la insolencia, el mal humor, el enfurruñamiento y la revancha. Y antes también mencioné los casos especiales del resentimiento y del odio, que también forman parte de la familia de la ira.

»No hace mucho que he comenzado a leer la literatura científica que existe sobre la violencia. No es un dominio sobre el que haya trabajado mucho, por tanto, mi relato al respecto será breve y parcial. Quizás la cuestión más importante que tenemos que responder es si existe un punto crítico a partir del cual se desencadena la violencia. Aunque no esté en condiciones de dar una respuesta definitiva a esta pregunta, yo creo que hay personas que pueden cruzar ese umbral y otras que no. Hasta el momento, esto es algo que ignoramos y que sería muy interesante descubrir.

»Los actos de crueldad –dijo Paul– constituyen un ejemplo especialmente importante en este sentido. Por desgracia, sin embargo, son mucho más frecuentes de lo deseable. Pero el primer acto de crueldad resulta el más difícil –como también lo es la primera infidelidad o la primera mentira– ya que, una vez cruzada esa barrera, cada vez resulta más sencillo cruzarla de nuevo. La única posibilidad de erradicar la crueldad consiste, pues, en evitar la aparición del primer acto de crueldad.»

Sabiendo que los tibetanos han sufrido grandes crueldades a manos de sus opresores chinos, Paul esperaba investigar ese tema más profundamente con el Dalai Lama, ya que creía que la compasión es el mejor antídoto contra la crueldad. Si las personas que incurren en actos crueles pudieran sentir que están dañando a seres que son como ellos, si pudieran sentir lo que están sintiendo sus víctimas, les resultaría mucho más difícil –si no imposible– ser crueles. Pero lo habitual es que el opresor despersonalice a la víctima –y, por tanto, la despoje de toda su humanidad– antes de hacerle daño.

«Los estudios que hemos llevado a cabo sobre la guerra –siguió diciendo Paul– ponen de relieve que casi la mitad de los soldados americanos nunca disparan sus armas durante el combate. Estos datos, procedentes de un estudio realizado sobre la guerra de Corea, preocupó mucho al ejército. Esto me sugiere que no todo el mundo puede matar, por más que su vida se halle en peligro y haya sido aleccionado para odiar al enemigo. Hay personas que no pueden hacerlo, y todavía ignoramos por qué unos pueden y otro no.»

–Tal vez ello explique –apuntó entonces el Dalai Lama– por qué los soldados deben ser sometidos a un intenso proceso de adoctrinamiento.

–Pero eso no siempre funciona –dijo Paul–. Al menos, yo no creo que todo el mundo pueda matar.

–¿Y qué me dice de la guerra mecanizada? – preguntó entonces el Dalai Lama.

–La guerra mecanizada todavía es más peligrosa –dijo Paul– porque usted permanece más lejos.

–Lo mismo me parece a mí –coincidió el Dalai Lama.

De hecho, un historiador militar de Estados Unidos ha llegado a la conclusión de que, en la historia de la guerra, el número de muertes en el campo de batalla ha aumentado en proporción directa a la distancia desde la que era posible matar al enemigo. En los días de los antiguos fusiles se decía: «No dispares hasta que veas el blanco de los ojos del enemigo», pero eran muchos los soldados que no disparaban precisamente *porque* veían los ojos de su enemigo y se daban entonces cuenta de lo que estaban a punto de hacer.

–En este sentido, sería mejor volver a la época de las espadas –señaló Paul– porque, de ese modo, usted tiene que hallarse muy cerca de su enemigo para matarle.

«Quienes han investigado el tema –siguió diciendo Paul– hablan de la existencia de varios tipos de violencia. La violencia instrumental, por ejemplo, apunta a lograr un objetivo, como sucede con el atracador que le agrede para robarle la cartera.

»También existe, en este sentido, el crimen pasional, que se produce cuando uno descubre a su esposa en brazos de otra persona y, obnubilado por la situación, los mata a los dos. Además, sabemos que quienes cometen un crimen pasional rara vez incurren en otros actos de violencia.»

Luego, Paul proyectó una fotografía de periódico de una mujer enfurecida esforzándose por agredir a un hombre.

«El hombre en cuestión era el asesino de su hija. Acababa de ser sentenciado y no mostraba el menor signo de emoción. Ése fue el detonante que llevó a esa mujer –que, hasta ese momento, no se había mostrado violenta– a superar el umbral de la agresividad. Lo que más llama la atención de la imagen es el modo en que su marido la sujetaba de los brazos. Creo que se trata de una imagen muy gráfica, por cuanto muestra que, aun en medio del daño más desgarrador, no todo el mundo actúa con la misma violenta. Es cierto que se trata de una situación muy comprensible, pero también resulta muy reconfortante saber que no todo el mundo es violento.

»Yo no soy psiquiatra, pero la psiquiatría actual habla también del llamado trastorno explosivo intermitente, que se refiere a las personas que, ante cualquier situación, presentan episodios de violencia crónica, impulsiva y severa que resulta desmesurada e inapropiada. La mayor parte de la investigación realizada recientemente en este sentido sugiere la existencia de dos vías diferentes de acceso a esa terrible condición. Una de ellas es la lesión cerebral que provoca una alteración en la región cerebral que se encarga de controlar las emociones, y la otra se basa en un trastorno genético que provoca una reacción desproporcionada.»

¿Acaso es la compasión una emoción intrínseca a la naturaleza humana?

«Quisiera, antes de concluir, prestar atención a la tristeza y al sufrimiento y señalar algunas importantes diferencias –dijo Paul, mientras proyectaba la diapositiva de una mujer con el rostro desgarrado por el sufrimiento, una imagen que se reflejó brevemente en el rostro del Dalai Lama.»

Paul comparó la imagen de la mujer con una fotografía de periódico que mostraba a un grupo de hombres airados en una manifestación política.

«Comenzaría pidiéndoles –dijo Paul– que advirtieran la diferencia que existe entre ambas expresiones. No creo que la contemplación de la ira nos afecte del mismo modo que si nos halláramos presentes, pero es evidente que la fotografía de esa mujer a la que desconocemos nos conmueve a casi todos por igual, como si todos pudiésemos experimentar su sufrimiento.»

–Por ello sostengo que la naturaleza intrínseca del ser humano es compasiva –dijo el Dalai Lama.

–Eso es lo que yo creo –replicó Paul.

–No parece que exista, pues, una gran discrepancia entre nosotros a este respecto –agregó el Dalai Lama con una sonrisa.

–De acuerdo –contestó Paul–, pero creo que éste es un punto muy importante, porque ésa es una de las lecciones que nos enseña el sufrimiento, ya que la compasión parece estar más ligada al sufrimiento que a la ira.

–Me pregunto –señaló el Dalai Lama– si existe alguna diferencia substancial entre ver la imagen de una persona enfadada (que no provoca ninguna respuesta emocional en el espectador) y contemplar la imagen de una persona sufriendo (que sí la suscita).

–Yo diría –replicó Paul– que eso es muy cierto. El poder del sufrimiento es tan grande que puede llegar a conmovernos a través de una simple fotografía. Algunas emociones son contagiosas, como la ira, la alegría o el sufrimiento, mientras que otras, como el miedo, no parecen serlo tanto. El sufrimiento tiene un gran poder para provocar la compasión y tal vez –aunque no me considero capacitado para agotar todas las implicaciones al respecto– desempeñe un papel muy importante en su posible enseñanza.

«También quisiera decir por último que, después de haber pasado más de treinta y cinco años estudiando la emoción, sigo muy sorprendido por lo poco que sabemos de ella. La ciencia hace escasamente quince años que ha comenzado a prestar atención a las emociones. Quisiera concluir mi presentación formal con una cita de Charles Darwin, de quien, en cierto modo, me considero un heredero.

»La cita procede de la última página de su libro *La expresión de las emociones en los animales y en el hombre*: "La expresión libre de los signos externos de una emoción la intensifica".

»Eso nos lleva a formular una pregunta sobre el control de la expresión. Si la expresión fortalece la emoción y no queremos que acabe induciéndonos a la acción, el hecho de no expresarla abiertamente puede contribuir a liberarnos de sus garras.

»Luego Darwin prosigue diciendo: "La represión de los signos externos –en la medida en que tal cosa es posible– alivia nuestras emociones. Quien expresa su ira mediante gestos violentos aumentará su furia, quien no controla los signos del miedo lo intensificará y quien permanece pasivo cuando se siente abrumado por la pena perderá la ocasión de recuperar la elasticidad de su mente".

»Yo creo que Darwin formula algunas preguntas que espero que sigamos debatiendo. He leído el libro de Darwin en muchas ocasiones, pero cada vez que lo leo, descubro cosas nuevas que nunca antes había advertido. Y debo decirles que lo que más me impresionó de este pasaje fue el concepto de elasticidad de la mente. Les agradezco a todos ustedes la oportunidad de haberme permitido dirigirles la palabra.»

Cuando Paul concluyó, se preguntaba si su presentación habría sido útil o interesante para el Dalai Lama a quien, de algún modo, consideraba como la conciencia de mundo. Por su parte, el Dalai Lama había valorado muy positivamente sus datos científicos sobre la universalidad de las emociones que apoyaban su mensaje de una sola humanidad. Luego, el Dalai Lama cogió con aprecio las manos de Paul entre las palmas de las suyas y se inclinó en un profundo gesto de reverencia.

7. EL CULTIVO DEL EQUILIBRIO EMOCIONAL

«¿Cómo definiría usted la salud mental?», preguntó Alan Wallace al doctor Lew Judd, director a la sazón del National Institute of Mental Health –el centro federal de investigación psiquiátrica– durante el segundo congreso organizado en 1989 por el Mind and Life Institute.

La falta de una respuesta clara puso de relieve que, hasta ese momento, la psiquiatría occidental no parece haberse interesado gran cosa en la salud mental. Muy al contrario, la investigación psiquiátrica suele centrarse en los trastornos mentales y define la salud mental como la ausencia de enfermedad. Por ello, las herramientas de que se sirve no apuntan tanto a promover el desarrollo emocional como a atacar los síntomas del sufrimiento emocional. No olvidemos que el mismo Freud había afirmado que el objetivo del psicoanálisis era el logro de "la neurosis normal".

El budismo, por su parte, dispone de muchos criterios para referirse al bienestar mental y social y ha desarrollado un amplio abanico de prácticas para alcanzarlo. Como quedaría patente en el diálogo de esa tarde, el budismo tiene muchas cosas que enseñar a Occidente no sólo en lo que se refiere a la comprensión de la enfermedad mental y el modo de enfrentarse a ella, sino también en lo que afecta al cultivo de los estados de salud excepcional.

Cuando reanudamos la sesión después del descanso para almorzar, el Dalai Lama volvió a centrar nuestra atención en las grandes diferencias que existen entre los criterios que utilizan las visiones budista y científica para determinar la "destructividad" de una emoción. Así, mientras que la ciencia considera que las emociones destructivas son aquellas que resultan dañinas para uno mismo o para los demás, el budismo se rige por un criterio mucho más sutil, según el cual las emociones destructivas son aquellas que perturban el equilibrio de la mente.

«Desde el punto de vista budista –dijo entonces el Dalai Lama–, las emociones destructivas interrumpen de inmediato la calma, la quietud y el equilibrio de la mente, mientras que las emociones constructivas, por su parte, no sólo no perturban el equilibrio ni la sensación de bienestar, sino que, muy al contrario, los favorecen.

»Algunas emociones pueden verse catalizadas por la inteligencia, como ocurre, por ejemplo, con el caso de la compasión, que se ve alentada por la reflexión sobre el sufrimiento. Es cierto que la emergencia de la compasión puede ir acompañada de una cierta agitación superficial, pero no lo es menos que, a un nivel mucho más profundo, promueve la confianza y el sosiego. Así pues, uno de los efectos de la compasión alentada por la reflexión es el logro de una cierta serenidad mental.

»Las consecuencias –especialmente a largo plazo– de la ira, por el contrario, perturban el equilibrio de la mente. Además, las manifestaciones conductuales de la compasión resultan beneficiosas para los demás, mientras que las de la ira son francamente destructivas porque, aun cuando no se manifiesten de forma violenta, es fácil que, bajo tales circunstancias, uno se abstenga de ayudar a los demás. Por todo ello, el budismo considera la ira como una emoción destructiva.»

¿Cómo se dice emoción en tibetano?

La presentación de Paul puso claramente sobre el tapete que el término "emoción" no posee un correlato claro en el lenguaje tibetano, ya que cada cultura parece pensar en el tema de modos muy distintos. Por esta razón, el Dalai Lama sugirió aclarar este punto básico para descubrir los términos tibetanos que mejor pudieran corresponderse con el significado de la palabra "emoción".

Después de algún que otro tira y afloja llegamos a establecer una definición operativa de la emoción, según la cual, «una emoción es un estado mental poderosamente cargado de sentimiento». Esa definición nos permitió excluir las sensaciones puramente sensoriales, como el cansancio o el hecho de cortarnos un dedo, ya que los sentimientos están ligados a una evaluación, es decir, a un pensamiento.

–Todo esto me parece muy sorprendente –dijo entonces Francisco Varela, volviendo al hecho de que el lenguaje tibetano no disponga de ningún término para referirse a la palabra "emoción"–, porque transmite la idea de que el pensamiento, independientemente de que sea más o menos racional, es algo muy distinto a la emoción. Es cierto que Occidente está un tanto obsesionado con la idea de que las emociones se encuentran más allá del control voluntario y de que los pensamientos son, en cierto modo, racionales. ¿Cómo puede ser que el lenguaje tibetano –tan apto para discriminar eventos mentales– no haya llevado a cabo esta distinción tan burda?

La respuesta del Dalai Lama puso en cuestión la creencia filosófica que subyace a esta pregunta y dijo que, en su opinión, Occidente considera la emoción como algo opuesto al pensamiento, mientras que el sistema tibetano, por su parte, los ve como partes diferentes de la misma totalidad integrada.

–Tal vez éste sea un tema idóneo para la investigación futura –concluyó el Dalai Lama, sugiriendo la posibilidad de encontrar un equivalente sánscrito de la palabra emoción en fuentes no budistas, o que no hubiesen arribado al Tíbet.[1]

Como nos comentó en una conversación privada, el gran erudito Tsongkhapa había dicho que el hecho de que una idea no pueda ser encontrada en los textos que se tradujeron al tibetano no significa que no pueda ser encontrada en otras partes del budismo.

–Recordemos –prosiguió, encauzando la conversación en una dirección diferente– que la meta fundamental de la práctica budista es el logro del *nirvana* y que, en consecuencia, nuestro estudio de la mente nos lleva a interesarnos por los estados mentales que obstaculizan el logro de ese objetivo. Eso es lo que tienen en común "los seis estados primarios y los veinte estados derivados" (los factores mentales insanos que Jinpa nos había presentado el día anterior). Poco importa que algunos sean emociones y que otros no lo sean, porque lo importante es que todos ellos se convierten en impedimentos para el logro de ese fin.

La psicología moderna, por el contrario –continuó el Dalai Lama–, no aspira al logro del *nirvana*...

–¡Algo que nosotros estamos tratando de cambiar! –apostilló Richie.

–Creo –prosiguió el Dalai Lama– que, si queremos comprender por qué Occidente presta tanta atención a las emociones, deberíamos remontarnos a la Ilustración o quizás antes incluso de santo Tomás de Aquino, épocas en las que se concedía una atención desmesurada a la inteligencia y a la razón. No olvidemos que, desde esa perspectiva, la emoción puede obstaculizar el curso de la razón.

Ustedes disponen de dos categorías opuestas. Pero el hecho de que Occidente disponga de un término concreto para la emoción no necesariamente significa que esté en especial interesado en comprender su naturaleza. Quizá la motivación inicial para calificar como "emoción" a determinados estados mentales se derivara de la necesidad de consolidar la razón identificando todo aquello que no fuese racional.

Esta visión del Dalai Lama en torno a la separación occidental entre la emoción y la cognición parece hallarse respaldada en los descubrimientos realizados por la moderna neurociencia. Desde esa perspectiva es como si el cerebro no estableciese una distinción clara alguna entre el pensamiento y la emoción, y que todas las regiones cerebrales implicadas en la emoción también lo estuvieran con algunos aspectos de la cognición. Así pues, los circuitos neuronales implicados en la emoción y en la cognición se encuentran estrechamente interrelacionados, lo cual parece apoyar la hipótesis budista de que se trata de dos aspectos indisociables.[2]

La meditación como ventana a las emociones sutiles

Paul estaba de acuerdo con el análisis histórico realizado por el Dalai Lama que trataba de explicar el establecimiento de la emoción como una categoría autónoma del pensamiento occidental. Pero también consideraba que el problema trascendía el marco meramente lingüístico y se asentaba en importantes diferencias subyacentes en los respectivos marcos culturales de referencia. Paul sospechaba que debía resultar tan difícil para el Dalai Lama sondear los presupuestos del análisis científico de la emoción como para él advertir las sutilezas de la práctica meditativa avanzada, porque carece de experiencia al respecto y también desconoce la teoría que la sustenta. Pero, más allá de esa apreciación, Paul estaba un tanto decepcionado por el giro que estaba tomando la conversación, puesto que tenía la esperanza de que el diálogo se adentrase más profundamente en las cuestiones que había esbozado esa mañana.

–Quisiera volver –dijo entonces Paul– a lo que Su Santidad acaba de decir con respecto a la diferencia entre las emociones destructivas y las emociones constructivas y los desequilibrios más o menos profundos que las originan. Yo he entendido perfectamente sus palabras, pero, en realidad, no he comprendido muy bien lo que quería decir. Me pregunto si no existirán ciertos aspectos de la experiencia emocional imposibles de comprender sin cierta preparación. ¿Acaso los practicantes del budismo tibetano pueden experimentar emociones inaccesibles e incomprensibles, por tanto, para quienes no se hayan sometido a esa práctica?

–Existen ciertos aspectos de la emoción –coincidió el Dalai Lama– que sólo pueden comprender quienes los hayan experimentado. Por ejemplo, un aspecto importante de la meditación budista tiene que ver con la reflexión sobre la naturaleza transitoria de la vida, la muerte y la impermanencia. Es evidente que, cuanto más prolongue usted su meditación, más podrá profundizar su comprensión y su realización. Al comienzo, uno entiende intelectualmente que los distintos momentos de la experiencia van cambiando, pero no llega a sentirlo. Luego, en la medida en que se familiariza con la práctica meditativa, va desarrollándose un poderoso sentimiento en este sentido.

El budismo también afirma la existencia de diferentes grados de identificación con la naturaleza inherente del yo que, desde la perspectiva budista, es falsa. Y algunos de estos niveles son tan sutiles que, a menos que tenga una experiencia directa de su vacuidad, no está capacitado para advertir que se trata de un falso estado mental.

Yo me quedé muy sorprendido por la diferencia de perspectivas que cada bando aportaba a la conversación y dije:

–En la reunión preparatoria de este diálogo llegamos a definir operativamente las emociones destructivas como aquellas que causan daño a uno mismo y a los demás. Su definición de las emociones destructivas como aquellas que interrumpen la calma de la mente resulta comparativamente muy sutil.

–Yo opino exactamente lo mismo –coincidió el Dalai Lama.

–Es una forma completamente diferente de ver las cosas –dije–. Por ello estamos tan interesados en la posible aplicación de este principio orientador que usted cultiva y mantiene a través de la práctica. ¿Cuáles son los estados emocionales que se desarrollan a través de la práctica meditativa profunda de los que la psicología occidental puede servirse para gestionar más adecuadamente el impacto de las emociones destructivas?

La desilusión completa sosiega la mente

–¿Existen otras emociones, además de la compasión, que mantengan o consoliden la calma de la mente? –insistió Richard Davidson.

–La *renuncia* es otra –fue la sorprendente respuesta del Dalai Lama.

–Habitualmente lo traduzco como renuncia, pero su sentido etimológico más literal es el de "espíritu de emergencia" –aclaró Alan de inmediato.

–En realidad, ése es el primer paso para determinar nuestra vulnerabilidad al sufrimiento –dijo el Dalai Lama–. Sólo cuando nos damos cuenta de nuestra vulnerabilidad y reconocemos que las aflicciones mentales nos tornan muy vulnerables, podemos advertir la posibilidad de que la mente acabe liberándose de ellas.

En tal caso, uno cobra conciencia de la naturaleza del sufrimiento, pero también se da cuenta de la posibilidad de sustraerse a su ubicua vulnerabilidad. Debo señalar también que ése es precisamente el motivo por el que se le denomina "espíritu de emergencia", que también podría ser considerado como una emoción, porque posee una gran carga emocional. No deberíamos olvidar, a fin de cuentas, que presupone una completa desilusión con respecto al *samsara* [es decir, el reino mundano del sufrimiento y de nuestra correspondiente vulnerabilidad]. Poco importa que le llamemos, pues, disgusto o desilusión porque, en cualquiera de los casos, va acompañado de un alejamiento profundo de lo mundano. Esa emergencia constituye, para el practicante, una prueba irrefutable de la posibilidad del *nirvana*, es decir, de la liberación completa e irreversible de toda aflicción mental.

–En ese estado existe –señaló entonces Matthieu– una fuerte sensación de agotamiento con respecto a todas las preocupaciones mundanas ligadas al placer y el dolor, la fama y el anonimato, la alabanza y el desprecio. Se trata de una emoción que implica la desilusión y la comprensión profunda de la inutilidad de seguir apostando por el *samsara* y nos impulsa a querer desembarazarnos de todo ello.

–Este desencanto se centra fundamentalmente en las aflicciones mentales y va acompañado del reconocimiento de que «Ésa es la fuente de todos mis problemas». De ahí brota la actitud de emergencia que promueve la aspiración a la liberación. Éste es un ejemplo de una emoción que también podría contribuir a sosegar la mente –concluyó el Dalai Lama.

Las emociones sanas

Matthieu volvió entonces a la pregunta de Richie sobre las emociones ligadas al cultivo de la meditación que alientan la serenidad mental.

–Nosotros también solemos hablar de la ecuanimidad, una emoción de completa serenidad que no está ligada a la expresión manifiesta de la alegría y que asimilamos al ejemplo de una montaña, que no se ve sacudida por el torbellino de las circunstancias. Y no estoy hablando ahora de la pasividad ni de la indiferencia, porque la ecuanimidad no nos impide experimentar la compasión cuando advertimos el sufrimiento de los demás. Tampoco tiene nada que ver con la depresión que daña el ego, sino de un estado que predispone a la acción. La ecuanimidad invulnerable a las circunstancias externas tampoco es, en modo alguno, un sinónimo de pasividad, sino de una cualidad muy concreta que acompaña a la profunda serenidad interior.

Luego, el Dalai Lama puntualizó que la ecuanimidad contrarresta los fuertes sentimientos de apego y de atracción que desequilibran nuestra mente.

–¿Recuerdan ustedes el caso de la compasión aflictiva, mencionado anteriormente, que se encuentra entremezclada con el apego? De hecho, nosotros queremos desembarazarnos de la compasión aflictiva. ¿Pero cómo podemos eliminar el componente de identificación que la convierte en algo aflictivo? Ése es el motivo por el cual el cultivo budista de la compasión se inicia con la ecuanimidad, una actitud mental que contrarresta el deseo y el apego. Así es como la ecuanimidad promueve el surgimiento de la compasión no aflictiva.

Entonces recordé las detalladas y elaboradas enumeraciones de los factores mentales sanos e insanos que posee el antiguo sistema de la psicología budista y le pregunté al venerable Kusalacitto:

–Cada una de las emociones aflictivas o destructivas del *Abhidharma* que nos presentó ayer Jinpa en su lista posee su correlato sano. ¿Podría recordarnos algunos de los estados de ánimo o de las emociones que forman parte de la lista de emociones positivas?

El *bhante* respondió a esta pregunta volviendo a la distinción realizada por Paul Ekman entre el pensamiento y la emoción. Para ello comenzó señalando que, según el budismo, lo que tiñe negativamente un determinado estado mental no es tanto el pensamiento como la emoción que le acompaña.

–Cuando las escrituras pali hablan de pensamiento no se refieren a otra cosa más que a la mente –*citta*–, que no es buena ni mala, sino luminosa, pura y neutra. Pero el término que creo que más se corresponde con la emoción es el de *kiatasecra*, un estado mental que puede ser neutro, sano e insano.

–¿Y cuáles son los factores sanos? –le recordé.

Luego, Kusalacitto dijo que los textos pali nos brindan una lista de veinticinco emociones sanas y constructivas, entre las que se cuentan la fe, la confianza, el optimismo o flexibilidad mental, la atención plena y la sabiduría.

Jinpa intervino entonces citando el *Abhidharma Samuccaya*, el modelo utilizado por los tibetanos. Entre los cincuenta y un estados mentales señalados por el *Abhidharma* se hallaban las aflicciones que había señalado el día anterior. Más tarde, pasó a enumerar la siguiente lista de once estados sanos:

–Se trata de la fe, la capacidad de sentir vergüenza, la conciencia, el desapego, el no odio y de la no ilusión. Además, existe un factor mental denominado no violencia que se asemeja a la ausencia de odio.

–Es decir –aclaró el Dalai Lama–, que cuando el budismo habla del no odio y de la no ilusión no se está refiriendo a la simple ausencia de éstos, sino más bien a algo diametralmente opuesto a ellos.

Los eruditos del *Abhidharma*, por ejemplo, debaten la conveniencia de considerar la compasión como algo más cercano al no odio o a la no violencia.

—También debemos señalar –prosiguió Jinpa– la energía o celo, el optimismo y la ecuanimidad. Y luego tenemos la vigilancia, que nos permite cobrar conciencia de si nuestro cuerpo, palabra o mente están incurriendo –o no– en un comportamiento virtuoso. Éstos son los once estados sanos de los que habla el *Abhidharma*.

—Aunque el sistema incluya cincuenta y un factores mentales –puntualizó el Dalai Lama–, ello no significa que ese listado sea completo y lo abarque todo. Sólo se trata de meras sugerencias que señalan ciertas cosas importantes.[3]

Como decía el venerable *bhante*, existe la sensación de que la mente es neutra y de que son los distintos factores mentales los que la tiñen de un color u otro. La emergencia de un estado mental insano colorea automáticamente el pensamiento y, con él, el resto de los factores mentales, incluido el sentimiento. Así pues, esos factores mentales también podrían ser caracterizados como insanos o aflictivos. No todos los factores mentales que emergen son aflicciones, pero apenas aparece una aflicción, ésta acaba tiñendo todo lo que emerge.

Como el Dalai Lama me dijo en la sesión con la que concluíamos cada día, esa revisión de la psicología budista había soslayado un punto básico, y estaba contento de tener la oportunidad de explicar ese modelo budista de la mente a los científicos presentes, para transmitirles así mejor el contexto desde el que abordó la pregunta sobre lo que torna destructiva a una emoción.

De la teoría a la práctica

Matthieu señaló, entonces, que el análisis de los factores mentales no es exclusivamente teórico y que el budismo también posee una vertiente práctica que permite equilibrar entre sí los distintos factores y acabar así transformando nuestra mente:

—Nosotros hablamos de la necesidad de cultivar cuatro aspectos: el amor, la ecuanimidad, la compasión y el gozo. Y aunque, al comienzo, tal vez no resulte fácil de advertir, la práctica acaba poniendo de relieve la estrecha relación simbiótica que existe entre todos ellos. El ejercicio, por ejemplo, de la compasión puede servir para compensar el apego con la ecuanimidad. La práctica exclusiva de la ecuanimidad, por su parte, puede llegar a abocar en la indiferencia, a menos que vaya acompañada del cultivo de la compasión.

Si un principiante, por ejemplo, evoca excesivamente a los seres que sufren, puede caer en la depresión, de modo que debe alternar esta reflexión sobre algún aspecto positivo, como, por ejemplo, la felicidad de los demás. Existe, pues, un abordaje práctico que tiene en cuenta el cultivo y el desarrollo equilibrado de todas esas cualidades.

–Cuando nos referimos –dijo entonces el Dalai Lama, subrayando el principio general que subyacía a los comentarios realizados por Matthieu– al cultivo de los dos aspectos fundamentales de nuestra práctica, es decir, la sabiduría y los medios hábiles, siempre decimos que deben trabajarse conjuntamente. Ningún problema, ninguna aflicción mental y ninguna emoción destructiva pueden erradicarse de manera aislada. Uno siempre tiene que abordarlas desde una amplia diversidad de perspectivas, factores mentales y comprensiones. No es algo tan simplista como decir: «Éste es el problema, y éste es el antídoto».

Únicamente existe un antídoto para todas las aflicciones mentales, la realización inmediata de la vacuidad que se produce en el más profundo de los niveles. Pero con ello no deben entender que esa realización acabe de un plumazo con todos los problemas, sino tan sólo que, de ese modo, se desvanecen todas las aflicciones mentales. Entretanto, sin embargo, es muy importante reconocer que la práctica de contrarrestar las aflicciones mentales y otras tendencias insanas siempre debe tener en cuenta la interacción que existe entre la sabiduría y los medios hábiles.

Pocas cosas hay que uno pueda construir partiendo de un sólo componente ya que, para ello, casi siempre se requiere del concurso de distintos elementos. Algo parecido ocurre también en el caso de que uno quiera transformar su mente. La misma realización directa de la vacuidad depende de multitud de factores, como la atención, el *samadhi* (o la concentración profunda) y el celo o energía con que nos apretemos a ello. No hay que olvidar, pues, que hasta la misma realización de la vacuidad es multifacética y depende de multitud de variables.

Un tipo positivo de miedo

Desde su perspectiva filosófica, Owen Flanagan planteó entonces la siguiente objeción:

–Dan sugirió antes –y Su Santidad pareció estar de acuerdo con ello– que la definición budista de emociones destructivas se refiere esencialmente a cualquier emoción que provoque algún tipo de desequilibrio o inquietud. Éste es un punto que me preocupa un poco y quisiera volver al modo en que Paul lo formuló, ya que algunas de las emociones de su lista, como la ira, el miedo y la tristeza, por ejemplo, van acompañadas de una cualidad negativa y parecen, en este sentido, problemáticas.

Estoy de acuerdo en que, en el mejor de todos los mundos posibles, uno no querría experimentar esos estados. Pero el nuestro no es el mejor de todos los mundos posibles. Además, es muy probable que todos esos estados hayan cumplido con una función adaptativa en el curso del proceso de la evolución. Los occidentales creemos que las emociones básicas forman parte del equipamiento evolutivo que ha permitido que nuestra especie sobreviviera, se reprodujese y fuese tan exitosa como ha llegado a ser.

Mi pregunta es la siguiente: ¿Podríamos acaso establecer alguna diferencia entre las emociones que poseen una cualidad negativa y las que son francamente destructivas? Yo creo que la mayoría de nosotros dirá, al concluir el día de hoy, que hay ocasiones en que es apropiado sentirse triste con respecto a cierta situación y que, de hecho, sería inhumano no sentirse así. Lo cierto es que sería muy extraño no enfadarse o indignarse frente al abuso infantil. También sería muy raro no tener miedo a ciertas cosas. Es innegable que se trata de estados o de emociones negativas que pueden tornarse destructivas y, tal vez por ello, que sean estados de los que queremos salir lo más rápidamente posible. Pero una de las funciones de la ira, por ejemplo, es la de obligar a que alguien deje de hacer algo, de modo que uno pueda seguir adelante con su vida.

Mi interés tiene que ver con la doctrina aristotélica del justo medio de la que hablamos ayer. Yo creo que un determinado estado emocional es destructivo cuando es excesivo o deficiente. En este sentido, la persona que no responde empáticamente al sufrimiento de los demás adolece de algo, mientras que quien no puede dejar de lamentarse durante un mes por la caída de la Bolsa sufre del problema opuesto.

–Algunos psicólogos –respondió Richard Davidson– estarían de acuerdo con lo que dice Owen y dirían que las emociones son destructivas cuando se experimentan en un contexto inapropiado. Cuando el miedo, por ejemplo, se experimenta en una situación familiar en la que, en realidad, no hay nada que temer, se torna destructivo. Pero el hecho de experimentar miedo cuando un tigre está a punto de saltar sobre nosotros es adaptativo y contribuye positivamente a nuestra supervivencia.

–El budismo –señaló entonces el Dalai Lama– también habla de miedos constructivos y positivos. Señalemos, por ejemplo, la sensación de desencanto general de la que hemos hablado anteriormente, es decir, el deseo de salir de la ignorancia. Esa aspiración a la libertad se halla firmemente arraigada en el miedo a caer bajo el influjo incontrolable de las aflicciones negativas. Éste es un ejemplo de un miedo positivo que alienta la aspiración espiritual.

Si ustedes echan un vistazo a la lista de los cincuenta y un factores mentales descubrirán la existencia de lo que se conoce como factores variables o neutros porque, en presencia de ciertas condiciones, pueden tornarse positivos o destructivos. Precisamente, en ese grupo, se hallan el miedo, la tristeza y muchas otras emociones, que no resulta nada sencillo definir categóricamente como constructivas o destructivas.

Pero Paul Ekman no parecía satisfecho con esa respuesta y dijo:

–Yo no sé si realmente estamos de acuerdo o no, porque creo que todas las emociones rompen el equilibrio de la mente. Desde la perspectiva occidental hemos identificado tres criterios distintos –que, en ocasiones, se solapan– para determinar lo que las torna destructivas, la inadecuación, la desproporción y el daño que provocan a los demás o a uno mismo. Pero las emociones siempre perturban el equilibrio. El miedo del que usted acaba de hablar también rompe el equilibrio y, en tal caso, debería ser destructivo. ¿O acaso puede perturbar el equilibrio y ser, no obstante, constructivo?

Una invitación a la práctica

Las preguntas de Paul quedaron sin responder cuando el Dalai Lama reorientó nuestra conversación en otra dirección.

–Es importante recordar –comenzó diciendo– que el objetivo fundamental de este encuentro y de este debate no es tanto el de alcanzar el *nirvana* como el de determinar nuestra posible contribución a la sociedad. Es cierto que yo soy budista y que mi objetivo e interés último es el logro de la budeidad porque, sólo de ese modo, podré alcanzar la iluminación.

¡A ver quién llega antes! –dijo entonces, bromeando, a Matthieu–. Luego, recuperando la seriedad, retomó el hilo de su argumentación y añadió: El objetivo de nuestro encuentro es el de mejorar la sociedad. Mi interés, al menos, aspira al establecimiento de lo que yo denomino una ética secular. Valdrá la pena, por tanto, que nos mantengamos dentro de un ámbito estrictamente científico, aunque de vez en cuando debamos recordar alguna que otra noción budista y tengamos que cambiar provisionalmente nuestra perspectiva.

Éste es un interés fundamental del Dalai Lama y también el tema principal de su último libro, *Ética para un nuevo milenio*. Si queremos, pues, alcanzar el objetivo propuesto de crear una sociedad mejor, deberíamos dejar de lado la aspiración budista de la liberación y mantener nuestra definición operativa de las emociones destructivas dentro del nivel relativo de la vida cotidiana.

El debate de esa tarde había girado, hasta ese momento, en torno a cuestiones ligadas a la filosofía y la epistemología budista. Esa misma noche, el Dalai Lama me contó que le había parecido útil dar a los científicos una idea de que las afirmaciones realizadas por el budismo en torno a la mente y las emociones no sólo se asientan en un sistema de pensamiento filosófico, sino también en un rico legado de prácticas meditativas. Por ello creía que algunas de las enseñanzas budistas podían servir para enriquecer a la ciencia.

En los anteriores encuentros y reuniones organizados por el Mind and Life Institute, el Dalai Lama había visto que los científicos comenzaban contemplando el budismo con cierta suspicacia y que, en la medida en que el debate proseguía, iban tomando más en serio sus afirmaciones. Tampoco quería dar la impresión de estar sirviéndose del encuentro para propagar el budismo. Además, también temía que la conversación se alejase demasiado en esa dirección y acabara aburriendo a algunos de los científicos presentes y quería aprovechar la pausa del té para hacer una llamada a la práctica.

La educación de las emociones en los adultos

Tras la interrupción para tomar el té, pregunté al Dalai Lama si había algunas cuestiones prácticas sobre las que creyera que debíamos centrar nuestra atención. Esta pregunta suscitó un debate que iría cobrando fuerza en los días siguientes y acabó dando forma a uno de los principales proyectos para después del encuentro.

–Creo firmemente –comenzó diciendo el Dalai Lama, después de pensar un momento– que cualquier comprensión profunda de la naturaleza de la mente, de los estados mentales y de las emociones debería acabar plasmándose en una práctica educativa concreta, aunque no sepa muy bien cómo podría llevarse esto a cabo, ni tampoco dispongamos ahora de tiempo para hacerlo.

Ése, precisamente, iba a ser el tema de la presentación que el jueves nos haría Mark Greenberg sobre programas educativos para ayudar a los niños a aprender a gestionar adecuadamente sus emociones destructivas.

–Muy bien –dijo entonces–. Luego respondió a mi pregunta de otro modo y volvió, para ello, a un punto mencionado en la presentación de esa misma mañana.

Paul Ekman nos ha referido una anécdota de su experiencia personal y de cómo, después de un ataque de ira, reflexionó en todas las razones por las cuales no debería haberse sentido de ese modo, lo que le ayudó a prepararse para futuros eventos del mismo tipo. Si, en lugar de ello, no hubiera reflexionado y simplemente se hubiera dejado arrastrar por la emoción, habría acabado tornándose, sin duda, más destructiva, porque habría generado más ira.

–Deberíamos –dijo Paul– educar nuestras emociones. Y en este sentido, deberíamos dirigir nuestra atención a dos niveles claramente diferentes, el nivel más temprano del proceso de desarrollo que tiene que ver con la educación de los niños, y otro nivel orientado a la educación de quienes ya hace un tiempo que hemos dejado de ser niños. ¿Cómo podemos educar las emociones de los adultos? ¿Cómo podemos hacerlo sin necesidad de apelar al budismo?

–Ésa es, exactamente, la cuestión –coincidió el Dalai Lama.

–Ése es un punto muy importante si realmente queremos vivir en un mundo mejor –subrayó Paul, sin saber que no iba a tardar mucho el día en que dirigiría un programa de educación de las emociones orientado a los adultos.

–Su Santidad –dije yo entonces, abundando en el punto subrayado por Paul–, uno de los motivos que alientan estos diálogos es que, incluso dentro de un contexto secular, existen ciertas nociones y prácticas budistas que, adecuadamente despojadas de su contexto religioso, podrían aplicarse a la mejora de la realidad emocional del ser humano.

–Así es –asintió el Dalai Lama.

Como me confirmó más tarde, el principal interés de Su Santidad en estos diálogos se centraba en la identificación de las posibles contribuciones que el budismo tibetano, arraigado en el antiguo pensamiento indio, podía hacer para resolver los problemas que aquejan al mundo moderno. Su entusiasmo por estos diálogos era el mismo que evidencia en las conferencias que pronuncia por todo el mundo, en las que nunca deja de subrayar el modo de convertirnos en personas de buen corazón y en la posibilidad de transformar la ira en compasión y afecto. Su Santidad cree que esa transformación de la sociedad no depende de ninguna enseñanza religiosa concreta, sino de una educación basada en la ciencia. Por eso, consideraba que los encuentros con grupos de científicos como los que se habían congregado aquí podían ser de mucha utilidad.

El sistema inmunológico de las emociones

Asumiendo el reto lanzado por el Dalai Lama, volví de nuevo a la idea de Paul de los tres posibles momentos diferentes de intervención antes, durante y después de la irrupción de una determinada emoción destructiva y dije:

–Antes del almuerzo hablábamos de alguien que se halla súbitamente atrapado en una emoción como el enfado, por ejemplo, del que nos habló Paul. ¿Qué podemos hacer nosotros para acortar ese lapso –o incluso para liberarnos de él– antes, durante o después del incidente?

–Mi postura al respecto –dijo el Dalai Lama– es la siguiente. El sistema inmunológico nos protege contra una determinada enfermedad, aunque nos hallemos expuestos a ella. Si carecemos de un buen sistema inmunológico, no sólo seremos más proclives a enfermar, sino que también tendremos menos oportunidades para recuperarnos.

Lo mismo podríamos decir –continuó el Dalai Lama– con respecto a la forma de gestionar las emociones destructivas.

Pero hay que añadir que, una vez que ha aparecido una emoción muy intensa, resulta muy difícil aplicar el antídoto adecuado. Y esto, siento mucho decirlo, resulta difícil hasta para los más avezados practicantes. Uno puede saber intelectualmente que la ira es destructiva, que no debe dejarse arrastrar por ella, que tiene que cultivar el amor hacia los demás, etcétera, pero las posibilidades reales de que disponemos para transformar nuestra respuesta en medio del fragor de la ira son ciertamente muy limitadas. De hecho, pensar tan solo en el amor en esos momentos parece, en este sentido, muy poco práctico.

Necesitamos adiestrarnos para que nuestro estado mental básico sea como un buen sistema inmunológico. Cuanto más familiarizados nos hallemos con estas prácticas y cuanto más ejercitemos la sabiduría y los medios hábiles, más fuerte será nuestro sistema inmunológico emocional y estaremos en mejores condiciones para hacer frente a la ira, el apego o los celos cuando éstos se presenten. Esta preparación nos capacitará, en el mejor de los casos, para detectar los signos que auguran la proximidad de las emociones. Hay que tener en cuenta que sólo es posible impedir la irrupción de esas emociones si antes hemos desarrollado la capacidad de detectar sus primeros signos.

En el caso de que tal cosa no resulte posible, no deberíamos dejarnos arrastrar por las emociones cuando éstas se presentan ya que, cuanto menos duren los estados emocionales, menos abrumados nos veremos por ellos. Y, en el caso de que tal cosa tampoco resultara posible, deberíamos asegurarnos al menos de que esas poderosas emociones no se traduzcan en acciones destructivas para los demás o para uno mismo.

En el caso, por último, de que lleguemos a experimentar poderosas emociones destructivas, la sensación profunda de arrepentimiento y la comprensión de su naturaleza inapropiada y destructiva puede propiciar la resolución de cambio. De este modo, la misma experiencia de la emoción puede convertirse en una forma de aprendizaje.

Hay que decir que el objetivo budista de liberarse completamente del fuego de la ira es un ideal que va mucho más allá de los objetivos de los filósofos occidentales desde Aristóteles y también de la psicología moderna. Pero el Dalai Lama quería hablar en términos realistas sabiendo que, en un contexto secular, resulta imposible erradicar por completo las emociones negativas.

El budismo sostiene que no se trata tanto de erradicar por completo emociones como el enfado, por ejemplo, sino de disponer, en el caso de incurrir en ellas, de otras opciones que nos permitan abordar más eficazmente la situación. En realidad, una de las principales razones por las que nos habíamos reunido era, según el Dalai Lama, la de buscar métodos que contribuyan a que las personas puedan sustraerse al influjo de la ira.

La atención plena. Un bastión contra las emociones destructivas

Éste fue otro momento en el que el Dalai Lama invitó al venerable Kusalacitto a participar en la conversación. Por ello se dirigió hacia el monje tailandés y dijo:

–Creo que ahora sería muy adecuado transmitir una nota práctica sobre el cultivo de la atención y el modo en que puede aplicarse a la emoción.

Luego añadí que, puesto que la atención plena puede ser practicada sin necesidad de ser budista, también puede proporcionarnos un abordaje secular a las emociones destructivas.

El *bhante*, por su parte, dijo que, a pesar de todo su sofisticado equipamiento y medios materiales, los científicos todavía no tienen claro ningún camino para aliviar el peso de las emociones problemáticas y que el budismo –en especial sus métodos para controlar estados insanos como la ira, por ejemplo– podía ser de gran ayuda en este sentido. Por ello emprendió un pequeño y claro resumen de la visión clásica del budismo al respecto.

–Como Su Santidad ha dicho –agregó el *bhante* bromeando– debemos hablar en términos de una ética secular, aunque creo que hay algunos científicos que están interesados en el *nirvana*. Ellos quieren saber el modo de practicar esta técnica que nos enseña que las emociones no son algo intrínseco, sino relativo, porque cada día aparecen nuevos sentimientos que permanecen con nosotros durante un tiempo y acaban desapareciendo. Tanto si es constructiva como si es destructiva, ninguna emoción perdura para siempre.

El Buda habló de la impermanencia de las cosas, lo que significa que las emociones negativas no empañan nunca nuestra auténtica naturaleza. En el *Satipatthana Sutta*, el Buda nos aconseja permanecer muy atentos al primer momento de contacto con el mundo de los objetos sensoriales, como los colores, sonidos, etcétera. En la medida en que vayamos perfeccionando nuestra atención y nuestra conciencia, veremos los colores y sonidos como son, no pensaremos si son buenos o malos, si se trata de una imagen hermosa o fea, o si es un sonido armonioso o desagradable. Desde esta actitud, la mente permanece tan silenciosa que no existe emoción negativa alguna que pueda llegar a dañarla.

Luego, el venerable Kusalacitto procedió a detallar otro aspecto de la atención, la concentración, en la que la mente se centra de continuo en un objeto neutro de conciencia –habitualmente el flujo natural de la respiración– y, de ese modo, se mantiene a distancia de las emociones destructivas.

–En este caso, uno no se centra en la ira, la envidia o la agresividad, sino en un objeto alternativo y neutro como, por ejemplo, la inspiración y la espiración.

Así pues –dijo el *bhante*–, *satipatthana* nos enseña a cultivar la atención y la conciencia prestando atención al cuerpo, a la inspiración y a la expulsión del aire y cobrando conciencia de las sensaciones. De este modo, la atención y la conciencia nos permiten adentrarnos en una dimensión inaccesible e inmune, por tanto, a las emociones destructivas.

Más tarde, el *bhante* describió lo que ocurre cuando dirigimos la atención hacia la misma conciencia.

–Cuando uno concentra la atención en su mente, ésta se convierte en el objeto de su atención. En ese momento puede saber si su estado mental es sano o insano y si su mente está atada o no a la ira, los celos, la avaricia, el odio, la ilusión, etcétera. En tal caso, uno cobra conciencia de cualquier cosa que, en ese preciso instante, aparezca en su mente.

El cultivo de esta conciencia precisa y concentrada proporciona una sensación de ecuanimidad e invulnerabilidad a las emociones destructivas. En el momento en que uno conoce la verdadera naturaleza de la mente no hay emoción negativa que pueda dañarle. Desde esa perspectiva, es posible llegar incluso a utilizar los obstáculos, como los estados mentales insanos y las compulsiones, como objeto de la práctica, momento a partir del cual todo lo que emerge en su conciencia es percibido como «un mero agregado de nombre y forma» y la mente permanece neutra ante cualquier cosa que pueda presentarse.

Usted simplemente reconoce todo lo que emerge en su mente como un proceso natural que aparece y desaparece, que permanece con usted durante un breve período de tiempo y luego acaba desvaneciéndose. Y entonces es cuando usted puede realmente disfrutar de un estado de paz y de serenidad.

Ésta es la técnica que describió el mismo Buda –dijo el venerable Kusalacitto, concluyendo así su resumen del camino de la atención plena o *satipatthana*.

El presente engañoso

Como dijo el *bhante*, en el nivel último de la atención plena, la percepción se ha depurado tanto que la persona puede romper el vínculo existente entre la aparición de la impresión sensorial inicial y la tendencia de la mente a etiquetar y reaccionar a ella. De ese modo, en lugar de ver el mundo a través del prisma de nuestras categorías emocionales y de nuestros reflejos habituales, la mente puede permanecer en una modalidad neutra despojada de todo hábito automático.

Yo sabía que Francisco Varela había estado investigando estos mismos procesos perceptuales, de modo que dije al venerable Kusalacitto:

–Me gustaría conocer la opinión de Francisco –dije entonces– sobre dos de sus afirmaciones que guardan relación con nuestra visión de la mente y de la emoción. Según he entendido, el hecho de permanecer atentos al primer momento del contacto sensorial rompe la necesidad mecánica de superponer un concepto o una etiqueta a lo que experimentamos o, dicho en otras palabras, cortocircuita la emergencia de una emoción y, en consecuencia también, evita sus posibles efectos destructivos.

El venerable también ha señalado que, cuando comenzamos a experimentar una reacción emocional, podemos centrar la atención en la respiración hasta que esa reacción desaparezca. Se trata, pues, de dos estrategias diferentes.

¿Tiene algún sentido la primera de ellas –pregunté entonces a Francisco– desde la perspectiva que nos proporciona el procesamiento de información?

–Podríamos decir, siguiendo a Paul –replicó Francisco–, que la atención plena nos permite percibir el impulso antes de que llegue a expresarse, lo cual nos proporciona un pequeño margen de maniobra. Éste es un punto sobre el que la ciencia no dice gran cosa y en el que creo que jamás se ha adentrado la investigación científica.

–¿Sería razonable pensar –insistí– que el ejercicio de este tipo de discriminación ralentice ese proceso o agudiza nuestra inteligencia? ¿Podría la ciencia ayudarnos a despejar esta incógnita?

–Algunos textos budistas –respondió de inmediato el Dalai Lama– hablan de *yoguis* que han alcanzado elevados niveles de realización que les permite expandir un instante hasta englobar eones o contraer eones en un solo instante, pero siempre se hace la advertencia de que tal cosa sólo es así desde su perspectiva. Así pues, el hecho de que un determinado *yogui* que ha perfeccionado hasta tal punto su discernimiento dilate los instantes en eones no afecta materialmente a nuestro tiempo, de modo que se trata de una experiencia subjetiva. En cualquiera de los casos, sí que es posible ralentizar el proceso de surgimiento de una emoción y disponer así de más tiempo para actuar sobre ellas.

La raíz del apego

–Asumiendo, por un momento, el papel de maestro budista –dijo entonces el Dalai Lama–, debo señalar que, en *Fundamentos del Camino Medio*, Nagarjuna explica el proceso que origina el surgimiento de las aflicciones y que se asienta en la creencia en la realidad independiente de las cosas, del yo, de los demás y del mundo. En tal caso, la interacción con los demás o con el mundo pone en marcha el proceso de atribución de cualidades agradables o desagradables que nos lleva a generar apego o rechazo por un determinado objeto.

Y, por más rápido que sea este proceso, el *yogui* o el meditador adiestrado puede llegar a discernir el mecanismo causal que pone en marcha este proceso.

Pero, en realidad, tampoco es preciso un gran entrenamiento para ello, porque la observación seria de la naturaleza del *shunyata*, es decir, la ausencia de naturaleza intrínseca e independiente del yo, también podría propiciar el mismo tipo de cambio. Este enfoque nos permite intervenir en el segundo estadio, el estadio de la proyección, y controlarlo de modo que no acabe conduciendo a la aflicción. Pero, aun en el caso de que se haya puesto en marcha el proceso de identificación con la realidad intrínseca del sujeto y del objeto, uno puede prolongar el intervalo que existe entre el instante de aprehensión y la aparición de la aflicción. Existe un lapso, pues

–que podría prolongarse–, entre el momento de identificación y la subsiguiente proyección.

Del mismo modo, el hecho de que alguien aprehenda un objeto no necesariamente supone una cosificación de la realidad independiente de ese objeto.

–Lógicamente, pues –señaló Francisco– todo ello debería tener su correlato físico y cerebral que podría determinarse científicamente.

–Lo cierto –replicó el Dalai Lama– es que ignoramos si los científicos podrán llegar a discriminar la diferencia que hay entre los correlatos cerebrales del proceso de cosificación y los de la aprehensión. La aprehensión de un objeto no necesariamente va acompañada de su cosificación, pero, como digo, todavía queda por ver si es posible determinar neurológicamente esa diferencia.

¿Qué es lo que sucede, por ejemplo, cuando analizamos detenidamente la percepción de una flor? En un primer momento, usted sólo capta la flor, sin cosificación alguna. Ésa es una cognición válida. Pero normalmente el proceso prosigue en un momento posterior en el que tiene lugar la cosificación de la flor, a partir del cual se adentra en una modalidad falsa de cognición.[4]

De modo que –concluyó el Dalai Lama, dirigiéndose a Francisco– todavía queda por ver la posibilidad de descubrir los correlatos neuronales concretos que se corresponden con el primer momento de aprehensión de la flor y con el segundo de cosificación.

–¿No les parece un interesante experimento? –comentó Francisco.

Algunas propuestas

Con evidente entusiasmo ante las posibilidades experimentales que se abrían, el Dalai Lama propuso entonces varias alternativas:

–También podríamos investigar la existencia de alguna diferencia cerebral entre la cognición válida y la cognición falsa. En este sentido, por ejemplo, podría mostrarse a alguien la fotografía de una persona a quien conoce de nombre, pero a la que nunca ha visto. Entonces, por ejemplo, usted puede decirle que se trata de tal persona, y él se lo creerá. Pero la foto, en realidad, pertenece a otra persona con lo cual, desde la perspectiva de la epistemología budista, es un ejemplo de cognición falsa.

Luego le dice que le ha engañado y que la fotografía en cuestión no es de tal persona, sino de tal otra, momento en que, abandona la idea que se había formado y asume una nueva comprensión que ahora es una cognición válida. El experimento que propongo, en definitiva, aspiraría a determinar si cada una de estas dos cogniciones –la verdadera y la falsa– del mismo objeto (a saber, la imagen de la fotografía) va acompañada de una actividad neuronal diferente.

–En este sentido –comentó Richard Davidson– se han realizado algunos experimentos muy interesantes. Veamos un ejemplo muy sencillo. Usted tiene dos luces de diferente intensidad, una fuerte y otra más débil, cada una de las cuales va precedida de un tono diferente de modo que, apenas se presenta el tono, el sujeto sabe ya cuál es la luz que está a punto de encenderse. Luego presenta una luz de intensidad intermedia que, en algunas ocasiones, va precedida del primer tono y, en otras, del segundo. La investigación ha demostrado la existencia de una región cerebral que rastrea directamente la intensidad de la luz, independientemente del sonido que le precede. Y ello no anula la existencia de otras regiones cerebrales que se ocupan de la expectativa creada por el tono.

Este comentario avivó el interés del Dalai Lama, que procedió entonces a proponer otra serie de experimentos.

–También sería interesante estudiar, desde una perspectiva neurobiológica, la posibilidad de detectar diferencias en la actividad cerebral cuando la mente aprehende un objeto y cuando no lo hace, es decir, cuando la mente detecta una apariencia sin registrarla.

¿Existe –siguió diciendo– alguna diferencia entre la percepción de un objeto físico y la percepción de su simple imagen visual? Eso sería realmente fascinante.

–Son varias, hasta el momento, las investigaciones –respondió Francisco– que han corroborado esa diferencia.

–También me pregunto –prosiguió el Dalai Lama– si la investigación cerebral podría permitirnos discernir la activación de la inteligencia de la activación de una emoción que no está ligada a ella.

Asumiendo de nuevo la perspectiva budista –continuó el Dalai Lama– quisiera señalar ahora la existencia de dos grandes modalidades de meditación. Una de ellas es la concentración –conocida como *shamatha* o *samadhi* (que consiste simplemente en la estabilización y focalización de la mente)– y la otra es la llamada meditación *vipashyana* o de la visión penetrante (en la que uno examina realmente la naturaleza de la realidad). También sería fascinante determinar si cada una de ellas tiene sus propios correlatos cerebrales.

Como ya hemos visto en el capítulo 1, esta experiencia fue llevada a cabo al año siguiente en el laboratorio de Richie Davidson en Madison.

–Otra investigación muy interesante –intervino entonces Richie, sumando así su propia propuesta a este aluvión de ideas– sería aquella que pudiera demostrar a la ciencia occidental que la ignorancia o la ilusión son emociones que afectan a nuestra percepción y distorsionan nuestra capacidad de percibir la realidad tal cual es. Partiendo de este modelo, podríamos determinar las regiones cerebrales en las que los circuitos emocionales influyen en los perceptuales y distorsionan así nuestra capacidad de aprehender el mundo. Existen algunos interesantes experimentos realizados en este sentido que veremos mañana.

Volviendo a una diferencia fundamental

Alan Wallace cambió entonces de tema y volvió a centrar la atención en una cuestión muy importante que ya había sido formulada por Paul, Owen y Richie:

–¿Existe alguna diferencia entre en la visión budista y la occidental hacia alguna de estas emociones destructivas? Aristóteles dijo que uno debería encontrar el grado apropiado para la ira y otras emociones. Richie ha sugerido que uno debe encontrar expresarlas en el contexto adecuado. ¿Qué es lo que dice el budismo a este respecto?

Si tenemos en cuenta lo dicho por Su Santidad y nos mantenemos en el contexto secular –dejando de lado, pues, la aspiración al *nirvana*–, parece que existen diferencias muy significativas. Si usted está perdidamente enamorado, por ejemplo, y quiere alcanzar el *nirvana*, deberá acabar renunciando al amor romántico, porque éste se encuentra demasiado entremezclado con el apego y le impedirá el logro del *nirvana*. Pero, si dejamos de lado el *nirvana* y nos atenemos al contexto de la vida cotidiana, la ausencia de amor y de afecto entre las personas que llevan a establecer una pareja y tener hijos acabaría con la especie humana. De modo que, en este sentido, el budismo coincide con la idea de que existen circunstancias y grados apropiados para la manifestación del amor romántico.

En lo que respecta a la ira, no obstante –prosiguió Alan–, el ideal budista parece diferir tanto de la visión aristotélica como de la visión sustentada por la moderna psicología. Aunque, desde un punto de vista práctico, resulte muy difícil liberarse de la ira, el ideal budista aspira a erradicarla completamente, aun cuando uno pudiera pensar que, en ciertas circunstancias, resulta justificada y apropiada. En este sentido, el budista diría que no se trata tanto de no tener emociones, como de buscar alternativas que sirvan para afrontar la situación de un modo más adecuado y eficaz. Yo creo que se trata de una diferencia muy importante.

–Pero resulta que –acotó entonces el Dalai Lama en inglés–, en un contexto secular, es imposible que la persona normal y corriente elimine completamente las emociones negativas.

–Resumiendo –dije entonces–, aunque no podamos liberarnos por completo de las emociones destructivas, convendría determinar los métodos más adecuados para reducir su impacto. Para ello precisamente estamos aquí.

–Así es –subrayó con énfasi el Dalai Lama– y se trata de un intento que realmente merece la pena.

Ahí acabó nuestra sesión.

Para Paul, el día había sido un tanto frustrante, en especial por el curso serpenteante que había tomado el debate de la tarde, que no parecía guardar gran relación con su presentación. Según dijo Paul, antes de la pausa para tomar el té, el Dalai Lama había comentado que convendría dejar de lado el *nirvana* y centrar nuestra atención en las realidades de la vida cotidiana. «¿Qué podía ser más útil –había señalado el Dalai Lama– para quienes no estuvieran interesados en el budismo que encontrar formas más eficaces de afrontar sus emociones destructivas?» Pero, en su opinión, tal cosa no había ocurrido y habíamos seguido moviéndonos por derroteros demasiado teóricos perdiendo así de vista la dimensión práctica.

En cierto modo, yo también compartía la frustración de Paul. Pero también sé que estos debates van madurando y desarrollándose a lo largo de los días y que muchas de las cuestiones e ideas a las que nos habíamos referido acabarían dando su fruto en los días venideros.

TERCER DÍA

LAS VENTANAS DEL CEREBRO

22 de marzo de 2000

8. LA NEUROCIENCIA DE LA EMOCIÓN

Con el paso del tiempo, la psicología ha ido alejándose gradualmente de sus orígenes en la filosofía y las humanidades y acercándose a las ciencias del cerebro. Este cambio ha sido la inevitable consecuencia de los nuevos métodos de investigación cerebral que han puesto de relieve el fundamento neuronal de nuestra vida emocional y mental.

Freud y quienes siguieron sus pasos durante los últimos tres cuartos de siglo no tuvieron la ocasión de investigar directamente el modo en que el cerebro influye sobre nuestro comportamiento. En la época de Freud, los vínculos entre la conducta y el funcionamiento del cerebro eran un continente inexplorado, una auténtica *terra incognita*. A decir verdad, la neurociencia ha acabado corroborando la veracidad de algunas hipótesis pioneras de Freud como, por ejemplo, el poder de los procesos inconscientes para determinar nuestras acciones. Pero, más allá de estas confirmaciones puntuales, la absoluta falta de métodos para la observación del funcionamiento cerebral dio carta blanca a los primeros teóricos de la psicología a la hora de elaborar todo tipo de explicaciones pintorescas acerca de la conducta humana que no guardan la menor relación con lo que realmente sucede en el cerebro.

Un siglo después de Freud, sin embargo, las cosas han cambiado mucho, y hoy disponemos de teorías firmemente asentadas en los descubrimientos realizados por la reciente investigación cerebral. Así, aunque, durante la mayor parte del siglo XX, la psicología pretendió explicarlo todo –desde la esquizofrenia hasta el desarrollo infantil– sin referencia alguna al funcionamiento cerebral, esa actitud, hoy en día, ha dejado ya de ser plausible.

Los fundamentos neurológicos de la psicología moderna quedaron bien patentes en la presentación realizada por Richard Davidson en torno al cerebro y las emociones. Davidson ha dedicado su vida al estudio e investigación del fundamento neurológico de la emoción utilizando, para ello, los métodos científicos más sofisticados y vanguardistas.

En primer lugar, el laboratorio de Davidson, en Madison, utiliza una versión muy novedosa del electroencefalógrafo (EEG), un instrumento muy frecuente en los departamentos de neurología de los hospitales que se emplea para el registro de las ondas cerebrales. Pero el EEG sólo detecta la actividad cerebral que se produce inmediatamente por debajo del cuero cabelludo, algo que se asemeja a cartografiar el mapa meteorológico Estados Unidos registrando sólo las temperaturas en las localidades fronterizas con Canadá. El equipo de Davidson, sin embargo, dispone de un software muy moderno y de un sofisticado sistema de electrodos que no sólo le permite detectar la actividad que hay en la superficie del cerebro, sino también en regiones mucho más profundas, con lo cual está en condiciones –por seguir con el ejemplo anterior– de elaborar un mapa climático completo basado en el registro de la temperatura de todo el país.

Además, el laboratorio de Davidson también dispone de un escáner de resonancia magnética nuclear (RMN) funcional, que le permite detectar pequeñas modificaciones en el flujo sanguíneo de todo el cerebro durante una determinada actividad mental. A diferencia de los escáneres RMN habitualmente utilizados en los hospitales, que nos brindan instantáneas del funcionamiento cerebral, el RMN funcional nos proporciona lo que podríamos asemejar a un vídeo que permite a los investigadores determinar los cambios precisos que se producen en el cerebro durante una determinada actividad. Recordemos que tanto el RMN funcional como el EEG de localización de fuente fueron ambos utilizados en la investigación llevada a cabo en Madison con el lama Öser.

También debemos decir que el laboratorio de Davidson dispone de un equipo de tomografía de emisión de positrones –conocido como escáner PET–, que utiliza trazadores radiactivos para evaluar la actividad cerebral de los neurotransmisores y, de ese modo, permite a los investigadores establecer cuál de los varios centenares de neurotransmisores existentes se halla implicado en una determinada actividad.

No cabe la menor duda de que las conclusiones de Freud hubieran sido muy diferentes de haber podido contar con los métodos de que actualmente dispone Davidson para su investigación y cuyos resultados estaba a punto de presentarnos.

La aportación de Davidson al diálogo sobre el papel que desempeñan las emociones destructivas en el funcionamiento del cerebro resultó decisiva para nuestro encuentro, porque orientó la atención de los presentes hacia la práctica y alentó el esbozo de un programa que no sólo nos ayude a superar las emociones destructivas, sino que también pueda contribuir al desarrollo de las emociones positivas.

El clima se enfrió súbitamente, el cielo se encapotó y amenazaba tormenta. Y, aunque el resfriado del Dalai Lama parecía haber empeorado, ese día nos sorprendió llegando con anticipación a la sesión de la mañana, una actitud que evidenciaba claramente un interés que se vio luego confirmado por las muchas preguntas que formuló.

Cuando todos los participantes y observadores ocuparon su lugar, tomé la palabra y expuse la agenda que abordaríamos ese día.

Según el modelo que nos presentó ayer el venerable Kusalacitto, el debilitamiento de las emociones aflictivas va acompañado de la emergencia de un conjunto de emociones sanas. Y, aunque no estemos hablando de la realización última, este modelo nos proporciona un horizonte nuevo sobre las posibilidades del desarrollo humano y un modo de determinar el avance realizado en esa dirección.

Su Santidad nos ha solicitado el desarrollo de aplicaciones prácticas que puedan contribuir a la formulación de una ética secular válida y útil para la humanidad. También hemos visto el papel que desempeña la ilusión como fundamento de todas las emociones aflictivas. Éste será uno de los temas que hoy abordará Richard Davidson cuando nos hable de las bases cerebrales de las emociones aflictivas que el budismo denomina los Tres Venenos, es decir, la ira, el deseo y la ilusión.

Su Santidad ya conoce a Richard Davidson, él fue el moderador del último encuentro organizado por el Mind and Life Institute. Se trata de uno de los principales investigadores actuales del nuevo campo de la neurociencia afectiva, la ciencia cerebral que se ocupa de la emoción.

Una educación alternativa

Davidson empezó su sobresaliente carrera el primer día en que, siendo todavía estudiante de la Midwood High School –una escuela de Brooklyn orientada a alumnos que mostraban una especial habilidad para la ciencia–, sostuvo un electrodo entre sus manos. Davidson se había presentado como voluntario para trabajar en el laboratorio de investigación del sueño del Maimonides Medical Center y se le había encomendado la tarea de limpiar los electrodos que acababan de ser utilizados en un estudio sobre los ritmos cerebrales que acompañan al sueño.

Los electrodos han acabado convirtiéndose para Davidson –a quien casi todo el mundo conoce como Richie– en una herramienta fundamental, y hoy en día es director del Laboratory for Affective Neuroscience de la University of Wisconsin en Madison, un centro de investigación auténticamente pionero en el esfuerzo de convertir la psicología en una ciencia cerebral.

Conocí a Richie en 1972 cuando se sentó a mi lado en la primera clase del seminario de psicofisiología impartido, la noche de los lunes, por Gary Schwartz en Harvard. Yo acababa de regresar de un viaje de quince meses a la India becado por Harvard para el estudio de la meditación y de las psicologías orientales tradicionales y me había apuntado al curso para aprender los métodos utilizados por la psicofisiología, porque quería hacer una tesis centrada en la meditación como técnica para ayudar a las personas a gestionar más adecuadamente sus reacciones físicas al estrés.

Pero lo cierto es que Richie no sólo había ido a Harvard para tener la oportunidad de estudiar con Schwartz, sino también para conocerme a mí. Resulta que, durante mi estancia en la India, había escrito varios artículos sobre la meditación y sus efectos en la mente y el cuerpo que se habían publicado en el especializado *Journal of Transpersonal Psychology*. Richie –que, por aquel entonces, se hallaba en la New York University y estaba muy interesado en las tradiciones orientales y en el estudio de la mente– había leído esos artículos; y fue ciertamente curioso que, sin conocerme, se sentara justo a mi lado.

Cuando terminó la clase me ofrecí a llevarle a su apartamento en mi furgoneta Volkswagen roja repleta de estampas de *yoguis* hindúes, *lamas* tibetanos y otros maestros espirituales a quienes había conocido, o con quienes había estudiado durante mi peregrinaje por toda la India. Según me dijo meses después, la entrada en mi automóvil supuso para él, cuyo mundo se hallaba exclusivamente circunscrito a Brooklyn y el campus de la University Heights en el Bronx, una revelación que hizo estallar en pedazos su mente.

Durante ese pequeño viaje hablamos largo y tendido de mi fascinación por la meditación y sus efectos y de la gran relación que ello tenía con sus intereses personales y científicos. En ese momento, Richie supo que se hallaba en el lugar adecuado, puesto que sintió una sensación de conexión y de seguridad, y supo que "eso" era, precisamente, lo que estaba buscando. Para Richie, ese paseo significó el vislumbre de una visión alternativa que, más tarde, le llevó a viajar a la India para estudiar con algunos de los maestros de meditación de quienes le hablé esa noche y que, a la postre, han acabado también conduciéndole a este encuentro en Dharamsala con el Dalai Lama.

Alentando el desarrollo

Mientras estuvimos en Harvard, Richie y yo escribimos un artículo señalando que el uso de la meditación para adiestrar la atención puede provocar "efectos rasgo", es decir, cambios psicobiológicos beneficiosos y permanentes que representaron el precursor de lo que, con el paso del tiempo, han acabado dando origen a las nociones de plasticidad cerebral y emocional.[1] Pero todavía debía pasar un tiempo para que la ciencia se hallara en condiciones de admitir esas ideas.

Richie siempre ha sido un científico interesado en el desarrollo, descubriendo razones y formas de investigar el funcionamiento de la mente que, si bien empiezan despertando ciertas resistencias, todo el mundo acaba aceptando. Cuando todavía era alumno de la NYU, Davidson escribió en colaboración con la psicóloga Judith Rodin (hoy en día rectora de la University of Pennsylvania) un trabajo pionero en el estudio de la imaginería mental. Y debo decir que todo ello ocurría en una época en la que la psicología se hallaba sojuzgada por el conductismo, según el cual el único objeto válido de investigación científica era la actividad observable y, en consecuencia, se negaba a conceder el menor valor a cualquier tipo de experiencia interna. Por ello, que la fascinación de Richie por los procesos mentales –como las imágenes que sólo pueden verse con el ojo de la mente– se oponía frontalmente a la ortodoxia dominante.

Pero Richie no se arredraba con facilidad y siguió investigando lo que entonces era el nuevo campo de la psicología cognitiva y acabó desarrollando nuevos métodos que le permitieron sustraerse al influjo del conductismo. Pero hay que decir que, con el paso del tiempo, la psicología cognitiva también terminó estableciendo su propia ortodoxia, una ortodoxia que desdeñaba la emoción y afirmaba que lo único que merecía la pena investigar eran operaciones mentales como las imágenes y la memoria.

Entonces fue cuando Richard Davidson se empeñó en destronar el nuevo dogma científico. Richie recuerda cierta conversación que se produjo a mediados de los años sesenta, poco antes de abandonar la universidad, con nuestro mentor en Harvard, el difunto psicólogo David McClelland, en la que éste le insistió en la necesidad de despreocuparse de lo que pensara el resto del mundo y creer en sí mismo y seguir el camino que le dictaba su intuición científica.

Fue cuando tomó la decisión de emprender un camino –que, por aquel entonces, discurría por los márgenes del conocimiento científico– que le llevaría a investigar los vínculos que existen entre el cerebro y las emociones. Y no sólo eso, sino que su atención se centró en el papel que desempeñan los lóbulos prefrontales en las emociones en una época en que el conocimiento neurológico convencional sostenía que las emociones se asientan en las regiones profundas evolutivamente más remotas del cerebro, en especial el sistema límbico y el tallo cerebral. En esa época se creía que la región prefrontal –el área cerebral evolutivamente más reciente– se ocupaba sólo de las funciones superiores, es decir, del pensamiento y la planificación.

Sin embargo, Richie había estudiado con Norman Geschwind, el gran neurólogo conductista de la Harvard Medical School, que, basándose en las distorsiones emocionales que presentaban pacientes con distintos tipos de lesiones cerebrales, llevó a cabo una serie de ingeniosas observaciones clínicas. Otra de sus fuentes de inspiración fue el hecho de estudiar neuroanatomía en el Massachusetts Institute of Technology con Wally Nauta, uno de los principales neuroanatómos del siglo XX. Nauta estaba especializado en la región frontal y fue la primera persona a quien Richie escuchó hablar de las vías neuronales que conectan la corteza prefrontal con los centros emocionales ubicados en las regiones más profundas del cerebro. Esos vínculos eran entonces poco conocidos y muy cuestionados, pero Nauta no tenía el menor problema en desafiar el conocimiento convencional e inspiró a Richie a investigar la relación que existe entre el área prefrontal y las emociones.

El inicio de una nueva disciplina

En los años en que trabajó como profesor adjunto en el campus de la State University of New York, Richie vio rechazados una y otra vez sus proyectos de investigación y los artículos que enviaba a distintas revistas científicas. Lentamente, sin embargo, otros investigadores empezaron a seguir sus pasos, en parte motivados por la búsqueda de respuestas a cuestiones como por qué, a pesar de estar sometidos a la misma tensión nerviosa, hay quienes se desmoronan y hunden físicamente, mientras que otros superan la situación y disfrutan de una vida larga y saludable. Tal vez, la respuesta a todo ello se asentara en las diferencias que hay en los circuitos cerebrales en que Richie estaba interesado.

Pero no debemos olvidar que la ciencia también está sujeta a cambios. Recordemos que el estudio de las emociones floreció durante el apogeo del psicoanálisis freudiano para acabar marchitándose bajo el asedio de los conductistas, que dominaron la escena hasta los años sesenta para terminar, a su vez, pasando el testigo a los psicólogos cognitivos. Pero, como ya hemos apuntado en otro lugar, el enfoque cognitivo –que asimila el funcionamiento del cerebro al modelo de un procesador de información– es tan frío como el conductismo.

En el momento en que los científicos empezaron a preocuparse por el modo en que el funcionamiento del cerebro da lugar a la vida mental emergió el nuevo campo de la neurociencia cognitiva. Y, cuando se descubrió la existencia de una intrincada red de conexiones neuronales que vinculan los pensamientos a los sentimientos, es decir, la cognición a la emoción, se abrió una puerta completamente nueva para el estudio científico de las emociones. En la actualidad, Richard Davidson es considerado como uno de los científicos que ha puesto en marcha la disciplina que, actualmente, se conoce como neurociencia afectiva y que se ocupa del estudio de la relación entre el cerebro y las emociones. Así fue como una investigación que antaño se viera desdeñada como mera especulación ha acabado convirtiéndose en la semilla de una nueva disciplina científica que corrobora las persistentes intuiciones de Richie.

En 1985, Richie se trasladó a la University of Wisconsin, donde sus intereses científicos recibieron una excelente acogida. La universidad le subvencionó con diez millones de dólares para construir un laboratorio en el que llevar a cabo sus investigaciones con la ayuda de un amplio plantel de colaboradores que van desde neurocientíficos hasta físicos. En la actualidad, Davidson es director del Laboratory for Affective Neuroscience y del W.M. Keck Laboratory for Functional Brain Imaging and Behavior, uno de los pocos laboratorios del mundo que se ocupa de investigar las relaciones que existen entre el cerebro y la emoción. También ocupa dos cátedras en las facultades de psicología y de medicina de la University of Wisconsin, una de las cuales lleva el nombre de su héroe William James.

Richie cree que la ciencia es el acerbo principal de la cultura moderna y también ha manifestado, desde muy temprano, un gran interés en los fundamentos cerebrales de la experiencia humana. En consecuencia, no sólo considera aceptable el estudio científico de la conciencia humana, sino que cree que puede tener un poderoso impacto sobre la sociedad en general.

Cuando el congreso de Estados Unidos pidió al National Institute of Health que seleccionase cinco centros de estudio para investigar las interacciones entre la mente y el cuerpo, el laboratorio de Davidson recibió una subvención de once millones de dólares a fin de investigar, entre otras cosas, los efectos de la meditación en el cerebro, el sistema inmunológico y el funcionamiento endocrino y, en consecuencia, en la salud. También hay que decir que ésa fue –y hay que recordar que estamos hablando de 1989– la primera ocasión en que la administración federal sufragaba un proyecto destinado de forma explícita al estudio de los efectos de la "meditación", algo impensable sólo cinco años antes, que ponía claramente de relieve que, en este sentido al menos, la ciencia estaba experimentado un cambio.

Hoy en día, por vez primera en su carrera, Richie cree que la ciencia dispone ya de métodos para el estudio riguroso del cerebro y de la conciencia humana. Y es que las sofisticadas herramientas de investigación cerebral de que su laboratorio le han permitido demostrar de manera fehaciente la relación entre los lóbulos prefrontales y el sistema límbico y unificar así el pensamiento y el sentimiento, la cognición y la emoción, una investigación que no sólo le ha servido para reivindicar a Wally Nauta, sino también a sí mismo.

La neurociencia de las emociones aflictivas

Richie parecía muy relajado cuando tomó asiento en el sillón del presentador. Él había moderado el quinto encuentro del Mind and Life Institute, que había girado en torno al altruismo y la compasión y ahora presentaba al Dalai Lama el manuscrito de ese encuentro, titulado *Visions of Compassions*, que había editado con Anne Harrington, de la Harvard University.[2]

«Los científicos que han participado en estos diálogos –comenzó diciendo– se han visto irreversiblemente afectados por ellos. Y es que estos encuentros parecen provocar cambios muy importantes en nuestra perspectiva que se ponen claramente de relieve cuando regresamos a nuestras respectivas comunidades científicas.»

Este comentario pareció premonitorio porque no tardaríamos en ver sus efectos prácticos.

«Quisiera comenzar –dijo, entrando ya en su presentación formal– hablando de tres grandes cuestiones. La primera de ellas tiene que ver con algunos de los mecanismos cerebrales que subyacen a las emociones y su regulación, y me gustaría revisar ciertos fundamentos evolutivos. Luego quisiera centrar la atención en varias cuestiones esenciales para cualquier visión neurocientífica de los estados emocionales aflictivos. Y, en tercer lugar, presentaré algunos hechos y teorías ligados a los tres principales estados emocionales aflictivos, la ira, la agresividad y el miedo, por una parte; el deseo, por otra, y la ilusión o ignorancia, por último.

»La neurociencia –continuó Richie– nos enseña que cualquier conducta compleja –como la emoción, por ejemplo– no se asienta en una sola región cerebral, sino en la conjunción de distintas regiones cerebrales. No existe, pues, ningún centro concreto que regule el funcionamiento de la emoción, como tampoco lo hay para jugar al tenis o para cualquier otra conducta compleja. Todo ello implica la interacción de diferentes regiones de la corteza cerebral.»

Richie mencionó en este sentido varias regiones corticales como el lóbulo frontal, ubicado justo detrás de la frente, una zona que resulta esencial para la regulación de las emociones que luego abordaría con más detalle. También habló del lóbulo parietal, en el que se unifican las representaciones procedentes de todos los sentidos, como la visión, la audición y el tacto, por ejemplo, y señaló que el lóbulo parietal desempeña un papel funda-

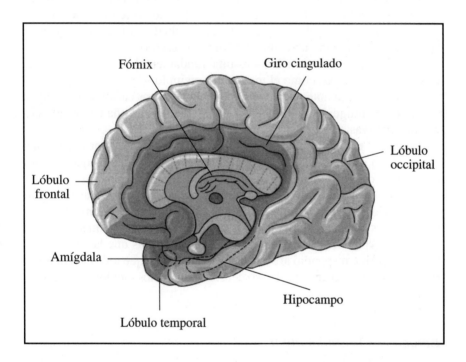

Las emociones implican la actividad orquestada de todos los circuitos cerebrales, en especial los lóbulos frontales (que albergan las estructuras ejecutivas del cerebro y se ocupan de la planificación), la amígdala (que permanece especialmente activa durante la experiencia de emociones negativas como el miedo) y el hipocampo (que se encarga de adaptar las emociones a su contexto). Todas las regiones representadas en esta figura permanecen activas durante la experiencia de las emociones.

241

mental en las representaciones mentales, como, por ejemplo, cuando imaginamos algo con "el ojo de la mente".

Cuando Richie proyectó la primera diapositiva, el Dalai Lama –siempre tan atento– pidió al monje encargado de ello que apagara la luz y preguntó al cámara que se ocupaba de grabar el evento si disponía de luz suficiente.

La diapositiva mostraba la parte interior de un corte sagital del cerebro, y Richie centró entonces su atención en las regiones cerebrales ligadas a las emociones destructivas y a su regulación.

En este sentido, Richie señaló los lóbulos frontales, que son los centros ejecutivos del cerebro y desempeñan un papel fundamental en la regulación de las emociones. Luego llamó nuestra atención hacia la amígdala –formada por un par de estructuras del tamaño de una nuez de cerca de 1,5 centímetros cúbicos, ubicadas a ambos lados del cerebro–, otra región esencial para las emociones que se halla sepultada en la región conocida como sistema límbico, ubicada en medio del cerebro.

«La amígdala –dijo Richie– resulta fundamental para cierto tipo de emociones negativas, como el miedo, por ejemplo.»

En los días siguientes escucharíamos muchas otras cuestiones negativas acerca de la amígdala y del papel esencial que desempeña en las emociones destructivas.

Entonces, el Dalai Lama preguntó –como suele hacer– por las implicaciones de lo dicho en el caso de los animales. No olvidemos que su compromiso de compasión hacia todos los seres también engloba a los animales y, a lo largo de este diálogo, como también sucedió en otras ocasiones, amplió la discusión hasta llegar a incluirlos. Lo que dijo concretamente es que los animales muestran emociones que parecen semejantes al miedo humano y preguntó si su cerebro posee las mismas estructuras que las del cerebro humano. Richie respondió afirmativamente diciendo que todos los mamíferos las poseen, pero que, en el caso del ser humano, los lóbulos frontales son mayores.

Emociones fuera de lugar

Davidson prosiguió su visión general de la neuroanatomía pasando entonces al hipocampo, una estructura elongada que se halla ubicada justo detrás de la amígdala y que está muy ligada a la memoria. Según dijo, el hipocampo desempeña un papel muy importante en la emoción, porque resulta esencial para valorar el contexto en el que se producen los acontecimientos.

«Yo podría estar –dijo– en un entorno en el que me ocurren cosas buenas –como, por ejemplo, mi casa, donde me siento seguro y amado por mi familia–, de modo que el simple hecho de hallarme en él resultase reconfortante. En este sentido, el hipocampo se ocupa de la valoración del contexto físico en el que nos hallamos. Tengamos en cuenta que ciertas afecciones emocionales –como la depresión y el trastorno de estrés postraumático, por ejemplo– van acompañadas de una disfunción del hipocampo.»

–¿Es cierto que –preguntó entonces el Dalai Lama– cuando una determinada región del cerebro está dañada y, en consecuencia, también lo está su correlato mental, hay ocasiones en que, con el paso del tiempo, otras áreas asumen el control de las tareas de las que se encarga esa región? ¿Ocurre también lo mismo con las regiones que estamos considerando? ¿En qué casos es posible esa suerte de reemplazo y cuándo, por el contrario, el daño es irreversible?

–Ésta es una cuestión muy interesante –respondió Richie–. Tanto en el caso de la depresión como en el del trastorno de estrés postraumático se ha observado una disminución objetiva del tamaño del hipocampo. Pero, en el último año, se ha descubierto que, cuando la depresión es tratada con antidepresivos, el hipocampo no se atrofia del mismo modo que cuando permanece sin tratar.[3] Basándonos, pues, en lo que hoy en día sabemos –y debo señalar que nuestro conocimiento al respecto todavía sigue siendo muy limitado– podemos afirmar que el hipocampo es una estructura muy plástica y que sus funciones –al igual que ocurre con otras estructuras cerebrales– pueden verse parcialmente asumidas por regiones cerebrales distintas.

–Vamos a ver si lo entiendo –dijo el Dalai Lama–. ¿Está usted acaso afirmando que, cuando uno no está deprimido, las funciones primarias del hipocampo tienen que ver con la memoria y con el reconocimiento del contexto? ¿Quiere decir que, cuando uno está deprimido, el funcionamiento del hipocampo también se encuentra dañado?

–Correcto.

–¿Y que cuando uno –prosiguió el Dalai Lama– logra sobreponerse a la depresión recupera su funcionamiento normal?

–Así es.

–Tal vez entonces –añadió bromeando el Dalai Lama– si la única función del hipocampo es la de sumir al sujeto en la depresión, fuese mejor extirparlo.

–Pero resulta –respondió Richie– que ésa no es su única función y que se trata de una estructura absolutamente necesaria. Lo importante es que todo ello nos proporciona una comprensión muy importante de la visión occidental de las emociones destructivas, las emociones que no son apropiadas a la situación. Es natural, por ejemplo, que alguien se sienta triste cuando muere un ser querido, pero la persona deprimida experimenta tristeza en contextos que no son apropiados, lo cual puede deberse a algún tipo de disfunción del hipocampo. No olvidemos que el hipocampo nos proporciona información sobre el contexto y nos ayuda a dar una respuesta emocional adaptada a él. Uno de los problemas de los trastornos emocionales, pues, consiste en la expresión de la emoción en un contexto inapropiado.

Y algo parecido sucede también en los casos del miedo y de la fobia, su extremo patológico. Porque, si bien resulta adecuado experimentar miedo ante una amenaza a nuestra supervivencia física, no lo es la respuesta de la persona fóbica que experimenta miedo en contextos en los que no existe ninguna amenaza real y, mucho menos, una amenaza a la supervivencia física, en cuyo caso también existe una hipótesis que implica una posible disfunción del hipocampo.

Dicho en otras palabras –concluyó– una de las pruebas para determinar si alguien está emocionalmente trastornado es la presencia de una respuesta emocional inapropiada al contexto que pueda deberse a algún tipo de disfunción del hipocampo. Ésta es una relación que, hasta el momento, sólo se ha estudiado en los casos del miedo y la tristeza, aunque tal vez pueda también aplicarse a otras emociones, como la ira y la ansiedad.

El modo en que la experiencia modifica nuestro cerebro

Richie habló entonces de los cambios que ha experimentado el tamaño del cerebro en el curso de la evolución de las distintas especies de primates hasta llegar al ser humano.

«El gran tamaño relativo que ocupa el lóbulo frontal del ser humano con respecto a la totalidad de su cerebro debe estar relacionado con cualidades distintivamente humanas. Y cabe señalar, en este sentido, que los lóbulos frontales desempeñan un papel fundamental en la regulación de las emociones (uno de los rasgos más propiamente humanos) y que su disfunción parece estar ligada a las emociones destructivas.»

–¿Acaso está sugiriendo que los animales carecen de sistema de regulación de las emociones? –preguntó de nuevo el Dalai Lama, ampliando una vez más su preocupación al ámbito de los animales.

–Lo poseen, pero no es tan sofisticado como el de los seres humanos.

El Dalai Lama entonces asintió satisfecho inclinando la cabeza.

«Uno de los descubrimientos más interesantes realizados por la moderna neurociencia en los últimos cinco años ha sido que la experiencia influ-ye en las regiones cerebrales que hemos descrito (los lóbulos frontales, la amígdala y el hipocampo), regiones que se ven espectacularmente afecta-das por el entorno emocional y que también pueden verse afectadas por la experiencia repetida.»

Ésa fue la primera ocasión en que Richie introdujo el concepto de "plas-ticidad neuronal" –el modo en que la experiencia modifica el cerebro–, que acabaría desempeñando un papel esencial en nuestro debate.

«Lo que resulta especialmente interesante a este respecto es que el im-pacto del entorno en el desarrollo del cerebro ha sido rastreado hasta el ni-vel de los genes (si bien hay que decir que, hasta el momento, esto sólo ha sido verificado en el caso de los animales, aunque existen sobradas razones para creer que también resulta aplicable al ser humano). En este sentido, si uno crece en un entorno favorable se producen cambios objetivos demos-trables a nivel genético. Por ejemplo, existen genes relacionados con cier-tas moléculas que desempeñan un papel importante en la regulación de las emociones y que responden a las influencias ambientales.»

–¿Quiere decir –inquirió entonces el Dalai Lama– que quienes han sido educados en un entorno más nutricio pueden gestionar más adecuadamen-te sus emociones?

–Así es –respondió Richie–. Existen evidencias al respecto en el mun-do animal, y Mark Greenberg nos hablará mañana de la importancia de la alfabetización emocional de los niños. Hasta hace tan sólo un par de años, los neurocientíficos creían que todos nacemos con un determinado núme-ro de neuronas, que esa cantidad permanecía estable a lo largo de toda la vida y que los únicos cambios que acompañaban al desarrollo tienen que ver con modificaciones de las conexiones interneuronales y con la muerte celular. En los dos últimos años, sin embargo, hemos asistido al fantástico hallazgo de que el ser humano sigue desarrollando nuevas neuronas duran-te toda su vida.[4]

–¿Acaso quiere decir que –inquirió de nuevo entonces el Dalai Lama–, cuando mueren y se eliminan algunas neuronas, aparecen otras completa-mente nuevas que no tienen nada que ver con las anteriores?

–Aparecen lo que nosotros llamamos –respondió Davidson– células troncales, es decir, células que pueden acabar convirtiéndose en células de cualquier parte del cuerpo, como, por ejemplo, células renales, células car-díacas o incluso neuronas.

–En cierto modo podríamos decir que se trata de células genéricas –se-ñaló el Dalai Lama–. ¿Y en qué se convierten las neuronas que mueren?

–Desaparecen y se ven reabsorbidas por otras células –dijo Richie.

–Si algunas neuronas del cerebro mueren –preguntó entonces el Dalai Lama–, otras perviven y aparecen otras nuevas, ¿qué hace que algunas de ellas pervivan? ¿Existe alguna neurona que dure toda la vida?

–Por el momento ignoramos la respuesta concreta a esta pregunta –respondió Richie–, pero, según se cree, las nuevas neuronas que emergen –aun en personas de sesenta años– están ligadas a nuevos aprendizajes y a nuevos recuerdos.

–¡Qué bien! –exclamó alborozado y bromeando el Dalai Lama, que ha superado ya esa edad.

El cerebro de Einstein

El Dalai Lama cambió entonces de tema. Había leído los nuevos análisis realizados con el cerebro de Einstein y tenía algunas preguntas al respecto.

–Según parece, el cerebro de Einstein presentaba ciertos aspectos bastante inusuales. ¿Cuáles eran en concreto esas singularidades? Según se dice, el tamaño del giro angular (una estructura del lóbulo parietal que se ocupa de unificar los datos procedentes de todos los sentidos) del cerebro de Einstein era especialmente grande. ¿Se trata de una leyenda que ha ido elaborándose con el paso del tiempo o de algo basado en los hechos?

–Esto es algo muy interesante aunque, por el momento, no ha sido suficientemente estudiado. Según decía el mismo Einstein, cuando se hallaba absorto en algún pensamiento, experimentaba sinestesias, es decir, imágenes que combinan, en un mismo contenido, modalidades sensoriales diferentes. Tal vez, esa singularidad de su cerebro pudiera explicar su especial destreza para ese tipo de pensamiento.

–¿Cree usted –insistió de nuevo el Dalai Lama– que Einstein nació con esa notable ampliación del lóbulo parietal, o considera acaso que su genialidad fue una simple consecuencia de su modo de utilizar la mente? ¿Qué fue primero, dicho de otro modo, el huevo o la gallina?

–Probablemente ambos –dijo Richie.

–La respuesta más segura –acotó el Dalai Lama con una sonrisa y luego prosiguió diciendo–. Pero lo que, en realidad, estoy tratando de determinar es un punto que ya hemos tocado antes y que se refiere al hecho de si cada proceso mental aparece necesariamente después de una determinada actividad cerebral. Permítanme que asuma por un momento no sólo la perspectiva budista, sino también la de todos aquellos que afirman la existencia de vidas anteriores y posteriores, una teoría que sostiene la existencia de una serie de conciencias que no dependen de la actividad cerebral y que pueden pasar de una vida a la siguiente.

La conversación a la que el Dalai Lama estaba refiriéndose se había producido durante el segundo encuentro organizado por el Mind and Life Institute, que giró en torno a la pregunta de si, de algún modo, la conciencia puede proseguir después de la muerte sin cerebro que la sostenga.

Richie respondió a esta pregunta citando a un pionero de la psicología y de la filosofía americana. En el primer capítulo de su libro *Principles of Psychology*, escrito en 1890, William James afirmó que el cerebro es el único órgano que subyace a las operaciones mentales y que todos sus principios de psicología no eran sino una nota a pie de página de esa única afirmación.

En un libro posterior, Francisco Varela respondió diciendo que, en su libro *Las variedades de la experiencia religiosa*, el mismo James contradice esa afirmación.

–Lo único que podemos decir –señaló Richie– es que James no fue coherente con esa visión y que carecemos de evidencia que nos permita extraer una conclusión firme al respecto.

–La literatura tradicional tibetana –comentó Thupten Jinpa irónicamente– presta más atención a los escritos posteriores de un autor que a los más tempranos.

–En el caso de la ciencia sucede lo contrario– concluyó Richie.

¿De qué depende la inteligencia distintiva de la humanidad?

Richie volvió a su presentación y proyectó una diapositiva de dos visiones del cerebro, una lateral y otra basal, en la que se distinguían varias regiones diferentes de la corteza prefrontal –los córtex frontales dorsolateral, orbital y ventromedial, este último especialmente importante para la emoción.

«El lóbulo frontal –dijo– se divide en varias regiones diferentes, de entre las cuales la conocida con el nombre de corteza ventromedial resulta fundamental para la emoción. Los pacientes que presentan lesiones en esta región cerebral evidencian una conducta emocional desordenada e irregular, como ataques, por ejemplo.

»Según se cree, la parte anterior del lóbulo frontal desempeña un papel muy importante en ciertos tipos de cognición y, especialmente, en la planificación. En la medida en que determinados aspectos de la emoción también implican una cierta anticipación del futuro –como cuando, por ejemplo, estamos esperando con ansiedad el encuentro con una persona amada a la que llevamos mucho tiempo sin ver–, esa parte del cerebro permanece activa durante la representación mental imaginaria de ese objetivo. Hablando en términos más generales podríamos decir que la motivación depende parcialmente de esa región del lóbulo frontal, que mantiene en nuestra mente los sentimientos que tendremos cuando se cumplan nuestros objetivos.[5]

»Quisiera ahora hablar con más detenimiento de la corteza frontal, porque desempeña una función esencial en la capacidad de regular las emociones y, sobre todo, las emociones destructivas. No olvidemos que las regiones cerebrales implicadas en la activación inicial de una emoción no son las mismas que las que se ponen en juego durante su regulación. En este sentido, la amígdala desempeña un papel fundamental en los circuitos activadores de la emoción, mientras que la corteza prefrontal, por su parte, se ocupa de la regulación.

»En circunstancias normales, las regiones cerebrales que activan una emoción y las que la regulan se ponen simultáneamente en marcha, de modo que, cuando se desencadena una emoción, también se disparan los mecanismos implicados en su regulación. Esto nos proporciona una clave para ayudarnos a entender el funcionamiento de las emociones destructivas, ya que nos permite examinar las áreas del cerebro implicadas en la regulación de la emoción que pueden estar funcionando mal.»

–Uno de los rasgos distintivos de la especie humana es la inteligencia –apuntó entonces el Dalai Lama–. ¿Podría usted identificar una o más regiones del cerebro que estén en concreto relacionadas con la excepcional inteligencia humana, es decir, que sean distintivamente humanas?

–Antes señalé –respondió Richie volviendo a centrarse en los lóbulos frontales– que cualquier conducta compleja depende de la interacción entre diferentes regiones cerebrales. La inteligencia es ciertamente muy compleja y es muy probable que implique el concurso simultáneo de diferentes regiones cerebrales.

Pero permítame ahora darle una respuesta más especulativa –prosiguió–. Los lóbulos frontales no sólo desempeñan un papel muy importante en aquellos aspectos distintivos de la inteligencia humana que Occidente denomina inteligencia cognitiva, sino también en lo que ha terminado llamándose inteligencia emocional. Los lóbulos frontales son fundamentales para ambas dimensiones de la inteligencia.

El hecho de que algunas de las regiones cerebrales implicadas en las emociones positivas se hallen también asociadas a la razón despertó el in-

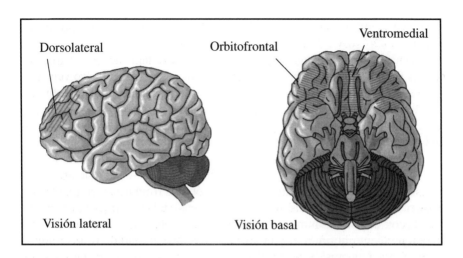

La corteza prefrontal, ubicada inmediatamente detrás de la frente, aloja los centros ejecutivos del cerebro relacionados con habilidades como la planificación. La región ventromedial de la corteza prefrontal resulta esencial para la regulación de las emociones.

terés del Dalai Lama. En su opinión, la neurociencia confirmaba algo que siempre había creído, que las emociones constructivas y positivas pueden asentarse en la razón y verse ennoblecidas por ella. Su entrenamiento discursivo que le había adiestrado a aportar evidencias aparentemente discrepantes le llevó entonces a formular la siguiente pregunta:

–Antes apuntó que el tipo de imaginería mental evidenciada por Einstein parecía estar relacionada con una región posterior del cerebro –dijo el Dalai Lama– pero que la imaginería mental que surge cuando pensamos parece tener su correlato en el lóbulo parietal, ¿no es así? Si podemos llamar a eso imaginación, el poder de la imaginación parecería muy ligado a la inteligencia. ¿Cree usted que el lóbulo parietal, que no forma parte del lóbulo frontal, desempeña también un papel esencial en la excepcional inteligencia que caracteriza al ser humano?

El Dalai Lama permaneció absorto y en silencio meciéndose lentamente hacia adelante y hacia atrás.

–Absolutamente –replicó Richie–. Pero las conexiones entre el lóbulo frontal y el lóbulo parietal del cerebro humano son mucho más nutridas que las que existen en otras especies. La capacidad de imaginar característica del pensamiento creativo de Einstein, por ejemplo, vincula el lóbulo frontal –muy ligado a conceptos abstractos– con la imaginería mental visual.

–Einstein decía –agregué entonces– que primero tenía visiones y que luego las formulaba verbalmente, o, dicho de otro modo, que primero veía imágenes y sólo luego las formulaba en términos de ecuaciones o de leyes físicas.

El cerebro en un recipiente

–Todavía quisiera, Su Santidad –continuó Richie–, abordar un par de cuestiones generales. En primer lugar, los lóbulos frontales, la amígdala y el hipocampo están muy relacionados con el resto del cuerpo y, muy en particular, con el sistema inmunológico, el sistema endocrino (que controla el funcionamiento hormonal) y el sistema nervioso autónomo (que regula la tasa cardíaca, la presión sanguínea, etcétera). Justo ahora empezamos a disponer de algunas pistas para comprender la relación que existe entre la mente y el cuerpo y el efecto de las emociones sobre la salud mental y sobre la salud física.

Entonces, el Dalai Lama formuló una pregunta un tanto singular:

–¿Le parece teóricamente posible –aunque hoy en día resulte inviable– cortar la cabeza de una persona y aportarle la sangre y el oxígeno que necesite para que siga funcionando?

–Ésta es, de hecho –respondió Richie–, una pregunta que se han formulado muy en serio los filósofos de la mente. Un filósofo llamado Daniel Dennett ha escrito un ensayo al respecto titulado precisamente *The Brain in a Vat* [es decir, *El cerebro en un recipiente*], la misma metáfora por la que usted se ha interesado.[6] En principio me parece desde una perspectiva teórica posible. Y debo decir que una de las implicaciones más interesantes de esa posibilidad es si ese cerebro sería todavía capaz de experimentar emociones.

–De modo que, en principio –señaló el Dalai Lama–, su respuesta es afirmativa, aunque todavía existan ciertas dudas al respecto.

–Correcto.

–¿Y qué ocurriría en tal caso con la inteligencia? ¿Se trataría acaso de un cerebro inteligente? –añadió sonriendo el Dalai Lama–. Eso sería lo mejor, tener inteligencia sin tener emociones.

–Yo creo que todavía tendría emociones –respondió Richie.

–Mientras exista alguna sensación de identidad –concluyó entonces con más seriedad el Dalai Lama– creo que estamos atados a las emociones que necesariamente la acompañan.

El cerebro dividido

Richie pasó entonces a otro punto ligado a los lóbulos frontales. «El cerebro de todas las especies vertebradas está dividido en dos mitades, y la investigación realizada sobre las diferencias funcionales entre ambas partes en el ser humano y en los primates superiores sugiere que cada una de ellas desempeña un papel diferente en la emoción. Las evidencias recogidas en este sentido parecen sugerir que el lóbulo frontal izquierdo cumple con una función decisiva en las emociones positivas, mientras que el lóbulo derecho está más ligado a ciertas emociones negativas.

»En cierto experimento, por ejemplo, presentamos a las personas imágenes destinadas a activar emociones positivas o emociones negativas (como la imagen de una madre sosteniendo amorosamente a su hijo y la imagen de personas quemadas o víctimas de un accidente, respectivamente).»

–¿Está utilizando –preguntó Jinpa entonces– los términos positivo y negativo (en lugar de constructivo y destructivo) para referirse a la cualidad de la experiencia?

–Así es. La investigación ha demostrado que la presentación de imágenes negativas destinadas a evocar emociones como el miedo va acompañada de una activación de la corteza frontal derecha y refleja un aumento del metabolismo de esa región. La presencia, por el contrario, de imágenes positivas va acompañada de una pauta de activación muy distinta en la región orbital, en la parte superior del lóbulo frontal y en algunas regiones motoras del lóbulo izquierdo. Y debo subrayar que, a diferencia de lo que ocurre con las emociones negativas, todas las áreas activadas por las imágenes positivas se encuentran en el lado izquierdo y que esas pautas se mantienen en el caso de los diestros y en la mayor parte –aunque no en todos– de los zurdos.

El instinto científico del Dalai Lama pasó entonces a primer plano y preguntó:

–¿Se modifican esas variables si el experimento se repite al cabo de un tiempo, tal vez un par de semanas más tarde, cuando el sujeto se encuentra en plena forma, enfermo o hambriento, pongamos por caso? ¿O acaso se presentaría siempre la misma pauta de activación?

–Muy buena pregunta –replicó Richie–. Recientemente hemos llevado a cabo este experimento con los mismos sujetos en tres ocasiones a la misma hora del día durante un par de meses y debo decirle que, con independencia del hambre y del cansancio, en todos los casos advertimos la misma pauta de activación. Y ello nos lleva a concluir que se trata de un rasgo estable que no se ve modificado con el paso del tiempo.

–¿Y esa estabilidad también se mantiene –insistió de nuevo el Dalai Lama– si la prueba se realiza inmediatamente después de haber experimentado una emoción muy intensa?

–Ésa también me parece una pregunta muy interesante –replicó Richie–, aunque debo decirle que, en este caso, todavía no disponemos de una respuesta concluyente. Sabemos que, en la mayor parte de los casos, las emociones intensas influyen en el estado emocional del momento subsiguiente. Para recuperarnos de una emoción intensa se requiere que transcurra un cierto período de tiempo que no siempre es el mismo, puesto que hay quienes se recuperan más pronto. En este sentido –concluyó Richie, subrayando un punto mencionado el día anterior por Paul, cuando habló del período refractario durante el que la persona permanece a merced de la emoción–, creemos que las diferencias interpersonales son muy importantes.

La mujer que no conocía el miedo

Una vez, el Dalai Lama me confesó traviesamente que, cuando escuchaba informes técnicos relativos al funcionamiento del cerebro, solía tener lo que llamó "pensamientos monjiles". ¿Qué me importa –dijo entonces– saber cuáles son las partes del cerebro que se activan cuando emergen las emociones positivas y las emociones negativas? En el fondo, lo único que me interesa saber es si contribuyen a mejorar mi práctica budista o no.

Pero hoy escuchaba muy atentamente.

Luego Richie abordó el tema de la amígdala y del papel que desempeña en el caso del miedo. Para ello comenzó hablándonos de un experimento en el que se medían los cambios que lleva a cabo el riego sanguíneo del cerebro cuando las personas contemplan una serie de imágenes de rostros (desarrollado por Paul Ekman) expresando emociones muy diversas, desde la alegría más extrema hasta la tristeza más profunda.

«Ese experimento –prosiguió Richie– puso de relieve que la región de la amígdala sólo se activa cuando la imagen en cuestión es la de una persona asustada, mientras que, cuando se presenta un rostro feliz, la amígdala permanece desactivada. Basta con contemplar el rostro de una persona asustada para que se produzca la correspondiente activación de la amígdala. Y debo agregar que la amígdala no sólo es importante para la detección de las señales del miedo, sino también para su generación.

»Existe –continuó Richie– una patología dérmica llamada enfermedad de Urbach-Weithe que provoca ciertos depósitos minerales anormales que decoloran la piel y que, en ciertos casos, afecta exclusivamente a la amígdala y provoca su muerte celular.

»El caso de una mujer que padece esta singular enfermedad nos ha proporcionado una demostración excepcional del papel que desempeña la amígdala. Esta paciente recibió la indicación de dibujar el modo en que imaginaba que se sentiría experimentando diferentes emociones. Y, lo más curioso es que todos sus dibujos evidenciaban rostros felices, tristes, sorprendidos, asqueados y enfadados –y apropiados, por tanto, a la emoción en juego–, pero su expresión del miedo era un bebé gateando.»

–¿Acaso ello implica –preguntó entonces el Dalai Lama– que no puede relacionarse con la expresión de la emoción real del miedo? ¿O es que esa mujer no puede experimentar miedo? ¿Qué ocurre cuando se la amenaza con un cuchillo? ¿No experimenta entonces miedo?

–No –dijo Richie–. Cuando la pinchas con una aguja reacciona con dolor, pero cuando la amenazas con algo aversivo –y debo decir que esto ha quedado claramente demostrado– no muestra el mismo aumento en la tasa de sudoración que presenta la mayoría de la gente.

–¿Diría usted que es más valiente? –preguntó entonces el Dalai Lama.

–No, no necesariamente. Es cierto que ha atravesado situaciones peligrosas y que suele elegir las alternativas más arriesgadas, pero dudo que podamos calificarlo como valentía. Yo, al menos, no le llamaría valor sino irresponsabilidad.

–¿Y significa ello también que no tiene miedo a la muerte? –insistió de nuevo.

–Muy probablemente. Pero no lo sé con certeza.

–Eso no puede ser –dijo el Dalai Lama–. Mientras exista algún tipo de sensación de identidad habrá, en mayor o menor medida, emociones ligadas a la muerte y al miedo.

–Otra investigación que hemos realizado con la amígdala –apuntó Richie– parece corroborar la intuición de Su Santidad de que entraña ciertos tipos de miedo pero no todos los miedos.

–Eso me parece más adecuado.

–Es como si la lesión de la amígdala eliminase el miedo a objetos amenazadores concretos –aclaró Richie.

–¿Quiere decir –preguntó Matthieu– que esa persona no percibiría el miedo ni aun cuando estuviera a punto de despeñarse por un precipicio?

–No –respondió Richie–. No tendría miedo y, por tanto, sería muy peligroso que se acercase a un acantilado.

Entonces, Alan recogió un comentario anteriormente hecho por Sogyal Rinpoche y añadió:

–Me pregunto cuál podría ser el significado de su dibujo de un bebé, que parece representar la imagen arquetípica de la vulnerabilidad.

–Podría ser –respondió Richie–. Ella nos dijo que la primera cosa que se le ocurrió cuando pensó en el miedo son los peligros a los que continuamente se ve expuesto el bebé.

Recuperar la calma

Luego Richie centró la atención en las diferencias interpersonales que existen en el modo de experimentar las reacciones emocionales.

«Existe una gran diferencia interpersonal en el modo en que respondemos a los acontecimientos, y creemos que ésa es la clave para comprender por qué algunas personas son muy propensas a las emociones destructivas, mientras que otras, por su parte, se muestran mucho menos vulnerables al respecto.

»Debo decir que, cuando estoy hablando de reacciones diferentes, estoy refiriéndome a diferencias en el funcionamiento cerebral, aunque no creo que ello implique diferencias genéticas, porque hay sobrados motivos para pensar que son el simple resultado de la experiencia.

»Una de las más notables que hemos estudiado en este sentido es lo que yo denomino "función de recuperación", es decir, el tiempo que transcurre antes de que la persona que acaba de experimentar una emoción recupere la condición de partida (lo mismo que ayer Paul denominó "período refractario", es decir, el tiempo necesario para liberarse de la presa de las emociones).

»Y debo señalar –prosiguió– que esas diferencias no sólo son subjetivas y dependen de lo que nos dicen los sujetos, sino que también pueden ser registradas objetivamente. Basándonos, por tanto, en el funcionamiento cerebral, podemos afirmar que algunas personas tienen una función de recuperación muy lenta, mientras que otras recuperan muy velozmente la condición de partida.

»Quienes retornan más rápidamente al estado original después de haberse visto expuestos a imágenes amenazadoras son los que presentan una activación menos intensa y duradera de la amígdala y una mayor activación en la corteza prefrontal izquierda (un área muy ligada, recordémoslo, a las emociones positivas). También hay que decir, por último, que la vida cotidiana de esas personas parece estar llena de sentimientos de energía, optimismo y entusiasmo.

»Y debo subrayar que esas diferencias han sido constatadas incluso en bebés de diez meses. Pero no se trata de diferencias muy estables, de modo que el niño que, a los tres años, por ejemplo, tuvo una reacción muy prolongada a un acontecimiento muy negativo y estresante, no necesariamente presentará esa misma reacción a los trece años. La estabilidad de estos rasgos es mucho menor en la temprana infancia que en la edad adulta, lo cual parece significar que, durante los primeros años de vida, nuestro cerebro se halla mucho más expuesto al impacto del entorno.

»Quisiera mencionar otras tres características propias de este tipo de rasgos –prosiguió Richie–. Una de ellas, claramente demostrada por la investigación, es que, si las personas que se recuperan con más rapidez de un acontecimiento negativo, reciben instrucciones para controlar voluntariamente la emoción –es decir, instrucciones para reprimir la cólera o el miedo–, son más capaces de hacerlo. Así pues, este tipo de personas no sólo muestra una respuesta natural más corta y se recuperan con mayor prontitud, sino que también posee un mayor control de sus emociones cuando se les pide que lo hagan.

»Estas personas presentan asimismo una tasa más baja de cortisol en sangre (una hormona segregada por las glándulas suprarrenales, ubicadas sobre los riñones, aunque controladas por el cerebro) que desempeña un papel fundamental en el estrés. Así pues, la aparición de un estímulo estresante en el entorno provoca la liberación de cortisol, aunque en una tasa inferior en aquellos que se recuperan más rápidamente. Por otro lado, la investigación realizada con personas aquejadas de depresión severa o de trastorno de estrés postraumático ha puesto de relieve que las tasas elevadas y prolongadas de cortisol acaban destruyendo las células del hipocampo.

»Por último, quienes se recuperan más rápidamente también poseen una mayor inmunidad, lo que significa una mayor salud física. Por dar un solo ejemplo, esas personas presentan niveles superiores de actividad de las llamadas células asesinas [o linfocitos T], una defensa primordial utilizada por el sistema inmunológico para desembarazarse de muchos tipos de antígenos ajenos que penetran en nuestro organismo, desde las células de tumores cancerosos hasta el resfriado común.»

Los descubrimientos realizados sobre las diferencias interpersonales que existen en la capacidad de recuperación ante una determinada emoción perturbadora tienen importantes implicaciones para ayudar a las personas a gestionar más adecuadamente el estrés emocional. Hablando en términos muy generales, el rango de diferencias dentro de un determinado sistema biológico sugiere la presencia de una cierta plasticidad, es decir, de una cierta posibilidad de cambio en esa dimensión concreta. En este sentido, por ejemplo, los estudios que correlacionan la alimentación con la tasa de colesterol en sangre han puesto de relieve la utilidad de ciertas dietas para disminuir dicha tasa.

Todavía quedaba por ver si podemos aprender a gestionar más adecuadamente las emociones perturbadoras y a recuperarnos de ellas con una mayor prontitud, una pregunta que encontraría algunas respuestas prácticas al final de esa misma jornada.

La ira: el primero de los Tres Venenos

El Dalai Lama había pedido explícitamente que nos ocupásemos de los estados destructivos que el budismo conoce como los Tres Venenos (es decir, la ira, el deseo y la ignorancia). Después de haber expuesto sus fundamentos neurológicos, Richie centró nuestra atención en el primero de ellos, la ira.

–Los estudios psicológicos hablan de varios tipos de ira. Uno de ellas es la ira dirigida hacia el interior y que, en consecuencia, no se expresa externamente. Otro tipo de ira es la que se dirige hacia afuera y que puede acabar conduciendo al ataque de rabia. Además, hay una ira ligada a algunas modalidades de la tristeza y, por último, también tenemos que mencionar la existencia de un tipo de ira que puede proporcionarnos el impulso constructivo necesario para superar los obstáculos que se nos presenten.»

La lógica implícita en esta enumeración intrigó al Dalai Lama que preguntó:

–¿En qué basa usted la diferencia entre todas esas modalidades de la ira? ¿Son únicamente diferencias de conducta o de expresión, o se trata, acaso, de otro tipo de diferencias?

–Se basa en varios tipos de evidencias –respondió Richie–. Una de ellas proviene del análisis de las respuestas dadas por los sujetos experimentales a diferentes cuestionarios. Otra fuente de evidencias se deriva de los datos conductuales y, por último, también existen evidencias fisiológicas que posteriormente abordaremos.

«La investigación ha demostrado que, cuando una persona está enfadada y no lo expresa, su lóbulo frontal derecho presenta una pauta de activación que también está asociada a otros tipos de emociones negativas. Además, esa persona también presenta una activación de la amígdala. En el caso de los niños que lloran de frustración, la ira –que suele presentarse asociada a la tristeza– está ligada a una pauta de activación del lóbulo frontal derecho.

»Existe, pues, un tipo de ira asociada a lo que llamamos "conducta de aproximación", en la que la persona intenta constructivamente eliminar un obstáculo. Todos estos tipos de ira han sido estudiados de distintos modos. Si usted enseña a un niño un juguete interesante al tiempo que sujeta sus brazos impidiéndole cogerlo, no tardará en mostrar los signos faciales de la ira. Y la respuesta fisiológica a esta situación consiste en una pauta de activación de la región frontal izquierda, que ha sido interpretada como un intento de eliminar los obstáculos que le impiden coger el juguete.

»En el caso de los adultos, este mismo tipo de ira ha sido estudiado en personas a las que se encomendaba la tarea de solucionar un complejo problema matemático. Y aunque, en tal caso, el problema resulte muy difícil y frustrante, el sujeto trata activamente de resolverlo. De nuevo nos encontramos aquí con una activación frontal izquierda que los occidentales denominamos ira constructiva, la ira asociada al intento de superación de un obstáculo.»

¿Es posible hablar de ira constructiva?

El concepto de ira constructiva nos llevó de nuevo al debate del primer día sobre las diferencias entre la psicología occidental y la psicología budista en torno al carácter destructivo de ciertas emociones como, en este caso, la ira.

–El intento de superar un obstáculo, como la resolución de un complejo problema matemático –comentó Alan, desde la perspectiva budista–, supone una actividad ciertamente constructiva. ¿Pero podemos afirmar que la ira contribuye a resolver el problema? ¿Existe alguna evidencia clara de que la frustración, la ira, la irritación y la exasperación realmente nos ayudan a alcanzar un determinado objetivo?

–Éste es un punto realmente crítico –reconoció Richie–. Como cualquier otra emoción, la ira está compuesta de aspectos más elementales, y tal vez alguno de ellos –que también está presente, por cierto, en otros estados ajenos a la ira– sea el elemento constructivo.

–Yo diría que se trata de la tenacidad –acotó entonces Paul Ekman–. La ira puede proporcionarnos la perseverancia necesaria para seguir persistiendo en la resolución de un problema matemático.

–¿Por qué entonces se la denomina de ese modo? –preguntó el Dalai Lama, un tanto perplejo por el hecho de que se llamara ira a la perseverancia constructiva, aunque ésta sea una respuesta a la frustración–. Esta idea parece incompatible con la noción budista, según la cual la ira sesga, por definición, nuestra percepción y nos lleva a exagerar las cualidades negativas de las cosas.

–La llamamos ira –respondió Richie– porque las personas implicadas en la investigación afirmaron estar frustrados, y la frustración forma parte de la familia de la ira.

La respuesta, que parecía un tanto circular, no pareció complacer al Dalai Lama, de modo que pedí a Richie que explicase el caso concreto que provocaba la frustración de los sujetos implicados en el experimento. Entonces Richie dijo:

«Suponga que le pido que tome el número 4.186 y le reste 19 y que, al resultado de esa operación, vuelva a restarle 19, y así sucesivamente, y que también le digo que la velocidad de sus respuestas es una medida de su inteligencia. Se trata de un ejercicio difícil que no puede realizarse rápidamente y que, en consecuencia, no tarda en provocar la frustración. Lo más interesante del caso es que, ante este reto, algunas personas se rinden rápidamente, mientras que otras son mucho más persistentes».

Alan abordó entonces el tema desde una perspectiva un tanto diferente.

–Existe un tipo muy difícil de meditación budista llamado *shine* o meditación de la quietud, que sólo puede lograrse mediante un tenaz desarrollo del gozo, la confianza y el entusiasmo.[7] En tal caso, quien trate de llevar a cabo esta meditación apoyándose en la ira, el enojo, la irritación o la exasperación no llegará muy lejos.

–No estoy completamente de acuerdo –precisó entonces el Dalai Lama– con lo que Alan acaba de decir. En el contexto budista, la sensación de desilusión y aspiración a la liberación, de la que nos habló Alan ayer –el llamado "espíritu de emergencia"–, requiere de una cierta sensación de intolerancia o de malestar por el hecho de hallarnos a merced de las aflicciones. En tal caso, uno ya no puede seguir soportando el sufrimiento del *samsara*, sino que está desilusionado e incluso disgustado con esa situación. Y eso, desde la perspectiva budista, es algo sano y constructivo.

–Pero, aun en el caso –contrarrestó Alan– de que uno esté ciertamente asqueado del *samsara*, la respuesta airada debe acabar dejando paso a la confianza y al gozo de la práctica espiritual. Yo sigo creyendo que uno no puede avanzar gran cosa en el camino de la liberación si su única motivación es el descontento.

–¿La ira constructiva –insistió el Dalai Lama– de la que usted habla está asociada a alguna activación concreta de la región frontal izquierda?

–Sí –dijo Richie–. Y la cualidad más importante en ese tipo de ira es el empeño en la superación de los obstáculos.

La petición de ayuda del francotirador: la ira patológica

«Quisiera ahora, Su Santidad, que centrásemos nuestra atención en la ira patológica que puede acabar conduciendo a la cólera y a la violencia y en todo lo que nos dice al respecto la neurología cerebral. Las personas propensas a la rabia patológica son incapaces de anticipar las consecuencias negativas de la expresión extrema de la ira, una incapacidad en la que están implicados el lóbulo frontal y la amígdala. Un estudio muy reciente demuestra la existencia de una atrofia o de una grave contracción en la amígdala de quienes presentan un historial de agresividad severa.[8]

»La idea implicada aquí es que la amígdala es necesaria para anticipar las consecuencias negativas de nuestras acciones, algo imposible para las personas propensas a incurrir en episodios de furia patológica.

»En Estados Unidos hubo un hombre llamado Charles Whitman que, después de matar a varias personas desde la torre del campus de la University of Texas en Austin, acabó suicidándose. Esa persona dejó una nota en la que decía que donaba su cerebro para que la ciencia investigase la patología que le aquejaba. La autopsia reveló la existencia de un tumor cerebral que oprimía su amígdala y, aunque no sea más que el informe de un solo caso, parece sugerir la existencia de una clara relación entre la amígdala y la expresión patológica de la violencia.»

El deseo: el Segundo Veneno

Luego Richie pasó a ocuparse de la neuroquímica del deseo.

«En el cerebro existe un producto químico llamado dopamina que está presente en casi todas las formas investigadas de deseo. Aunque la mayor parte de la investigación realizada en este sentido se ha llevado a cabo con drogadictos, las anormalidades del sistema dopamínico también se hallan presentes en los ludópatas, las personas que no pueden dejar de jugar por más que se endeuden. Todas las formas de deseo, en suma, parecen ir acompañadas de algún tipo de disfunción del sistema dopamínico. La reciente investigación parece indicar que el deseo provoca cambios moleculares en el sistema dopamínico que alteran profundamente su funcionamiento.»[9]

La dopamina desempeña un papel fundamental en la recompensa y en los sentimientos positivos que la acompañan. Pero Richie señaló que la adicción no depende exclusivamente de factores biológicos, sino también de hábitos aprendidos.

«El deseo puede hallarse muy condicionado, de modo que el aprendizaje puede acabar convirtiendo estímulos u objetos anteriormente neutros en algo muy significativo. Permítanme decirles en este sentido que, si un adicto a las drogas suele tomarlas en una determinada habitación o acompañado de una determinada parafernalia, basta con la mera presencia de ese entorno para acabar provocando modificaciones cerebrales semejantes a las producidas por la misma droga.

»Cierto estudio descubrió que el visionado de una cinta de vídeo que mostraba imágenes de los utensilios que los adictos solían utilizar para administrarse cocaína provocaba en su cerebro cambios cerebrales semejantes a los ocasionados por la misma sustancia. Ese estudio descubrió que el deseo activa una región cerebral denominada núcleo *accumbens*, muy rica en dopamina y que parece hallarse implicada en todas las formas de deseo y de adicción.[10]

»Nosotros diferenciamos los circuitos cerebrales asociados al placer –o el disfrute– de los asociados al deseo. A menudo, ambos funcionan simultáneamente, de modo que queremos las cosas que nos gustan, pero la adicción parece fortalecer los circuitos asociados al deseo y debilitar al mismo tiempo los asociados al placer. Y el hecho de que nuestra sensación de placer o disfrute disminuya al tiempo que aumenta nuestro deseo implica necesariamente que cada vez disfrutemos menos y deseemos más. Por ello, que seguimos deseando, pero cada vez necesitamos más para obtener el mismo grado de disfrute. Éste es uno de los principales problemas que entraña el deseo. Son muchos los casos en los que los circuitos ligados al placer se ven distorsionados por la adicción como bien ilustra, por ejemplo, el caso de la nicotina.»

La ilusión: el Tercer Veneno

Cuando Richie pasó a ocuparse de la ilusión, el último tema de la mañana, estalló un gran trueno anunciando la tormenta.

«Quisiera ahora ocuparme de la visión neurocientífica de la ilusión y de sus semejanzas y diferencias con la perspectiva budista.»

–Los budistas –dijo entonces el Dalai Lama– tenemos una idea muy clara de lo que entendemos por ilusión. ¿A qué se refiere usted cuando habla de ilusión?

–La ilusión –respondió Richie– consiste en la distorsión de nuestra percepción del mundo provocada por las emociones aflictivas.

–El budismo –insistió el Dalai Lama, buscando una definición más precisa– habla tanto de apariencias engañosas como de una aprehensión o percepción ilusoria de la realidad. ¿Se refiere usted –porque ambos casos gravitan en torno a la ilusión– al modo en que las cosas se nos presentan, o al modo en que las aprehendemos?

–Más bien al modo en que las aprehendemos –aclaró Richie–. Nosotros consideramos la ilusión como una distorsión emocional de la percepción y de la cognición. La ilusión supone una interferencia de los circuitos emocionales en los circuitos neuronales, responsable de la percepción o de la aprehensión del mundo, y también en los circuitos implicados en el pensamiento.

–Entonces –concluyó el Dalai Lama–, la ilusión provoca un claro sesgo perceptual.

–Sí –coincidió Richie–. Y todo ello está muy ligado a los comentarios realizados ayer por Matthieu en torno a la aprehensión de la realidad tal cual es, porque todas esas influencias obstaculizan nuestra capacidad de percibir la realidad y reflejan el modo en que la emoción distorsiona tanto nuestra percepción de la realidad como nuestro pensamiento. Las personas habitualmente ansiosas y desconfiadas, por ejemplo, focalizan su atención en los datos relacionados con la amenaza. Quienes padecen de fobia social temen las situaciones que implican una interacción social, como estar con los demás, sentirse juzgados por ellos, hablar en público y cuestiones similares. Cuando se les muestra un rostro neutro que no exhibe ninguna emoción concreta, su amígdala evidencia una activación que, en el caso de las personas normales, sólo se presenta en respuesta a la visión de un rostro amenazador.

Luego Richie pasó a describir la relación anatómica de la amígdala con ciertas regiones del sistema nervioso encargadas de procesar la visión.

«Ciertas conexiones nerviosas que se dan entre la amígdala y el área del cerebro que procesa la información visual podrían explicar el mecanismo a través del cual las emociones negativas acaban afectando a nuestra percepción de la información visual.»

–El budismo –añadió entonces el Dalai Lama– diferencia muy claramente la percepción visual de la conciencia de la percepción visual. ¿Está usted acaso sugiriendo la existencia de una relación neuronal entre la amígdala y la corteza visual que llega a modificar incluso la percepción visual?

–Eso es.

–Según la epistemología budista –prosiguió el Dalai Lama–, el estado mental precedente puede llegar a distorsionar nuestra percepción, o, por decirlo en otras palabras, un determinado estado cognitivo puede acabar modificando nuestra percepción visual.

«Nuestros resultados, pues, son coherentes con la visión budista –dijo Richie, procediendo luego a ilustrar este punto con un ejemplo.

»Supongamos que les muestro un par de palabras como, por ejemplo, "cuchillo" y "lápiz" y que les digo que, apenas aparezca un punto junto a una de ellas, ustedes deben pulsar un botón. A veces, el punto se encuentra junto a la palabra "lápiz" y otras junto a la palabra "cuchillo". La investigación ha demostrado que las personas ansiosas responden mucho más rápidamente cuando el punto señala la palabra de mayor carga emocional (en nuestro caso, "cuchillo"). En realidad, se trata de un experimento muy sencillo.»

Luego Richie mostró una diapositiva en la que había escritas una serie de palabras, cada una de las cuales estaba impresa en un color diferente, "manzana" en púrpura, "casa" en amarillo, etcétera. También había algunas palabras emocionalmente muy cargadas, como "sangriento" y "tortura". Y todas ellas estaban además escritas en tibetano, lo cual creó un gran revuelo entre los *lamas* presentes.

Se trataba de una variante del llamado test Stroop (una prueba psicológica clásica que ilustra el modo en que las emociones influyen en la percepción) y en la que el sujeto debe responder nombrando el color en que está impresa una determinada palabra. Luego dijo:

«Las personas ansiosas tardan mucho más en nombrar el color de las palabras que evocan la ansiedad porque, en tal caso, la inquietud obstaculiza el proceso de identificación del nombre del color en cuestión. Ése es un claro ejemplo del modo en que la emoción influye sobre nuestra percepción.

»Quisiera ahora, para concluir esta presentación, leer una cita que me parece muy reveladora procedente de *El arte de la felicidad*, el libro que Su Santidad escribió en colaboración con Howard Cutler: "La estructura y las funciones del cerebro facilitan el adiestramiento sistemático de la mente, el cultivo de la felicidad y la auténtica transformación interior que acompaña al desarrollo de los estados mentales positivos en detrimento de los negativos. No debemos olvidar que el cableado neuronal de nuestro cerebro no es algo estático e irreversible sino, por el contrario, muy maleable"».

Richie había citado ese mismo pasaje al final de un artículo sobre la plasticidad neuronal que apareció en el número especial correspondiente al año 2000 del *Psychological Bulletin* porque resumía perfectamente su visión original de lo que debía ser la psicología y lo que le había atraído, desde el principio, hacia ese campo del saber. Esa cita, en suma, resumía perfectamente sus intereses intelectuales y personales. En opinión de Richie, el Dalai Lama ilustra las cualidades emocionales óptimas, como la ecuanimidad y la compasión, y constituye un ejemplo vivo de la posibilidad de que todos podamos alcanzarlas.

Todo el mundo aplaudió esa nota positiva, y Richie entonces juntó sus palmas saludando al Dalai Lama, quien tomó sus manos entre las suyas y se las llevó a la frente en un gesto de aprecio.

9. NUESTRO POTENCIAL PARA EL CAMBIO

En el best-séller *El monje y el filósofo*, Matthieu Ricard y su padre, el filósofo francés Jean François Revel, mantienen un largo diálogo en torno a la ciencia, el budismo y el sentido de la existencia. En ese libro, Matthieu sostiene que los practicantes budistas llevan más de dos mil años sirviéndose de lo que podríamos llamar una "ciencia interna", un método para transformar sistemáticamente nuestro mundo interno, liberarnos de la opresión de las emociones destructivas y crear un ser humano mejor, más amable, más compasivo, más sereno y más ecuánime.

No hace mucho que la psicología actual ha emprendido la misma búsqueda, pero no lo ha hecho desde una perspectiva religiosa sino científica y con la intención de transformar el funcionamiento de nuestro cerebro, mitigar el efecto de las emociones destructivas y aumentar nuestro equilibrio emocional.

Esa misma mañana, Richard Davidson nos había mostrado los estrechos vínculos neuronales que existen entre el intelecto y la emoción, una relación que pone de relieve la posibilidad de alentar una vida afectiva más inteligente. Más concretamente, la afirmación –inexplorada durante la sesión matutina– de que la experiencia puede llegar a transformar el funcionamiento del cerebro nos llevó a interesarnos por la posible educación de las emociones. Ése fue el tema sobre el que versó la sesión vespertina, no sin antes aclarar un punto ligado a los niveles más sutiles del funcionamiento mental.

Después del almuerzo, el Dalai Lama llegó de nuevo temprano (otra muestra evidente de su interés) y se puso a hablar con los pocos asistentes de la ligera granizada que había caído a la hora del almuerzo. Entonces, Alan Wallace aprovechó el momento en que los técnicos de audio y vídeo ponían a punto sus equipos para formular, antes de comenzar la sesión, una pregunta sobre uno de los temas del día, la relación que existe entre la actividad mental y el funcionamiento del cerebro:

–¿Cree Su Santidad que todo estado mental –al menos en el nivel del funcionamiento ordinario– posee un correlato neuronal?

–No existe razón alguna –replicó el Dalai Lama– para creer en la existencia de correlatos neuronales de los estados mentales sutiles –es decir, de la llamada "mente innata" (la naturaleza esencialmente luminosa de la conciencia)– porque, al no ser de orden físico, no depende del cerebro. Pero, dejando de lado ese punto, creo realmente que todos los procesos mentales ligados a la vida humana cotidiana poseen correlatos neuronales.

Con ese comentario sobre la "mente innata", el Dalai Lama sacó a colación uno de los aspectos de la ciencia cerebral que más le interesan. La visión budista afirma la idea de la continuidad de la mente en el nivel sutil. Por ello, aunque coincida con la neurociencia en la existencia de correlatos neuronales de los eventos de la mente ordinaria, también considera que, en los niveles más sutiles de la conciencia, el cerebro y la mente son dos entidades independientes.

En su opinión, de hecho, la hipótesis de la neurociencia cognitiva de que el cerebro y la mente constituyen dos facetas diferentes de la misma actividad restringe arbitrariamente el campo de la investigación científica. Tal vez, los nuevos descubrimientos realizados por la ciencia puedan ampliar los límites de ese paradigma y expandir las fronteras que, hasta el momento, se ha autoimpuesto la neurociencia.

A los científicos les interesaría estudiar, por ejemplo, lo que los tibetanos denominan "el estado de la clara luz" después de la muerte. Según se dice, algunos practicantes avanzados son capaces, en el momento de la muerte, de permanecer en un estado meditativo hasta varios días después de la cesación de la respiración, tiempo durante el cual el cuerpo no muestra signo alguno de descomposición. Por supuesto, se trata de un fenómeno muy excepcional, pero, recientemente, el Dalai Lama había tenido noticias de un monje que, según le aseguraron varios testigos, habían permanecido en el estado de la clara luz cuatro días después de su muerte.

En el otro extremo de la vida, el Dalai Lama también se preguntaba si la ciencia se hallaba ya en condiciones de determinar el momento exacto en el que el feto se torna sensible y consciente, el momento que, desde la perspectiva budista, jalona el despertar de la conciencia sutil.

Las influencias sutiles

Todas estas consideraciones llevaban al Dalai Lama a creer que el cerebro y el cuerpo se hallan ambos movilizados por una conciencia sutil. –Estoy muy interesado –dijo en este sentido– en una modalidad de pensamiento muy sutil que bien podríamos decir que se halla casi por debajo del umbral de la conciencia. ¿Cuál es la causa de que, cuando uno, por ejemplo, está tranquilamente sentado pensando en algo, de esa quietud emerja, sin estímulo externo alguno que lo desencadene, el enfado? ¿Existe algún fundamento empírico que nos permita afirmar que el cerebro origina pensamientos sutiles que acaban desembocando en la ira o en otras emociones? ¿O podría darse el caso de que las cavilaciones sutiles y cuasiconscientes tengan un impacto en el cerebro que, a su vez, determine la aparición de otras emociones?

No cabe la menor duda de que los distintos estados de equilibrio y desequilibrio corporal –la buena y la mala salud– influyen en nuestro estado mental. Eso ya ha sido claramente demostrado. Pero yo me pregunto en qué medida la mente y los pensamientos sutiles concretos pueden influir en el cerebro y, en ese sentido, no estoy tan interesado en la relación causal entre el cerebro y la actividad mental como en la que existe entre la actividad mental y el cerebro.

A medida que iban llegando, los distintos participantes se sentaban en silencio y centraban su atención en la conversación. Luego Francisco Varela tomó el testigo y esbozó la visión sostenida al respecto por la neurociencia cognitiva:

–Yo creo que Su Santidad ha tocado un tema muy importante que tiene que ver con lo que la ciencia moderna denomina emergencia (en una acepción del término obviamente muy distinta a la que le da el budismo). Desde esta perspectiva, la emergencia es el nombre que recibe el efecto "descendente" de un estado global de la mente en alguno de sus elementos neuronales compositivos. Así pues, de la misma manera que el cerebro puede suscitar estados mentales, éstos también pueden llegar a modificar el funcionamiento del cerebro. Pero también hay que decir que, por más que se trate de una noción lógicamente implícita en las afirmaciones de la ciencia occidental actual, resulta un tanto contraintuitiva y que, en consecuencia, apenas si ha sido investigada.

Entonces el Dalai Lama reorientó nuevamente la conversación en la dirección que le interesaba:

–Mi pregunta no se refiere tan sólo a los fundamentos filosóficos que puedan estar determinando la moderna ciencia del cerebro, sino también a sus fundamentos teológicos. Owen nos dijo que la ciencia moderna se mueve dentro del marco de referencia kantiano, pero si observamos los fundamentos teológicos de la ciencia occidental –que, sin duda, se asientan en creencias incuestionables–, no existe ningún concepto que sostenga la posibilidad de la continuidad de la conciencia de una vida a otras y eso es algo que, de partida, descarta como inadmisible.

Desde la perspectiva budista, sin embargo, todos los procesos mentales estudiados por la neurociencia son propiedades emergentes que se derivan de la mente innata, es decir, de la luminosidad propia de la naturaleza esencial de la conciencia. Y esto es algo muy distinto a lo que afirma la moderna neurociencia, según la cual los procesos mentales no son propiedades emergentes de la luminosidad esencial de la conciencia, sino que se derivan del funcionamiento cerebral.

¿Acaso es la mente una simple marioneta del cerebro?

–Como bien ha señalado Francisco –siguió diciendo Alan–, la ciencia admite la existencia de la influencia "ascendente". Desde esa perspectiva, cuando el cerebro hace tal cosa, la mente –una mera marioneta– hace tal otra. Y aunque Richie haya señalado también que la experiencia y el ambiente influyen de modo muy tangible –a veces incluso molecular– en el cerebro, hasta el momento no hemos escuchado absolutamente nada al respecto.

Su Santidad –prosiguió Alan dirigiéndose a Francisco– se pregunta por el efecto de los pensamientos en el cerebro. ¿No opera la causalidad en ambos sentidos? ¿No cree que sería importante que usted, con todo su prestigio y autoridad como neurocientífico, comenzara a utilizar otro tipo de lenguaje?

Porque debo decirle que, cuando sólo subraya la importancia de la "experiencia" y del "entorno", me siento francamente empobrecido como individuo. En tal caso siento, desde una perspectiva afectiva e irracional, que debo buscar el entorno y las experiencias más idóneos para mi cerebro. Entonces me siento como un simple peón, y lo mismo ocurre cuando me dice que el cerebro es el encargado de hacer todas estas cosas. Tal vez, si la psicología actual utilizase un lenguaje diferente y subrayara también la importancia que tienen las actitudes, los pensamientos y los valores sobre el funcionamiento cerebral, establecería un fundamento cognitivo más adecuado para descubrir el modo en que podemos mejorar nuestra higiene psicológica y nuestra educación emocional, porque lo cierto es que uno tiene que sentir que sus esfuerzos se asientan en la realidad.

–El hecho de subrayar en demasía la importancia del entorno, del cerebro, etcétera –dijo entonces el Dalai Lama– parece despojarnos de la posibilidad de cambiar y alentar, en tal caso, la dependencia de algo externo. Y, aunque sean muchos los que sigan creyendo que los cambios provienen del exterior –de un Dios externo, por ejemplo– y que nosotros no podemos hacer gran cosa al respecto, opino que eso es un gran error.

–Creo que aquí existe un pequeño malentendido –apuntó entonces Richie Davidson–. Cuando uno tiene ciertos pensamientos o emociones, cuando, por ejemplo, usted está sentado visualizando una imagen, también está controlando y transformando su cerebro. Esto es algo que hoy en día podemos demostrar fácilmente en el laboratorio y sabemos que, de ese modo, las personas pueden modificar voluntariamente su cerebro.

Si tienen en cuenta las "propiedades emergentes" de las que habla Francisco, los pensamientos o las emociones a las que ustedes se refieren son propiedades emergentes del cerebro que, a su vez, influyen en el cerebro de los demás. Por ello, no existe la menor duda de que la evocación de sentimientos de bondad y de compasión o de cierto tipo de imágenes provoca cambios manifiestos en el cerebro. En la moderna neurociencia existen numerosos estudios que demuestran que, cuando muevo mi mano, también modifico el funcionamiento de mi cerebro. Éste es el mensaje que realmente quisiera transmitirles.

–Lo más importante de lo que acaba de decir Richie –terció entonces Francisco– es que, aun en cuestiones tan triviales como el hecho de mover un brazo, la ilusión de voluntad que damos por sentada también constituye una manifestación palpable de la causalidad descendente. Del mismo modo, pues, que existe una causalidad descendente, también hay otra causalidad ascendente.

Nadie pareció reparar en la provocativa frase utilizada por Francisco de "la ilusión de la voluntad", y Owen Flanagan señaló entonces que la filosofía también lleva tiempo enfrentándose a la misma cuestión de la relación que existe entre la mente y el cerebro.

–Dentro del ámbito del dualismo cartesiano propio de la tradición filosófica occidental se habla de lo que cierto filósofo denominó "el mito del fantasma en la máquina". Según esta visión, existe una especie de alma incorpórea que se relaciona con el cerebro a través –en opinión de Descartes– de la glándula pineal. En la actualidad, la filosofía cree –lo que no significa que sea cierto– que la mente es el cerebro.

Del mismo modo, pues, que existe una causalidad ascendente, también existe una causalidad descendente. Por este motivo, nuestros pensamientos de orden superior pueden llegar a influir sobre nuestro cuerpo, aunque esos pensamientos, pese a ser propiedades emergentes, no dejen de ser procesos cerebrales. El modo en que Su Santidad ha formulado la pregunta pone de relieve una cierta visión dualista, en la que los pensamientos –que no son, en sí mismos, eventos cerebrales– determinan lo que ocurre en el cerebro. La moderna filosofía occidental –y creo que también la moderna neurociencia– considera que todo acontecimiento mental, por más extraño que sea –incluido el estado de luminosidad anteriormente mencionado–, posee un correlato cerebral.

Cuando la mente moviliza el cerebro

Poco convencido con lo que acababa de escuchar y muy interesado en la conversación, el Dalai Lama pasó entonces a señalar los procesos mentales en los que la mente parece impulsar la actividad cerebral y dijo:

–Cuando uno mueve los ojos es evidente que cambia la percepción visual, pero el cambio del foco atencional dentro del mismo campo visual manteniendo los ojos quietos parece un acontecimiento estrictamente mental. Con ello no estoy defendiendo la inexistencia, en tal caso, de correlatos neuronales, pero me parece un ejemplo claro de lo que Francisco ha calificado como causalidad descendente, es decir, del modo en que la mente influye sobre la fisiología.

Luego preguntó cómo se considera, en términos científicos, este cambio de conciencia.

–La neurociencia cognitiva –dijo entonces Richie Davidson, que ha trabajado mucho en este tema– denomina "atención espacial" al hecho de mantener los ojos centrados en un punto sin perder, por ello, la conciencia de la información periférica.

–¿Cuáles son los cambios –preguntó entonces el Dalai Lama– que acompañan a este mecanismo selectivo? Porque parece evidente que existen dos procesos completamente diferentes. Uno de ellos es la simple percepción visual, y el otro es el proceso –completamente diferente– que se ocupa de seleccionar, identificar, discernir y juzgar las cosas que acontecen dentro de ese campo sin depender, por ello, directamente de lo que se halla incluido en el campo visual. Mi pregunta, pues, es la siguiente: ¿Tiene este tipo de cognición mental correlatos en regiones cerebrales ajenas a la corteza visual?

El Dalai Lama señaló entonces la posibilidad de investigar experimentalmente las diferencias de actividad cerebral que se dan durante la contemplación pasiva de lo que aparece en el campo visual y las que acompañan al hecho de mantener la atención centrada en un determinado sonido manteniendo los ojos abiertos.

–Su pregunta –dijo Richie– me parece excelente, porque resume el programa de investigación que actualmente estamos llevando a cabo sobre los mecanismos cerebrales que subyacen a la atención.

La atención selectiva a determinados atributos del campo visual sin mover los ojos –señaló Richie– va acompañada de la activación de ciertas regiones del lóbulo frontal y de la corteza parietal. El hecho de atender a un sonido, por el contrario, activa el lóbulo frontal y sus conexiones con la corteza auditiva. Cuando, por último, la atención es pasiva y los ojos permanecen abiertos, se produce una desactivación de los mecanismos de control del lóbulo frontal que se ocupan de seleccionar la atención, al tiempo que se mantiene la actividad de los sistemas sensoriales implicados en la visión.

Mientras Richie respondía a las preguntas formuladas por el Dalai Lama, sus manos ilustraban de un modo muy claro, elegante y preciso lo que estaba diciendo, evidenciando una actitud mucho menos contenida que la que asumió durante su presentación.

Entonces, Thupten Jinpa cogió la maqueta de plástico del cerebro humano, que esa misma mañana Richie había dejado sobre la mesa, para tratar de comprender lo que Richie estaba diciendo, pero no tardó en rendirse y pasárselo a Francisco para que mostrase a todo el mundo las distintas estructuras implicadas.

El Dalai Lama, entretanto, proseguía con su línea de pensamiento:

–Consideremos ahora lo que ocurre en otras dos situaciones en las que la cognición no aspira tanto a aprehender o identificar algo, sino que más bien permanece inactiva. Es muy probable que, en el caso de que el sujeto esté cansado, su actitud sea involuntaria y su mente permanezca vacía y distante, esa parte del cerebro permanezca desactivada. Pero también es posible que uno decida voluntariamente no identificarse y permanecer, no obstante, con la mente muy clara y activa. ¿No tendrían esos dos estados –a los que podríamos denominar voluntario e involuntario– correlatos neuronales muy distintos? ¿Es posible determinar la presencia de diferentes correlatos cerebrales asociados a ambos estados?

En este momento, Francisco quitó la envoltura que cubría la maqueta del cerebro y, cuando lo colocó frente a Richie, se desarmó súbitamente, despertando la hilaridad de todos los presentes.

–¡Vaya desastre de cerebro! –exclamó Richie. Y luego prosiguió–. Para responder a Su Santidad debo decir que, aunque la ciencia todavía no haya investigado detenidamente este punto, sí que ha realizado algunas predic-

271

ciones muy concretas. En este sentido, por ejemplo, los científicos afirman que, en el estado de alerta, se produce un aumento de la ratio señal/ruido y que en él, por tanto, es mayor la tasa de información sensorial, perceptual y mental que acompaña a un determinado nivel de ruido, lo cual, obviamente, evidencia un alto nivel de activación. Cuando, por el contrario, nos hallamos fatigados, la tasa de ruido de fondo irrelevante procedente de otras partes del cerebro es muy elevada y, en consecuencia, es plausible esperar una menor activación de las regiones visuales del cerebro. Así pues, cuando decidimos permanecer atentos, deberíamos asistir a la presencia de una pauta de activación distinta asociada tanto a los eventos sensoriales como a los eventos mentales.

–Dejando, sin embargo, de lado el caso de la fatiga recién mencionado –insistió el Dalai Lama–, ¿ha identificado acaso la ciencia los correlatos neuronales que acompañan a la modalidad de atención despierta y con los sentidos muy abiertos en la que uno no se implica, juzga ni se identifica con lo que se presenta a sus sentidos?

El Dalai Lama estaba refiriéndose a un estado meditativo parecido al que, en los experimentos realizados en el laboratorio de Richie en Madison, el lama Öser calificó posteriormente como "conciencia abierta", un estado en el que la conciencia permanece quieta y silenciosa y el sujeto es lúcidamente consciente de todas sus actividades mentales. Aunque la actividad mental parezca indicar un cierto grado de actividad neuronal, el Dalai Lama quería saber si se habían investigado los procesos neuronales que pudieran corresponderse con ese estado aparentemente "inactivo" de la conciencia.

–Eso es algo que, hasta el momento, no ha sido estudiado –replicó Richie, sin saber que, antes de que transcurriera un año, él mismo llevaría a cabo esa investigación en su laboratorio de Madison.

Emoción impulsiva versus *emoción razonada*

Su Santidad se dirigió hacia mí y me indicó por señas que había llegado ya el momento de dar comienzo a la sesión de la tarde. Entonces le pregunté:

–¿Quisiera Su Santidad aclarar algún punto?

El Dalai Lama se había mostrado muy impresionado por los sofisticados métodos utilizados por la ciencia para determinar la correlación que existe entre los estados mentales y la actividad cerebral y, según me había dicho, estaba muy interesado en conocer la relación entre los estados emocionales y la actividad de las cortezas frontales izquierda y derecha y la amígdala. En su opinión, los datos aportados por la ciencia cerebral parecían corroborar las afirmaciones realizadas por la psicología budista, aunque tenía ciertas dudas sobre el modo en que cartografiaba su teoría de la mente y se preguntaba, por ejemplo, por el papel que desempeña la razón o el pensamiento –que también depende de los lóbulos frontales– en el cultivo de las emociones sanas y de las emociones destructivas.

–La ciencia actual –dijo el Dalai Lama después de una pausa larga– nos dice muchas cosas sobre emociones destructivas como el miedo, la ira, etcétera. Se trata de emociones muy naturales y que todo el mundo experimenta. Pero me pregunto si la neurociencia puede determinar la diferencia cualitativa que existe entre lo que los budistas consideran como dos modalidades claramente distintas de la emoción. Es cierto que existen emociones impulsivas como la ira, por ejemplo, cuya intensidad presenta una gran diferencia interindividual, pero, por el momento, la ciencia no parece decirnos gran cosa sobre su desarrollo.

Pero también hay que tener en cuenta que el budismo se refiere y alienta el cultivo deliberado de emociones como la compasión y la sensación de desencanto hacia el estado no iluminado. Consideremos, por ejemplo, el caso de la fe. Existe una fe ciega y espontánea, pero también existen otras modalidades de fe basadas en la comprensión que se asientan en la valoración de las cualidades positivas.

¿Creen ustedes que sería posible determinar la existencia de alguna diferencia neurológica entre ambas modalidades de emoción, es decir, la emoción impulsiva y la emoción razonada?

–Ayer señaló usted –respondió Richie– la posibilidad –ciertamente fascinante, por otra parte, desde la perspectiva de la neurociencia– de que las emociones positivas se deriven de la razón, mientras que las emociones negativas emerjan de un modo más espontáneo. También debo recordar que esta mañana hemos señalado la existencia de una clara vinculación entre algunas emociones positivas y la activación del lóbulo frontal izquierdo, un área que está claramente ligada al razonamiento.

Asimismo existen ciertos indicios –prosiguió Richie, mientras el Dalai Lama escuchaba muy atentamente– de que es posible utilizar nuestras capacidades para aumentar la activación de esta región que, a su vez, puede alentar la presencia de ciertas emociones positivas. En este sentido, existen estudios que parecen sugerir que la activación de la región frontal izquierda va acompañada de la emergencia de ciertas emociones positivas, como el interés, el entusiasmo y la persistencia.

Como sabía que el Dalai Lama está interesado en el papel que desempeñan los lóbulos frontales en las emociones impulsivas (en cuanto opuestas a las razonadas), pregunté a Richie por la investigación realizada al respecto.

–Antes no tuve tiempo para referirme a ello –dijo Richie– pero parece que ciertas emociones negativas espontáneas –ligadas a actos violentos o antisociales impulsivos– que no van acompañadas de la activación de los lóbulos frontales. De hecho, un artículo reciente, por ejemplo, subraya la presencia de una atrofia del lóbulo frontal en las personas que suelen incurrir de manera involuntaria en conductas antisociales.[1]

Todo ello parece indicar la posibilidad de cultivar las emociones positivas apelando a cierto tipo de pensamiento. Pero todavía queda por determinar si ese tipo de proceso mental provoca cambios en esa región cerebral.

El encadenamiento de los pensamientos: el guerrero y la paloma

«Ya hemos hablado bastante –dijo entonces Matthieu Ricard– de la posibilidad de cambio. ¿Cómo sucede el cambio dentro del contexto de la práctica contemplativa? Sabemos que las emociones duran segundos, que los estados de ánimo se mantienen durante todo un día y que el temperamento llega a perdurar años. Por ello, cualquier intento de cambio debe comenzar centrándose sobre las emociones para modificar los estados de ánimo y, finalmente, acabar provocando un cambio de temperamento. Dicho en otras palabras, nuestro trabajo debe empezar actuando sobre los eventos instantáneos constitutivos de nuestra vida mental ya que, como suele decirse, si queremos ocuparnos de nuestro futuro debemos empezar en el instante presente.

»¿Pero qué es lo que podemos hacer nosotros en este sentido? El concepto de período refractario y todo lo demás resultan un tanto abstractos. Quien quiera ocuparse ahora mismo de las emociones deberá prestar atención al encadenamiento de los pensamientos, es decir, al modo en que un pensamiento conduce al siguiente.

»En cierta ocasión, mi maestro me contó una historia sobre un antiguo caudillo guerrero del Tíbet oriental que, un buen día, renunció a todas sus actividades mundanas y se retiró a meditar a una cueva durante varios años. Cierto día, una bandada de palomas se posó frente a su caverna y nuestro hombre se dispuso a alimentarlas, pero la visión de la paloma guía le recordó sus antiguas correrías, y la sucesión de pensamientos subsiguientes acabó desencadenando la rabia hacia sus antiguos enemigos. ¡Entonces, su mente no tardó en verse invadida de recuerdos que le arrastraron hasta el valle, donde reunió a sus antiguos compinches y emprendió una nueva guerra!

»Esta anécdota ilustra el modo en que un pensamiento fugaz acaba desencadenando una obsesión, como la diminuta nubecilla que acaba convirtiéndose en un cielo plomizo y lleno de relámpagos. ¿Cómo podemos hacer frente a esta situación?

»El significado etimológico del término con el que los tibetanos se refieren a la meditación es el de "familiarización", que literalmente significa un nuevo modo de afrontar la emergencia de los pensamientos. Y es que si, cuando aparece un pensamiento de ira, deseo o celos, no estamos preparados para afrontarlo, acaba desencadenando la aparición de un segundo y de un tercer pensamiento que oscurecen todo nuestro paisaje mental, pero, tal vez, como ocurre con la chispa que acaba provocando el incendio de todo un bosque, entonces ya es demasiado tarde.

»El budismo nos invita a cultivar una actitud a la que denomina "contemplar el origen del pensamiento" y que consiste en observar la aparición del pensamiento y remontarnos hasta su fuente. Dicho en otras palabras, nos propone observar atentamente la naturaleza de los pensamientos, una actitud que acaba disgregando su aparente solidez e interrumpe su encadenamiento automático. Pero hay que señalar que ello no significa que debamos empeñarnos en evitar la aparición de los pensamientos –cosa, por otra parte, imposible–, sino tan sólo que debemos impedir que acaben invadiendo nuestra mente. Y, puesto que se trata de algo realmente desacostumbrado, también nos insta a repetirlo una y otra vez. A veces, este proceso de entrenamiento se asemeja al intento de aplanar sobre una mesa una hoja de papel que ha permanecido enrollada durante mucho tiempo y que, en un principio, seguirá tendiendo a asumir la antigua forma hasta que, finalmente, acabe adoptando la nueva.

»Tal vez haya quienes se pregunten qué es lo que hacen las personas en los retiros, sentados durante unas ocho horas al día. Pues esto es, precisamente, lo que hacen, familiarizarse con un nuevo modo de abordar la emergencia de los pensamientos. Y ese proceso de familiarización con la emergencia de los pensamientos en el mismo momento en que aparecen es comparable al hecho de identificar rápidamente a un conocido en medio de la multitud. En tal caso, apenas se advierte la aparición de un fuerte pensamiento de atracción o el surgimiento del enojo, por ejemplo, uno se da rápidamente cuenta de que, si lo alimenta, no tardará en desencadenar una nueva secuencia de pensamientos y se dice algo así como: "Vaya, aquí llega un nuevo pensamiento". El primer paso, pues, para impedir la proliferación de los pensamientos consiste en advertir su emergencia en el mismo momento en que aparecen.

»Cuando uno se ha familiarizado, resulta mucho más sencillo tratar con los pensamientos. Entonces ya no tiene que luchar ni aplicar antídotos específicos para cada pensamiento negativo, porque sabe cómo conseguir que se desvanezcan por sí solos sin dejar rastro alguno. En tal caso, los pensamientos ya no se encadenan en secuencias interminables, algo que suele ilustrarse con el ejemplo de la serpiente capaz de hacer un nudo con su cuerpo y de deshacerlo al mismo tiempo. Así es como llega, finalmente, al punto en que los pensamientos aparecen y se desvanecen como el pájaro que surca el cielo sin dejar huella alguna de su paso. Otro ejemplo que suele darse en este sentido es el del ladrón que entra a hurtadillas en una casa vacía, una casa en la que el dueño no tiene nada que perder y en la que, por tanto, el ladrón tampoco encuentra nada que robar.

»Y debo decir que esta libertad no tiene nada que ver con la apatía ni con el hecho de convertirse en una especie de vegetal, sino, muy al contrario, con controlar la aparición de los pensamientos y, de ese modo, sustraerse a su influjo, algo que sólo puede lograrse mediante la práctica sostenida.

»De ese modo, también es posible desarrollar gradualmente ciertas cualidades que acaban convirtiéndose en una especie de segunda naturaleza, en un nuevo temperamento. Veamos ahora un nuevo ejemplo relativo a la compasión. En el siglo XIX hubo un gran ermitaño llamado Patrul Rinpoche que, en cierta ocasión, mandó a uno de sus discípulos a un retiro de seis meses en una caverna para meditar en solitario sobre la compasión. Al comienzo, la sensación de compasión por todos los seres resulta un tanto artificial, pero la práctica permite que la compasión vaya impregnando gradualmente nuestra mente sin necesidad de realizar esfuerzo alguno.

»A punto de concluir su retiro, nuestro meditador se hallaba sentado en la puerta de su cueva cuando divisó en la lejanía un jinete cantando a solas en mitad del valle y tuvo el claro presentimiento de que moriría antes de una semana. El contraste entre lo que estaba viendo y esa intuición repentina le mostró claramente la naturaleza de la existencia condicionada que el budismo denomina *samsara*. Su mente se vio entonces súbitamente invadida por una compasión abrumadora y genuina que se había convertido en una suerte de segunda naturaleza y nunca más le abandonó. Éste es el verdadero significado de la meditación. Tal vez pensemos que esa visión fue el desencadenante de la compasión, pero, en tal caso, incurriríamos en el error de soslayar el largo proceso de familiarización que fue impregnando gradualmente su mente de esa cualidad, sin el cual el incidente muy probablemente le hubiera pasado desapercibido.

»Si queremos contribuir positivamente al desarrollo de la sociedad debemos empezar transformándonos a nosotros mismos. Y para ello no basta con una idea fugaz, sino que es necesario emprender un largo proceso de entrenamiento. Ésa es la única contribución que puede hacer la práctica budista.» Durante todo el parlamento de Matthieu, el Dalai Lama permaneció muy atento e inclinado hacia adelante. Cuando acabó, se quitó las gafas y dijo, en un tono completamente sincero:

–Muy bien, Matthieu, muy bien.

Entretanto, Paul Ekman también había estado escuchando absorto las palabras de Matthieu.

Esclavizado por la emoción

–¿En qué medida –preguntó quedamente el venerable Amchok Rinpoche desde su asiento ubicado detrás del Dalai Lama– puede el pensamiento fortalecer las emociones destructivas, como lo hace con las positivas o constructivas?

–Yo creo –respondió Richard Davidson– que, como Su Santidad ha subrayado, existe un abanico de emociones destructivas que se presentan de manera espontánea. Y, cuando aparece una emoción, asume el control y va seguida, por usar el término de Paul Ekman, de un largo período refractario. También existe cierta evidencia de que esas emociones están asociadas a una mayor actividad –o a una actividad menos restringida– de estructuras, como la amígdala, claramente ligadas a la corteza frontal.

Es como si la razón no reforzara, sino, muy al contrario, debilitase el impacto de las emociones impulsivas –prosiguió Richie–. El razonamiento activa la corteza frontal e inhibe la activación de la amígdala. Por ello, desde la perspectiva de la neurociencia, la razón obstaculiza la emergencia de este tipo concreto de emociones destructivas. Con ello no estoy negando que la razón fortalezca algunas emociones destructivas porque es muy probable que también ocurra tal cosa, lo único que afirmo es que la razón inhibe la activación de las emociones destructivas que aparecen espontáneamente.

Paul Ekman se aprestó entonces a intervenir y dijo:

–Quisiera preguntar aquí por el uso del término "razonamiento". En el ejemplo que di ayer sobre mi experiencia de estar atrapado en la emoción, señalé la presencia de multitud de pensamientos como, por ejemplo, «¿Estará con otro hombre?» o «¿La habrá atropellado un coche?» que tal vez algunos califiquen como pensamientos irracionales, aunque presumo que no tienen mucho que ver con la merma de las habilidades cognitivas asociadas a los lóbulos frontales.

–En mi opinión –disintió Richie, dirigiéndose a Paul–, no eran sus pensamientos los que dirigían sus emociones, sino que, muy al contrario, se veían dirigidos por ellas o, dicho de otro modo, sus pensamientos eran una consecuencia de su emoción.

–Es cierto, yo me hallaba esclavizado por la emoción –dijo Paul.

–Estábamos hablando de un uso intencional y voluntario del pensamiento para regular la emoción –aclaró Richie–. En su caso, los pensamientos no eran intencionales, sino que se derivaban de una emoción. Sólo cuando trató de superar la emoción y se distanció del acontecimiento pudo esbozar pensamientos más deliberados que acabaron con la ira.

–Yo creo que las cosas son un poco más complejas –puntualizó Paul–, porque entremezclado con todo ello se hallaba también el esfuerzo deliberado de que esa emoción no me arrastrase a una acción impulsiva de la que luego pudiera arrepentirme, es decir, que también allí se hallaba implícito algún tipo de pensamiento. Lo único que cuestiono es que podamos diferenciar con tanta nitidez una modalidad de razonamiento ligada al lóbulo frontal (que no depende de la emoción) de otras modalidades conscientes aunque involuntarias (y que, por tanto, dependen de la emoción) que no tienen mucho que ver con el lóbulo frontal.

–Debo recordarle –señaló Richie– que la investigación ha demostrado que los pacientes que presentan lesiones en el lóbulo frontal son incapaces de dirigir voluntariamente sus pensamientos. Éste es un dato que no deberíamos olvidar.[2]

–Desde la perspectiva budista –terció entonces el Dalai Lama– existen diferentes formas de razonamiento, algunas válidas y otras no. La modalidad utilizada para el cultivo de la compasión, por ejemplo, se asienta en experiencias y observaciones válidas. Pero también existen otras modalidades de razonamiento que pueden intensificar la ira. Usted, por ejemplo, puede pensar de manera errónea que alguien le ha tratado injustamente, pero este tipo de razonamiento –y la emoción consecuente– carece de un fundamento válido.

¿Estoy en lo cierto si digo –prosiguió el Dalai Lama, dirigiéndose a Paul–, que le parece demasiado simplista asociar el razonamiento válido a la actividad del lóbulo frontal y otras modalidades de razonamiento a una región cerebral diferente?

–Exactamente –dijo Paul.

–Perfecto –replicó Richie–, pero no es eso lo que yo estoy sugiriendo. Cuando nos hallamos en las garras de un pensamiento insano podemos urdir acciones moralmente reprobables y violentas y llegar incluso a planificar soluciones a todos los problemas que pudieran presentarse. Y esa actividad también implicaría un funcionamiento inadecuado de los lóbulos frontales. En modo alguno quiero decir, pues, que la actividad de los lóbulos frontales deba ser necesariamente sana, porque ése no es el caso.

Aunque, en cierto modo, todo esto respondió a la pregunta original de Amchok Rinpoche en torno al cultivo deliberado de las emociones destructivas como el odio, no nos adentramos más en este punto. Basta con echar un vistazo a las noticias de los periódicos para descubrir multitud de ejemplos acerca del uso inadecuado de los lóbulos frontales como ocurre, por ejemplo, cuando se alecciona a los miembros de un grupo para odiar a los integrantes de otro. Luego, nuestra atención pasó a centrarse en los posibles remedios a esa situación.

La educación del corazón

Entonces dirigí la atención del grupo hacia un punto mencionado por el Dalai Lama:

–Todo esto nos lleva de nuevo al punto comentado anteriormente por Su Santidad de que, si realmente queremos educar a las personas para que superen sus emociones destructivas, convendrá desentrañar antes todas sus complejidades. Matthieu nos ha hablado de una práctica budista que consiste en evocar reiteradamente un estado positivo como la compasión, por ejemplo, hasta familiarizarnos con él, es decir, hasta que acaba convirtiéndose en un hábito, momento en el cual podemos decir que ya se ha estabilizado. Ese proceso podría proporcionarnos un modelo general para el diseño de programas de cambio que ayudasen a las personas a gestionar más adecuadamente sus emociones destructivas.

Estamos interesados –insistí, esperando que la atención del grupo se centrase en las aplicaciones prácticas– en descubrir formas de superar las emociones destructivas.

–Quisiera –dijo entonces Mark Greenberg– hacer un pequeño comentario y preguntarle algo a Richie. No sólo estamos interesados en el desarrollo del pensamiento, sino también en la educación del corazón. Se trata de dos procesos claramente diferentes que deberíamos tener asimismo en cuenta. ¿Cree usted que la enseñanza de la bondad podría disminuir el lapso de recuperación de las emociones negativas?

–¿Disminuyendo tal vez su intensidad o la frecuencia de su aparición? –agregué.

Yo sabía que Richie iba a responder afirmativamente a la pregunta, pero Matthieu intervino entonces en la conversación y la orientó en otra dirección:

–Cierto estudio realizado con niños de Bangladesh que estaban recuperándose del trauma subsiguiente a una catástrofe puso de manifiesto la existencia de una diferencia significativa en el tiempo de recuperación de los niños de las comunidades budistas. En este sentido, quienes habían sido educados en los valores budistas se recuperaron con mayor prontitud de la calamidad y padecieron muchos menos traumas que los procedentes de otros contextos culturales, una diferencia que parece girar en torno al hecho de haber sido educados en el cultivo de la amabilidad.

En la sociedad tibetana, por ejemplo, resulta muy extraño ver a un niño pisando deliberadamente un insecto. Recuerdo que, durante un viaje en autobús que hice por Francia con un grupo de monjes tibetanos, éstos se escandalizaron cuando el conductor mató a una abeja. Por su parte, el estudio de los niños de Bangladesh evidenció la presencia de una correlación muy positiva entre la actitud compasiva y la capacidad de recuperarse de la tensión nerviosa y del trauma.

El Dalai Lama quiso entonces añadir algo más a la historia relatada por Matthieu sobre el monje que meditó sobre la compasión durante seis meses y dijo:

–Desde la perspectiva budista, el éxito de la meditación de la compasión depende de la purificación de la negatividad y de la exaltación de las virtudes, es decir, de las cualidades positivas. En este sentido, el meditador en cuestión no se limitaba a repetir simplemente "compasión, compasión, compasión", como si de un *mantra* se tratase. El proceso de "familiarización" meditativa es algo muy distinto y consiste en dirigir deliberadamente cada pensamiento consciente –en una suerte de concentración– hacia el cultivo de la compasión hasta que ésta acaba impregnando toda actividad. Eso fue, en realidad, lo que provocó su experiencia.

–Hay veces –apuntó Matthieu– en que esas prácticas son muy complejas. En los *sutras* se explica el modo de llevar a cabo hasta el más sencillo de los gestos. Al levantarse, por ejemplo, uno piensa: «Pueda liberar del sufrimiento a todos los seres»; al abrocharse el cinturón, debe pensar «Pueda ceñirme el cinturón de la atención plena»; al bajar las escaleras «Pueda descender al sufrimiento y liberar de él a todos los seres»; al abrir una puerta, «Pueda abrirse la puerta de la liberación a todos los seres sensibles»; al cerrarla, «Pueda cerrar la puerta del sufrimiento a todos los seres sensibles», etcétera, etcétera, etcétera. Así es como cada instante se impregna de la noción de compasión hasta que ésta acaba integrándose en el continuo de la mente.

–Creo que la descripción realizada por Matthieu tiene mucho sentido desde la perspectiva de la neurociencia –dijo entonces Richie Davidson–. Es evidente que el entrenamiento que asocia cada acción al cultivo de la compasión acaba transformando nuestro funcionamiento cerebral. A fin de cuentas, hay sobrados motivos para sospechar que una práctica tan profunda y sistemática acaba afectando de algún modo a nuestro cerebro. Tal vez podríamos empezar a determinar las regiones cerebrales y las conexiones neuronales que deberían fortalecerse para facilitar la recuperación más rápida del tipo de trauma descrito por Matthieu. También hay investigaciones que nos proporcionan un modelo para comprender las ventajas de este tipo de adiestramiento. Hasta el momento, sin embargo, no se ha llevado a cabo ninguna investigación científica al respecto porque, en este sentido, Occidente todavía no ha superado el nivel, por así decirlo, del jardín de infancia.

Cuarenta horas de compasión

Entonces Paul, que había asistido muy atento a todo ese debate, preguntó:

–¿Creen ustedes –dijo dirigiéndose a Richie y al Dalai Lama– que, si consiguieran que el gobernador de California les ofreciese cuarenta horas para entrenar a los presos, podrían convertirles en personas más humanas y compasivas? Soy muy consciente de que, comparado con las miles de horas de las que ustedes hablan, se trata de un lapso muy corto de tiempo. Pero el simple hecho de disponer de esas cuarenta horas supondría un gran avance. Y no se trata de una utopía porque sé de lugares en los que la administración pública ha estado dispuesta a conceder ese tiempo. ¿Qué creen ustedes que podríamos conseguir en cuarenta horas?

–Me gustaría comentar un caso a este respecto –dijo Matthieu–. Se trata de alguien que estaba enseñando meditación –no meditación budista, sino simple relajación mental– a asesinos que estaban condenados a cadena perpetua y que, durante su período de confinamiento, habían reincidido. Según dijo uno de ellos, el jefe de una banda se había apuntado al programa porque era algo nuevo, pero, en un determinado momento, sucedió algo espectacular, como si de repente se desplomase un muro y de súbito hubiese comprendido que toda su vida anterior había gravitado exclusivamente en torno al odio.

Esa experiencia transformó radicalmente su vida, lo cual dice mucho sobre la plasticidad del cerebro y también pone de relieve que, en ocasiones, pueden realizarse grandes progresos en muy poco tiempo. A partir de entonces, esa persona empezó a comportarse de manera radicalmente distinta y trató de compartir sus sentimientos con algunos de sus compañeros. Por desgracia, sin embargo, murió asesinado poco después, aunque hay que decir que, durante el último año de su vida, fue una persona completamente diferente.

–¿Qué le parece? –pregunté a Paul.

–Preferiría –dijo entonces– escuchar antes lo que tienen que decir Richie y Su Santidad al respecto.

–El budismo tibetano –dijo entonces el Dalai Lama– utiliza un procedimiento meditativo para el cultivo de la compasión al que denomina "ponerse en el lugar de los demás" y que consiste en asumir el papel de la persona que sufre y tratar de entender las cosas desde su perspectiva.

–¿Cree usted que esa práctica podría resultar beneficiosa para los presos? –preguntó entonces Paul al Dalai Lama.

–Por supuesto que sería una excelente experiencia de aprendizaje –respondió.

La compasión no es necesariamente religiosa

Mark Greenberg agregó, entonces, que no deberíamos circunscribir nuestro programa al contexto penitenciario sino, muy al contrario, extenderlo a todos los ámbitos posibles:

–¿Qué ocurriría, por ejemplo, si los maestros practicasen la bondad, o emprendiesen algún tipo de práctica meditativa? Obviamente, no todos la admitirían por igual. ¿Qué podríamos hacer, pues, para secularizar la práctica de modo que todo el mundo pudiera aceptarla sin reservas? Creo que ésta es una cuestión esencial, porque son muchos los maestros que carecen de compasión por sus discípulos.

El Dalai Lama hizo un gesto enfático, golpeando con el dedo en su cabeza como si estuviera clavando un clavo y dijo:

–Éste es un punto realmente crucial. El cultivo de la bondad y de la compasión no es, en modo alguno, un empeño exclusivamente religioso, sino que tiene una relevancia y una aplicación mucho más amplia. Uno no tiene que comulgar con una determinada doctrina religiosa para llevarla a cabo. Por todo ello creo que merece la pena desarrollar técnicas que se hallen despojadas de todo contenido religioso.

–¿Creen entonces que bastaría con cuarenta horas para poder recibir ese tipo de entrenamiento? –preguntó de nuevo Paul.

–Yo creo que sí –respondió Matthieu–. Las personas rara vez piensan en lo que sienten los demás, por ello creo que bastaría con cuarenta horas asumiendo la perspectiva con la que los demás perciben las cosas para poner en marcha un verdadero proceso de cambio.

Yo quería que el Dalai Lama comentara también lo que, en su opinión, debería incluir tal programa, de modo que dije:

–Richie ha señalado que, cuando una persona –aunque sea un recluso– tiene la posibilidad de cultivar la bondad, cambia el modo en que experimenta las emociones destructivas. Entonces, uno tarda menos en liberarse de ellas y está más predispuesto hacia las emociones positivas. Todos sabemos que el budismo tibetano dispone de muchos medios hábiles para el cultivo de las emociones positivas, pero ¿podría usted esbozar algunas de sus posibles aplicaciones seculares en términos claramente no budistas?

–He estudiado con cierto detenimiento –respondió entonces muy animado el Dalai Lama– la posibilidad de una ética secular. El problema es que, desde la perspectiva del hombre de la calle, todo lo que suene a ética parece casi un lujo. Pero lo cierto es que no estaría nada mal que se difundiese porque en última instancia se trata, como sucede con la educación y la salud, de una verdadera necesidad. Son muchas las investigaciones médicas realizadas hasta el momento a fin de tratar de determinar el tipo de alimentación y ejercicio más adecuados para el desarrollo pleno del cerebro infantil.

La salud nunca ha sido considerada un lujo y lo mismo podríamos decir de la educación, que nuestra sociedad considera imprescindibles. Pero, en la actualidad, el sistema educativo sólo se limita a transmitir la información necesaria para que el alumno pueda conseguir un trabajo y lo desempeñe adecuadamente.

Lamentablemente, la educación y la investigación no se ocupan del desarrollo de la mente. Es como si la gente dijera: «Oh eso estaría muy bien, pero no es tan urgente como la educación o la salud». Necesitamos, pues, otro término que carezca de resonancias religiosas, algo que no suene a "ética" ni a "moral", algo así como "sociedad pacífica", "sociedad floreciente" o "florecimiento humano". Convendría que fuera algo muy secular y que encajase más en el campo de las ciencias sociales que en el de los estudios religiosos o éticos.

Convendría precisar nuestra posible contribución, desde el campo de la investigación médica y científica, al florecimiento de la paz y de la armonía y al bienestar individual y social. A mi juicio, se trata de un imperativo tan apremiante como la salud y la educación. Es desde esa perspectiva que deberíamos preguntarnos por una enseñanza que no sólo se centrase en las matemáticas, sino que también enseñase al alumno a sustraerse del poder de las emociones destructivas y a cultivar emociones más sanas y positivas.

–Tenemos buenas noticias para usted –dije–. Mañana Mark Greenberg nos expondrá detenidamente un programa de este tipo.

–Al que bien podríamos calificar como aprendizaje emocional y social –puntualizó Mark.

–Me parece muy bien –expresó satisfecho el Dalai Lama. Y luego agregó–. Y quisiera añadir que todo ello debería ser de aplicación universal, del mismo modo que uno estudia las mismas matemáticas en Beijing que en cualquier otra parte del mundo. Ese aprendizaje emocional y social debería ser considerado tan necesario como la lectura, la escritura, la ciencia y las matemáticas, que no son ni occidentales ni chinas, sino universales.

–Debo decir –puntualicé entonces– que este tipo de aprendizaje ya se encuentra en marcha y está convirtiéndose en un auténtico movimiento internacional, no sólo en Estados Unidos, sino en muchos otros países como Israel, Corea y Holanda, por nombrar sólo unos pocos.

–Ésta es una de las razones que justifican la presentación que mañana haremos Jeanne Tsai y yo –añadió Mark–. Y es que, si consideramos este tipo de aprendizaje como algo universal, tendremos que prestar atención a sus posibles diferencias interculturales.

Un programa de educación para adultos

Paul, muy activo ese día, quería que siguiéramos con ese mismo tema y dijo:

–Mark nos hablará mañana de un programa de educación emocional dirigido a los niños, pero no debemos olvidar que son los adultos quienes crean los problemas que aquejan a nuestro mundo. Espero que dispongamos de tiempo suficiente para diseñar un programa de educación similar orientado a los adultos. Estoy seguro de que, en tal caso, sería incluso posible conseguir fondos para investigar su eficacia. Creo que no hay mejor equipo para elaborar ese tipo de programa que el que se encuentra reunido en esta sala.

–Los jóvenes son más flexibles –dijo Su Santidad con una sonrisa–, mientras que los adultos son como árboles viejos y nudosos. Pero, aunque sea más difícil corregir a los adultos, no deberíamos por ello desalentarnos, porque se trata de algo absolutamente necesario aunque sólo sirva para diez personas... o para una sola.

–¿Qué sugeriría usted al respecto? –pregunté.

–No sé, no sé –dijo con aire pensativo, empezando a considerar seriamente la cuestión.

Las aplicaciones mundanas de la práctica budista

–Quisiera –dijo Mark Greenberg, que había estado dándole vueltas a la sugerencia de Paul– continuar en la misma línea que Paul acaba de comentar. Yo creo que, para la formación de los adultos, deberíamos subrayar la necesidad de ponernos en el lugar del otro. Me pregunto –dijo entonces dirigiéndose a Matthieu– si habría algún modo de secularizar su relato sobre el guerrero, las palomas y el encadenamiento de las emociones.

–Me parece que esa historia ya es suficientemente secular –respondió Matthieu– puesto que no hay, en ella, ningún elemento que apele a la fe o a creencia religiosa alguna. Es cierto que existe toda una tradición que se asienta en miles de años de experiencia contemplativa, pero, en mi opinión, es posible explicar las cosas de un modo más sencillo. En sí misma, se trata de una práctica que no requiere ninguna creencia religiosa ni filosófica concreta.

Eso me recordó el programa desarrollado por Jon Kabat-Zinn en el Medical Center de la University of Massachusetts en Worcester,[3] que utiliza una versión adaptada de la meditación de la atención plena (es decir, la observación atenta y ecuánime de los pensamientos y sentimientos que van presentándose instante tras instante sin dejarse arrastrar por ellos). El programa de Kabat-Zinn ayuda a sus pacientes a serenar su espíritu, lo que alivia su dolor físico, su sufrimiento y sus síntomas. Entonces dije:

–Algunos hospitales utilizan –con gran éxito, por otra parte– una versión adaptada de la meditación budista de la atención plena en la que no hay necesidad alguna de mencionar ni siquiera el budismo.

Tal vez podríamos hacer algo parecido –continué– con el caso de la empatía. El primer paso del tratamiento de criminales que cumplen condena por haber cometido abusos infantiles consiste en hacerles revivir su crimen desde el punto de vista de los niños, porque fue precisamente su falta de empatía la que les llevó a delinquir, algo que se asemeja a la práctica meditativa de asumir la perspectiva de los demás.

–Hace tiempo que Sogyal Rinpoche –dijo entonces Matthieu, refiriéndose a uno de los *lamas* asistentes– ha puesto en marcha varios programas seculares para el tratamiento de enfermos terminales basados implícitamente en la práctica budista. En su popular *El libro tibetano de la vida y de la muerte*, Sogyal Rinpoche presenta a Occidente un enfoque tradicional tibetano para que los moribundos y sus seres queridos puedan afrontar mejor las dimensiones espirituales y emocionales asociadas a la experiencia de la muerte.[4]

–Desde mi limitada comprensión –observó entonces Richie– creo que, para aplicar el enfoque budista, es necesario desarrollar previamente un cierto grado de concentración. El caso comentado por Matthieu de la persona que asocia cada acción a las ideas del amor y de la compasión resulta extraordinariamente difícil para la mayoría de las personas, porque la atención y la concentración están muy poco desarrolladas. ¿Qué es lo que Su Santidad incluiría en un programa de formación para adultos que no hubiesen cultivado esta capacidad?

–No creo –puntualizó Matthieu– que conviniese empezar dedicando muchas horas. Sería mucho mejor comenzar con sesiones cortas y repetidas, a modo de ejercicios. Tal vez pudiéramos empezar, por ejemplo, por enseñar un ejercicio breve que el sujeto pudiese practicar en su casa e ir degustando así el sabor de lo que queremos transmitirle. Al comienzo, pues, tal vez baste con diez minutos diarios.

De qué modo pueden las emociones convertirse en un problema

–Quisiera –dijo entonces el Dalai Lama, tomando nuevamente la palabra– presentarles una versión secular inspirada en la tradicional noción budista de las Cuatro Nobles Verdades. No se trata tanto de una técnica como de pensar algo muy concreto cada vez que usted abra una puerta, por ejemplo. Es algo de índole mucho más analítico y reflexivo.

El asunto consistiría en prestar atención a los grandes problemas que aquejan a nuestra sociedad. Como bien señaló Paul, existe mucho sufrimiento, pero en lugar de buscar las causas fuera de nosotros –en la economía o en otros ámbitos–, deberíamos darnos cuenta de que todos tenemos emociones destructivas y, en consecuencia, no estaría de más que las investigásemos, las analizásemos y considerásemos sus efectos. ¿Cuál es el impacto que tienen nuestras propias emociones destructivas –es decir, nuestros odios, nuestros prejuicios, etcétera– en el conjunto de la sociedad? ¿Cuál es el papel que desempeñan en los grandes problemas y sufrimientos que aquejan a la humanidad?

Después de haber analizado cuidadosamente las relaciones que existen entre nuestros problemas internos y los problemas de la sociedad podremos seguir haciéndonos más preguntas. ¿Podemos modificar o disminuir las emociones destructivas que tanto nos condicionan? ¿Cuál sería el impacto que tendría, en el conjunto de la sociedad, la transformación de nuestras emociones destructivas?

Después de habernos formulado esta pregunta, deberíamos buscar el modo de utilizar la plasticidad cerebral y mental para promover nuestro proceso de desarrollo y reducir así el efecto de las emociones destructivas. Matthieu nos ha presentado un conjunto de métodos que pueden servir para hacer frente a las emociones destructivas, pero tal vez debiéramos contar con un contexto más amplio para comprenderlas e investigarlas adecuadamente.

Ése es precisamente el tipo de investigación y educación que debería introducirse en el sistema educativo. Los niños pequeños creen que los problemas son ajenos a ellos, por este motivo convendría utilizar el ámbito escolar para que los niños se den cuenta del modo en que nuestras emociones contribuyen a generar los problemas que asedian a la sociedad. ¿De qué modo, pues, podemos servirnos de la educación para atenuar el efecto de las emociones negativas y desarrollar las emociones positivas?

Es mucha la investigación realizada en el ámbito de la salud física. Todos ustedes han oído hablar de la importancia del ejercicio, de la alimentación, etcétera, y todos ustedes saben también que no existe un solo modo de hacer ejercicio, como ir al gimnasio, practicar algún deporte, etcétera. En este sentido, la investigación nos ha abierto muchas puertas.

–¿Por qué –preguntó entonces Alan– hay personas que, aun habiendo probado el tipo de práctica propuesta por Matthieu, no la toman más en serio? En mi opinión, la razón para ello reside en que, la mayor parte de las veces, esa práctica no se halla inserta en un marco de comprensión adecuado, con lo cual se la considera más un lujo que una necesidad imperiosa.

El venerable Kusalacitto presentó, entonces, un informe de los programas que, al respecto, se aplican en Tailandia. En su país, la educación siempre estuvo asociada a los templos, que se ocupaban del cultivo de las cualidades positivas. En el último siglo, sin embargo, la educación se ha desvinculado del ámbito religioso, y existe una gran preocupación por el hecho de que los niños hayan dejado de recibir las enseñanzas que conforman el carácter. Por ello, desde hace ya unos treinta años, los monjes han empezado a organizar campamentos de verano que enseñan a los niños a meditar y a atenerse a una cierta ética social. En uno de los juegos que se practican en esos campamentos, por ejemplo, cada niño debe escribir en una hoja de papel las cosas a las que quiera renunciar, como la ira, la ilusión y la envidia, y depositarla luego en un bol como forma simbólica de despojarse de ellas.

Son muchos los padres que, al ver que sus hijos regresaban del campamento emocionalmente más positivos, solicitaron a los monjes campamentos similares dirigidos a adultos que han acabado formalizándose en retiros de fin de semana. De este modo, los padres también tienen la posibilidad de aprender lo mismo que sus hijos y son muchos los que salen beneficiados del curso. *El bhante* remató su presentación diciendo:

–Tal vez, esta información resulte útil para elaborar el programa de un curso breve e intensivo.

Luego hicimos una pausa para tomar el té. Durante la interrupción, el entusiasmo de los participantes en torno a la posible educación emocional de los adultos –especialmente de Richie, Mark y Paul– era tan palpable que fueron muchas las conversaciones sobre el diseño de un programa para llevar a la práctica estas ideas y demostrar su eficacia mediante evaluaciones conductuales y biológicas.

Un gimnasio para el desarrollo de las habilidades emocionales

–Algo se ha movilizado entre nosotros –dije, al retomar la sesión–, y todos parecemos muy interesados en llevar a la práctica el tipo de programa del que Su Santidad ha estado hablando. Prosigamos esa misma línea.

Paul tomó entonces la palabra y dijo que la psicología contaba con algunas técnicas excelentes para el desarrollo de habilidades interpersonales, como la empatía, por ejemplo, y que, con toda seguridad, el budismo dispondría de muchas más.

–Deberíamos aprovechar lo mejor de ambas perspectivas. Yo también creo que el programa no tendría que ser didáctico, sino básicamente experiencial, vivo e interactivo.

El Dalai Lama asintió con la cabeza y siguió escuchando muy atentamente.

–En las últimas horas, Richie me ha contagiado su optimismo y creo que, si hacemos un esfuerzo serio, podemos conseguir cambios muy importantes –prosiguió Paul–, hasta el punto de que quizás nos veamos abrumados por la demanda ya que, en mi opinión, existe una auténtica necesidad de este tipo de iniciativas, la misma, en suma, que despierta el interés por las enseñanzas de Su Santidad. Occidente está sediento de este tipo de cosas y necesita urgentemente transformar su vida interior y el modo en que nos relacionamos con los demás.

Son muchas las cosas que se nos ofrecen pero no hay nada, a mi juicio, que combine adecuadamente lo mejor de Oriente y de Occidente. Espero que dispongamos de tiempo suficiente para elaborar este programa. Sigo opinando que debería tratarse de un programa orientado a adultos, en parte porque soy adulto, y en parte también, como he dicho antes, porque son precisamente los adultos quienes poseen el poder y suelen tomar las decisiones peores y más crueles.

–Durante la interrupción –añadió Richie– hemos estado hablando de la necesidad de combinar este tipo de programa con una evaluación conductual y cerebral que nos permita determinar con precisión los cambios que van surgiendo. Del mismo modo que hay pruebas irrefutables de que el ejercicio físico beneficia el funcionamiento del corazón, deberíamos poder demostrar que este tipo de programa puede mejorar nuestro funcionamiento cerebral y conductual.

–¡Gimnasios emocionales! –soltó entonces Paul–. ¡Gimnasios emocionales por todas partes! –añadió Paul. Y, cuando las risas se apaciguaron, continuó diciendo–: No tengo la menor duda de que, si dispusiéramos de esa alternativa, todos la utilizaríamos.

–En Tíbet se les llama monasterios –apuntó impertérrito Alan.

–Estoy seguro –prosiguió Paul– de que quienes compran *El arte de la felicidad* e *Inteligencia emocional* se interesarían por este tipo de iniciativa. Pero son muchas las personas cuya sed no se sacia con la mera lectura. La lectura no es más que el primer paso, y creo que estamos en condiciones de dar un nuevo paso en esa misma dirección.

Owen tuvo entonces una idea:

–Existe un antiguo término griego –*eudaimonia*– que también utilizaba san Agustín. Se trata de un término muy antiguo que carece de toda connotación religiosa y que significa exactamente lo que queremos decir, el florecimiento humano, algo que la educación no nos ha proporcionado y de lo que, en consecuencia, estamos muy necesitados.

–¿Existen lugares llamados eudaimonios –pregunté bromeando– como también hay gimnasios?

–Volviendo de nuevo al punto de Richie –dijo Paul–, tengo que decir que, cuando uno empieza a jugar al tenis, lanza muchas pelotas a la red, pero que el aprendizaje va provocando los cambios neurológicos necesarios para mejorar nuestro desempeño. Así pues, necesitamos desarrollar nuestras habilidades emocionales. No sé si habrá llegado ya el momento de hablar de ese programa...

–Adelante –le alenté.

–Se me ocurren tres cosas en este sentido –aventuró Paul–. En primer lugar, hay que desarrollar la sensibilidad hacia los signos sutiles de las emociones que se ponen de relieve en los rostros, las voces y los gestos de los demás. Ahora disponemos de las técnicas necesarias para hacerlo y sabemos que no importa gran cosa que alguien no haya desarrollado esa capacidad porque, en un par de horas, pueden conseguirse muchas cosas.

En segundo lugar, debemos enseñar a las personas a prestar atención a las sensaciones internas que acompañan a las emociones, para aumentar así su conciencia de la aparición de una emoción. Las personas experimentamos las emociones de maneras diferentes, y, aunque resulte algo más difícil –porque implica un cierto tipo de autoconciencia–, es posible aumentar la sensibilidad hacia las sensaciones corporales que las acompañan. Y, para ello, podríamos servirnos de las muchas técnicas de sensibilización corporal existentes.

–Éste es, precisamente, el objetivo de la atención plena a las sensaciones corporales –señalé.

–El tercer punto que quisiera destacar –prosiguió Paul– es un programa llamado Interpersonal Process Recall, desarrollado por el difunto Norman Kagan.[5] Usted toma a dos personas que se conozcan bien –un matrimonio, por ejemplo– y las graba en vídeo mientras tratan de afrontar un determinado problema. En el momento en que se quedan atrapados en un determinado conflicto, se entrevista y visiona la cinta por separado con cada uno de ellos, pidiéndoles que expliciten los sentimientos inexpresados, es decir, las reacciones internas que tenían cuando perdieron el control. Luego ambos retoman la conversación en el punto en que la habían interrumpido.

No digo que las cosas tengan que funcionar necesariamente así, pero la idea consistiría en proporcionar a las personas la oportunidad de revisar un determinado conflicto emocional con la ayuda de un asesor que pudiera ayudarles a comprender mejor el proceso y a ensayar nuevos modos de afrontar los problemas. Y debo decir que se trata de un programa que ya se ha aplicado provechosamente al ámbito penitenciario en un par de estados.

Jeanne Tsai, que hablaría al día siguiente y había estado muy atenta, dijo entonces:

–Muchas de las técnicas propuestas aquí son ampliamente utilizadas por la psicoterapia occidental actual. Las técnicas de Norman Kagan, por ejemplo, se utilizan con parejas que tienen problemas de relación. También suele apelarse a las técnicas diseñadas por las terapias de corte cognitivo-conductual. Son muchas las personas que ignoran la relación que hay entre sus pensamientos y sus emociones y conductas. Creo que la clave consistiría en emplear estas técnicas con personas que no padecen trastornos psicológicos, personas que creen que no tienen problemas, pero que, sin duda alguna, podrían beneficiarse de ellas.

–Desde la perspectiva proporcionada por el budismo tibetano –señaló Alan– todos estamos "enfermos". Por eso sufrimos.

La educación emocional en el mundo de la empresa

–Me parece un tanto problemático orientar este tipo de programa a los adultos, porque cuesta mucho llegar hasta ellos –dijo entonces Matthieu–. Con ello no quiero decir que debamos resignarnos a sacrificar a toda una generación, pero es evidente que, si comenzamos apuntando al sistema escolar, todo el mundo podría aprovecharse de él, y tal vez luego pudiéramos desarrollar el equivalente en las escuelas de adultos. ¿De qué otro modo sino podríamos llegar a los adultos?

–Matthieu acaba de abordar un problema muy importante –comentó entonces Mark–, y quizás Dan quiera hablarnos más de ello. ¿Cuáles son los beneficios en el ámbito empresarial del aprendizaje de la inteligencia emocional? El campo de la educación infantil pone de relieve que no basta con una práctica aislada, sino que es necesario un ejercicio repetido y cotidiano –o, al menos, regular– y que se halle fuertemente recompensado. El cambio resulta difícil, y la eficacia de los talleres de fin de semana suele ser muy limitada. Éste, precisamente, es el problema que aqueja a los abordajes psicoterapéuticos que se limitan a una hora semanal.

Por ello, la práctica sostenida del budismo puede enseñarnos muchas cosas. ¿Cómo podríamos elaborar un modelo que incluyese la práctica repetida? Y, si me he referido al ámbito laboral, es porque todo el mundo va a trabajar cada mañana.

–También es bueno desde la perspectiva de la cuenta de beneficios –contesté.

Y todo ello supone una gran ventaja –continué, echando un vistazo a los datos de mis libros *La práctica de la inteligencia emocional* y *El liderazgo resonante crea más*, en los que analizo muchos hallazgos que demuestran la estrecha relación que existe entre la inteligencia emocional y la productividad de los trabajadores y la eficacia de los líderes.[6]

¿Cuál creen ustedes que es la diferencia que existe, por ejemplo, entre los vendedores que facturan por valor de un millón de dólares al año y aquellos otros que sólo lo hacen por cien mil dólares? ¿Cuál creen que es la diferencia entre los trabajadores "estrella" y los simplemente mediocres? Porque debo decirles que esa diferencia no parece residir tanto en su habilidad técnica o en su inteligencia, como en el modo en que gestionan sus emociones –especialmente sus emociones destructivas–, es decir, en su grado de motivación, su perseverancia y el tipo de relaciones que establecen o, como sugiere Paul, en la sensibilidad hacia los demás, en el modo en que se relacionan con ellos, etcétera. Ésa es, en última instancia, la variable más importante al respecto.

»Y lo mismo podríamos decir sobre los líderes con mucho éxito. ¿Cuál creen, pues, que es la variable que explica las diferencias de rentabilidad que existen entre las distintas secciones de una gran multinacional? La clave de los beneficios de una empresa también depende del modo en que el líder gestiona sus emociones y sus relaciones. Quienes no saben gestionar adecuadamente su ira y explotan con facilidad despiertan la ansiedad de las personas que les rodean lo cual, obviamente, acaba influyendo en los resultados comerciales de la empresa que dirigen.

–¿No son entonces –preguntó el Dalai Lama– los líderes agresivos los más exitosos?

–¿Agresivos en qué sentido? –pregunté.

–Arrogantes, asertivos.

–No es eso lo que parecen indicar los resultados de la investigación.

–A largo plazo –replicó el Dalai Lama– estoy completamente de acuerdo con usted, pero parece como si las personas agresivas tuvieran más éxito, aunque sólo se trate de un éxito provisional.

–Hay estudios –respondí– que evidencian claramente el efecto del estilo emocional del líder en el clima emocional de sus subordinados. Y debo decir que, si ese clima es positivo, los beneficios son mayores porque, en tal caso, los empleados dan lo mejor de sí. Si, por el contrario, a los trabajadores les desagrada su jefe, o se sienten a disgusto en su puesto de trabajo, se limitan a cumplir estrictamente con su función sin necesidad de alcanzar un desempeño óptimo lo que, a la larga, acaba resultando perjudicial para la empresa. Así pues, los líderes cuyos estilos son más positivos resultan más inspiradores, porque saben articular los valores compartidos para que sus empleados encuentren significativo su trabajo. Este tipo de líderes sabe crear un clima emocional positivo en sus empresas, lo que necesariamente influye en la cuenta de beneficios.

Del mismo modo, los líderes que saben establecer relaciones más armoniosas entre sus empleados y que dedican tiempo a conocerlos también obtienen mejores resultados. Y lo mismo podríamos decir con respecto a los líderes que preguntan a sus empleados: «¿Qué espera usted de su vida y de su carrera?» o «¿Cómo podría ayudarle a desarrollar sus expectativas?». Por último, los líderes que cooperan con sus empleados y aquellos que toman sus decisiones después de escuchar a todo el mundo tienen también un impacto mucho más positivo.

Pero el líder autoritario, el líder que dice: «Eso es así porque lo digo yo» tiene un efecto muy negativo en el clima de la empresa. Tal vez, este tipo de líder resulte eficaz en ocasiones muy puntuales cuando, por ejemplo, la empresa se enfrenta a una situación muy urgente, o cuando los subordinados deben atenerse a directrices muy claras. Pero si ésa es la única forma de dirigir de que dispone el líder, su efecto será inequívocamente nocivo.

Son muchas –concluí dirigiéndome a Mark–, pues, las razones que explican las ventajas de este tipo de programas para el mundo empresarial. Y el modo de aplicarlos se asemeja mucho al modelo esbozado por Matthieu. Éstas no son cosas que puedan aprenderse en un seminario o en un cursillo de fin de semana, porque las personas necesitan mucho tiempo para cambiar sus hábitos básicos, lo cual nos obliga a servirnos del entorno laboral para que, de ese modo, el ejercicio pueda ser continuo. Así pues, el jefe de mal carácter que pretenda mejorar deberá aprovechar de cualquier situación que le presente el entorno laboral para practicar a diario y durante muchos meses. Sólo de ese modo es posible el cambio.

A nuevos problemas, nuevos remedios

El Dalai Lama me dijo que estaba muy contento de la coincidencia casi unánime en elaborar un programa práctico... aunque también se mostraba un tanto cauteloso, puesto que había visto demasiados grupos entusiasmados con proyectos que nunca acabaron de llevarse a cabo. Además, también dudaba de que el mundo externo compartiese el mismo entusiasmo que nuestro pequeño grupo por ese tipo de programas.

Entonce, el Dalai Lama planteó una preocupación de orden práctico. Él había advertido que las personas no parecen tener grandes dificultades en admitir la necesidad urgente de afrontar problemas ligados a la pobreza y la enfermedad. Pero, cuando una sociedad se torna más próspera y sana, aparecen otro tipo de problemas (que perfectamente podrían caer bajo el epígrafe de las emociones destructivas) para los que, de momento, no pareceque dispongamos de los adecuados recursos.

–Yo también creo –dijo– que podemos contribuir a crear un mundo mejor, pero la demanda tal vez sea muy limitada. Aquí hemos reunido a un grupo de personas procedentes del ámbito universitario, pero todos ustedes ya tienen algún interés a este respecto.

Me gustaría saber si su aceptación de la necesidad de cambio y de la posibilidad de elaborar algún tipo de programa para conseguirlo refleja una actitud generalizada, al menos entre sus colegas del mundo universitario, o si este grupo sólo representa a una pequeña minoría.

–Son muchas, en mi opinión –respondió Richie–, las personas interesadas en los mismos problemas que nos han traído hasta aquí. La American Psychological Association, por ejemplo, que es la mayor organización de psicólogos del mundo y aglutina a unos cuarenta y cinco mil profesionales del campo de la psicología, ha puesto en marcha una iniciativa, llamada Positive Psychology, centrada en el florecimiento –y quiero insistir en que éste es, precisamente, el término que han utilizado– del ser humano. En su opinión, la psicología ha pasado demasiado tiempo centrándose únicamente en los aspectos negativos; y ha llegado ya el momento de ocuparnos de los positivos. Por esta razón, creo sinceramente que la comunidad académica ha reconocido ya la necesidad de prestar atención a todas estas cosas.

El Dalai Lama asintió satisfecho con la cabeza.

–Yo también creo –añadió Paul– que ese interés trasciende ya el ámbito estrictamente académico y ha llegado a impregnar, además, el mundo empresarial y la comunidad médica. Con ello no quiero decir que todos esos ámbitos reconozcan lo mucho que puede enseñarnos el budismo, sino tan sólo que cada vez somos más conscientes de que no estamos abordando adecuadamente el problema. Por tanto, creo francamente que existe un amplio reconocimiento en este sentido.

–Eso mismo creo yo –coincidió el Dalai Lama.

Un cierto consenso en lo que está equivocado

–A largo plazo –dijo Mark Greenberg–, yo añadiría que la crisis religiosa y de las relaciones que hoy en día aqueja a muchas culturas, no sólo a Estados Unidos, ha provocado una fragmentación que genera mucha violencia. Los medios de comunicación me invitan con cierta frecuencia a hablar de temas relacionados con la violencia, y la primera pregunta que suelen hacerme es: «¿Qué podemos hacer con los niños violentos?». Luego también me preguntan cuestiones de orden más general como: «¿Qué es lo que cree que funciona mal en nuestra sociedad?» «¿Por qué cree usted que carecemos de controles sociales e incluso del adecuado control interno que nos permita abordar más adecuadamente el tema de la violencia?»

–¿Qué entiende por "control social" –pregunté–, porque se trata de un término que tiene connotaciones ciertamente totalitarias?

–El exceso de violencia a que nos tienen acostumbrados los medios de comunicación Estados Unidos constituye un claro ejemplo de esta falta de control social –respondió Mark–, y la falta de una adecuada regulación del uso de armas de fuego, obviamente, es otro. Todas éstas son cuestiones que, en nuestra sociedad, generan mucha violencia.

–¿No creen ustedes –señaló entonces el Dalai Lama– que, si nuestro debate refleja, de algún modo, el interés que tiene la sociedad sobre este particular, convendría invitar a participar en él al mayor número posible de personas y de disciplinas? Tal vez entonces pudiéramos elaborar un plan de acción o una propuesta muy clara y práctica y enviarla a alguna organización del gobierno o incluso de las Naciones Unidas.

Francisco Varela terció, entonces, en el debate desde una perspectiva un tanto distinta:

–Su Santidad ha escuchado la opinión de algunos de mis amigos aquí presentes, todos ellos estadounidenses y que tal vez, por tanto, no constituyan una muestra representativa de la población mundial. La cultura de Estados Unidos es bastante peculiar y no refleja, en modo alguno, lo que sucede en otros países como Francia, que es donde actualmente vivo. Francia lleva siglos atribuyendo una gran importancia a la educación dirigida hacia el desarrollo intelectual y constituye un ejemplo palpable de la gran importancia que Occidente atribuye a la razón en desmedro de la emoción. Es cierto que los niños franceses disponen de una educación fantástica, pero no lo es menos que esa educación está desproporcionadamente orientada hacia el desempeño racional. Por ello, en mi opinión, será necesario un gran esfuerzo para poner en marcha este elefante blanco, por así decirlo, puesto que no existe conciencia ni reconocimiento público de la necesidad de desarrollar al mismo tiempo las emociones y, en consecuencia, las relaciones. Ésa sería, en el caso de Francia, una idea auténticamente revolucionaria.

Aunque todo el mundo reconozca hoy en día los problemas generados por la violencia social y haya incluso un movimiento de revisión del sistema educativo, se trata, no obstante, de un movimiento que no se aleja un ápice de los parámetros tradicionales. Es cierto que, de vez en cuando, existe alguna que otra novedad al respecto, pero yo no sería tan optimista sobre la situación en la que realmente nos encontramos.

El Dalai Lama coincidió con Francisco en que tal vez un programa tan novedoso como el nuestro pudiera tropezar, en países europeos como Francia, con una gran resistencia, pero también creía que Estados Unidos, al ser un país más heterogéneo y joven, tal vez esté más abierto y pueda servir de experiencia piloto para experimentar esa nueva alternativa que, en el caso de resultar exitosa, podría acabar exportándose a todo el mundo.

Lo esencial, a su entender, era pasar a la acción, porque había asistido ya a demasiados debates entusiastas que acabaron disipándose en la nada. Por ello advirtió:

–Creo que es muy importante que nos aseguremos de que estas conversaciones no se queden en una mera declaración de principios, sino que hay que llegar a llevarlas a la práctica. Y es mejor hacerlo ahora que estamos, como suele decirse, en caliente. En sí misma, esta conversación es un buen *karma*, pero son necesarias muchas más cosas para llevar a la práctica todas estas ideas.

Paul propuso entonces una reunión –que, de hecho, se celebró un año más tarde en Boston con un grupo bastante más amplio– para esbozar el programa en cuestión y diseñar también su posible evaluación científica.

El desarrollo de la atención

–Parece –dijo Matthieu, volviendo a centrar nuestra atención en el contenido concreto del programa– que todos estamos de acuerdo en la importancia de los tres puntos resaltados por Paul, todos ellos de índole introspectiva. Al fin y al cabo, lo mejor que podemos hacer es revisar lo que ocurre en el espejo de la mente, para lo cual basta con unos pocos minutos.

–Podríamos hacerlo en dosis pequeñas y repetidas durante un período total de entre veinte y cuarenta horas –coincidió Paul.

–No son muchas las personas capacitadas para realizar una introspección silenciosa durante tres minutos al día –señaló Matthieu.

–Para asegurarnos de que no estamos inventando la rueda convendría –dijo entonces a modo de advertencia Owen, que había asumido el papel de escéptico– enterarnos de lo que ya se ha hecho al respecto, al menos dentro del campo de la educación ética en las escuelas públicas de Estados Unidos. El difunto psicólogo de Harvard Lawrence Kohlberg, por ejemplo, llevó a cabo un trabajo muy importante en este sentido, y son muchas las escuelas que hoy en día aplican sus técnicas. Los niños de esas escuelas, por ejemplo, disponen de juegos diseñados para permitirles asumir la perspectiva de los demás. Estas escuelas funcionan como comunidades y en ellas ocurre algo parecido a lo que nos comentaba Dan en el mundo empresarial, ya que el director y los maestros no dudan en sentarse a dialogar con los alumnos para asegurarse de que todo funciona bien.

La falta de controles sociales de la que hablaba Mark resulta ciertamente lamentable. Cuando los estadounidenses oyen hablar de cuestiones como "entrenamiento ético" o "desarrollo de la inteligencia emocional" creen que están tratando de imponerles un conjunto de valores, sin darse cuenta de que, de un modo u otro, el *establishment* ya está imponiéndoles su propio sistema de valores. Si difícil resulta cambiar la legislación vigente relativa a la tenencia y uso de armas, tanto más lo será reformar el sistema educativo, a menos que encontremos el modo adecuado de presentar la absoluta necesidad de estos cambios. Y debo decir que, en este sentido, me parecen muy interesantes algunas de las ideas que se han expuesto aquí.

–Hace cien años –continuó Alan Wallace– que William James publicó un pequeño y maravilloso librito titulado *Talks to Teachers*,[7] en el que aplicaba algunos de sus principios de psicología al campo de la educación. Uno de los temas fundamentales de ese libro giraba en torno a lo que él denominaba "atención voluntaria sostenida" y, a este respecto, señalaba la existencia de personas más despistadas y otras más atentas.

El libro giraba, de manera ciertamente fascinante, en torno al papel que desempeña la atención sostenida en los ámbitos de la moral, de la educación y en otras mil facetas importantes de la vida humana. En su opinión, el mejor sistema educativo es el que promueve el desarrollo de la capacidad de mantener la atención voluntaria que, en el budismo, se denomina atención plena, introspección o *shamata*, la quietud mental.

En cierta conversación que mantuve con un profesor de educación de Stanford que ha trabajado mucho en el campo de la enseñanza media, éste me dijo que pasaba la mayor parte del tiempo obligando a sus alumnos a prestar atención y apenas un poco a transmitirles algún que otro contenido. Y es que, si bien James habló de la necesidad de adiestrar la atención sostenida, también admitió que «no sabía muy bien cómo».

Aunque el budismo tiene muchas cosas que enseñar a Occidente, nuestro programa no tendría que ser budista. Uno no necesita creer en las Cuatro Nobles Verdades ni en el *karma* ni tampoco deberíamos limitar la práctica a cobrar conciencia de la respiración, cosa, por otra parte, que los niños de diez años no pueden hacer. Otra área de investigación podría ocuparse precisamente de este punto, el diseño de ejercicios orientados hacia el cultivo –de nuevo en forma de sesiones cortas– de la atención sostenida. Y creo que, para ello, convendría centrarnos en diversos tipos de actividad corporal. Así pues, un siglo después de que James lo lanzara, tal vez nos hallemos ya en condiciones de responder a su reto. Éste podría ser un elemento más del currículum.

La jornada se acercaba a su fin, y, a modo de conclusión, me dirigí al Dalai Lama y dije:

–Usted también nos ha planteado un reto que nos ha entusiasmado. Creo que estamos en condiciones de conseguir algo realmente positivo.

Quisiera preguntarle si, en el caso de que todo esto siga adelante y acabemos organizando un encuentro con más gente para elaborar el programa, podemos contar con usted.

–Por supuesto que sí –y luego añadió–. Obviamente, mi presencia no es necesaria, pero si pudiera ser de alguna utilidad, no tengan el menor reparo en contar conmigo.

–No dude en que recordaremos todo esto cuando llegue el momento –concluí–. Creo que ésta ha sido una sesión muy provechosa.

Luego, el Dalai Lama se puso en pie y nos deseó buenas noches. Cuando abandonó la sala, estaba muy satisfecho por el entusiasmo que había mostrado el grupo en la elaboración de un programa práctico que pudiera ayudar a contrarrestar el poder de las emociones destructivas. Entonces mencionó el refrán tibetano que dice «estas palabras han sido enviadas al viento» y tenía claro que, sucediera lo que sucediese, el diálogo había servido para aclarar sus intenciones a este respecto.

Richie también me dijo que estaba muy asombrado de que el debate del día hubiese acabado conduciendo a un plan de acción, pero la perspectiva era muy interesante. Y aunque el Dalai Lama no se hallara presente, se mostró muy complacido al enterarse de que, después de cenar, un pequeño grupo siguió con la discusión y sembró las semillas de lo que posteriormente acabaría convirtiéndose en un programa de alfabetización emocional para adultos que hoy en día se conoce con el nombre de "El cultivo del equilibrio emocional".

CUARTO DÍA

EL DOMINIO DE LAS HABILIDADES EMOCIONALES

23 de marzo de 2000

10. LA INFLUENCIA DE LA CULTURA

A mediados de los años sesenta, el joven Paul Ekman visitó a Margaret Mead, una de las más insignes antropólogas del siglo pasado, para exponerle el proyecto de investigación que estaba a punto de emprender. El proyecto en cuestión se proponía investigar las expresiones faciales de una remota tribu de Nueva Guinea que aún no se había visto contaminada por el contacto masivo con extranjeros y, mucho menos todavía, por la influencia de los modernos medios de comunicación. Ekman llevaría consigo fotografías de occidentales exhibiendo una serie de emociones básicas –como el miedo, el disgusto, la tristeza, la ira, la sorpresa y la felicidad– con la intención de comprobar el grado de reconocimiento que mostraban los miembros de la tribu.

Mead creía que, al igual que ocurre con las costumbres y los valores, las expresiones faciales presentan una gran variabilidad intercultural y no mostró gran interés en el proyecto. Pero, como posteriormente confesó en su autobiografía, esa indiferencia se derivaba de su agenda social implícita ya que, como muchos científicos sociales de su tiempo, consideraba que todas las modalidades de racismo –desde el colonialista hasta el fascista– esgrimían las diferencias que existen entre los pueblos como una "demostración" de su supuesta inferioridad biológica. Mead y otros, por su parte, sostenían la idea de flexibilidad de la naturaleza humana y consideraban que esas diferencias no son tanto genéticas como ambientales y que, en consecuencia, pueden verse mejoradas.

Pero, como bien ha señalado el Dalai Lama en *Ética para un nuevo milenio*, más allá de nuestras diferencias culturales, todos los seres humanos compartimos la misma condición –el mismo equipamiento biológico–, lo que nos convierte en hermanos. De hecho, la investigación realizada por Ekman puso de manifiesto nuestra herencia común, puesto que los miembros de la tribu de Nueva Guinea se mostraron perfectamente capaces de reconocer las emociones expresadas por hombres y mujeres de una cultura y de una sociedad completamente ajena a la suya.

Al poner de relieve la universalidad de la expresión de las emociones y, en consecuencia, la existencia de un legado biológico común a toda la humanidad, Ekman se inscribió de pleno en el mismo linaje científico de Darwin, cuya obra comenzó entonces a leer detenidamente. Como dice Ekman en su reciente comentario a *La expresión de las emociones en los animales y en el hombre*, de Darwin: «La experiencia social condiciona nuestras actitudes hacia la emoción, articula las reglas de los sentimientos y de su expresión y prescribe y ajusta las respuestas concretas que más probablemente aparezcan ante una determinada emoción», o, dicho en pocas palabras, la cultura determina el modo en que expresamos nuestras emociones. Pero luego agrega: «La forma de expresión de las emociones, es decir, las configuraciones concretas de movimientos musculares, parecen ser fijas y permitir la comprensión entre distintas generaciones y culturas y, en el seno de la misma cultura, entre extraños y conocidos».

En el ámbito de las ciencias humanas existe una máxima según la cual «hasta cierto punto, una persona es como cualquier otra, desde otra perspectiva, se asemeja a algunas personas y, desde un tercer punto de vista, no se parece a nadie». En este sentido, la investigación llevada a cabo por Paul Ekman en torno a las expresiones faciales se ha centrado fundamentalmente en la primera afirmación (es decir, en las cuestiones universales) y sólo ha prestado una atención ocasional a la tercera de ellas (las diferencias individuales). Los estudios culturales, por su parte, se ocupan del nivel intermedio, es decir, de los rasgos distintivos que presentan las personas del mismo entorno cultural. Esta última fue, precisamente, la perspectiva aportada por Jeanne Tsai a nuestro debate.

Jeanne siempre ha estado muy interesada en el estudio de los determinantes culturales de la emoción. Ése fue el tema central de los estudios e investigaciones que llevó a cabo antes de licenciarse y durante la época de nuestro diálogo como profesora adjunta de la University of Minnesota (desde donde pasó al departamento de psicología de la Stanford University), aportando a sus estudios la visión de un observador-participante, puesto que sus padres, ambos profesores de universidad, eran inmigrantes procedentes de Taiwan.

Los padres de Jeanne llegaron a Estados Unidos siendo estudiantes de física. La directora del parvulario les pidió que no hablaran con ella en taiwanés para que no se contagiara de su acento (¡aunque lo cierto es que, siendo el inglés su segundo lenguaje, hubiera sido mucho más aconsejable que se hubiesen limitado a hablarle en taiwanés y que hubiese aprendido inglés directamente de personas angloparlantes!)

Jeanne creció en Pittsburgh donde, por aquel entonces, vivían muy pocas familias americanas de origen asiático. Luego, la familia se mudó a California, donde Jeanne estudió la carrera en Stanford especializándose en Berkeley. Fue sólo después de trasladarse a California, donde hay una mayor población americana de origen asiático, cuando Jeanne empezó a advertir que muchas de sus creencias y conductas estaban muy ligadas a su educación oriental.

Dicho más concretamente, Jeanne empezó entonces a darse cuenta de que muchas de las cosas que sentía y del modo en que las sentía –entre las que cabe destacar las sensaciones de humildad, de lealtad y de preocupación por el modo en que se sienten los demás– eran muy taiwanesas. Entonces fue cuando se dio cuenta de que los euroamericanos suelen interpretar erróneamente la modestia como una baja autoestima o como una falta de confianza en uno mismo. Todas esas comprensiones movilizaron su interés por los determinantes culturales del psiquismo, un tema que aglutinaba perfectamente sus intereses científicos y personales y que pudo estudiar con detenimiento en Stanford.

En la época en que escribió su tesis doctoral sobre las diferencias que existen en las relaciones entre los jóvenes y ancianos americanos de origen chino y los de origen europeo, el campo de la psicología cultural –que había experimentado un apogeo temprano en los años sesenta– experimentaba un pleno renacimiento. Jeanne y sus compañeros de clase se hallaban inmersos en la política de identidad característica de finales de los ochenta y no dejaban de cuestionarse lo que significa ser un americano de origen oriental. Todo ello la llevó a preguntarse por el impacto de la cultura en lo que somos y en el modo en que sentimos, pensamos y nos comportamos y, como psicóloga, empezó a investigar científicamente la influencia de la cultura en la conducta humana.

Jeanne decidió hacer su tesis de graduación en Berkeley para poder estudiar con Robert Levenson, un eminente investigador que estaba comenzando a analizar las diferencias interculturales, intergenéricas e intergeneracionales determinantes de la emoción. En aquella época fue cuando Jeanne emprendió la investigación que será también el tema que abordamos esa mañana.

El comienzo del día

Antes de empezar la sesión y mientras los participantes iban tomando asiento, le pregunté al Dalai Lama en un aparte cómo se encontraba. Y, aunque me dijo que creía que su resfriado estaba "mejorando" –como el clima, que también empezaba a despejarse–, lo cierto es que la tos no le abandonó durante todo el día.

El monje que se ocupaba de la limpieza mantenía la sala inmaculadamente limpia y con un esmero que evidenciaba su reverencia, aunque no podía tocar el material que los científicos dejaban sobre la mesa. Esa mañana, el mantel verde que cubría la mesa estaba lleno de papeles, cámaras y la maqueta desmontada del cerebro, además del habitual equipo de grabación. Era como si esa imagen reflejase la energía movilizada durante el día anterior que se había prolongado en diversas conversaciones nocturnas en torno al posible programa de desarrollo del equilibrio emocional.

Entonces presenté la sesión del día apelando de nuevo a la metáfora del tapiz:

«Ayer seguimos tejiendo nuestra alfombra y comenzamos a vislumbrar claramente la presencia de una pauta. Richie habló de los fundamentos neurológicos de las emociones aflictivas, es decir, de lo que ocurre en el cerebro durante la experiencia de los Tres Venenos y de nuestra posible intervención para mejorar ese proceso. Es evidente que la ciencia del cerebro no puede decirnos gran cosa sobre los temas que interesan a la visión budista (como, por ejemplo, si la conciencia se encuentra o no exclusivamente circunscrita al cerebro), pero no cabe duda de que tiene muchas cosas que decirnos sobre lo que podemos hacer para mejorar nuestra vida afectiva. Ya hemos mencionado algunos de los principios clave –uno de los cuales es que la experiencia y el aprendizaje modifican nuestro cerebro– para diseñar programas de formación que nos permitan gestionar más adecuadamente las emociones destructivas.

»Creo que el debate de ayer –añadí, dirigiéndome hacia el Dalai Lama– fue muy interesante. La idea de elaborar un plan de acción para proporcionar a las personas métodos prácticos a fin de poner en práctica los principios de la ética secular de la que usted ha hablado en sus libros resultó muy inspiradora. Creo que ése es un proyecto muy interesante y que deberíamos seguir el mismo camino, no sólo con ideas, sino con acciones. Después de la interrupción para tomar el té, Mark Greenberg nos presentará algunos programas dirigidos al mundo infantil que ya parecen estar arrojando resultados muy prometedores.

»Pero comenzaremos dando un paso hacia atrás y contemplando todo esto a un nivel mucho más fundamental. Este tipo de programas debería orientarse hacia todo el mundo. Por ello, no sólo debemos prestar atención a la semejanza que existe entre las personas –que es lo que hemos estado subrayando hasta ahora–, sino también a algunas diferencias muy importantes, especialmente en lo que respecta a la cultura. ¿Cuál es el impacto de la cultura sobre las emociones? ¿Afecta acaso ello al modo en que debemos acometer este proyecto? ¿Qué es lo que deberíamos tener en cuenta para seguir hacia adelante?

»Somos muy afortunados de contar con la presencia de Jeanne Tsai, hija de padres taiwaneses que emigraron a Estados Unidos. Ella creció en un hogar sinohablante y, como psicóloga, se ha ocupado del estudio de la cultura con una comprensión que procede tanto de su experiencia personal como de un abordaje científico objetivo. Debo decir que la investigación es más adecuada cuando, como sucede en el caso de Jeanne, el investigador posee una comprensión intuitiva del tema. Ella va a hablarnos de la cultura y de la emoción, un tema que, en mi opinión, constituye una parte fundamental de nuestro debate».

Durante toda mi introducción, Jeanne estaba llena de una excitación contenida. A primera vista, sus formas eran muy deferentes, pero cuando empezó a hablar, mostró una gran serenidad y una gran claridad de expresión. Y aunque, al comienzo, parecía un tanto nerviosa, cuando habló directamente con el Dalai Lama su tensión empezó a disminuir.

El Dalai Lama había solicitado concretamente la presencia de un científico representativo de una cultura oriental y, a pesar de la tos que le aquejaba, esa mañana parecía más atento de lo habitual y, durante casi toda la presentación de Jeanne, permaneció sentado en el borde de su silla observando el modo en que sus gestos elegantes y tímidos subrayaban la dulzura de su voz.

Yoes diferentes

Jeanne empezó diciendo que se sentía muy honrada de tener la ocasión de hablar con el Dalai Lama sobre las relaciones existentes entre la cultura y la emoción. Luego entró rápidamente en tema diciendo:

«En la psicología americana existe un interés creciente por los determinantes culturales de la conducta humana y por la comprensión de la aplicación concreta de los principios psicológicos a personas de sustratos culturales diferentes, especialmente no occidentales. Y esto se debe a la creciente diversidad cultural de Estados Unidos, a la globalización del mundo y a que cada vez hay más individuos que, como yo, se han visto expuestos a culturas muy distintas y comienzan a intervenir en el diálogo de la psicología occidental.

»Hoy quisiera referirme al impacto de la cultura en nuestras emociones y en nuestros sentimientos. Hace unos días, Paul Ekman nos habló de los aspectos universales de la emoción que son válidos para individuos procedentes de culturas muy distintas, y hoy les hablaré del modo en que la cultura puede establecer diferencias en nuestra forma de experimentar las emociones. Y debo decir que estas diferencias son muy importantes para determinar el modo en que podemos alentar estados y conductas constructivas y minimizar, por su parte, las destructivas. También sabemos que muchas de las aplicaciones válidas para Estados Unidos o para Europa, por ejemplo, no son tan eficaces para los estadounidenses de ascendencia oriental. La psicoterapia, por ejemplo, que tan útil resulta para personas con problemas emocionales, suele desagradar a los miembros de las culturas orientales.[1]

»¿Cuál es la influencia de la cultura en nuestro mundo emocional? Hay que decir, para empezar, que las culturas se asemejan en ciertas facetas y se diferencian en otras. Los científicos sociales, por ejemplo, han determinado la existencia de una diferencia en la respectiva visión que tienen del yo las culturas occidentales y las no occidentales, una diferencia que, a su vez, influye en la emoción, es decir, en el modo en que nos sentimos».

Jeanne señaló que esa influencia es mucho mayor en los niveles más externos del yo que constituirían el tema del debate del día de hoy.

A continuación, Jeanne subrayó los dos extremos del continuo en que se mueve la visión del yo mantenida por las distintas orientaciones culturales:

«En uno de los dos extremos de ese estrato exterior se halla lo que los psicólogos Hazel Markus y Shinobu Kitayama denominan "yo independiente" –el yo típico de los individuos que viven en una cultura occidental–, según el cual el yo es algo separado de los demás, incluidos los padres, los hermanos, los parientes y los amigos. Esas personas consideran que el yo está fundamentalmente compuesto de valores y de creencias es decir, de atributos internos.[2]

»En el otro extremo se halla el "yo interdependiente", típico de quienes viven en culturas orientales, que consideran que el yo está mucho más ligado a los demás y forma parte del mismo contexto social. En este sentido, el yo interdependiente se define en términos de relaciones sociales y los estudios realizados al respecto se han llevado a cabo con personas procedentes de las culturas china, japonesa, coreana y taiwanesa y debo decir que casi nada –si es que se ha realizado alguna investigación al respecto– sobre la cultura tibetana.»

–¿Y qué ocurre –terció entonces el Dalai Lama, que ahora vive en la India– en el caso de los indios?

–También se han realizado estudios con la cultura india.[3] Los miembros de diferentes grupos orientales difieren en el tipo de relación en el que centran su atención. A este respecto, parece que los chinos focalizan su atención en las relaciones familiares, mientras que los japoneses se centran más en las relaciones familiares y las laborales, y el número de sus relaciones sociales significativas también es mayor.[4] En este sentido, creo que los tibetanos poseen un círculo de relaciones todavía mayor.

Jeanne creía (aunque no lo explicitó) que la fuerte influencia del budismo llevaría a los tibetanos a tratar a todo el mundo con la misma importancia.

–Yo no estaría tan seguro –replicó el Dalai Lama con una sonrisa–. No olvide que existen numerosos tibetanos nómadas que viven aislados en la soledad de las estepas.

«¿Cómo hemos llegado a concluir –prosiguió Jeanne– la existencia de esas distintas visiones del yo? Aunque existen ejemplos procedentes del campo de la literatura y de las artes, nuestra tarea como psicólogos nos lleva a preguntar directamente al individuo. Es por ello que hemos preguntado: "¿Quién es usted?" a individuos procedentes de culturas muy diversas, una pregunta a la que los americanos –cuyo yo es más independiente– suelen responder diciendo: "soy extravertido, soy amistoso, soy inteligente, soy una buena persona, etcétera", mientras que los miembros de culturas orientales –cuyo yo es más interdependiente– suelen contestar diciendo: "Soy hija o hijo de tal persona, trabajo en ésta o en aquella empresa, toco el piano, etcétera". Por este motivo, creemos que, a diferencia de los occidentales, los orientales no se definen tanto en función de cualidades internas, como del papel social que desempeñan.»[5]

Siempre dispuesto a traer a colación los hechos que parecen refutar una determinada teoría, el Dalai Lama inquirió:

–¿Cómo interpreta usted entonces la tradición occidental de asignar a los hijos el apellido familiar? Porque ello parece implicar una clara identificación con la familia, cosa que, por cierto, los tibetanos no hacen.

–Eso es verdad –dijo Jeanne, que estaba acostumbrada a tales desafíos–, pero le recuerdo que todavía no hemos estudiado la cultura tibetana.

Para Jeanne, la existencia de este tipo de contraejemplos simplemente ilustra la complejidad de cada cultura y el hecho de que, en todas ellas, existen casos que contradicen el modelo imperante.

Como una afirmación tácita de este punto, Thubten Jinpa añadió:

–Hoy en día, los tibetanos están planteándose la necesidad de usar los apellidos de la familia porque, de otro modo, se genera una gran confusión. Hay tantos Tenzin que, si pronuncias ese nombre en medio de una multitud, se girarán no menos de seis personas –dijo, despertando la hilaridad de los presentes.

¿Uno debe seguir su propio camino o poner a los demás por delante de uno mismo?

«Las distintas visiones culturales del yo –dijo Jeanne recuperando el hilo de su exposición– determinan los objetivos vitales del individuo. En ese sentido, el objetivo vital de quienes poseen un yo independiente es el de diferenciarse de los demás. Y eso es algo que llevan a cabo expresando sus creencias internas, diciendo cómo se sienten y subrayando su propia importancia, especialmente en relación con los demás. La cultura de Estados Unidos está saturada de este tipo de mensajes: existe una conocida canción de Madonna que se titula "Exprésate a ti mismo", la publicidad insiste en que "uno debe seguir su propio camino" y hasta un famoso proverbio afirma que: "Quien no llora no mama", lo que da a entender que sólo haciendo ruido y dando a conocer nuestras opiniones obtendremos la atención de los demás.

»Pero los objetivos de quien posee una visión más interdependiente del yo y que, en consecuencia, se encuentra más estrechamente ligado a los demás, son muy diferentes. En tal caso, el sujeto se ve obligado a acallar sus creencias internas y a minimizar su importancia. Existe un famoso proverbio japonés que dice: "La cabeza de quien sobresale corre peligro" que ilustra perfectamente este tipo de mensaje. En el Village Tibetan Children he visto una fotografía cuyo pie reza: "Poner a los demás por delante de uno mismo", que también transmite un mensaje manifiestamente interdependiente.

»Existen tres modos en que las distintas visiones del yo influyen sobre la emoción. En primer lugar, determinan las emociones que resultan deseables. En este sentido, los occidentales, por ejemplo, valoran la exaltación de uno mismo, mientras que los orientales, por su parte, consideran muy positivamente la modestia. Por ello, en Occidente, nos gusta decir cosas muy positivas sobre nosotros mismos.»

En este punto, el Dalai Lama intervino nuevamente en la conversación, poco convencido de la existencia de distinciones tan nítidas entre los orientales y los occidentales, que contradecía su creencia de que nos unen muchas más cosas que las que nos diferencian:

–¿Se hallan estas diferencias basadas en evidencias estadísticas? ¿Es válido establecer este tipo de generalizaciones?

–Así es –aseguró Jeanne–. Se trata de hallazgos significativamente válidos.

Todavía escéptico, el Dalai Lama apuntó un nuevo contraejemplo:

–Pero podría haber excepciones como, por ejemplo, la conocida afirmación de Mao Zedong de que los vientos del Este acabarán desplazando a los vientos del Oeste –dijo, con una sonrisa irónica.

–Obviamente existen excepciones –admitió Jeanne.

Jeanne dijo entonces que la psicología cultural se ve obligada a resaltar los casos más extremos cuando, de hecho, dentro de una determinada cultura existe una considerable variabilidad. También dijo que, la primer vez que alguien oye hablar de psicología cultural, suele resistirse, especialmente en el caso de que esa persona crea que el hecho de insistir en las diferencias culturales puede contribuir a dividir a las personas en lugar de unificarlas. Y es que Jeanne, como yo mismo, se hallaba un tanto sorprendida por la aparente resistencia que mostraba el Dalai Lama a la noción de diferencias culturales, puesto que esperábamos un mayor interés por su parte en los determinantes culturales de la emoción.

El hecho de sentirse bien consigo mismo

«Así pues, los orientales –continuó Jeanne– valoran la humildad, como si el hecho de querer promover la relación con los demás les tornase más críticos consigo mismos. En este sentido, resulta muy ilustrativa la noción de autoestima, es decir, el modo en que nos valoramos a nosotros mismos, un atributo que medimos mediante cuestionarios que incluyen afirmaciones tales como: "Hablando en términos generales, estoy satisfecho conmigo mismo, siento que poseo cualidades positivas y que tengo una actitud positiva hacia mí mismo".

»La cultura de Estados Unidos valora tan positivamente la autoestima que las autoridades educativas del estado de California, por ejemplo, han destinado millones de dólares a aumentar la autoestima de sus alumnos. Nosotros consideramos que una alta autoestima es buena y que, por el contrario, una baja autoestima no sólo es mala, sino que está relacionada con la depresión y la ansiedad. Lo más interesante a este respecto es que existe una diferencia muy significativa entre los niveles normales de autoestima de los estadounidenses y de los miembros de culturas orientales.»[6]

La autoestima había sido uno de los principales temas abordados en el diálogo de Mind and Life que moderé en 1986. Como ya he comentado anteriormente, en esa ocasión, el Dalai Lama se asombró al enterarse por vez primera de que muchos occidentales están aquejados de una baja autoestima, es decir, que no piensan positivamente sobre sí mismos. Lo que más le sorprendió fue la idea de que las personas se ignorasen tanto y pudieran tener tan poca compasión hacia sí mismos que sólo pudieran ser amables con los demás. Pero la misma idea de que la baja autoestima pueda ser un problema refleja la otra cara de la visión americana del yo, es decir, la visión excesivamente elevada que tiene la gente de sí misma, y la ansiedad que experimentan cuando no pueden estar a la altura de esa imagen idealizada.

Ése hubiera sido un ejemplo perfecto para ilustrar lo que Jeanne estaba tratando de explicar, ya que la misma supravaloración que muestran los americanos por el yo les lleva a concluir que quienes no lo consideren del mismo modo que ellos padecen algún problema. Porque hay que decir que son muchas las culturas que consideran que buena parte del problema reside en la exagerada admiración por uno mismo.

Luego Jeanne proyectó una diapositiva que ilustraba el ránking de autoestima mostrado por varios grupos de estudiantes universitarios:

1) Japoneses que nunca han salido de su país
2) Japoneses que han viajado fuera de su país
3) Asiáticos recién inmigrados
4) Asiáticos que inmigraron hace tiempo
5) Asiáticos canadienses de segunda generación
6) Asiáticos canadienses de tercera generación
7) Canadienses de origen europeo

Según esto, los canadienses de origen europeo eran el grupo de mayor autoestima.

«Cuanto mayor es la exposición de un determinado grupo a la cultura americana, más elevada parece ser su autoestima –señaló Jeanne–. En este sentido, la autoestima promedio de los estadounidenses es más elevada que la normal entre los japoneses.»[7]

–¿Acaso se han llevado a cabo estudios orientados a determinar la existencia de alguna relación entre el nivel de vida y la autoestima? –preguntó entonces el Dalai Lama–. Porque parece que, hablando en términos generales, las personas más ricas podrían tener una autoestima más elevada mientras que las personas más pobres, por el contrario, deberían tener una autoestima inferior.

–Su afirmación parece muy probable –replicó Jeanne, pensando en los complejos factores que dificultan el estudio directo de la posible relación existente entre la autoestima y el *status* socioeconómico.

La idea –resumió entonces Jeanne– es que, hablando en términos generales, los orientales poseen una baja autoestima. Y aunque, desde la perspectiva americana prevalente, ello parezca implicar una menor salud psicológica, lo cierto es que no es así y que, simplemente, su visión normal no les lleva a realzarse tanto a sí mismos como hacen los angloamericanos.

¿Qué es lo más deseable?
Los conflictos y el amor romántico

El segundo ejemplo que Jeanne expuso para ilustrar el efecto de las diferencias culturales sobre los estados emocionales deseables tiene que ver, paradójicamente, con los conflictos interpersonales. Se trata de una investigación realizada en Berkeley por Jeanne y Robert Levenson comparando las relaciones de pareja que mantenían los universitarios euroamericanos con las relaciones similares de los sinoamericanos.[8]

«No olvidemos que la distinta visión que tienen del yo lleva a los occidentales a resaltar lo que les diferencia de los demás, mientras que los orientales, por su parte, tienden a centrarse más en lo que les une –comenzó recordándonos Jeanne–. Hay que decir que ambos grupos viven mal los conflictos y los desacuerdos, pero que los occidentales parecen valorarlos más positivamente que los orientales, porque les proporcionan una oportunidad para expresar su estado interno.»

Los datos de Jeanne también mostraban la existencia de un continuo que depende del grado de aculturación de los sinoamericanos. Así, cuanto más "chinos" son los sinoamericanos, menos emociones positivas evidencian durante las conversaciones conflictivas.[9]

–¿Eran personas que se amaban? –preguntó entonces el Dalai Lama.

–Sí –respondió Jeanne–. Eran personas que decían amarse y que llevaban saliendo no menos de un año... lo que debo decir que es mucho tiempo para las parejas de universitarios –un comentario que despertó la risa contenida de Amchok Rinpoche.

–¿Adivina usted –preguntó entonces Jeanne al Dalai Lama– cuál era el tema –común, por otra parte, entre ambos grupos– de mayor desacuerdo entre esas parejas?

–¿Quizás los temas ligados al matrimonio? –respondió el Dalai Lama después de pensarlo un instante. Y luego aclaró su comentario diciendo–: Creo que los problemas de las parejas orientales podrían estar ligados a la obtención del permiso o, al menos, a la aceptación, de sus padres, cosa que, en el caso de los occidentales, no resulta tan decisiva porque no tienen ningún problema en romper con la familia.

Entonces pregunté a Jeanne si las parejas americanas de origen oriental necesitan la aprobación paterna para casarse, a lo que respondió:

–Sí, alguna de ellas –aunque creo que las parejas estudiadas no se hallaban en esa situación.

–Independientemente de que haya o no algún tipo de imposición por parte de los padres –intervino de nuevo el Dalai Lama–, su aprobación es muy importante para los orientales. Y lo mismo diría que ocurre dentro del contexto occidental ya que, si la relación entre padre e hija es buena, no creo que la hija desoiga los consejos de su padre.

Tras ese comentario, el Dalai Lama se rió jovialmente mirando a Paul. Durante el día anterior, Paul y su hija Eve habían estado hablando con el Dalai Lama, y Eve le había preguntado su opinión sobre el modo más adecuado de evitar las emociones destructivas en el amor romántico, a lo que él respondió con un consejo sorprendente: visualizar los aspectos negativos de la pareja y, de ese modo, bajarla del pedestal de la idealización y considerarlo como un ser humano. De ese modo –había dicho–, las expectativas que uno se hace sobre la otra persona serán más realistas y también será menos probable que uno se sienta desengañado. También señaló que el amor debe ir más allá de la simple atracción e incluir el respeto y la amistad.

Ese consejo parecía estar relacionado con los descubrimientos realizados por Jeanne que, retomando el hilo de su presentación, dijo:

«Lo que resulta más interesante, Su Santidad, es que, el ámbito de mayor desacuerdo era común a ambos grupos (tanto las parejas euroamericanas como las sinoamericanas), ya que ambos se hallaban igualmente preocupados por los celos y por el hecho de que la pareja pasara demasiado tiempo con otra persona.»

–Si los seres humanos fueran verdaderamente racionales y estuvieran capacitados para utilizar adecuadamente su inteligencia, no parece que los celos debieran generar tantos problemas en la sociedad secular como la actual en la que parece haber tanta libertad sexual –dijo el Dalai Lama aportando su lógica al dominio de la pasión.

–Sí –replicó Jeanne–, pero no siempre somos seres racionales.

–¿No pone esto en cuestión –terció entonces Alan– la racionalidad de los amoríos universitarios? –despertando la risa del Dalai Lama.

–En realidad, de todos los romances –ironizó Paul.

–¿No es cierto que, desde la perspectiva budista, los celos son una emoción aflictiva? ¿Acaso lo es también el amor romántico? –pregunté entonces al Dalai Lama.

Tras un largo debate, Alan aclaró que el significado exacto del "amor romántico" resulta muy difícil de traducir al tibetano y que la explicación que se le había dado al Dalai Lama «no se había limitado a un sentimiento aflictivo, sino a una compleja mezcla de identificación, cariño y afecto».

Ésa fue la explicación dada por Thupten Jinpa, un ex monje que ahora estaba casado y era padre de dos niños.

De hecho, como el mismo Alan comentó, él y Jinpa solían ofrecer al Dalai Lama sus propias visiones sobre cuestiones un tanto ajenas a quienes llevan toda la vida asumiendo una vida monacal. Por ello, al comienzo, el Dalai Lama había asumido que el "amor romántico" era lo mismo que el deseo sexual que, desde la perspectiva budista, caía directamente bajo el epígrafe de las aflicciones mentales. Pero Alan objetó esa conclusión, señalando, para ello, la existencia de una compasión aflictiva. En su opinión, estaban tratando con emociones que entremezclan elementos aflictivos y otros que no lo son; a lo que Jinpa añadió que los aspectos no aflictivos del amor romántico incluyen los sentimientos de proximidad, empatía, compañerismo, y otros que acaban dando forma a una modalidad del amor cordial y duradera.

–El amor romántico –concluyó el Dalai Lama– parece complejo, puesto que no sólo incluye el instinto sexual, sino también factores genuinamente humanos. Con ello quiero decir que las personas no sienten amor romántico hacia un objeto inanimado, aunque puedan hallarse identificadas con él. De modo que el amor romántico suele incluir la atracción sexual y otros factores propiamente humanos como la bondad y la compasión. Así las cosas, no podemos decir que el amor romántico sea una mera aflicción mental, porque es multifacético e incluye, como acabamos de apuntar, factores sanos y otros aflictivos.

No obstante –prosiguió–, aunque no se considere como una de las principales emociones aflictivas, sí que es, desde la perspectiva budista, un estado aflictivo porque se fundamenta básicamente en el apego. Y no debemos olvidar que el apego distorsiona el amor y la sensación de intimidad y cercanía que uno es capaz de experimentar. Si ustedes me preguntaran si, desde la perspectiva budista, podría haber formas adecuadas de ese apego, yo les respondería afirmativamente, porque el apego puede ser muy útil cuando va asociado al amor y a la compasión.

Jeanne resumió entonces las reacciones de las parejas románticas cuando estaban hablando de algún tema conflictivo y mencionó la presencia de reacciones negativas, como la ira, la hostilidad y la oposición, así como de otras respuestas positivas, como el afecto, la felicidad y el respeto.

«Nuestra investigación demostró que, si bien no hay diferencias interculturales en la tasa de respuestas emocionales negativas, sí que las hay en la tasa de las respuestas emocionales positivas. En este sentido, los euroamericanos experimentaron más emociones positivas durante el conflicto que los sinoamericanos, lo cual parece apoyar la idea de que la sociedad occidental valora más positivamente los conflictos que las sociedades orientales.»[10]

El conformismo de los niños orientales

«Pero la visión cultural del yo también influye en las emociones a través del componente fisiológico, es decir, del modo en que responde nuestro organismo. En cuanto yoes independientes, los euroamericanos valoran muy positivamente los estados de elevado *arousal* (activación), porque para ellos es importante estar en un estado placentero. Tal vez por eso presenten un mayor *arousal* fisiológico durante la emergencia de la emoción y tiendan también a tardar más tiempo en recuperar el estado de activación normal.

»Los yoes interdependientes, por su parte, valoran más los estados de bajo *arousal*. Recordemos que el yo independiente está centrado en sí mismo y quiere sentirse positivo, pero no olvidemos también que el *arousal* elevado puede hacer que los demás se sientan mal. Así, durante la emergencia de una determinada emoción, los yoes interdependientes muestran un bajo *arousal* y recuperan con más facilidad el estado normal de *arousal* para que los demás no se sientan mal. Dicho en pocas palabras, el yo interdependiente trata de que su estado emocional cause el menor impacto posible en el estado emocional de los demás.»

Luego Jeanne pasó a relatar los resultados de la investigación realizada por Jerome Kagan, un psicólogo evolutivo de Harvard que comparó las respuestas fisiológicas de niños de cuatro meses de Beijing con las de niños euroamericanos de la misma edad.[11]

«Los investigadores mostraron a los niños una serie de estímulos sensoriales, como objetos en movimiento, y observaron su conducta y descubrieron que los euroamericanos lloraban y vocalizaban más y, en suma, parecían más inquietos.»

El Dalai Lama pareció intrigado por estos comentarios, al tiempo que se inclinaba y gesticulaba intensamente mientras discutía los datos con los traductores. Entonces adujo la siguiente explicación:

–Esto me parece muy interesante. ¿Acaso había alguna diferencia significativa en las experiencias que habían tenido durante esos cuatro primeros meses?

–Esa cuestión es esencial –dijo Jeanne–, y debo decirle que ignoramos la respuesta.

–Esto me parece crucial –dijo el Dalai Lama–, porque la existencia de alguna diferencia de índole ambiental descartaría cualquier posible explicación genética. Además, esas diferencias tan tempranas también podrían deberse al efecto de factores ambientales operando en el útero a través de las reacciones emocionales de la madre o del modo en que son tratados a partir del momento del nacimiento.

–Así es –dijo Jeanne, considerando todas esas implicaciones–. Lo cierto es que ignoramos si esas diferencias son realmente genéticas.

–¿Qué es lo que dice la psicología evolutiva –preguntó entonces el Dalai Lama– sobre el momento en el que el bebé tiene un reconocimiento cognitivo de su madre?

Jeanne derivó entonces esta pregunta a Mark Greenberg, un psicólogo evolutivo, quien dijo:

–Ello depende de la modalidad sensorial que consideremos –aclaró Mark–. Durante los primeros días de vida, el bebé puede identificar olfativamente el pecho de su madre.

–¿Inmediatamente? –preguntó el Dalai Lama–. De modo que parece haber un sentimiento espontáneo de dependencia.

–En lo que respecta al ámbito auditivo, el bebé puede reconocer la voz de la madre desde el mismo momento del nacimiento –prosiguió Mark–. En el ámbito visual, sin embargo, ese reconocimiento es posterior, porque el sistema visual todavía no ha madurado lo suficiente.

La pasión del Dalai Lama por la experimentación pasó entonces a primer plano:

–¿Y qué ocurriría –preguntó entonces a Mark– si diera al bebé recién nacido el pecho de su propia madre y, al día siguiente, el pecho de otra mujer? ¿Habría acaso entonces alguna diferencia o rechazo en la respuesta del bebé?

–Así es –confirmó Mark.

Richard Davidson añadió en ese momento otro descubrimiento de la investigación diciendo:

–Hay investigaciones que han demostrado que la respuesta fisiológica del feto de tres meses a una voz ajena a la madre es distinta a la que se produce cuando escucha la voz de su madre.

–Pero –matizó Jeanne– tampoco está muy claro si esas diferencias se deben a factores genéticos o a diferencias ambientales.

–¿Y qué me dice de lo que sucede con los niños de Taiwán? –preguntó el Dalai Lama.

–Me gustaría mucho hacer ese estudio –respondió Jeanne con una sonrisa.

El Dalai Lama prosiguió con el tema de las influencias ambientales diciendo:

315

–También sería distinto si el niño hubiera sido criado en un orfanato o hubiera estado en una guardería.

–Así es –coincidió Jeanne.

–Si los padres trabajan, los niños pueden estar en una guardería –dijo el Dalai Lama, ponderando los datos de los bebés de Beijing de Kagan–, que es lo que suele ocurrir en el sistema comunista.

–Sí. Así es.

–De modo que ello no nos permite discernir claramente si se trata de una influencia oriental o exclusivamente china.

Jeanne coincidió de nuevo con el comentario del Dalai Lama y agregó:

–Hasta el momento no hemos podido determinar las razones que explican esas diferencias interculturales. Pero una de ellas podría ser la distinta visión del yo.

Tal avalancha de preguntas hizo lamentar a Jeanne que la psicología cultural se hallase en un estadio tan rudimentario. Todo lo que mencionaba –las prácticas de crianza, las distintas formas con que las diferentes culturas cuidan a los bebés– podrían dar cuenta de las diferencias interculturales descubiertas por Kagan y otros. Lamentablemente, sin embargo, en la actualidad disponemos de muy pocos datos que nos permitan identificar los factores culturales implicados.

–La china comunista es una sociedad oriental que utiliza deliberadamente la ingeniería –si no les molesta que utilice esa palabra– social, y no creo, en consecuencia, que su ejemplo sea representativo de todas las comunidades orientales –comentó entonces el Dalai Lama, abordando el tema desde otra perspectiva.

–Eso es muy cierto –coincidió Jeanne–. Pero debo decirle que otros grupos orientales que no se han visto influidos por el comunismo también muestran parecidas diferencias en comparación con las culturas occidental o euroamericana.

Jeanne procedió, entonces, a presentar los datos procedentes de una investigación que comparó a los niños sinoamericanos con los niños euroamericanos.[12]

«Todos esos estudios evidencian la presencia de la misma pauta, y es que los niños sinoamericanos parecen tardar menos en recuperar la normalidad después de un estado de agitación.»

–Me pregunto si todas esas diferencias y similitudes no pueden deberse al entorno familiar en que han crecido –insistió de nuevo el Dalai Lama, centrando ahora su atención en una cuestión metodológica.

–Lamentablemente –dijo Jeanne–, los autores de esa investigación sólo agruparon a los niños en función de su herencia cultural y no consideraron la posibilidad de estudiar otros factores concretos que pudieran determinar esas diferencias.

Las preguntas del Dalai Lama sorprendieron a Jeanne por cuanto se centraban precisamente en las facetas que la psicología cultural todavía ignoraba y sugerían posibles mecanismos mediante los cuales el entorno cultural puede ejercer su influencia. Entonces resumió:

«Parecía como si los niños orientales experimentasen un menor *arousal* y fueran también más capaces de recuperar la normalidad que los occidentales. También existen algunos estudios que sugieren que esta diferencia se mantiene en el caso de los adultos ya que en el estudio de las parejas antes mencionado, por ejemplo, las parejas sinoamericanas mostraron un aumento significativamente menor en la tasa cardíaca durante los conflictos que las parejas euroamericanas.»

Luego Jeanne presentó los resultados de un estudio realizado sobre el reflejo del sobresalto, el mismo factor estudiado por Paul Ekman y Robert Levenson con el *lama* Öser. Según este estudio, los sinoamericanos se recuperan más rápidamente –es decir, su tasa cardíaca vuelve más pronto a la normalidad– después de escuchar un ruido súbito e intenso que los estadounidenses de origen mexicano.[13] Hablando en términos generales, cuanto más prolongado es el reflejo del sobresalto, mayor es la respuesta emocional típica de la persona. Según concluyó Jeanne, todos esos datos sugieren la posible presencia en el entorno cultural de algún factor que determine nuestra respuesta fisiológica a la emoción, aunque todavía ignoremos de cuál se trata.

¿La atención centrada en uno mismo o la atención centrada en los demás?

Otra diferencia cultural es que, durante los episodios emocionales, los orientales tienden a centrar la atención en los demás, mientras que los occidentales lo hacen en sí mismos.

«Obviamente –señaló Jeanne– existen diferencias entre los orientales y los occidentales, pero la cuestión es que, durante una interacción social, los occidentales (que poseen un yo independiente) piensan más en sí mismos, mientras que los orientales (que poseen un yo interdependiente) piensan más en los demás. Y resulta muy curioso que, cuando se les pregunta por el momento en que suelen experimentar las emociones más intensas, los primeros se refieran a acontecimientos que tienen que ver con los demás, mientras que los segundos, por su parte, afirmen experimentarlas en situaciones que les comprometen a ellos mismos.»

Jeanne ha investigado la vergüenza, una emoción especialmente relevante para las culturas orientales, que suelen considerarla como una valoración negativa por parte de los demás. Los datos presentados en esta ocasión por Jeanne se referían a uno de sus estudios en los que comparó a los euroamericanos con el grupo asiático de los *hmong*, ubicado al sudoeste de Laos.

Para ello comenzó leyéndonos la siguiente descripción de una experiencia avergonzante realizada por un euroamericano: «En cierta ocasión, acepté un trabajo de subdirector porque creí que serviría para ello. Al cabo de cinco meses, sin embargo, estaba completamente avergonzado de mi mala gestión». La descripción realizada por una mujer americana de origen *hmong* de una experiencia avergonzante, por su parte, era completamente diferente: «Yo soy una "X" [un nombre *hmong*]. En un determinado momento, se descubrió que el pastor de nuestra iglesia –que también es un "X"– llevaba tres años manteniendo relaciones con una de sus feligresas. Y, aunque entre nosotros no exista ningún lazo de sangre, el hecho de compartir el mismo nombre nos avergüenza profundamente». En este último caso, eran las acciones de otra persona las que la avergonzaban ya que, aunque no se conocieran, compartían el mismo nombre y pertenecían al mismo clan (la unidad social básica de la sociedad *hmong*).[14]

Jeanne también habló de otro estudio en el que los estudiantes universitarios tenían que describir escenarios hipotéticos en los que debían imaginar lo que ocurriría si ellos o sus hermanos hubieran cometido un error.

«Este estudio puso de relieve que, cuando el responsable de una acción era el hermano, los chinos se sentían mucho más avergonzados que los americanos –concluyó Jeanne.»[15]

Luego resumió diciendo:

«Los orientales se sienten más avergonzados y culpables de los errores de los demás –así como también más orgullosos de sus aciertos– que los occidentales porque, como ya hemos dicho, su visión del yo es más interdependiente. Así pues, la visión cultural del yo parece determinar tanto el modo en que experimentamos las emociones como las que consideramos más deseables, independientemente de que centremos la atención en nosotros mismos o en los demás. Bien podríamos decir, en este sentido, que la cultura se encarna en nuestro cuerpo y determina nuestro funcionamiento fisiológico.

»Yo creo que estas diferencias culturales tienen implicaciones muy profundas y que deberíamos tenerlas muy en cuenta a la hora de esbozar un programa como el que mencionábamos ayer. Es muy probable, por ejemplo, que los estadounidenses crean que ellos no necesitan tanto los programas de desarrollo de las competencias emocionales como otros grupos sociales, mientras que las cosas pueden ser muy diferentes en las culturas orientales».

–Yo no creo que esa actitud sea especialmente característica de los estadounidenses porque hasta los tibetanos, cuando escuchan las enseñanzas del Buda, piensan: «Esto está muy bien para los demás, pero no para mí» –señaló irónicamente el Dalai Lama.

Eso llevó a Jeanne a preguntarse si la actitud de los americanos con respecto a la compasión, por ejemplo, discurriría por los mismos cauces. Según dijo, existen ciertos estudios que muestran que los estadounidenses, más que los integrantes de cualquier otra cultura, creen hallarse por encima del promedio y ser mejores que los demás.

«Me parece muy lamentable que los estadounidenses sostengan esa actitud. Necesitamos programas apropiados y aceptables para los miembros de culturas muy diferentes. Creo que cualquier programa para el cultivo de la compasión que aspire a ser de aplicación universal debería admitir y considerar la existencia de todas estas diferencias culturales.»

Cuando Jeanne acabó su presentación, el Dalai Lama tomó sus manos y se inclinó ante ella.

El reconocimiento de las similitudes

Aunque el Dalai Lama permaneció muy atento durante toda la exposición de Jeanne, también mantuvo una actitud un tanto escéptica hacia la importancia de las diferencias culturales con respecto a la herencia común de la humanidad y a la universalidad de los problemas que aquejan al ser humano. En un debate posterior esbozó del siguiente modo sus dudas al respecto:

–Todavía estoy un tanto perplejo por la insistencia de Jeanne en aferrarse a la idea de que existe una diferencia esencial en el modo en que los orientales y los occidentales gestionan sus emociones. Estamos hablando de algo que tiene que ver con la espiritualidad. Tal vez esas diferencias no se asienten realmente en factores culturales o étnicos, sino en sus distintos sustratos religiosos.

La tradición judeocristiana, por ejemplo, centra su atención en la Divinidad y orienta todo su empeño hacia el logro de la unión trascendente, desatendiendo simultáneamente la necesidad de afrontar los problemas afectivos o la búsqueda del equilibrio interior. Desde esa perspectiva, basta con amar a Dios para que todo lo demás, incluido el amor al prójimo, se nos dé por añadidura. En tal caso, cuestiones como matar, robar o saquear van en contra de la creencia en Dios, un mensaje muy poderoso para convertirse en una buena persona.

Pero la aspiración última de la práctica budista consiste en el logro del *nirvana*. En tal caso, el énfasis está dentro de uno mismo, y las emociones y acciones negativas resultantes cobran importancia por sí mismas y, para ello, conviene saber lo que ocurre en el interior de la mente. Así pues, el objetivo del budismo es distinto al del cristianismo; y ello determina una visión cultural distinta de la emoción desde la cual hasta el más sutil intento de identificación con la realidad del yo y del mundo se torna obstructivo y negativo.

Por ello creo que las diferencias entre el cristianismo y el budismo tal vez se deriven de su distinta orientación esencial hacia lo trascendente o hacia el desarrollo interno, respectivamente. Pero, si dejamos de lado las creencias religiosas, creo que esas discrepancias sutiles son meras cuestiones secundarias y que no existe, desde la perspectiva de una ética estrictamente secular, diferencia fundamental alguna entre la visión occidental y la visión oriental. Ésa es mi conclusión.

A veces me parece –añadió– que los estudiosos suelen dar demasiada importancia a las diferencias que hay dentro de su campo de estudio, perdiendo entonces de vista la visión holística que lo unifica todo y centrando su atención excesivamente en las pequeñas diferencias. Dentro de mí mismo, por ejemplo, existen muchos Dalai Lamas diferentes: el Dalai Lama de la mañana, el Dalai Lama de la tarde y el Dalai Lama de la noche, muchos Dalai Lamas que difieren en función del estado de ánimo y hasta del hambre que uno tenga.

Luego volvimos a las cuestiones planteadas en aquella remota conversación entre Paul Ekman y Margaret Mead en torno a la agenda social implícita en los estudios culturales. Jeanne coincidía con el Dalai Lama en la existencia de similitudes y diferencias culturales y en que, dentro de cada individuo, existe una gran variabilidad conductual. Ciertamente, en un determinado nivel, los individuos son esencialmente iguales. Pero ella consideraba que la investigación científica no podía obviar la magnitud de las diferencias culturales y que eso era, precisamente, lo que ella y muchos otros estaban tratando de determinar. Jeanne también estaba de acuerdo en que la decisión de centrarse en las similitudes o en las diferencias culturales depende de la propia escala de intereses. En ese sentido señaló que, muy probablemente, su especial interés en las diferencias culturales fuese una reacción en contra de la manifiesta ignorancia que albergan al respecto el ámbito científico estadounidense y por la consecuente necesidad de llamar la atención de la psicología occidental sobre este particular. Jeanne era muy consciente de que, cuando la psicología occidental habla de emociones "universales", suele referirse, con demasiada frecuencia, a la corriente dominante "angloamericana y blanca". Del mismo modo, ella entendía perfectamente que el Dalai Lama, cuyo interés apunta a la unificación de personas procedentes de distintos sustratos culturales, quisiera centrar su atención en las similitudes y subrayar la naturaleza universal de la experiencia humana.

«Estoy de acuerdo –dijo– en que las distintas tradiciones religiosas de las culturas orientales y occidentales pueden explicar las diferencias interculturales de las que he hablado hoy. Pero también debo señalar que los sinoamericanos de los estudios que les he presentado esta mañana no eran budista sino cristianos y que, a pesar de ello, las diferencias parecen seguir existiendo.

»Pero –agregó Jeanne– también coincido con Su Santidad en que, dentro de cada grupo cultural, existen muchas diferencias individuales y en que estas visiones culturales del yo representan las distintas formas de ser globales a las que el individuo está reaccionando. Por supuesto que hay occidentales que están muy interesados en el budismo y que probablemente sean más interdependientes, pero, aun en ese caso, el individuo inmerso en un determinado contexto debe reaccionar de algún modo a los mensajes predominantes de su cultura.

»La cultura estadounidense, por ejemplo, transmite el mensaje de que cada individuo es especial y alienta, en ese sentido, la singularidad. Con ello no estoy diciendo que todos los americanos presentes en esta sala tengan que sentirse así, sino que, de un modo u otro, se ven obligados a responder a los mensaje predominantes transmitidos por su cultura. Y creo que es precisamente ahí donde se asientan las diferencias culturales de las que estamos hablando.»

Lo individual versus lo colectivo

Los múltiples viajes que he realizado a lo largo de mi vida me han convencido de que muchas culturas occidentales modernas no son tan individualistas como Estados Unidos y de que también las hay de corte más colectivista, como ocurre en Oriente.

–La ética de las culturas escandinavas –dije, para ilustrar este punto– se asemeja mucho a la de las culturas orientales y, según ellas, el individuo no debe sobresalir.

De hecho, los datos de Jeanne muestran que los euroamericanos de origen escandinavo son emocionalmente menos expresivos que aquellos cuyos antepasados proceden del Centro y del Sur de Europa, especialmente en lo que respecta a las manifestaciones de la alegría.[16]

Jeanne conocía la existencia de estudios comparativos de las diferencias entre el individualismo y el colectivismo presentes en las distintas culturas occidentales.[17]

–Pero –agregó– la investigación todavía debe determinar si una cultura colectivista occidental es o no más individualista que la cultura oriental.

–Todo esto me parece un tanto extraño –observó entonces el Dalai Lama–. Por un lado tenemos la visión tradicional de un Dios creador sostenida por las tres religiones mediterráneas, el cristianismo, el judaísmo y el islam. Desde esa perspectiva, todos nosotros somos hijos del mismo creador, lo que nos convierte en miembros de la misma familia. ¿No creen ustedes que esa visión debería alentar la sensación de pertenencia, de uniformidad y de homogeneidad?

Las religiones tradicionales de Oriente como el budismo, por su parte, no sustentan la misma noción de un creador externo. Desde esta perspectiva, el *karma* individual es el que determina las condiciones de cada ser vivo y nos inserta en este mundo. Aun el mundo que experimentamos se deriva de nuestro *karma*. Una de las cuatro leyes del *karma* es que, si usted no crea la causa, no experimentará el resultado, pero si ha creado la causa, definitivamente se verá obligado a experimentar sus consecuencias. Y todo ello parece muy ligado a la individualidad, porque no existe fuente externa que nos unifique y es uno, en cuanto individuo, el que crea el mundo en que vive.

¿No debería, pues, esa actitud, imprimir a los budistas una intensa sensación de individualidad? Pero parece que las cosas no funcionan así. Así pues, el individualismo occidental y la interdependencia oriental no deben asentarse en fundamentos religiosos, sino en otro tipo de factores. ¿De qué factores podría tratarse?

–Tal vez tengan que ver con la familia o con variables de tipo económico –conjeturó Jeanne–. Yo creo que son muchos los factores que inciden sobre el yo. Éstas cosas son muy complejas. No es que todas las culturas occidentales sean así y que todas las culturas orientales sean asá. En una cultura individualista, por ejemplo, existen individuos más o menos biculturales, como yo misma, que se han visto influidos por más de una tradición cultural. Y debo decir que, en algunos contextos, soy muy independiente mientras que, en otros, soy muy interdependiente. Así pues, el modo en que todo ello se manifiesta en un determinado individuo es muy complejo.

–Si tenemos en cuenta una religión como el cristianismo, por ejemplo –dijo entonces Alan–, es muy importante prestar atención a su desarrollo histórico. La reforma protestante subrayó la importancia de la relación del individuo con Dios sin intermediación sacerdotal, al tiempo que disminuyó la importancia de la comunidad. La Ilustración, por su parte, puso el acento en la razón individual. Yo creo que el fuerte énfasis en el individuo es un hecho más bien reciente y sospecho que, en el cristianismo medieval –anterior a la reforma protestante–, nos encontraríamos con una situación muy parecida a la modalidad típicamente oriental.

–Lo cual pone de relieve –concluyó Jeanne– que la cultura se halla sometida a un continuo proceso de cambio.

En opinión del Dalai Lama, ése era un punto crucial porque, como me dijo más tarde, todavía tenía ciertas dudas e interrogantes metodológicos sobre la validez de establecer generalizaciones entre las diferencias culturales, aunque sólo fuera por el hecho de que éstas se hallan en un continuo proceso de cambio. Él había sido testigo directo del cambio provocado en su propia cultura por el contacto con otras culturas. Tal vez sea útil conocer las diferencias de cómo las distintas culturas expresan sus emociones pero, aun así, creía que, por debajo de ello, todo el mundo experimenta el mismo tipo de emociones. Además, en tanto que figura del escenario mundial, es comprensible que el Dalai Lama prefiera centrar su atención en las cuestiones que nos unifican y no en las que nos diferencian. En su opinión, todas las personas son, esencialmente hablando, iguales, lo que significa que no le importa tanto si alguien es chino, indio o americano, puesto que aspira a encontrar soluciones a los problemas que aquejan a toda la humanidad.

Durante la pausa para el té, se produjo un intercambio mucho más personal entre Jeanne y el Dalai Lama. Ella consideró importante hacerle conocer su simpatía por la causa tibetana en su lucha contra la China comunista. Él, por su parte, le respondió que no sentía la menor animosidad hacia los chinos y que respetaba profundamente su cultura. Entonces, ella aprovechó la oportunidad para decirle que, aunque estaban orgullosos de su herencia china, eran muchos los sinoamericanos que simpatizaban con la lucha del pueblo tibetano. Cuando el Dalai Lama le dijo que se sentía muy conmovido por ello, los ojos de ambos se llenaron de lágrimas.

11. LA EDUCACIÓN DEL CORAZÓN

Uno de los temas que más me preocuparon cuando, en 1995, escribí *Inteligencia emocional* fue que los niños pudieran beneficiarse de la aplicación de la alfabetización emocional al ámbito escolar. En esa época, sin embargo, se trataba de una idea demasiado novedosa para el mundo educativo y eran muy pocas las escuelas interesadas en llevarla a la práctica... y menos todavía las que estaban dispuestas a evaluar científicamente su eficacia.

Una de las honrosas excepciones a esta situación fue un programa de alfabetización emocional elaborado, entre otros, por Mark Greenberg, que será nuestro próximo ponente. El programa en cuestión se llamaba PATHS (Promoting Alternative Thinking Strategies) y aspiraba a que los niños sordos aprendiesen a utilizar el lenguaje para cobrar conciencia, reconocer y gestionar más adecuadamente sus emociones y las emociones de los demás.[1] Todas esas habilidades son elementos constitutivos fundamentales de la inteligencia emocional; y en mi libro cité ese programa como un modelo de alfabetización emocional, o de lo que el mundo educativo actual, como Mark ha señalado, denomina "aprendizaje emocional y social".

Después de la pausa para tomar el té, nuestra atención se centró en el tema del aprendizaje emocional y social. Como ya he dicho, hoy en día son muchas las escuelas que han puesto en marcha el tipo de programas de los que estuvimos hablando ayer para el desarrollo de las habilidades emocionales de los niños. También he comentado que Mark, un pionero en la elaboración de este tipo de programas de amplio uso en la actualidad, nos hablaría de ellos y he agregado que ese programa ha superado con éxito la rigurosa evaluación realizada para determinar su eficacia –algo, por cierto, un tanto insólito dentro del campo educativo–, asentando así los cimientos necesarios para la aplicación científica de la enseñanza de la inteligencia emocional al ámbito infantil.

Mark se ha preocupado también de la aplicación de su trabajo a campos que trascendieran el meramente educativo y lo ha convertido en una herramienta de prevención primaria, una estrategia orientada a disminuir los peligros que acechan a los jóvenes que empiezan a enfrentarse con la vida. En la actualidad, Mark dirige la cátedra Edna Peterson Bennett de investigación sobre la prevención de la Pennsylvania State University, es el director del Prevention Research Center for the Promotion of Human Development y también gestiona –en colaboración con otras cuatro universidades– dos grandes subvenciones federales (que, en un período de unos trece años, habrá recibido cerca de 60 millones de dólares) con el fin de corroborar la eficacia de un programa que sirva para reducir los riesgos que acompañan a la violencia, la delincuencia y el abandono escolar.

–La idea que alienta su trabajo –comencé– es que, si hoy en día nos preocupamos por enseñar a los niños todas estas cosas, podremos reducir la incidencia futura de ciertos problemas, especialmente de los derivados de las emociones conflictivas, como la violencia, el suicidio, el abuso de drogas, etcétera.

Mark Greenberg pertenece a la generación del *baby boom*, se crió en Harrisburg (Pennsylvania) y estudió en la Johns Hopkins University. Ahí fue donde inició su formación con la conocida psicóloga evolutiva Mary Ainsworth y quedó fascinado por el tema. Recordemos que Ainsworth fue colaboradora del famoso psicólogo británico John Bowlby, el mayor experto mundial sobre el temprano vínculo paternofilial en el que se asienta la capacidad del sujeto para establecer relaciones durante el resto de su vida. A partir de ese momento, Mark se interesó por el efecto de las relaciones personales de los primeros años de vida en el desarrollo de la personalidad.

Luego Mark se especializó en psicología evolutiva y en psicología clínica en la University of Virginia, donde empezó a trabajar casualmente con niños sordos. Cierto día que tuvo que pasar un test para determinar el CI (Coeficiente de Inteligencia) de un niño sordo de cinco años se dio cuenta de lo mucho que el niño se asustaba cuando su madre abandonaba la habitación. Entonces fue cuando empezó a investigar el nexo padres-hijo en los niños con problemas auditivos, una investigación que le llevó a interesarse por los problemas conductuales que aquejaban a los niños sordos y por el modo de impedirlos lo que, a su vez, acabó conduciéndole a desarrollar, junto a su colega Carol Kusché, el programa PATHS.

La rigurosa evaluación científica a que fue sometido el programa PATHS demostró tal eficacia que los directores de las escuelas en las que se puso a prueba le pidieron que lo adaptase para poder aplicarlo a todo tipo de alumnos. Hoy en día, ese programa está implantado en unos cien distritos escolares de Estados Unidos y se ha difundido también a muchos otros países, como Holanda, Australia e Inglaterra.

PATHS convirtió a Mark en un pionero en el campo de la prevención primaria, una nueva especialidad de la psicología que tiene por objeto proteger a los niños mediante la enseñanza de las habilidades emocionales esenciales para la vida. El programa forma parte de un movimiento de aprendizaje emocional y social que aspira a implantar en todas las escuelas la enseñanza de estas habilidades básicas. Hoy en día, Mark es codirector de investigación del Collaborative for Academic, Social and Emotional Learning de la University of Illinois (Chicago) bajo la supervisión de Roger Weissberg.[2]

Mark estaba impaciente por compartir su experiencia con el Dalai Lama y por relacionarla con los lóbulos prefrontales en los que se asienta el desarrollo emocional y social. Pero este encuentro también era personalmente muy significativo para él por cuanto, desde su época universitaria, estaba muy interesado en la meditación y creía que Occidente tiene mucho que aprender de las psicologías orientales como el budismo.

Los métodos utilizados por la psicología y la psicoterapia occidentales contribuyen al desarrollo de un yo sano, es decir, de una adecuada madurez emocional, una cierta sensación de eficacia y cuestiones por el estilo, pero no mucho más que eso. No obstante, como bien han dicho teóricos de la psicología transpersonal como Daniel Brown y Ken Wilber –y también hemos señalado anteriormente de pasada al hablar de los métodos budistas y occidentales para tratar las emociones destructivas–, la psicología oriental admite la necesidad de desarrollar un ego sano antes de poder abandonarlo y también subraya la necesidad de trascenderlo y de promover el desarrollo más allá del ego.

El Dalai Lama representa, para Mark, un modelo que equilibra perfectamente las inquietudes espirituales con la acción social y está fascinado por la importancia que atribuye al aprendizaje de la gestión de las emociones destructivas, su campo de interés profesional. Quisiera acabar esta presentación señalando que, tanto desde una perspectiva científica como espiritual, Mark considera que el reto fundamental al que nos enfrentamos consiste en equilibrar adecuadamente el corazón y la mente y descubrir el mejor modo de enseñar a los niños a encontrar ese equilibrio.

La educación del corazón

Para su presentación, Mark se vistió con el tradicional chaleco tibetano granate. La noche anterior había estado bromeando y diciendo que, en la medida en que pasaban los días, los presentadores tenían un aspecto cada vez más tibetano y que, de seguir así, todos acabarían la semana ataviados con túnicas. Mark habla en voz baja, pero lo hace muy rápidamente y, como sucedió también con Owen, tuvo que hacer el reiterado y deliberado esfuerzo de hablar más lentamente.

Mark empezó su presentación agradeciendo al Dalai Lama y al Mind and Life Institute su interés en el tema de las emociones destructivas y dijo que, para él, era una satisfacción y una bendición compartir sus ideas al respecto. Luego nos presentó a su esposa Christa, que también es psicóloga. Según nos dijo, muchos de los descubrimientos que ha realizado en los últimos veinte años son el fruto de una estrecha colaboración tanto con ella como con otros especialistas.

«Me ha parecido adecuado –comenzó diciendo– empezar con una cita de Su Santidad: "Aunque la sociedad no lo mencione, el principal valor del conocimiento y de la educación es el de ayudarnos a comprender la importancia de disciplinar la mente y de comprometernos en acciones más sanas. El adecuado uso de la inteligencia y del conocimiento debe llevarnos emprender los cambios internos necesarios para alentar la bondad".

»Mi charla se centrará en los datos aportados por la psicología occidental sobre algunos de los factores que pueden servir para la educación del corazón, es decir, para desarrollar personas más bondadosas. El símil del sistema inmunológico utilizado por Su Santidad me ha parecido muy interesante y útil y creo que, desde una perspectiva secular, nuestro objetivo debería centrarse en el desarrollo de un adecuado sistema inmunológico emocional. En tal caso, cuando aparezcan las emociones destructivas –y no les quepa la menor duda de que, en un momento u otro, aparecerán– podremos usar nuestra inteligencia y nuestro corazón para afrontarlas más adecuadamente. Quisiera subrayar que lo que más nos importa es el momento en que nos hallamos atrapados en una emoción, porque es precisamente entonces cuando podemos aprender a gestionarlas mejor.

»Esta inmunidad recibe, en el ámbito de la investigación sobre el desarrollo infantil, el nombre de "factores protectores". Hoy quisiera hablar tanto de los factores protectores como de los factores de riesgo que inciden en el bienestar emocional del niño. Comenzaremos dedicando unos minutos a hablar de la infancia y luego consagraremos el grueso de nuestra ponencia –como nos ha pedido Dan– a cuestiones prácticas ligadas a la enseñanza de las habilidades emocionales y sociales en el ámbito escolar.

»Ayer me resultó muy interesante que Su Santidad dijera que el budismo suele referirse a la compasión y a la empatía utilizando el modelo proporcionado por la relación entre la madre y el hijo. También ha sido muy interesante escuchar sus comentarios en torno al amor romántico, sobre todo porque, en determinados estadios del desarrollo, la identificación puede ser necesaria y hasta útil. Quisiera subrayar ahora tres cuestiones muy importantes relacionadas con el vínculo paternofilial.

»En primer lugar, la investigación indica que, cuando los padres reconocen las emociones negativas de sus hijos –su ira y su tristeza– y les ayudan a afrontarlas, éstos acaban desarrollando, con el paso del tiempo, una mayor capacidad de regulación fisiológica de sus emociones y exhiben una conducta más positiva. Cuando, por el contrario, los padres ignoran esas emociones, se enfadan o castigan a sus hijos por tenerlas –y debo decir que son muchos los padres que, curiosamente, se enfadan con sus hijos (aun cuando son bebés) por enfadarse–, el niño parece sacar la conclusión de que no debe compartir ciertas emociones y acaba desconectándose de ellas. Sin embargo, de ese modo, todavía se inquieta más, tanto fisiológica como psicológicamente, porque no, por ello, la emoción desaparece y acaba entorpeciendo el establecimiento de una confianza básica entre el niño y los adultos. Según las observaciones realizadas por Mary Ainsworth sobre la relación entre el hijo y su madre, hay niños que, con un año, no buscan el contacto con su madre cuando están alterados y afligidos, sino que, muy al contrario, lo rehuyen. Son niños que tienen un problema de aproximación/evitación con respecto al contacto emocional y físico y que, en consecuencia, tienen grandes dificultades para gestionar adecuadamente sus emociones.

»En segundo lugar, debo decir que la depresión de la madre es la principal de las variables que hacen peligrar gravemente el desarrollo emocional del niño. Por ello, los hijos de madres tristes, apáticas o deprimidas son más agresivos, ansiosos y depresivos.

»Recordemos que la investigación dirigida por Richie Davidson ha puesto de relieve la presencia de una menor actividad del lóbulo frontal izquierdo en los adultos deprimidos, una pauta que la investigación realizada por Geraldine Dawson ha corroborado en las madres deprimidas.[3] Otra investigación dirigida por Dawson también ha demostrado que, con un año, los hijos de madres deprimidas presentan una pauta característica de baja activación del lóbulo frontal izquierdo.

»Los hijos de madres deprimidas parecen mostrar, pues, una pauta inusual de activación cerebral y una menor incidencia de emociones positivas. Y no debemos olvidar que las relaciones establecidas durante la temprana infancia determinan el rumbo del posterior desarrollo emocional y social. La tasa de emociones positivas, como la alegría, por ejemplo, presentes en las relaciones infantiles parecen, pues, esenciales para asentar las vías neuronales adecuadas. Hoy en día sabemos que todos los estadios evolutivos son importantes para el desarrollo emocional y debemos prestar una atención especial a sus mismos comienzos.»

Resumiendo, pues, la felicidad del bebé le ayuda a establecer las conexiones nerviosas necesarias para experimentar sentimientos positivos –como la alegría, por ejemplo– durante el resto de su vida. Posteriormente, el Dalai Lama me dijo lo mucho que le había complacido enterarse de ese descubrimiento, ya que el deseo biológico de afecto constituye un elemento fundamental de su ética secular. Ahora disponía de más argumentos para apoyar su visión de que la necesidad de afecto es tan importante como la necesidad de alimento.

Luego Mark se refirió al tercero de los puntos que quería señalar, los efectos provocados por la privación emocional y social en el cerebro infantil y dijo:

«Sabemos que la privación puede determinar la tasa de neurotransmisores como la dopamina y, en consecuencia, influir sobre el desarrollo y la plasticidad del cerebro. Convendría, por tanto, prestar atención al alarmante aumento del número de niños que se ven obligados a vivir en orfanatos desprovistos de afecto y de un vínculo emocional estrecho con sus cuidadores. Los terribles efectos del sida presagian, en la próxima década, un espectacular aumento del número de huérfanos, especialmente en Asia y África. Tengamos en cuenta que, en la actualidad, el 28 por ciento de las sudafricanas embarazadas, por ejemplo, son seropositivas, de modo que cabe esperar, durante la próxima década, la aparición en ese país de un millón de huérfanos. Se trata de un problema tan apremiante que corregir sus efectos se nos antoja de capital importancia».

Ante una perspectiva tan sombría, el rostro de Su Santidad –que suele ser muy transparente a sus emociones– se llenó de una inmensa tristeza, como si estuviera a punto de llorar. Pero al cabo de un momento se recuperó y cerró los ojos como si estuviera ofreciendo una breve plegaria.

La ventana prefrontal de la competencia emocional

«Quisiera ahora centrar la atención en los años preescolares –continuó Mark–, una época jalonada por el aprendizaje y en la que el cerebro todavía se encuentra en proceso de formación. Entre los tres y los siete años empiezan a desarrollarse ciertas habilidades sociales muy importantes que Su Santidad menciona con cierta frecuencia. Me refiero, claro está, a habilidades como el autocontrol, la capacidad de detenerse y de calmarse cuando uno está enfadado, y la habilidad de mantener la atención de la que ayer nos habló Alan.

»Durante este período, los niños también evidencian un gran desarrollo de su conciencia emocional. En los primeros estadios del desarrollo del lenguaje, el niño dispone de muy pocas palabras para referirse a las emociones, pero en los años preescolares, se produce un espectacular aumento de su capacidad para reconocer las emociones y hablar de ellas. Además, el niño puede empezar, entonces, por primera vez en su vida, a planificar y reflexionar en el futuro. A los cuatro o cinco años, por ejemplo, podemos preguntar al niño lo que haría si otro se burlase de él porque, a esa edad, se encuentra ya en condiciones de utilizar sus nuevas habilidades cognitivas para pensar en el futuro y esbozar ideas y planes.

»Como nos comentó ayer Richie, hoy en día se sabe que el lóbulo frontal está muy ligado a estas nuevas habilidades evolutivas que combinan información procedente de la emoción y del pensamiento. Es muy improbable, en este sentido, que un estilo de juego manifiestamente agresivo en niños de cinco o seis años acabe desvaneciéndose, y es de esperar que persista durante toda su vida. Los datos de la investigación parecen confirmar que más de la mitad de los niños agresivos violentos se conviertan en adolescentes crueles y violentos.[4]

»Los estudios realizados por Mark ponen de relieve que los niños agresivos tienen dificultades para integrar la emoción y la razón. Esa agresividad parece derivarse de su dificultad para planificar el futuro y de un escaso control de los impulsos emocionales, dos actividades que, no lo olvidemos, están muy ligadas a los lóbulos prefrontales.

»También es muy significativa la baja tasa de recuperación de las lesiones del lóbulo frontal de los niños pequeños –ya sea por accidente o por enfermedad–, algo que resulta muy inquietante, porque los lóbulos prefrontales son esenciales para la integración del pensamiento y la emoción. A diferencia de lo que ocurre con los lóbulos temporales (ligados al lenguaje), la tasa de recuperación de los lóbulos prefrontales es muy baja.[5] En el caso de que el niño experimente una lesión en los lóbulos temporales, por ejemplo, es muy probable que otras regiones asuman el control y que el niño no sufra una gran merma de sus habilidades lingüísticas, pero si el daño se produce en la región prefrontal, es casi inevitable que experimente un notable deterioro emocional y social.

»Todos estos datos neurológicos subrayan la importancia de la región prefrontal para el desarrollo sano de las emociones del niño. Como bien señaló Richie, los lóbulos frontales del ser humano son mucho mayores y más evolucionados que los del resto de los primates. Además, el hecho de que se trate de la región cerebral evolutivamente más joven explica su baja redundancia con otras áreas.»

En cualquiera de los casos, la región prefrontal es muy plástica y, durante el largo período de formación en el que todavía sigue desarrollándose, va estableciendo conexiones con el resto del cerebro en función de las experiencias y del aprendizaje. No olvidemos que el cerebro es el órgano que más tarda en alcanzar su madurez anatómica y que los hitos que jalonan ese proceso se expresan en el desarrollo mental y social. Y recordemos también que, a su vez, el área prefrontal es la región cerebral evolutivamente más reciente y que no alcanza su madurez anatómica hasta mediada la veintena, lo que convierte a los primeros años de vida en una verdadera oportunidad para que los jóvenes aprendan a dominar las lecciones más importantes de la vida. Ése fue, precisamente, el significado de lo que Mark expuso a continuación:

«Por otra parte, los niños que poseen una buena capacidad de planificación y que son conscientes de sus emociones al ingresar en la escuela, a eso de los cinco o seis años, corren muchos menos riesgos de experimentar trastornos posteriores de agresividad y de ansiedad. Hoy en día sabemos que las pautas presentes en la época en que el niño empieza a ir a la escuela son muy importantes para determinar su futuro, aunque esa relación no sea completamente estable.

»Esto tiene mucho que ver con el concepto de percepción selectiva del que ya hemos hablado. Los niños agresivos o acomplejados por haber sido lastimados con anterioridad permanecen muy alerta para descubrir a cualquiera que pueda volver a dañarles. Son niños que están a la defensiva y que reaccionan con mucha facilidad.

»En el ámbito escolar, los niños tienen que ponerse muchas veces en fila –para ir a almorzar, para ir al recreo, para volver de él, etcétera–, y son muchos los problemas que, en tal caso, pueden presentarse. Cuando un niño agresivo, por ejemplo, es empujado por otro, no suele detenerse a ver lo que ha ocurrido, sino que reacciona violentamente emprendiendo una pelea. Estas rápidas reacciones emocionales son muy importantes, porque los niños que han sido agredidos están muy predispuestos a centrar su atención en el daño que se les ha hecho, aun cuando tal cosa no sea cierta o se trate de un mero accidente.[6]

»Como bien dijo ayer Matthieu, las escuelas tal vez sean las únicas instituciones que podemos usar para promover la salud emocional. Llevamos ya unos veinte años tratando de demostrar científicamente –junto a otros colegas de Estados Unidos y de otros lugares del mundo– la posibilidad de utilizar eficazmente el ámbito escolar para fomentar la salud emocional; y estoy encantado de poder decirles que en la actualidad disponemos de una demostración científica que corrobora de manera fehaciente que el uso del programa PATHS con una regularidad de entre dos y cinco veces por semana contribuye muy positivamente a mejorar el bienestar infantil.[7] El adecuado uso de este programa permite el desarrollo de las habilidades emocionales y sociales de los niños así como también mejora algunas de sus capacidades racionales. Estaríamos muy equivocados si creyéramos que las habilidades emocionales y sociales se encuentran desvinculadas de las capacidades racionales. No en vano, según el modelo budista, la inteligencia las incluye a ambas. Es cierto que, en Estados Unidos, las hemos escindido y hemos creído que los desarrollos social y cognitivo constituyen dos ámbitos nítidamente separados, pero hoy en día tenemos muy claro que se trata de dos dominios muy estrechamente vinculados».

La práctica: Primero calmarse y luego pensar

«Quisiera ahora –dijo entonces Mark– dedicar el resto de mi presentación a cuestiones prácticas y me gustaría usar nuestro trabajo con PATHS durante los últimos diecinueve años como un ejemplo del modo de trabajar en el ámbito de la educación, una estructura secular sumamente conservadora y, en consecuencia, muy reacia al cambio. Nuestro trabajo se ha puesto fundamentalmente en marcha en las escuelas públicas de Estados Unidos y también ha comenzado a aplicarse en Inglaterra, Holanda, Canadá, Bélgica, Australia y Gales... y, aunque todavía no se ha implantado en Francia, ya ha sido traducido al francés –agregó, despertando las risas de los presentes y dando origen a lo que acabó convirtiéndose en un chiste privado que se repitió muchas veces durante estas jornadas.

»Comenzaré diciendo que, en mi opinión, nuestro trabajo todavía se encuentra en un estadio muy rudimentario y, en consecuencia, no lo expondré como un modelo completo, sino como un simple punto de partida. Debo decir también que este trabajo se ha nutrido de la obra de muchos investigadores del campo de la prevención, como Maurice Elias, Roger Weissberg y Myrna Shure.

»Hoy en día sabemos que los programas eficaces se caracterizan por los cinco rasgos siguientes. En primer lugar, deben centrase en ayudar a los niños a calmarse, es decir, a reducir el lapso de recuperación de la activación emocional (al que se refirió Paul el martes), independientemente de la emoción considerada. En segundo lugar, deben contribuir a aumentar la conciencia de los estados emocionales de los demás. El tercer rasgo distintivo tal vez sea el más occidental y se refiere a la necesidad de hablar de los sentimientos para resolver los problemas interpersonales. El cuarto consiste en desarrollar la capacidad de pensar y planificar anticipadamente el modo de evitar las situaciones difíciles. Cualquier programa eficaz, por último, debería tener en cuenta los efectos de nuestra conducta en los demás, un punto que implica tanto la empatía como la relación interpersonal.

»Veamos ahora algunas líneas directrices que consideramos muy importantes y que también enseñamos a los maestros y a los niños. Luego les expondré los procedimientos prácticos a los que solemos apelar para el desarrollo de cada una de estas habilidades.

»Hemos determinado que las emociones se atienen a ciertas reglas, a las que bien podríamos llamar principios. En este sentido, queremos transmitir a los niños y a sus maestros cuatro grandes ideas. La primera es que los sentimientos son señales –que pueden provenir tanto del interior como del exterior– y que, en consecuencia, nos proporcionan una información muy importante sobre uno mismo (sobre lo que uno necesita o desea) o sobre los demás (sobre lo que necesita o desea otra persona).

»Por este motivo nos interesa que los niños aprendan a valorar adecuadamente esa información. Para poder cobrar conciencia de las emociones no sólo debemos darnos cuenta del modo en que nos sentimos, sino que también debemos saber verbalizar nuestros sentimientos y reconocerlos en los demás. Creo que esta noción, además, tiene mucho que ver con la inteligencia –y con la noción budista de florecimiento–, por cuanto implica la capacidad de usar la razón no para reprimir las emociones, sino para tenerlas muy en cuenta y basarnos en ellas a la hora de tomar decisiones.

»Así pues, una de las líneas directrices de nuestro programa es que las emociones son señales muy importantes. Pero, como veremos más adelante, no nos limitamos a contar a los niños todas estas cosas, sino que también nos preocupamos por proporcionarles herramientas que puedan ayudarles a llevarlas a la práctica. Esto es muy importante, porque son muchos los niños que tienen miedo a sus sentimientos y que, con mucha frecuencia, no saben separarlos de su conducta... algo que, dicho sea de paso, también sucede con muchos adultos. Se trata de una cuestión muy compleja y a la que muchas formas de psicoterapia adulta dedican mucho tiempo. Es muy importante, por tanto, que ayudemos a los niños a diferenciar sus sentimientos de su conducta.

»Para ello, por ejemplo, colocamos grandes carteles en el aula que dicen "Todos los sentimientos están bien. Son las conductas las que pueden estar mal". Es importante que los niños se den cuenta de que todo el mundo siente, en algunas ocasiones, celos, avaricia, desilusión, etcétera, el espectro completo, en suma, de los sentimientos. Pero una cosa son los sentimientos y otra muy distinta la conducta, y sólo ésta puede estar bien o mal.

»¿Y qué es lo que hacemos en la práctica para enseñar todo esto? Veamos, por ejemplo, lo que ocurre en el caso de una lección sobre los celos, una emoción muy importante para los niños. En tal caso, hablamos de los celos y les mostramos imágenes del rostro de diferentes personas que expresan esa emoción con el objetivo de que lleguen a familiarizarse con ella. También podemos contar una historia de una ocasión en que un niño sintió celos y del modo en que lo resolvió; podemos invitarles a hablar de alguna situación en la que ellos mismos sintieron celos, o a que hagan un dibujo, o escriban en su diario acerca de ellos. También insistimos en que una cosa es la emoción y otra la conducta y que, si bien puede resultar difícil controlar la aparición de los celos, sí que podemos decidir comportarnos de un modo o de otro.

»El segundo punto consiste en diferenciar claramente los sentimientos de la conducta. En este caso, se trata de determinar qué tipos de conducta están bien y cuáles no lo están, algo que puede requerir mucho tiempo. Es muy frecuente que, cuando los niños experimentan ciertas emociones, como la ira, por ejemplo, y son castigados por ello, acaben confundiendo la emoción con la conducta y concluyan la inadecuación de ciertas emociones. Por ello es muy importante que los niños aprendan que los sentimientos forman parte integral de ellos mismos y que, en consecuencia, conviene tenerlos muy en cuenta. Los sentimientos son, pues, naturales y no hay nada malo en ellos.

»La tercera directriz que tratamos de transmitirles es que, antes de pensar, deben calmarse. Si quieren verlo así, se trata de una especie de *mantra* de nuestras aulas muy ligado a la idea de Matthieu de que las emociones condicionan la mente para ver de un determinado modo, como ejemplificó también la experiencia de la llamada telefónica de Paul. Por ese motivo insistimos mucho en que, para poder ver con claridad lo que les está ocurriendo y actuar en consecuencia, primero deben calmarse, y, para ello, enseñamos técnicas concretas a las que los niños pueden apelar para tranquilizarse cuando se encuentran atrapados en una emoción.»

–¿No le parece –preguntó entonces el Dalai Lama– que la misma propuesta de calmarse para valorar adecuadamente la emoción y ver lo que pueden hacer con ella implica ya una invitación a cambiar la emoción?

–Bien –respondió Mark– lo que queremos transmitirles es la necesidad de aprender a manejar mejor la excitación que acompaña a la emoción. Nosotros no pretendemos que se desembaracen de las emociones, lo único que queremos es que aprendan a calmarse para que luego puedan decirse a sí mismos: «Estoy enfadado. ¿Por qué estoy enfadado? ¿Qué puedo hacer con este enfado?» Nosotros no les invitamos a que nieguen sus emociones, sino tan sólo a modificar la activación de esa emoción y a calmarse antes de utilizar nuestra inteligencia.

Paul Ekman puntualizó, entonces, que eso significa disminuir la intensidad de la emoción.

Según PATHS, pues, cualquier emoción está bien, pero las acciones derivadas de ella pueden no estarlo, lo cual, dicho sea de paso, contrasta claramente con la noción budista de que ciertas emociones no están bien. El Dalai Lama se tomó entonces un tiempo para pensar antes de hacer una seña a Mark para que siguiera.

«La cuarta línea directriz consiste en la llamada "regla de oro" –prosiguió Mark–, a la que consideramos como una auténtica obra maestra de la sabiduría. Para ello decimos a los niños: "Trata a los demás como quieras que ellos te traten a ti", una idea que implica, obviamente, la necesidad de asumir el punto de vista de los demás.

Éstas son las cuatro grandes directrices que tratamos de transmitir una y otra vez, pero no sólo a los niños, sino también a los maestros, al director y a todos los miembros del personal que se hallen en contacto con los niños.»

El Dalai Lama volvió entonces a su anterior pregunta:

–Me parece advertir una cierta contradicción entre la afirmación de que todas las emociones están bien –aunque no la conducta– y el hecho de que, apenas aparezca una emoción (como la ira, por ejemplo), les diga a los niños:«Cálmate». ¿No sería más adecuado decir algo así como: «Veo que te has enfadado. Yo también me enfado pero ¿no sería mejor no estar tan enfadados?», es decir, ayudar al niño a aplacar la excitación que acompaña a la ira.

–Esto es precisamente –replicó Mark– lo que hacemos. No veo ahí la menor contradicción y creo que hacemos en la práctica lo que Su Santidad acaba de decir.

"Hacer la tortuga"

Volviendo a las cuestiones prácticas, Mark empezó entonces a contarnos un cuento –ilustrado por imágenes que iba proyectando– que suele utilizarse en PATHS para trabajar con niños de entre tres y siete años de edad.

«Ésta es la historia de una pequeña tortuga a la que le gustaba jugar a solas y con sus amigos. También le gustaba mucho ver la televisión y jugar en la calle, pero no parecía pasárselo muy bien en la escuela.»

Al comienzo, el Dalai Lama no pareció advertir que se trataba de un cuento infantil, pero apenas se dio cuenta de ello, se tocó la cabeza un par de veces y, visiblemente encantado, sonrió a todos los presentes.

«A esa tortuga le resultaba muy difícil permanecer sentada escuchando a su maestro –dijo Mark–. Cuando sus compañeros de clase le quitaban el lápiz o la empujaban, nuestra tortuguita se enfadaba tanto que no tardaba en pelearse o en insultarles hasta el punto de que luego la excluían de sus juegos.

»La tortuguita estaba muy molesta –seguía el cuento, mientras en la pantalla se proyectaba una imagen de la tortuga jugando a solas en el patio–. Estaba furiosa, confundida y triste porque no podía controlarse y no sabía como resolver el problema. Cierto día se encontró con una vieja tortuga sabia que tenía trescientos años y vivía al otro lado del pueblo. Entonces le preguntó: "¿Qué es lo que puedo hacer? La escuela no me gusta. No puedo portarme bien y, por más que lo intento, nunca lo consigo". Entonces la anciana tortuga le respondió: "La solución a este problema está en ti misma. Cuando te sientas muy contrariada o enfadada y no puedas controlarte, métete dentro de tu caparazón" –dijo Mark, encerrando una mano en el puño de la otra y ocultando el pulgar que sobresale como si fuera la cabeza de una tortuga replegándose en su concha.

»"Ahí dentro podrás calmarte. Cuando yo me escondo en mi caparazón –continuó la vieja tortuga– hago tres cosas. En primer lugar, me digo 'Alto'. Luego respiro profundamente una o más veces si así lo necesito y, por último, me digo a mí misma cuál es el problema." Luego, las dos practicaron juntas varias veces hasta que nuestra tortuga dijo que estaba deseando que llegara el momento de volver a clase para probar su eficacia.

»Al día siguiente, la tortuguita estaba en clase cuando otro niño empezó a molestarla y, apenas comenzó a sentir el surgimiento de la ira en su interior, que sus manos empezaban a calentarse y que se aceleraba el ritmo de su corazón, recordó lo que le había dicho su vieja amiga, se replegó en su interior, donde podía estar tranquila sin que nadie la molestase y pensó en lo que tenía que hacer. Después de respirar profundamente varias veces, salió nuevamente de su caparazón y vio que su maestro estaba sonriéndole.

»Nuestra tortuga practicó una y otra vez. A veces lo conseguía y en otras no, pero, poco a poco, el hecho de replegarse dentro de su concha fue ayudándole a controlarse. Ahora que ya ha aprendido tiene más amigos y disfruta mucho yendo a la escuela.

»Pero no nos limitamos simplemente a contar a los niños el cuento de la tortuga, sino que también lo representamos. Así, cierto día un niño puede desempeñar el papel de vieja tortuga, al día siguiente hacer de tortuguita y un tercero puede ser el maestro. De este modo, todos los niños van adquiriendo gradualmente la capacidad de asumir los distintos puntos de vista.

»Como Su Santidad sin duda habrá advertido, este cuento tiene varios aspectos importantes. En primer lugar –y por encima de todo–, enseña al niño a cobrar conciencia de sus emociones antes de que se conviertan en conductas destructivas. Además, también le ayuda a asumir su propia responsabilidad y a controlarse, lo que resulta naturalmente muy gratificante y contribuye también muy positivamente a su proceso de desarrollo y maduración.

»Con este cuento enseñamos a los niños –continuó Mark– a "hacer la tortuga" de muchos modos diferentes, dependiendo del contexto, pero recurriendo siempre al cuerpo. En la mayor parte de los casos, les enseñamos a respirar profundamente al tiempo que cruzan los brazos sobre el pecho –dijo Mark ilustrando su comentario con el correspondiente gesto.

»Ahora quisiera que todos los presentes hicieran esto durante un minuto. Respiren profundamente. Entonces no sólo advertirán que esto resulta muy tranquilizador, sino que también se darán cuenta de que, en esa postura, difícilmente podrán dañar a alguien –bromeó Mark.»

–¡Pero sí que podemos lanzarles miradas asesinas! –siguió con la broma Su Santidad.

Una vez que Mark nos tuvo a todos "haciendo la tortuga" prosiguió:

«Desde el mismo comienzo enseñamos a los niños recompensándoles con el cuño de tinta de una tortuga cada vez que logran calmarse. El maestro tiene así también un signo evidente de que el niño está calmándose y, lo que es todavía más importante, asienta su aprendizaje –como sostenían los psicólogos rusos Vygostky y Luria– en la planificación motora. Nosotros creemos que el aprendizaje infantil se inicia a través de la acción física concreta y que sólo luego va tornándose más conceptual. Lo que queremos, en suma, es que asocien la noción de tranquilización a una acción y, además –y como acabamos de decir–, resulta muy difícil agredir físicamente a alguien cuando nos hallamos en esa postura.

»Nosotros empezamos a trabajar en 1981 con niños sordos que, como todos ustedes saben, tienen dificultades con el lenguaje y nos vimos obligados a recurrir al apoyo gestual proporcionado por el lenguaje de los signos –dijo Mark, repitiendo de nuevo con sus manos el gesto de la tortuga ocultándose en su caparazón–. Pero luego nos dimos cuenta de que era mejor cruzar los brazos porque, de ese modo, resulta también más fácil incorporar la respiración profunda, que tiene un notable efecto calmante.

»Los niños no saben calmarse y, para ello, suelen requerir el apoyo de los adultos. Por ello, cuando un maestro ve que un niño parece muy enfadado, conviene que le coja de la mano y le diga: "Veo que estás muy enfadado. Vamos a tranquilizarnos. Yo lo haré contigo. Inspiremos juntos" y que, después de ello, agregue algo así como: "¿Ya estás más tranquilo?", remedando, de ese modo, la actitud de la madre cuando "consolida" y estructura la relación con su bebé. También en este caso es necesario que el maestro repita con el niño esta práctica todas las veces que haga falta, hasta que acabe internalizando esa habilidad esencial.

»Pero, al mismo tiempo que enseñamos a los niños a "hacer la tortuga", también les enseñamos a hablar consigo mismos, como un modo de controlar su conducta, algo que, en ocasiones, se denomina autocontrol verbal. La idea consiste en que el niño aprenda a hablar consigo mismo y aprenda también a utilizar el lenguaje como un sustituto de la representación conductal y del exabrupto emocional.

»Éste me parece un punto esencial, porque la autorregulación constituye el prerrequisito de toda acción responsable. No bastan, en este sentido, las admoniciones morales sin las habilidades subyacentes necesarias para llevarlas a la práctica.

»Nosotros creemos que, a menos que los niños aprendan a calmarse cuando están alterados, su desarrollo moral y emocional correrá el peligro de quedarse estancado. Éste es un punto realmente esencial, porque resulta muy difícil y requiere mucha práctica. Y debo decirles que,como adulto, todavía estoy trabajando en ello.

»Sólo utilizamos la técnica de la tortuga con los niños pequeños, porque los mayores tienen menos necesidad de ella y se avergüenzan de hacer algo tan infantil. Pero los niños más pequeños, de entre tres y siete años, tienen una mayor labilidad emocional y muchas más dificultades que los mayores, en consecuencia, para controlar su conducta».

Expresar lo que uno siente

Luego Mark proyectó varias imágenes de cartón de rostros humanos, cada uno de los cuales expresaba una emoción diferente: una cara sonriente para la felicidad, otra gruñona para el enfado, etcétera.

«Un segundo objetivo de nuestro programa consiste en que los niños se familiaricen con el mundo de las emociones. Para ello comenzamos con los sentimientos evolutivamente más rudimentarios y luego vamos avanzando hasta los más complejos. Y eso lo hacemos clasificándolos en función de un código de colores. Nosotros nunca hablamos de sentimientos buenos y de sentimientos malos –porque, para nosotros, todos los sentimientos están bien–, sino de sentimientos amarillos y de sentimientos azules o de sentimientos *cómodos* y de sentimientos incómodos, respectivamente, porque es así como les hacen sentir internamente (aunque, en ocasiones, resulte un tanto complicado). Así, por ejemplo, cuando hablamos de "tener miedo", también solemos enseñarles al mismo tiempo el sentimiento opuesto, en este caso "estar seguro".

»Las lecciones son multimodales, en el sentido de que el maestro les muestra imágenes de las caras y los cuerpos de personas que están experimentando ese sentimiento, tal vez les hable de algún caso en el que él mismo la sintió cuando era niño, o quizás les invite a contar alguna ocasión en que ellos lo hayan experimentado. Al finalizar la lección, el maestro reparte a cada niño una tarjeta con una "cara de sentimiento" que éste coloca en un bloc con anillas y deja sobre su pupitre. El maestro también dispone de este tipo de cuaderno y, en el caso de que el programa se halle bien implantado en esa escuela, hasta el director tiene otro.

»El cuaderno en cuestión comienza teniendo muy pocas tarjetas, pero va llenándose con el paso del tiempo. A lo largo del día, esas caras se utilizan para desarrollar y expresar su conciencia de los estados internos. Del mismo modo, pues, que enseñamos a los niños a "hacer la tortuga" –porque es algo a lo que pueden apelar en cualquier momento, especialmente cuando se hallan atrapados en una emoción–, también les enseñamos a utilizar las "caras de sentimiento" en las situaciones reales. En ciertas ocasiones, por ejemplo, quizás al empezar el día, después del almuerzo o cuando están muy excitados, el maestro puede decirles: "Ahora quisiera que todo el mundo busque en su cuaderno la cara que mejor expresa cómo se siente".

»Son muchos los sentimientos que, de este modo, enseñamos a los niños, empezando por los más rudimentarios (como sentirse feliz, triste, asustado y seguro), pasando luego a otros algo más complejos (como sentirse decepcionado u orgulloso), otros más evolucionados (como sentirse avergonzado o humillado) y, en el caso de niños de más de once años, a sentimientos todavía más sofisticados (como sentirse rechazados y sentir perdón).

»En las primeras lecciones también les enseñamos a utilizar una tarjeta en blanco –a la que denominamos "privado"– para transmitirles la idea de que no siempre están obligados a mostrar lo que sienten, independientemente de que ese sentimiento les haga sentir cómodos o incómodos. Y debo señalar que esto fue algo que nos enseñó un niño sordo. En los comienzos de la implantación de PATHS entregábamos a los niños algunas tarjetas vacías y veíamos lo que hacían. En cierta ocasión, uno de ellos recurrió a esta tarjeta para decirnos: "A nadie le importa cómo me siento", expresando así con suma claridad que ese día no tenía el menor interés en contarle a nadie cómo se encontraba.

»Ésas primeras experiencias con nuestro programa nos llevaron a extraer un par de conclusiones. La primera de ellas es que solemos menospreciar las habilidades de los niños, y la otra es que pueden enseñarnos cosas muy importantes. Recuerdo, en este sentido, el caso de un niño sordo de unos nueve años que, un buen día, dijo a su maestra: "Necesito una cara nueva, porque no tengo ninguna que exprese lo que siento". "¿Y cómo te sientes?" –le preguntó entonces su maestra– "Malo/feliz" –respondió éste, en el lenguaje de los signos–. Y, cuando su maestra le pidió que explicara lo que quería decir con ello, éste replicó: "Es lo mismo que siento al reírme cuando alguien tropieza". Pasamos un año entero en el laboratorio debatiendo el mejor nombre para ese sentimiento y finalmente nos decidimos a llamarlo "malicia".

»Este tipo de aprendizaje no sólo ayuda a los niños a reconocer lo que ocurre en su interior (o lo que ocurre en el interior de otra persona), sino que también transmite la idea de que expresar los sentimientos contribuye de manera positiva a resolver los problemas. Permítanme ahora ponerles un ejemplo que precisamente tiene que ver con el sentimiento de "malicia" del que estábamos hablando.

»Son muchos los niños que no saben responder a las burlas de los demás, una situación que, en ocasiones, puede resultarles muy difícil. De poco sirve que los adultos les digamos que ignoren al bromista ya que no, por ello, éste dejará de reírse. Además, aunque esa sugerencia sea, en algunos casos, cierta, no siempre resulta fácil ignorar las burlas. Por otro lado, los niños pueden creer que están ignorando al bromista cuando, de hecho, no hacen más que invitarle a seguir molestándoles.

»De modo que, cuando les enseñamos el término "malicioso", también les enseñamos a decir: "Estás siendo malicioso" a quienes puedan estar burlándose de ellos, en cuyo caso, su respuesta no es reactiva, sino que constituye una posible forma de metacontrolar la situación. Recuerdo que, cierto día, estaba visitando una clase cuando advertí que un niño estaba burlándose de otro, momento en el cual éste le dijo: "Hoy estás muy malicioso. ¿Te ha ocurrido algo?", una reacción –que, en esa ocasión, por cierto, sirvió para atajar las burlas– muy diferente al simple hecho de sentirse dañado.»

Preparando las vías neuronales

«El caso de la burla es un fenómeno muy complejo porque, aunque la mayor parte de las veces en que alguien se burla de un niño éste se siente dolido, humillado y confundido, también hay circunstancias en que contribuye a integrarles en el grupo. A pesar de ello, no obstante, los niños suelen considerar negativa cualquier tipo de burla. A eso de los diez años, cuando los niños se agrupan en pandillas, aparece un nuevo tipo de conducta, el cotilleo, que les lleva a pasar mucho tiempo contando historias sobre éste y sobre aquél, lo que puede resultar muy molesto, porque es muy difícil controlar sus emociones cuando los demás no dejan de contar mentiras sobre él.»

–¿Está usted diciendo –acotó entonces el Dalai Lama– que la inmadurez de su inteligencia impide al niño comprender el contexto. No creo que haga falta un gran desarrollo cognitivo para comprender esto porque, hasta los cachorros parecen entenderlo. No es extraño ver a un par de perrillos mordiéndose juguetonamente, como si supieran que no hay maldad alguna en ello.

–Por ese motivo –respondió Mark– es muy importante que el niño sepa tranquilizarse cuando siente que alguien está burlándose de él y que sepa discriminar también con claridad si es un mero juego u oculta alguna intención aviesa. Tengamos en cuenta que los niños agresivos y los que se sienten fácilmente dañados suelen reaccionar de un modo casi automático. Por el momento ignoramos lo que, en tal caso, pueda estar ocurriendo en su cerebro, ya que tal vez existan circuitos muy sensibles al respecto.

Hay veces en los que los maestros, al igual que los padres, se ven obligados a afrontar situaciones insolubles. Consideren, por ejemplo, el caso en el que dos niños entran corriendo del patio de recreo diciendo: «¡Me ha quitado la pelota!» «¡No, quien me la ha quitado ha sido él! ¡Yo la tenía primero!». «¡No, ha sido él!». El problema es que, en tal caso, el maestro no presenció el acontecimiento desencadenante de toda la secuencia que, en ocasiones, puede incluso remontarse varios días atrás. Quizás uno pueda sospechar lo que ha ocurrido, pero muy pocas veces lo sabe a ciencia cierta y es muy probable que, atrapado en una situación de este tipo, acabe castigándolos a ambos diciendo algo así como: «Muy bien. Ahora mismo vais a sentaros los dos. Se acabó el recreo».

También hay maestros que, cuando el niño se queda atrapado en una emoción, se sienten emocionalmente perturbados. En tal caso, nosotros les sugerimos que digan algo así como: «Pareces muy molesto y ahora yo también estoy empezando a estarlo. Necesitamos calmarnos». Y una forma de hacerlo consiste en que los niños rebusquen entre las "caras de la emoción" la que más claramente exprese lo que están sintiendo. Y lo que pretendemos con ello –al menos de un modo teórico– es la activación del lóbulo frontal izquierdo, un área que, como nos dijo Richie, contribuye a inhibir las emociones perturbadoras.

Se trata de utilizar el centro del lenguaje de la parte racional del cerebro para empezar a comprender –y, de ese modo, controlar– la emoción. Es innecesario decir que esa estrategia no siempre surte el efecto deseado –concluyó Mark.

–Esto me parece muy bien –coincidió el Dalai Lama–. Desde la perspectiva budista, se trataría de atender a otra cosa para que la mente pueda recuperar un estado de neutralidad.

–Desde una perspectiva evolutiva –prosiguió Mark, asintiendo con la cabeza–, nosotros creemos que el período que va desde los tres hasta los ocho o nueve años –en el que, dicho sea de paso, aprenden a designar las emociones– es el más adecuado para establecer esas vías neuronales. Nosotros no sabemos mucho sobre los caminos neuronales que conectan la amígdala o el hipocampo con el lóbulo frontal y todavía lo ignoramos casi todo sobre las estructuras cerebrales que jalonan esos dos caminos. Pero a pesar de ello consideramos que, en este período tan crítico de la vida, es muy importante asentar los cimientos de los hábitos que nos ayudan a desarrollar todas estas habilidades. Como ustedes saben, siempre es más difícil reaprender que aprender.

Una vez más, Mark enunció un principio esencial para la enseñanza infantil de las emociones. Resulta mucho más sencillo enseñar a los niños todas estas habilidades emocionales durante el período en que está conformándose su sistema de circuitos neuronales que tratar de modificarlo cuando ya son adultos. En este campo, como en muchos otros, vale más un gramo de prevención que un kilo de psicoterapia, de desintoxicación o de prisión.

Establecer "zonas de paz" en clase

«Además –continuó Mark–, también disponemos de un contexto más amplio para enseñar a los niños las habilidades de resolución de problemas y de conflictos. Y también, en este caso, recurrimos a imágenes y a cuentos utilizando, por ejemplo, lo que llamamos el Control Signals Poster, una especie de semáforo que los niños entienden perfectamente.

»Mark proyectó entonces el póster de un semáforo, en el que cada una de las luces representaba un paso diferente del proceso de aprendizaje de los fundamentos del autocontrol:

Rojo: Respira lenta y profundamente. Formula el problema y di cómo te sientes.
Amarillo: ¿Qué es lo que puedo hacer? ¿Funcionará?

Verde: Lleva a la práctica la mejor de las alternativas. ¿Cómo ha funcionado?

»Se trata de un póster –desarrollado por Roger Weissberg y sus colegas de la Yale University– que ya había visto en las paredes de todas las aulas de las escuelas públicas de New Haven cuando, a comienzos de los noventa, visité varias de ellas para escribir un artículo sobre un programa pionero en el campo de la alfabetización emocional. Al cabo de los años, el programa de New Haven –que, como PATHS, ha acabado implantándose en todo el país– se ha difundido ampliamente hasta el punto de que educadores de todas partes del mundo han viajado a New Haven para aprender a elaborar sus propios programas de "desarrollo social", como también se los conoce.

»La idea –dijo Mark, explicando el funcionamiento de este peculiar semáforo– es que las emociones transmiten información de modo que, cuando uno siente una emoción, lo primero que tiene que hacer es detenerse y calmarse. Éste es, precisamente, el paso que la anciana tortuga sabia enseñó a la tortuguita, ya que la luz roja supone inspirar lenta y profundamente y hablar luego del problema y de cómo se siente consigo mismo o con cualquier otra persona.

»Después de enseñar a los niños el significado de la luz roja pasamos a la luz amarilla. La idea, en este punto, consiste en generar soluciones alternativas a los problemas y ejercitarlas posteriormente mediante el *role playing*. Para ello es muy importante crear el contexto adecuado; en ese sentido, el maestro debería crear, en el aula, un clima muy familiar, como si se tratara de una familia fuera de casa. Y, puesto que las familias son entornos seguros, las soluciones generadas no deberían dañar a nadie. Es cierto que uno no tiene que ser amigo de todo el mundo, pero no lo es menos que debe aprender a relacionarse bien con los demás. Así pues, es muy importante comprender que uno está en un aula y que no debe dañar a nadie.

»Como resultado de nuestra filosofía, no perdemos tiempo dejando que los niños generen soluciones agresivas y negativas, porque eso es algo completamente improductivo. En lugar de ello, les preguntamos "¿Qué harías –si el objetivo es el de llevarte bien con los demás o, al menos, el de no pelearte con ellos– si ahora mismo escuchases a alguien bromeando a tus espaldas? ¿Qué podrías hacer si alguien te empujara mientras estás en la cola y te enfadaras con él?". Luego les invitamos a ejercitar en la práctica las distintas alternativas generadas y, finalmente, les preguntamos cómo funcionó.

»Ese póster está en todas partes, en el aula, en las puertas del patio de recreo, en el restaurante y hasta en el despacho del director. Hay escuelas en las que, en el patio de recreo, existen varios conos rojos –como los que, en ocasiones, se utilizan a modo de balizas de tráfico– a los que pueden dirigirse aquellos niños que se encuentren mal y no quieran ser molestados.

»En este mismo sentido, hay ocasiones en las que también disponemos en las últimas filas del aula de lo que llamamos "mesa de paz", "silla de paz" o lo que, en las escuelas del pasado, se denominaba "sillas de tiempo muerto". Éstas servían para que los niños se tranquilizasen después de una rabieta aunque, en ocasiones, las consideraban un castigo. Hoy en día, sin embargo, se trata de sillas marcadas con un círculo rojo a las que pueden recurrir los niños que se encuentren muy alterados para tranquilizarse y pensar en sus posibles alternativas de acción.»

–¿De modo que cada aula dispone de una "zona de paz"? –pregunté, pensando en que ése era, precisamente, el nombre de una propuesta que había hecho el Dala Lama para convertir al Tíbet en una zona libre de armas.

–Bueno, lo cierto es que no están en todas las aulas –puntualizó Mark–, pero parece que, ahí donde las hemos probado, funcionan bastante bien.

«Son muchas las escuelas de nuestro país que también utilizan un programa centrado en la resolución de conflictos en el que se enseña a los niños mayores a mediar en los conflictos de los más pequeños. Ese programa, por ejemplo, enseña a los niños de once años a pasear por el patio de recreo de la escuela y a intervenir cada vez que vean a un pequeño en problemas. En las escuelas en las que se aplica el programa PATHS, esos mediadores portan una camiseta con la imagen del semáforo, lo que le convierte en un símbolo muy concreto que está en todas partes. De este modo, cuando interviene el niño mayor, dice algo así como: "Parece que aquí hay un problema. Luz roja, es decir, calmémonos", y luego "Ahora pasaremos a la luz amarilla. Primero hablarás tú, y el otro escuchará y luego intercambiaremos los papeles".

»La rigurosa evaluación realizada con el programa PATHS pone claramente de relieve que los niños que han pasado por él son más capaces de hablar de sus sentimientos y de comprender los sentimientos de los demás.»[8]

Alentado por su instinto científico, el Dalai Lama preguntó entonces por la metodología utilizada para extraer estas conclusiones:

–¿El programa en cuestión se aplica a todas las clases o sólo a algunas?

–Lo más habitual –explicó Mark– es que el programa se aplique a toda una escuela, de otro modo podría haber algún tipo de contaminación porque, basta con que se disponga de él, para que el personal quiera difundirlo naturalmente a todo el entorno escolar. En cualquiera de los casos, las escuelas utilizadas para llevar a cabo la comparación se hallaban en barrios de *status* socioeconómico similar y la asignación se llevó a cabo de un modo completamente azaroso –nos aseguró Mark.

«Para evaluar los resultados –prosiguió Mark– empleamos una serie de preguntas del tipo "¿Cómo sabes si estás enfadado o triste?" Y debo señalar que los niños que han pasado por este programa son más capaces de responder a estas preguntas, es decir, más capaces de reconocer sus sentimientos y de hablar de ellos. Además, sus propios autoinformes ponen también de manifiesto una disminución casi inmediata de los síntomas de depresión y de tristeza. De hecho, esos síntomas son relativamente fáciles de cambiar, porque el hecho de hablar de los propios sentimientos y de compartirlos con los demás es uno de los principales antídotos de la depresión. Los distintos estudios realizados al respecto también evidencian una disminución significativa –aunque no espectacular– de la tasa de conductas agresivas.

»Nosotros solemos pensar en todo esto como si se tratara de una enfermedad cardíaca. Sabemos que las enfermedades del corazón dependen de variables biológicas (como la dieta, la genética y el ejercicio, por ejemplo) y también sabemos que la eliminación de esos factores de riesgo disminuye asimismo la tasa de enfermedades cardíacas. Nuestro programa además disminuye la incidencia de los factores de riesgo que acompañan al hecho de no poder calmarnos, de no poder asumir el punto de vista de los demás y de no poder pensar detenidamente en un determinado problema. Así es como gradualmente vamos reduciendo la tasa de conductas agresivas y de los problemas ligados a la expresión de las emociones destructivas.»

Se busca viejo sabio

«Basta con recordar el peso que tiene el proceso de modelado en la educación infantil –siguió diciendo Mark– para cobrar conciencia de la extraordinaria importancia de que el maestro aprenda y de que su conducta exhiba este tipo de habilidades. Es cierto que se trata de un proceso difícil y en el que existe una gran variabilidad interindividual, pero si trabajamos de manera regular y contamos con la colaboración del personal, el modelado puede tener una influencia muy profunda en el modo en que los niños aprenden a utilizar estas habilidades emocionales.

»El maestro no siempre puede utilizar el modelado para enseñar las habilidades de la tranquilización, de hablar consigo mismo y de utilizar adecuadamente su inteligencia, pero cuando tal cosa es posible, sus beneficios son considerables. Esto parece confirmar la idea de Aristóteles, señalada ya por Owen, de que el contacto con un anciano sabio contribuye a armonizar las virtudes. Este proceso es tan esencial que la investigación ha demostrado que, si el maestro no modela con su conducta lo que está enseñando, el niño no aprende a utilizar esas habilidades.

»Es evidente también la importancia que tienen los padres en este sentido. John Gottman y otros investigadores han descubierto que muchos padres llevan a cabo lo que podríamos denominar *coaching* emocional.[9] Así, cuando su hijo está enfadado o triste, no se alejan de él ni le castigan, sino que le ayudan a comprender que no existe ningún motivo para que se vean desbordados por los sentimientos, que todos los sentimientos están bien, que ése es un fenómeno natural y que es posible modificarlo. Y también hay que decir que esos niños aprenden las mismas habilidades positivas, una conducta más adecuada y una mayor capacidad de controlar su excitación fisiológica.

»Esta mañana les he hablado de la forma en que los padres pueden ayudar a sus hijos pequeños a gestionar sus emociones. Del mismo modo –aunque a un nivel evolutivo muy diferente– los padres y los maestros de los niños de diez años también pueden ser de gran ayuda. Paul sabe bien que esa función prosigue aún en los padres de hijas de veinte años. No deberíamos olvidar que, a fin de cuentas, todos necesitamos maestros.

»Sería un error creer que la posibilidad de intervención concluye al finalizar la infancia. Aunque todavía no podamos afirmarlo con absoluta certeza, hay sobrados motivos para creer que la plasticidad del cerebro no acaba en la adolescencia, sino que prosigue más allá de ella. La evaluación rigurosa de los programas de aprendizaje emocional y social dirigidos a adolescentes ha demostrado su utilidad para combatir la adicción a las drogas, el consumo de tabaco y las conductas agresivas.

»Aunque los adultos desempeñan una función muy importante en la vida de los niños, las situaciones más difíciles siempre suelen darse entre pares. No olvidemos que el mejor predictor de la salud mental de un niño es lo que dicen sus compañeros, ya que éstos ven cosas que los adultos suelen soslayar.[10]

»Por ello, considero muy importante que este tipo de abordaje se generalice y que su uso no se limite al ámbito de la psicoterapia o de la relación docente entre adulto y niño. La importancia del contexto social es tal que los padres no pueden llevar a cabo esta tarea sin el adecuado concurso del contexto proporcionado por los compañeros. Debemos crear un clima escolar en el que no sólo los padres, sino también los alumnos, valoren todas estas habilidades. Y los niños deben comprender también desde una edad muy temprana la necesidad de alentar este desarrollo, lo que en Estados

Unidos resulta ciertamente problemático, dados los extraordinarios cambios que, en los últimos veinte años, ha experimentado el tiempo que los adultos pasan con sus hijos.»

El Dalai Lama se dirigió entonces a Jinpa y le dijo en voz baja lo mucho que le había gustado escuchar el informe presentado por Mark. Él llevaba mucho tiempo insistiendo en la necesidad de aplicar algo así en el campo de la educación y por fin se enteraba de que estaba llevándose a cabo algo muy concreto y práctico al respecto. Luego también me dijo que estaba muy complacido de haberse enterado de la existencia de un intento sistemático de ayudar a los niños a gestionar más adecuadamente sus emociones destructivas. Y no sólo le impresionaban los datos concretos, sino también el hecho de que esos métodos formaran parte ya de la educación de algunos niños.

El modelado de la compasión

«La visión occidental del mundo –prosiguió Mark– y nuestro interés en evitar la psicopatología nos han llevado a dedicar muy poca atención al cultivo de las emociones positivas. En los últimos siete u ocho años, sin embargo, hemos empezado a dar tímidamente algunos pasos en este sentido y contamos a los niños historias reales de personas que, en algunos casos, son niños como ellos y que, de un modo u otro, han realizado alguna contribución importante al mundo.

»Quisiera darles ahora algunos ejemplos de las historias a través de las cuales tratamos de convertir al lenguaje y a los programas de lectura en un vehículo del contenido de PATHS e integrarlo así en la cotidianidad de la escuela. Para transmitir la noción de perseverancia a pesar de los obstáculos, por ejemplo, utilizamos la historia del famoso jugador manco de béisbol estadounidense Jim Abbott. Todo el mundo, según dice, le insistía en que, dada su situación, nunca llegaría a ser un buen jugador y sería mejor que abandonase esa idea. Nuestro relato subraya el modo en que perseveró en el esfuerzo hasta conseguir su meta. Luego les animamos a que nos hablen de un objetivo que crean inalcanzable y les hacemos reflexionar y esbozar los pasos que creen que deberían dar para llegar a conseguirlo.

»Otra de las historias que contamos es la de la birmana Aung San Suu Kyi –dijo Mark dirigiéndose al Dalai Lama y obteniendo de su parte una inclinación de cabeza en señal de reconocimiento, ya que ambos han recibido el premio Nobel de la paz, y él mismo había participado, junto a otros laureados con el Nobel, en una manifestación en su apoyo que se llevó a cabo en la frontera birmana.

»Con el relato de la vida de Aung San Suu Kyi tratamos de transmitirles la importancia de la responsabilidad social e ilustrar que, en ocasiones, merece la pena entregar la vida a una causa noble. Les hablamos del arresto domiciliario al que estuvo sometida durante muchos años y les explicamos la importancia de su sacrificio para el movimiento democrático de Myanmar (antigua Birmania). Así tratamos de transmitirles la necesidad, en ocasiones, de insistir en el esfuerzo a pesar de todos los sacrificios que ello implique.

»Después de contarles esta biografía, les invitamos a que esbocen un pequeño proyecto que contribuya a mejorar su escuela o su barrio. La idea consiste en despertar en ellos el mismo tipo de emociones y objetivos que movilizaron a Aung San Suu Kyi. Tal vez entonces puedan descubrir en sí mismos los objetivos que apuntan al bien común.

»Otro ejemplo que solemos dar es el de Maya Lin, la americana de ascendencia asiática que proyectó el Vietnam Veterans Memorial de Washington y el Civil Rights Memorial de Montgomery (Alabama). Usamos la historia de su vida para ilustrar el modo en que el arte puede servir para conmemorar acontecimientos importantes. Para ello utilizamos también el libro infantil de Eve Bunting *The Wall*, que relata la historia de un padre que lleva a su hijo al Vietnam Veterans Memorial para ver el nombre de su abuelo. Se trata de una historia muy interesante, porque además nos permite centrar la atención de los niños en los temas de la guerra y de la muerte.

»Luego les pedimos su opinión sobre el modo en que podrían conmemorar acontecimientos históricos importantes, y, por último, toda la clase diseña y realiza un proyecto que recuerde algún episodio importante de su comunidad. Y, en este sentido, nosotros no les damos ninguna sugerencia, sino que dejamos que sean ellos mismos quienes decidan lo que van a hacer y que lo mismo puede centrarse en algo que ocurrió en la escuela durante el curso, o en algún acontecimiento histórico que sucedió en los alrededores. La idea, en cualquiera de los casos, es la de orientar la atención de los niños hacia el ideal de la responsabilidad social... y transmitirles –eso esperamos al menos– un atisbo de la compasión.

»Como verán, se trata de ejemplos muy humildes porque nuestra atención se había centrado en la gestión de las emociones destructivas y justo ahora estamos empezando a trabajar con las positivas. Por ello estoy muy interesado en cualquier sugerencia que puedan darme para desarrollar la compasión. Sé que el budismo tiene una experiencia milenaria en el cultivo de la compasión de los jóvenes novicios y no veo razón para que no podamos beneficiarnos de ella.»

–¿Se le ocurre alguna idea que pudiera servirnos para cultivar la compasión de los adolescentes? –preguntó entonces Mark al Dalai Lama.

Luego, éste pidió en tibetano a sus compañeros budistas su opinión al respecto.

–Algunas familias tibetanas –dijo Matthieu– tienen una costumbre muy sencilla, pero que me parece extraordinaria y es que, el día de su cumpleaños, el niño hace regalos –y debo decir que está encantado de ello– a todos los miembros de su familia. Se trata, obviamente, de un detalle que no encierra grandes principios, pero en cualquiera de los casos, me parece muy significativo.

–Lo que a los niños les importa –coincidió Mark– no son las grandes ideas, sino las pequeñas cosas que configuran su realidad cotidiana.

El repertorio de la compasión

–Yo también creo –dijo entonces el Dalai Lama exponiendo sus ideas al respecto– que es muy importante gestionar adecuadamente las emociones negativas, pero eso, en sí mismo, no resolverá los problemas. Usted ya ha reconocido muy claramente en su programa la necesidad de cultivar y desarrollar las emociones positivas. Por más que esas emociones puedan no ser aplicables de manera directa como antídoto en el calor del momento, pueden predisponer al niño –o a quien sea– a afrontar más adecuadamente las emociones negativas. Lo cierto es que no tengo ninguna idea definida sobre las técnicas concretas a que podría apelarse, pero me parece evidente que la exposición del niño a un clima realmente amoroso y compasivo, tanto en el seno de la familia con los padres como en el ámbito escolar con maestros que les respetan y se preocupan por su bienestar, tiene en ellos un impacto muy poderoso. El mejor modo de enseñar el amor y la compasión no pasa por las palabras, sino por las acciones.

Mark sabía que el Dalai Lama no suele asumir nunca el papel de experto en temas como el desarrollo infantil, pero lo cierto es que su comentario le sorprendió.

–Precisamente, por ello –dijo– recurrimos a estas historias. Permítame que le cuente otro relato que usamos con los niños del tercer grado. Se trata de una historia verdadera, la historia de Trevor Ferrell, un niño de trece años que vivía en una zona residencial de los alrededores de Philadelphia. Cierta noche estaba viendo el telediario cuando cobró conciencia de los sin techo que vivían en las calles del centro de su ciudad. La noticia le conmovió tanto que habló con su padre y le dijo: «Nosotros tenemos algunas mantas viejas en el garaje. Quisiera regalárselas a la gente que duerme en plena calle calentándose con el vapor que sale de las rejas».

Aunque su padre pensó que era una idea un tanto extraña, le ayudó a llevarla a la práctica, y la experiencia resultó muy gratificante para ambos. Al día siguiente, Trevor llenó las tiendas de los alrededores de su casa con carteles que decían cosas como: «¿Tiene usted alguna manta que no utilice?» «¿Tiene comida que no necesite?». Al cabo de una semana, su garaje estaba lleno de comida y, hoy en día, son muchos los almacenes de Philadelphia –a los que, en su honor, se bautizó como Place Trevor– que se dedican a alimentar a las personas sin hogar.

El Dalai Lama había escuchado toda la historia asintiendo y sonriendo.

–Nosotros contamos esta historia y la usamos junto al Control Signals Poster, esforzándonos en que los niños sientan lo que pudo haber experimentado Trevor, la necesidad que tuvo luego de calmarse y, finalmente, se pregunten: «¿Qué puedo hacer yo al respecto?». La idea es que los niños también pueden enseñarnos muchas cosas. Utilizamos, pues, estos relatos como un vehículo para la transmisión de este tipo de enseñanzas, pero siempre andamos en busca de nuevas ideas.

–Antes he escuchado con cierta suspicacia –comentó entonces Alan Wallace– su comentario de que todas las emociones son naturales y están bien. Luego me ha parecido que tal vez fuera una buena idea admitir su sugerencia y no juzgar las emociones antes de haberlas reconocido. Ahora bien, del mismo modo que todas las personas son iguales, pero algunas son más iguales que otras, todos los sentimientos están bien, pero algunos están mejor que otros. William James tenía un principio que me parece brillante y que recuerdo cada día de mi vida: « Aquello a lo que atendemos se convierte en nuestra realidad, y aquello a lo que no atendemos acaba desapareciendo poco a poco de nuestra realidad». Me ha resultado curioso que un buen número de los "rostros de sentimiento" fueran negativos. Tal vez los niños, especialmente a partir de los diez, once o doce años, pudieran empezar también a desarrollar un repertorio más amplio que incluyera tarjetas relativas a la compasión, la paciencia, la cordialidad, etcétera.

Uno de los temas centrales del clásico *Bodhicaryavatara* es que uno debe observar cómo le afectan los sentimientos en el mismo momento en que aparecen. ¿Cómo experimenta un niño la generosidad en el momento en que está expresándola? No sólo hay que observar el modo en que experimenta la generosidad la persona que la recibe, sino también la persona que la expresa. Tal vez entonces, los niños puedan empezar a desarrollar su sensibilidad y su conciencia de las virtudes sin necesidad de decirles: «Tendrías que hacer esto o aquello otro». Su Santidad dice a menudo que estas virtudes son naturales, de modo que no sería nada extraño que, si los niños les prestan atención y disponen de tarjetas alusivas, acaben reconociéndolas.

–Me parece muy buena idea –dijo Mark–. Uno de los motivos por los que creo que en Occidente estamos más centrados en las emociones destructivas es porque nos movemos en un ámbito, el escolar, en el que hoy existe una gran preocupación por la violencia, una preocupación que está impulsando la financiación de estos programas. Pero ciertamente no deja de resultar curioso que, aunque nuestros proyectos sólo se encuentren en sus primeros pasos, no hayamos prestado todavía atención a las emociones positivas. En estos días he estado tomando nota de las posibles lecciones que deberíamos incluir. No tenemos ninguna, por ejemplo, que tenga que ver con el sobrecogimiento ni con la admiración. He aprendido mucho sobre lo que podríamos empezar a hacer al respecto y les estoy muy agradecido por ello.

El Dalai Lama, que se había quedado muy conmovido por la presentación de Mark, tocó entonces su frente con sus manos en señal de agradecimiento.

12. ALENTANDO LA COMPASIÓN

¿Por qué creen ustedes que la ciencia occidental ha ignorado la compasión? Ésa fue la pregunta en torno a la cual giró el quinto encuentro organizado por el Mind and Life Institute, que versó sobre el altruismo y la naturaleza humana. La pregunta había sido formulada por Anne Harrington, especialista en historia de la ciencia de la Harvard University.[1]

–Históricamente hablando –había dicho Harrington–, cuanto más profundamente se ha adentrado la ciencia en la exploración de la realidad, menor ha sido la relevancia de nociones como la compasión. Y es que, desde la perspectiva evolucionista, por ejemplo, el altruismo no es más que una mera estrategia de adaptación genética.

Pero cuando uno –puntualizó en esa ocasión Harrington– explora la realidad desde la perspectiva budista, descubre dimensiones muy diferentes en las que la compasión desempeña un papel fundamental y proporciona un marco de referencia a los dramas de la vida, según el cual los seres no están en lucha, sino íntimamente relacionados.

En esa ocasión, el Dalai Lama dijo que la ciencia era una disciplina relativamente joven y que, en consecuencia, su visión de la naturaleza humana como algo esencialmente agresivo, egoísta y cruel parece la mirada arbitraria de un estadio concreto de la evolución del ser humano.

Según Richard Davidson, el organizador de ese encuentro, es muy probable que esa visión negativa se deba al hecho de que la psicología sigue los pasos de la medicina, que no centra tanto su atención en la salud como en la enfermedad. «Es muy probable que sea precisamente esa tendencia –concluyó– la que nos predisponga al estudio de las emociones negativas.»

En ese punto, Ervin Staub, psicólogo social de la University of Massachusetts, señaló que, en los últimos treinta años, algunos psicólogos han empezado a investigar también el altruismo y la empatía, aunque todavía no han llegado a hacer lo mismo con la compasión. En su opinión, el campo se halla ya lo suficientemente maduro como para prestar atención a la compasión y a las emociones positivas en general.

Ese mismo foco sobre la compasión y los aspectos positivos de la emoción fue también el tema central de nuestra sesión vespertina. Cuando comenzó la sesión de la tarde, dije al Dalai Lama que me gustaría seguir hablando de un punto que habíamos tocado en Chonor House durante el almuerzo, a saber, que el programa escolar descrito por Mark se centraba básicamente en el control de las emociones destructivas, pero no decía gran cosa acerca del cultivo de las emociones positivas, que son los auténticos antídotos de aquéllas.

–Nos preguntábamos –dije– si el budismo, que tantos métodos tiene para el cultivo de las emociones positivas, no dispondrá también de técnicas que puedan adaptarse al ámbito secular para la enseñanza de este tipo de programas.

Como hace tantas veces cuando se le pide una respuesta concreta, el Dalai Lama se tomó su tiempo para reflexionar:

–Según dijo Matthieu en su presentación, el budismo señala la existencia de unas ochenta y cuatro mil aflicciones mentales diferentes y, en consecuencia, de ochenta y cuatro mil antídotos distintos. Quisiera comenzar con esa afirmación, luego veremos lo que usted tiene que decir y tal vez después yo pueda añadir algo más.

Entonces advertí que Alan quería hablar y le cedí la palabra. Él comenzó refiriéndose de nuevo al clásico *Bodhicaryavatara*, escrito por el sabio Shantideva, que ya había mencionado en la sesión de la mañana y dijo:

–En ese libro hay todo un capítulo dedicado al cultivo de la paciencia y de la tolerancia como antídoto para contrarrestar los problemas ocasionados por la ira y el odio. Otro enfoque se remonta a las enseñanzas de los Cuatro Inconmensurables (la compasión, la ecuanimidad, la alegría empática y el amor) –señaló Alan, refiriéndose a un conjunto clásico de meditaciones budistas orientadas al cultivo de esos estados.

Según ese enfoque –continuó Alan–, el amor es el opuesto natural del odio. Si el odio es una actitud o una emoción que no puede tolerar el bienestar de otra persona («porque es mi enemigo y no quiero que sea feliz»), el amor funciona exactamente al revés («deseo que todos los seres alcancen la felicidad y sus causas»).

Desde esa perspectiva, el cultivo del amor constituye una especie de vacuna que fortalece nuestro sistema inmunológico emocional y nos permite adentrarnos en territorios emponzoñados de ira y odio sin peligro alguno de contagiarnos. Y algo parecido sucede también con los demás Inconmensurables. Así, la compasión es el opuesto de la crueldad (que consiste en gozar con el sufrimiento ajeno llegando incluso a desear hacerle daño). «Que todos los seres puedan liberarse del sufrimiento y de sus causas» –dijo entonces Alan, verbalizando una fórmula utilizada a menudo en la práctica de la meditación budista. Se trata de frases que se repiten mentalmente al tiempo que se evoca el sentimiento de compasión hasta que ambos –pensamiento y sentimiento– acaban fundiéndose (aun cuando al comienzo puedan estar muy separados).

Luego Alan habló del concepto exclusivamente budista de *mudita*, que se refiere al hecho de regocijarse con el bienestar y la alegría de los demás. Como suele ocurrir con los conceptos budistas relacionados con la emoción, no existe un solo equivalente de este término en inglés, lo que pone de manifiesto lo pobremente articulado que se halla ese concepto en nuestra cultura.[2]

–Por su parte, el cultivo de la alegría empática –prosiguió Alan– es el contrapeso natural de los celos, su opuesto, que consisten en no tolerar la felicidad de otra persona y no poder soportar que sea famoso o rico, por ejemplo. La alegría empática nos lleva a gozar de la felicidad de los demás, algo que erradica los celos antes incluso de que tengan la oportunidad de manifestarse.

Por último, también está la ecuanimidad, que es el opuesto tanto del apego como de la aversión. Asimismo, en este caso, el cultivo de la ecuanimidad fortalece el sistema inmunológico del practicante y le permite irradiar paz por dondequiera que vaya.

–Convendría, por último, señalar –intervino entonces Matthieu– un par de formas complementarias de movilizar las emociones positivas. Una de ellas utiliza el razonamiento, y la otra comienza generando algunas emociones básicas y luego trabaja con ellas.

El primer procedimiento consiste en ponernos en el lugar de los demás. En este sentido, existe toda una secuencia gradual de ejercicios que comienza equiparándonos con los demás, intercambiándonos con ellos y pasando luego a considerarlos como más importantes que uno mismo, asumiendo su punto de vista y dándonos así cuenta de nuestro propio egoísmo y arrogancia. En tal caso, uno empieza a sentir por su propio ego el mismo disgusto que sentiría con cualquier persona egoísta. Luego añadió que, en el texto de Shantideva al que Alan se había referido, se explican formas muy sutiles de llevar a cabo ese proceso.

La otra modalidad consiste en evocar un sentimiento de amor pensando, para ello, en alguien que suscite nuestro amor como, por ejemplo, una madre abnegada e imaginándola que está atravesando una situación difícil.

Se trata de un ejercicio que apela al uso de la imaginación para movilizar nuestra emoción. Supongamos que usted imagina a esa madre como un cervatillo que, asediado por un cazador, se ve obligado a saltar desde un escarpado risco quebrándose las patas. En ese momento llega el cazador y, cuando está a punto de darle el tiro de gracia, el ciervo le mira impotente y le dice: «¿Puedes ayudarme?». O tal vez pueda visualizar también que alguien muy querido lleva tiempo sin comer y le pide algo de alimento. En cualquiera de los casos, el objetivo de este tipo de ejercicio consiste en evocar una intensa emoción de amor recurriendo, para ello, a la imagen de una persona a la que amemos.

Luego Matthieu explicó que, cuando el meditador ha fortalecido suficientemente ese sentimiento de amor, lo amplía hasta englobar a otras personas y, finalmente, a todos los seres vivos:

–Se trata de expandir este sentimiento y de comprender que, en realidad, no hay motivo alguno para que no llegue a englobar a todos los seres vivos. También es posible combinar ambos métodos y adaptarlos naturalmente a nuestra propia idiosincrasia.

–Yo utilizo una versión más modesta de lo que usted está sugiriendo –terció entonces Paul Ekman–. Se trata de una técnica a la que he recurrido cuando he tenido que prepararme para alguna situación que presumía difícil y que consiste en apelar a ciertas imágenes visuales que tengo asociadas a emociones muy positivas. Lo que hago en tal caso es concentrarme mentalmente en esas imágenes hasta experimentar la emoción y poder adentrarme así de forma positiva en esa situación. Se trata de una técnica que me parece muy relacionada con lo que usted está diciendo aunque a un nivel, claro está, mucho más casero.

La otra técnica se basa en mi investigación y también guarda cierta relación con algo mencionado por Mark. La cuestión consiste en esbozar los movimientos musculares que componen la sonrisa para generar así un estado emocionalmente positivo –una técnica, por cierto, que se apoyaba en los resultados de su propia investigación, según la cual el hecho de esbozar de manera deliberada los gestos que componen una sonrisa provoca los mismos cambios cerebrales que la sonrisa.

También utilizo una leve variante de la postura de la tortuga –continuó Paul–. Cuando estudié la cultura de la Edad de Piedra de Nueva Guinea descubrí que, cuando los miembros de esa tribu se encuentran a gusto, asumen naturalmente esta postura –dijo entonces ilustrándola con su propio cuerpo, cruzando los brazos y sujetándose los hombros con las manos.

Tengo centenares de fotografías de personas que asumen esta postura, una postura en la que uno se sujeta y se controla a sí mismo, lo cual resulta ciertamente reconfortante. Ignoro si, en medio del calor de la emoción, puede servir para recuperar el control de uno mismo, pero, por el momento, éstos son los métodos a los que recurro cuando preveo una situación difícil.

La compasión: el gran tranquilizante

–Hablando en términos generales –intervino entonces el Dalai Lama, que parecía tener muchas cosas que decir–, antes de comprometerse con la práctica budista, uno debe tener en cuenta cuál es su objetivo y cuáles son sus beneficios. Éste es un procedimiento muy práctico y, si usted se salta este estadio, lo más probable es que, cuando se le diga que cultive la compasión, desarrolle algo artificial que carezca de todo interés.

Un procedimiento utilizado tradicionalmente por el budismo para el cultivo de la compasión, por ejemplo, consiste en contemplar a cualquier persona como si se tratara de nuestra propia madre. Ya sé que no es posible demostrar de forma lógica que un determinado ser ha sido realmente nuestra madre en una vida pasada, pero ésa no es razón para no contemplar a todos los seres como si fueran nuestra madre. ¿Y por qué deberíamos hacer tal cosa? Porque el hecho de considerar a un individuo como si fuera nuestra madre evoca naturalmente el sentimiento de afecto, aprecio, amabilidad y gratitud. Poco importa, cuando uno reconoce esa motivación profunda, que haya sido nuestra madre o no, porque basta entonces con cobrar conciencia del beneficio y del propósito de esta práctica para estar en condiciones de acometerla.

De manera parecida, uno de los antídotos utilizados tradicionalmente para contrarrestar el apego –el verdadero apego– consiste en apelar a la imaginación. En tal caso, por ejemplo, uno imagina el mundo cubierto de huesos y esqueletos, una forma, por supuesto, muy poco gratificante y satisfactoria de contemplar la realidad. ¿Por qué diablos debería uno hacer tal cosa? ¿No es acaso mucho más amable contemplar el mundo cubierto de flores? Pero no es difícil comprender que este tipo de reflexión puede ayudarnos a liberar la mente del apego. Se trata de un medio hábil para neutralizar lo que nos inquieta, una forma de contrarrestar todo aquello que perturba nuestro bienestar. Quienes sean capaces de reconocer que el problema se asienta en su propia mente podrán verificar y comprobar por sí mismos la eficacia de este método.

Uno podría tener la impresión de que el cultivo del amor y de la compasión es algo que hacemos por los demás, una especie de ofrenda que realizamos al mundo, pero, en realidad, ésa es una forma muy superficial de ver las cosas. La experiencia directa pone claramente de manifiesto que el primer beneficiado de la práctica de la compasión es uno mismo. La práctica de la compasión nos reporta, por así decirlo, un beneficio del cien por cien, mientras que el beneficio que supone para los demás es tan sólo del cincuenta por ciento. Así pues, uno mismo es el principal beneficiario del cultivo de la compasión.

Luego, el Dalai Lama señaló que, en las escrituras budistas, el *bodhisattva* –la persona que alcanza un elevado nivel de logro espiritual mediante la práctica de la compasión– disfruta de una gran felicidad y bienestar debido a que desarrolla un nivel inusual de amor y de compasión que le permiten amar al prójimo más que a sí mismo.

–Mi pequeña experiencia al respecto –confirmó Paul Ekman, que se había visto gratamente sorprendido por la actitud emocional sostenida por el Dalai Lama durante todo el encuentro– me ha permitido descubrir que el afecto y el respeto por los demás nos fortalece internamente y nos hace sentir más tranquilos y felices. Es cierto que no se trata de una panacea que resuelva todos los problemas, pero ¿a quién le importa? En tal caso, las circunstancias adversas pueden hacernos sentir mal durante unos instantes, pero luego nos recuperamos con más prontitud y volvemos a sentirnos en paz.

–Yo creo que la práctica de la compasión es una medicación que restablece la serenidad cuando uno se encuentra muy agitado –concluyó el Dalai Lama–. Y es que la compasión es el principal de los tranquilizantes.

Durante todo su comentario sobre la compasión, el Dalai Lama se mostró muy animado y se manifestaba con gestos muy vigorosos que expresaban claramente su interés por el tema.

–Ustedes saben –señaló entonces Matthieu, ampliando el marco del debate– que la Declaración de los Derechos Humanos tiene cincuenta y ocho artículos. Pero en nuestra relación con los demás, hay un artículo que los resume a todos, es decir, que nadie quiere sufrir y que los demás quieren –y tienen el mismo derecho que nosotros– a ser felices. Esta sencilla afirmación resume, en última instancia, toda la Declaración de los Derechos Humanos.

Los efectos cerebrales de la compasión

Francisco Varela reorientó nuevamente el debate hacia la visión de la neurociencia esbozada el día anterior por Richard Davidson.

–Existe una faceta muy interesante de la práctica de la compasión en la que uno se pone en el lugar de los demás utilizando la imaginación para evocar una emoción que, al comienzo, tal vez resulte un tanto artificial, pero que, finalmente, acaba tornándose muy familiar. Cada vez hay más pruebas de que la percepción y la imaginación son dos funciones mentales estrechamente relacionadas. Por supuesto, podemos diferenciarlas, pero existe un gran solapamiento entre la imagen mental y la percepción de una determinada situación.

En consecuencia, uno puede aprender a utilizar la imaginación para modificar su propio funcionamiento fisiológico. Y esto es algo que se asienta en los recientes descubrimientos realizados por la neurociencia que evidencian la plasticidad del sistema nervioso. Veamos un solo ejemplo: Recientemente, los entrenadores deportivos han desarrollado técnicas para el adiestramiento estival de los esquiadores haciéndoles imaginar que están descendiendo una pendiente. Se trata de un método que tiene resultados muy concretos ya que, cuando finalmente se ponen los esquís, queda patente la mejora de su desempeño. Y lo mismo ocurre también con el cultivo de la compasión.

–¿No pone acaso esa eficacia de relieve –sugerí entonces– la presencia de un cambio neuronal? Neurológicamente hablando, el ejercicio sostenido acaba estableciendo un hábito que modifica el sistema de circuitos cerebrales hasta conseguir que el objetivo deseado –la ecuanimidad o la compasión, por ejemplo– acabe convirtiéndose en una realidad. Y, sabiendo que su investigación era, en este sentido, sumamente relevante, pregunté directamente a Richie: ¿Es así como funciona?

–Sí –respondió Richie–. Los comentarios realizados por Matthieu al respecto el otro día fueron muy claros. Cuando emprendemos este tipo de práctica estamos generando un estado provisional de compasión u otras emociones positivas, pero la práctica sostenida acaba convirtiéndolo en un estado de ánimo y hasta en un temperamento, en cuyo momento queda patente que la modificación de una parte de nuestro cerebro ha terminado convirtiéndose en un estado relativamente permanente.

Francisco citó, entonces, el descubrimiento de que el entrenamiento musical amplía ciertas regiones cerebrales o, dicho en otras palabras, que practicar con el violín aumenta tanto el número como la conectividad de las células implicadas en el desempeño musical.[3] Y ese comentario alentó a Richie a exponer al Dalai Lama un estudio sobre los taxistas de Londres que acababa de ser publicado en la prestigiosa revista *Nature*.[4]

–La reciente investigación ha puesto de relieve que las regiones cerebrales responsables de la orientación espacial de los taxistas se vieron claramente fortalecidas tras los primeros seis meses de conducción por las calles de Londres.

El Dalai Lama recordó, entonces, algunos textos budistas tradicionales que describen los estadios progresivos del dominio de la práctica meditativa que tenían que ver con este tipo de explicaciones. Todo empieza con la comprensión intelectual superficial de las palabras y de su significado, por ejemplo, la compasión. La reflexión sostenida permite que esa comprensión vaya profundizándose hasta que la persona acaba dominando intelectualmente el concepto y pueda aplicarlo con éxito a través del ejercicio meditativo. Es posible pues que, al comienzo, la evocación de la compasión exija un esfuerzo deliberado y se experimente como algo un tanto artificial, pero, en la medida en que la práctica va madurando, la compasión acaba brotando de manera natural y espontánea sin necesidad de realizar esfuerzo alguno.

Estos estadios son los estadios de la comprensión o sabiduría derivados de la escucha, la reflexión y la meditación –concluyó.

–Esa familiarización y falta de esfuerzo –señaló entonces Francisco al Dalai Lama– ponen también de manifiesto que nuestro cuerpo ha experimentado una auténtica transformación neurológica, una transformación que nos ha convertido en personas diferentes. Así es como la familiaridad acaba provocando cambios permanentes en la estructura de nuestro cerebro.

–La tradición budista –añadió entonces Jinpa– ilustra esta familiarización con la metáfora del agua vertida en agua que luego resulta imposible de separar.

El cultivo de la amabilidad

–Mark ha señalado un punto que me parece muy importante –comenté–, y es que el primer aprendizaje es el más sencillo, mientras que el aprendizaje posterior –el reaprendizaje– requiere un esfuerzo mucho mayor. ¿Es posible enseñar a los niños a establecer por vez primera estas pautas de conexión neuronal? Tal vez, Mark pudiera comentarnos la interacción que existe entre este tipo de aprendizaje temprano y el desarrollo de las regiones cerebrales implicadas en la regulación de la emoción de las que nos habló Richie. Me refiero, claro está, a la región prefrontal, la amígdala y el hipocampo que, como usted ha dicho, son las más sensibles al aprendizaje y la experiencia.

–Son muchas –comenzó Mark– las investigaciones realizadas sobre el desarrollo del lóbulo frontal durante la infancia temprana e intermedia. Todavía no entendemos muy bien los resultados de esos experimentos, pero ocurre aquí lo mismo que sucede cuando empiezan a desarrollarse en el cerebro el autocontrol y el uso del lenguaje para hablar con uno mismo. Es entonces cuando se ponen en marcha todos estos mecanismos cerebrales.

Veamos algún ejemplo. Anoche recibí un correo electrónico enviado por una maestra con quien hemos empezado a trabajar en la adaptación de nuestros métodos en niños de entre tres años y medio y cuatro años. La maestra, que trabaja con niños pobres en un programa de Head Start, acaba de enseñarles el cuento de la tortuga. Según me dijo, la semana pasada visitó el hogar de tres de ellos, y, sin excepción alguna, todos los padres le dijeron que sus hijos hacían espontáneamente la tortuga en casa, como si se tratara de algo natural. ¡Una de las madres llegó incluso a decirle que, cierto día en el que estaba muy nerviosa, su hija de tres años y medio le propuso "que hiciera la tortuga"!

Me parecen muy adecuados tus comentarios, Dan, y creo que tiene mucho que ver con lo que ha nos explicado Matthieu acerca del cultivo de la amabilidad. Según dijo, la cultura tibetana se preocupa mucho por no matar ni siquiera una mosca algo que, francamente, no es muy habitual en Estados Unidos.

–Hace sólo unos instantes, Su Santidad nos ha hecho una demostración palpable de esa actitud –dije entonces, refiriéndome a una situación en la que había estado implicado el Dalai Lama que ilustraba perfectamente la compasión espontánea–. El caso es que, durante su intervención, advirtió que un insecto diminuto estaba reptando por el brazo de su silla. Entonces hizo una pausa, se inclinó para mirarlo, lo apartó amablemente de un golpecito con un pliegue de su ropa y luego se inclinó para ver dónde caído. Al advertir que todavía estaba en la silla, lo cogió con delicadeza, mientras Thupten Jinpa seguía traduciendo sus palabras, y se lo pasó al joven monje que estaba junto a él, quien lo sacó al jardín y lo liberó.

–Temía –explicó entonces el Dalai Lama, con su característica sonrisa– aplastarlo inadvertidamente y acumular así un *karma* negativo innecesario. El insecto tenía una pata rota y no parecía hallarse en muy buen estado, de modo que me ocupé de que no sufriera ningún daño. ¡Pero hoy estoy de buen humor porque, en caso contrario...! –bromeó, dando una palmada sobre el brazo de su silla como si aplastara al insecto, despertando la risa alborozada de todos los presentes.

–Creo que fue Owen –seguí– quien dijo que, cuando la gente está de buen humor, es más altruista. Usted nos acaba de hacer una demostración práctica –y entonces fue Su Santidad quien se rió.

–Cuando esa actitud se convierte en un temperamento uno está siempre de buen humor –añadió Richie.

–¿Cómo podríamos, pues –pregunté–, educar a los niños para que siempre estén de buen humor y se comporten como lo ha hecho Su Santidad?

–En ocasiones –dijo entonces Mark–, cuento a los maestros una historia sobre dos hermanos, uno de los cuales siempre estaba contento, mientras que el otro no lo estaba nunca. Una mañana de Navidad, ambos recibieron sus regalos y se fueron a jugar con ellos a su habitación. El que nunca estaba satisfecho tenía un ordenador nuevo, un montón de juegos y un pequeño robot, pero cuando su padre le preguntó si estaba contento, respondió: « No. Ahora despertaré los celos de los demás niños, las pilas se agotarán y tendré que comprar otras nuevas, etcétera».

El otro, que únicamente había recibido estiércol de caballos, jugaba alegremente y, cuando su padre le preguntó: «¿Por qué estás tan contento?», respondió: «¡Porque en algún lugar debe haber un caballo!» Es muy interesante –concluyó Mark– que los niños desarrollen una actitud positiva y optimista, una actitud, por otra parte, muy importante para el budismo.

Contrarrestando la crueldad

–El primer acto de crueldad –dijo entonces Paul, dirigiendo nuestra atención hacia el aprendizaje de las conductas negativas– es el más difícil. Pero la acumulación de actos crueles acaba modificando el funcionamiento cerebral y convirtiéndose en un temperamento. A partir de ese momento, uno se comporta cruelmente sin reserva ni remordimiento alguno. Y, lamentablemente, ello ocurre más veces de las que sería deseable.

¿Qué podemos hacer cuando nos encontramos con alguien que ya se ha instalado en la crueldad y no duda en utilizarla contra usted o contra cualquier otra persona? ¿Cómo podríamos alejar a esa persona de la crueldad?

–Eso depende del contexto –respondió el Dalai Lama–. En cualquier situación concreta uno tiene que preguntarse si puede hacer algo o no. Lo primero que debería tener en cuenta –teóricamente al menos– es si cree que existe alguna posibilidad de utilizar medios pacíficos. En tal caso, por ejemplo, podría apelar a la razón para disuadir a esa persona.

Permítanme que vuelva a ponerme, por un momento, en la perspectiva budista. Existen cuatro formas de actividad iluminada en las que puede implicarse un *bodhisattva*. La primera de ellas es la pacificación, en la que usted trata de calmar una determinada situación apelando a la palabra, la razón, la amabilidad, etcétera. En el caso de que esa alternativa no funcione, habría que recurrir a la segunda opción, que es un poco más fuerte y consiste en darle algo a la persona –un conocimiento o algo tangible– que provoque una cierta expansión y sirva para encauzar nuevamente las cosas.

Si esa alternativa tampoco funciona, podemos entonces pasar a la tercera opción, que implica el uso del dominio o del poder para doblegar a una persona, un grupo, un país, etcétera. Y, en las situaciones en las que ni siquiera esto es posible, puede apelarse incluso a la violencia. Uno de los cuarenta y seis preceptos secundarios del *bodhisattva* le compromete a recurrir incluso, cuando la situación así lo exija, al uso de la fuerza movilizada por el altruismo. Existe, pues, un tipo de compasión airada que puede ser violenta y que, teóricamente hablando, es permisible si se deriva de la compasión.

En la práctica, sin embargo, ese tipo de acción es muy difícil y sólo está justificada cuando no existe otro modo de transformar la conducta de la persona cruel. No deberíamos olvidar que la violencia genera más violencia y que, una vez que incurrimos en ella, es fácil que las cosas se nos escapen de las manos. Es mucho más recomendable esperar y ver qué es lo que ocurre. Tal vez, en esas circunstancias, baste con una plegaria o con un *mantra* y, si nada de ello funciona, quizás debamos incluso alzar la voz –agregó con una sonrisa.

Éstas son las alternativas de que dispone el *bodhisattva* que todavía está en el camino y tiene que recurrir al ensayo y al error, sin conocer exactamente de antemano lo que más conviene a cada situación. Los budas, sin embargo, no tienen que moverse a través el ensayo y del error porque saben de manera inmediata y cierta lo que deben hacer. Pero ninguno de nosotros –advirtió– ha alcanzado todavía ese nivel y aún estamos muy lejos del "camino del *bodhisattva*".

–¿Acaso –preguntó Paul– resulta la crueldad más difícil para alguien que emana bondad?

–Así es, hablando al menos en un sentido muy general –respondió el Dalai Lama–. Con cierta frecuencia cito una frase del *Bodhicaryavatara*, según la cual es mucho más sencillo el cultivo de la generosidad que el de la paciencia o el de la tolerancia. A fin de cuentas, todos disponemos de muchas más ocasiones de demostrar nuestra generosidad (porque todo el mundo está dispuesto a aceptar nuestros regalos) que de ejercitar la paciencia y la tolerancia (que sólo pueden ser cultivadas cuando tropezamos con la adversidad, con un enemigo y con la crueldad).

El autor de ese libro, Shantideva, se alienta a sí mismo y a sus lectores diciendo algo así como que, cuando advirtamos la presencia de alguna crueldad, deberíamos responder con *fiero* (el gozo de afrontar un reto), porque nos brinda la oportunidad de cultivar la paciencia, una oportunidad que, como ya hemos dicho, no es muy frecuente. Cuando usted no inflige daño a los demás, es menos probable que se inflija daño a sí mismo y, cuanto más se halle en este camino, menos serán sus enemigos.

–Cierto día –intervino entonces el venerable Kusalacitto, comentando una historia procedente de los *sutras* pali–, el Buda se encontró con un domador de caballos y le preguntó: «¿Cómo enseñas a los caballos?»

–Yo divido a los caballos en tres tipos –respondió el domador–. Los del primer tipo son los que más rápidamente aprenden, son caballos que se ponen a correr con sólo enseñarles el látigo. Los caballos del segundo tipo, por el contrario, sólo corren cuando prueban varias veces el sabor del látigo. Los caballos del tercer tipo son los más difíciles porque, por más que los fustigue, siguen tumbados sin inmutarse.

–«¿Y qué es lo que hace con estos últimos?» –preguntó entonces el Buda, a lo que el domador respondió–: «Con ellos no merece la pena perder el tiempo».

El Buda concluyó esa historia diciendo que lo mismo sucede con los seres humanos. Hay personas que pueden ser entrenadas y otras que no, y que sólo es posible ayudar a aquellas a quienes su *karma* previo lo permite.

Richie Davidson señaló, entonces, ciertos estudios que parecen sugerir la posibilidad de ayudar incluso a algunos casos aparentemente deshauciados, como el de los psicópatas criminales:

–En Estados Unidos se han llevado a cabo varios estudios científicos con psicópatas encarcelados por actos de extrema crueldad. Los psicópatas se caracterizan por centrar tanto su atención en las cosas que desean –en el objeto de su deseo– que son incapaces de reparar en las consecuencias negativas de sus actos.

Pero la investigación de la que estoy hablando ha puesto de relieve que, si se les enseña a desarrollar la paciencia y a hacer una pausa, pueden cobrar conciencia de las posibles consecuencias negativas de sus actos y experimentar una franca mejoría. Y las pruebas realizadas a este respecto con convictos de asesinato evidencian que esa mejora no exige mucho tiempo. Todo ello sugiere la posible existencia de métodos que todavía no hemos experimentado sistemáticamente, pero que valdría la pena intentar, aun en poblaciones tan embrutecidas y difíciles como las que hemos comentado.

Los antídotos de la crueldad:
la empatía y la serenidad amorosa

Matthieu volvió, entonces, a la pregunta de Paul acerca del mejor modo de relacionarse con la persona cruel y dijo:

–Uno necesita dos manos para aplaudir y también son necesarios dos contrincantes para pelearse. Si uno no quiere, es imposible luchar con él. Ya sé que resulta difícil juzgar en libros y biografías, pero existen muchas historias de meditadores y ermitaños del Tíbet que se encontraron con bandidos y hasta con animales salvajes. Parece que, cuando un bandido se encuentra con alguien muy sereno y amable, su agresividad acaba apaciguándose, como cuando echamos agua fría en un recipiente de agua hirviente. Existen muchas historias de este tipo y no todas ellas deben de ser meras patrañas.

–¿Acaso su trabajo le ha sugerido la existencia –preguntó Jeanne Tsai a Paul– de expresiones faciales o posturas corporales capaces de desarmar a una persona agresiva?

Después de reflexionar unos instantes, Paul comentó que no recordaba nada parecido.

–Creo –dijo– que las personas crueles no son sensibles al sufrimiento ni al miedo de los demás, como si los despersonalizasen. Se trataría, por tanto, de hacerles sentir que están tratando con seres humanos. Tengamos en cuenta que quienes se comportan cruelmente dicen no percibir el dolor de los demás. Pero lo más sorprendente es que, por otro lado, hasta pueden llegar a ser buenos padres de familia. Así pues, la plasticidad cerebral también tiene un aspecto negativo, porque uno puede acabar aprendiendo a no considerar a las personas como tales.

–La investigación realizada con torturadores de regímenes dictatoriales de Latinoamérica y Grecia –señalé entonces, recordando ciertos estudios– ha puesto de relieve que los verdugos tuvieron que atravesar un largo y metódico proceso de adoctrinamiento. Ese proceso empieza despojando a sus víctimas de cualquier cualidad humana y considerándolas como la encarnación misma del mal. El primer paso, pues, consiste en insensibilizarse hasta el punto de no considerar a la otra persona como un ser humano –o, como señaló Paul, en despersonalizarlos–. Luego incurren en actos que, al comienzo, resultan muy desagradables, pero cuya repetición acaba insensibilizándoles. Y, obviamente, ese proceso no deja de tener sus correlatos cerebrales.

–Todos ustedes –retomó Matthieu, desde otra perspectiva– conocen la historia de los niños soldados de África que se ven obligados a asesinar a alguien para romper su resistencia al ejercicio de la violencia. También habrán oído historias de personas normales y corrientes que se vieron obligadas a trabajar en campos de concentración. Muchos de ellos dijeron que, los primeros días, no dejaron de llorar, pero que, al cabo de pocas semanas, acabaron anestesiándose ante el sufrimiento ajeno.

–También podemos mencionar la historia –señalé, ilustrando el camino que conduce desde la falta de empatía hasta la crueldad– del hombre encarcelado en una prisión de California por haber matado a sus abuelos, a su madre y a cinco chicas que estudiaban en la University of California. Cuando, en cierta ocasión, mi cuñado le entrevistó para un proyecto de investigación y le preguntó: «¿Cómo pudo usted hacer eso? ¿No sintió acaso compasión por sus víctimas?», respondió con completa indiferencia: «Por supuesto que no. ¿Cree usted que, de haber percibido su sufrimiento, hubiera podido cometer semejante barbaridad». La clave, pues, de su crueldad parecía residir en no sentir nada por sus víctimas.

El cultivo de la empatía

–Yo creo –concluí– que la enseñanza temprana de la empatía es muy importante para el programa del que estamos hablando, aunque sólo sea como una vacuna para impedir la emergencia de la crueldad en etapas posteriores de la vida.

El Dalai Lama centró, entonces, su atención en el cultivo de la empatía. Su respuesta echó luz sobre una de las razones por las que solía expandir el debate hasta incluir a los animales y que le llevaron a ser tan solícito con el pequeño insecto que había descubierto en su silla.

–Una forma de desarrollar la empatía –comentó– consiste en prestar atención a pequeños seres sensibles como las hormigas y los insectos. Debemos reconocer que ellos también desean encontrar la felicidad, experimentar el placer y liberarse del sufrimiento. Convendría, pues, empezar prestando atención a los insectos y sentir empatía por ellos, pasar luego a los reptiles e ir así incluyendo sucesivamente al resto de los animales, hasta llegar a englobar a los seres humanos.

Quienes se niegan a reconocer que hasta los insectos tratan de alcanzar el placer y evitar el dolor suelen también desentenderse y mostrarse indiferentes ante el sufrimiento de un pájaro, de un perro y hasta de un ser humano. Esa insensibilidad nos lleva a desdeñar el dolor de los demás y a preocuparnos exclusivamente por lo que nos daña a nosotros.

La sensibilidad al dolor y al sufrimiento de los animales –prosiguió el

Dalai Lama– depura nuestra sensibilidad y desarrolla nuestra empatía hacia los seres humanos. Cierta expresión budista afirma que todos los seres han sido "nuestras madres". Es importante, pues, el modo en que nos relacionamos con los demás seres vivos.

–Y todo eso tiene mucho que ver –terció Mark– con los problemas que aquejan a Occidente. En el pueblo donde habito, por ejemplo, la escuela cierra el primer día que se levanta la veda para que todo el mundo –incluidos los niños– pueda ir de caza. Las ideas, por tanto, que estamos exponiendo, tropezarían con la oposición directa de cerca del 40 por ciento de los varones de la zona rural en la que vivo.

–Y lo mismo podríamos decir de la pesca –añadió el Dalai Lama.

–Me pregunto cuál podrá ser el mejor modo de abordar este conflicto de valores –subrayó Mark.

–Resulta casi inconcebible –comentó el Dalai Lama– pensar que, en algún momento, pueda prohibirse la caza deportiva –o la pesca– en todo el mundo.

Cómo convertirse en una buena persona

Owen volvió, entonces, a mi pregunta inicial sobre el cultivo de las emociones positivas y dijo:

–Hoy estoy más convencido de lo que lo estaba el primer día, cuando hablamos de ética con Su Santidad. Las emociones constituyen una pequeña pieza del rompecabezas que contribuye a convertirnos en buenas personas, llevar una vida digna y educar niños compasivos, amables y no violentos. En este sentido, el trabajo que Mark nos ha presentado me parece de capital importancia. Hemos hablado de plasticidad y del modo en que podemos enseñar a las personas adultas como nosotros a cambiar, y todos hemos coincidido en que no resulta nada sencillo. Cierto refrán inglés afirma que no es posible enseñar nuevos trucos a un perro viejo, pero no creo que sea literalmente cierto. En cualquiera de los casos, sin embargo, me parece muy prometedor el tipo de intervención mencionada por Mark.

He elaborado una lista de algunas de las principales virtudes y estados mentales sanos, entre las que cabe destacar la rectitud (o justicia), el amor (o caridad), la paciencia, la compasión, la generosidad, la gratitud, la tolerancia, el valor, la honradez y el conocimiento de uno mismo. También hay que tener en cuenta principios como el que afirma que uno debe tratar a los demás como quiere ser tratado y reconocer que cualquier ser humano vale tanto como uno mismo. Las cosas de las que Mark ha estado hablándonos esta mañana permiten que hasta los más jóvenes puedan disfrutar de una vida más positiva. De algún modo, aquí estamos tratando con la filosofía de la moral y aspiramos a promover una ética secular.

El Dalai Lama asintió con la cabeza pero, aun así –como más tarde me dijo– sentía una cierta reserva a esbozar propuestas en términos morales, porque son muchas las personas que desconfían de todo lo que despierte resonancias morales. Es cierto que algunas personas se sienten atraídas por ese tipo de cuestiones, pero no lo es menos que se trata de un grupo muy reducido, y de que la inmensa mayoría desdeña todas esas cuestiones como un lujo y una molestia innecesaria. Y es que esforzarse en ser una persona íntegra no parece tan atractivo como, pongamos por caso, invertir el mismo esfuerzo en convertirse en una persona sana.

Sería mucho más adecuado, por tanto, formular nuestras propuestas en términos de necesidad, puesto que nadie se niega a estar sano o feliz. La causa de que muchas personas se hayan orientado hacia el *yoga* no se asienta tanto en sus beneficios espirituales, como en sus efectos positivos sobre la salud. Por ello, que deberíamos esbozar nuestro programa de cultivo de las emociones positivas en términos de salud y de felicidad.

No convendría, por tanto, mencionar principios morales, éticos o religiosos, sino que deberíamos ofrecer evidencias y análisis científicos de los mejores modos de cultivar las emociones positivas y disminuir el efecto de las destructivas. El Dalai Lama quería evitar que nuestro análisis tuviera un sesgo manifiestamente budista que restringiese su aplicabilidad. Su objetivo aspira a llegar al mayor número posible de personas, ya que todos nos hallamos igualmente a merced de las emociones destructivas y todos, en consecuencia, necesitamos cobrar más conciencia de ellas.

La felicidad, la virtud y las ilusiones positivas

Owen dirigió de nuevo el foco de atención de nuestro diálogo hacia uno de los hallazgos señalados en la presentación de Jeanne Tsai, en concreto, hacia los datos que corroboran la desproporcionada sensación de autoestima de la que suelen hacer gala las culturas individualistas. Entonces dijo:

–Quisiera presentar ciertos datos algo inquietantes sobre el individualismo típicamente occidental. La filosofía mantiene una polémica histórica en torno a la relación que existe entre la virtud y la felicidad, y yo mismo dije el primer día que todos parecían coincidir en que la persona virtuosa es la persona feliz, o, por decirlo de otro modo, que la auténtica felicidad es la que dimana de la virtud.

Promocionar la salud mental supone una aportación muy interesante a esta secular polémica. Tengamos en cuenta que ninguno de los múltiples y variados criterios utilizados por los psicólogos y psiquiatras para determinar la salud mental presta la menor atención a la bondad. Por el contrario, uno de los rasgos distintivos de la salud mental en los que todos parecen coincidir es la comprensión adecuada de uno mismo y del mundo. Dicho en otras palabras, pues, Occidente define a la persona mentalmente sana como aquella que no está sujeta al engaño, es decir, la persona que ve las cosas tal cual son.

Pero resulta que los estudios realizados con estadounidenses ponen de relieve que quienes obtienen una puntuación más elevada en los cuestionarios para determinar el grado de felicidad y de respeto por los demás, son quienes más se autoengañan, es decir, quienes incurren en lo que suele llamarse "ilusiones positivas" y, en consecuencia, existen serias dudas de que las cosas les vayan tan bien como dicen. Son muchos los estadounidenses, por ejemplo, que creen que lo que piensan ellos y sus seres queridos es mucho mejor que lo que piensan los demás, como si fueran más inteligentes. Por esta razón, que tienden a valorar más positivamente su desempeño –al interpretar una determinada pieza musical o al pronunciar una conferencia, por ejemplo– que el de los demás.

–Tal vez, los europeos no estarían muy de acuerdo con este punto –dijo entonces el Dalai Lama, riéndose quedamente.

–Excepto en Francia –puntualizó Richie, siguiendo con la broma.

–Ésa es la opinión –replicó rápidamente Francisco– que tienen muchos europeos de Estados Unidos.

–Pero le contaré un par de descubrimientos más –continuó Owen con una seriedad que no hizo sino provocar más risas– puestos de relieve por varias investigaciones realizadas en Estados Unidos. Supongamos que Richie, Paul, Francisco y yo escribimos un artículo juntos y que, cuando finalmente se publica, todos nos felicitamos y coincidimos en que nuestra participación fue equitativa. Pero resulta que, al cabo de seis meses, alguien le pregunta a Richie cuál fue su grado de colaboración, y él no tiene el menor reparo en afirmar que fue del 33 por ciento... y lo mismo sucedería si le preguntasen a Paul, a Francisco o a mí. Y es que, cuanto más tiempo transcurre, más egoísta parece tornarse nuestra percepción, de modo que, veinte años después, resulta que todos recordamos haber realizado el 75 por ciento del trabajo.

Pero –prosiguió Owen– los americanos supuestamente felices y bien ajustados suelen incurrir también en otro tipo de errores. Supongamos que a una persona se le dice que la probabilidad de que la mujer americana padezca de cáncer de mama es de una entre nueve. A pesar de ello, sin embargo, cuando se le pregunta a cualquier americana moderadamente feliz la probabilidad de que contraiga cáncer de mama suele responder algo así como: «Muy baja»... y lo mismo ocurre con los accidentes de automóvil y cualquier otro tipo de enfermedades. Y es que, aun cuando conozcan intelectualmente cuáles son las tasas normales, ese tipo de personas subestima la probabilidad de padecer esas eventualidades. ¡Y también hay que decir que las estimaciones más realistas –al menos entre los estadounidenses– son las realizadas por las personas moderadamente deprimidas!

Como ha señalado esta mañana Jeanne –concluyó Owen– en su presentación de los determinantes culturales del yo, la cultura de Estados Unidos exagera la importancia de la autoestima y nos impide ver las cosas tal cual son. En el encuentro que celebramos el pasado mes de diciembre, Jeanne me mostró los resultados de una reciente investigación llevada a cabo en Japón, según la cual los japoneses también se consideran los más felices y los más virtuosos, aunque sin incurrir en el desmesurado optimismo de los estadounidenses.

–El budismo –puntualizó entonces el Dalai Lama– no considera la autoestima como una virtud ni como un bien absoluto. Desde nuestra perspectiva, las personas que poseen una autoestima desproporcionada son proclives a caer en la aflicción mental de la arrogancia, en cuyo caso recomendaría el uso de un antídoto para paliar esa inflación. Si, por el contrario, careciese de autoestima le invitaría a emprender algún tipo de meditación discursiva centrada en el inapreciable valor de la vida humana y de la naturaleza búdica, es decir, de la naturaleza esencialmente luminosa de su conciencia, lo que contribuye de manera muy positiva a aumentar la sensación de autoestima.

Como ya he dicho, la autoestima –prosiguió– no es un bien absoluto y, por tanto, uno debe desarrollarla en el grado justo y equilibrado. Porque hay que decir que el exceso de autoestima, por su parte, alienta expectativas desproporcionadas y nos torna más vulnerables a la desilusión y al desengaño. Es una cadena.

–También convendría puntualizar –señaló entonces Richie– otra de las conclusiones de esa investigación; y es que, cuanto más positivas son las emociones implicadas, más probable es que el individuo caiga presa de la ilusión. Pero esta correlación no es perfecta y existe un pequeño porcentaje de personas que presentan una tasa elevada de emociones positivas sin incurrir, no obstante, en la ilusión. Creo que estas últimas son las que más podrían interesarnos, porque se trata de personas que evidencian un grado moderado de autoestima sin perder, por ello, la percepción clara de las cosas.

–Lo que realmente importa –dijo entonces Matthieu volviendo a la práctica espiritual tibetana– es el cultivo de la humildad. Si usted le pregunta a un gran erudito lo que sabe le dirá: «Yo no sé nada». Hay veces en que esta actitud genera situaciones un tanto chocantes como ocurrió, por ejemplo, durante una visita realizada por dos grandes eruditos del Tíbet a Khyentse Rinpoche, uno de los grandes maestros del siglo pasado, a su monasterio del Nepal. Cuando se le pidió a uno de ellos que impartiera alguna enseñanza, respondió: «Yo no sé nada» y luego, dando por descontada la humildad del otro, respondió: «Y éste tampoco».

Luego llegó el momento de la pausa para tomar el té que el Dalai Lama aprovechó para charlar con Mark, invitándole –a él o a alguno de sus colaboradores– a alguno de los encuentros que anualmente realizan en Dharamsala los maestros tibetanos para formarles en los métodos de aprendizaje emocional y social.

¿Qué es la salud?

Después de la pausa para el té, el clima entre los participantes se tornó más distendido, y los diálogos, que antes habían sido más formales y se habían dirigido fundamentalmente hacia el Dalai Lama, se vieron reemplazados por una interacción más directa y espontánea.

–¿Cómo combinaría usted –comencé formulando una pregunta que alguien había esbozado durante la interrupción– lo que ha dicho Jeanne esta mañana con lo que luego nos ha comentado Mark? ¿Cuál cree usted que sería la manera más adecuada de aplicar todos estos descubrimientos al ámbito escolar o a las personas adultas de un modo que reconozcan y respeten las diferencias culturales? Mark ha señalado que, a los niños a los que se aplica este programa, se les dice que no hay que rechazar ninguna emoción pero parece que, desde la perspectiva budista, esto no es así, un ejemplo palpable, a mi juicio, de las diferencias interculturales que existen en la valoración de las emociones. ¿Qué deberíamos hacer, pues, para respetar todas estas diferencias?

–La verdad –respondió Mark– es que, por el momento, lo ignoro. La idea típicamente americana y europea de que conviene expresar las emociones, por ejemplo, puede ser muy válida en nuestra cultura, pero no necesariamente lo es en otras. Y es que debemos reconocer que, de algún modo, todos estos programas constituyen un paliativo artificial de la falta de armonía.

A pesar de ello creo que todo lo que hemos dicho esta mañana –la noción de autocontrol, la necesidad de cobrar conciencia de nuestros propios estados de ánimo y la importancia de la planificación y del uso de la inteligencia– es de aplicación universal y que, en el caso de existir diferencias interculturales, serán tan sólo diferencias de matiz.

En PATHS, por ejemplo, un niño distinto asume cada día la tarea de ayudar al maestro, permaneciendo junto a él, ayudándole con la lección, sosteniendo las imágenes, etcétera. Al finalizar el día, ese niño recibe el agradecimiento por el trabajo realizado. En tal caso, el maestro puede decir algo así como: «Hoy me has ayudado mucho», «Has sido muy amable» o, simplemente, «Llevas unos zapatos muy bonitos». Luego el niño selecciona a un par de alumnos y también les elogia públicamente. Por último, todos esos cumplidos son anotados por escrito y remitidos a los padres para que éstos añadan algún que otro cumplido más.

Creo que ésta es una idea muy americana y que, en consecuencia, no puede trasplantarse sin más a las culturas orientales, porque no hay duda de que aumentan la sensación de importancia personal. Se trata de una práctica que hemos llevado a cabo en Holanda, Inglaterra y Estados Unidos con resultados muy positivos, puesto que entusiasma a los padres, quienes no dudan en colgar la carta en un lugar bien visible y dicen algo así como: «Por fin escucho algo positivo sobre mi hijo. Esto le hace tan feliz a él como a todos nosotros». Pero es muy posible que la misma idea resultase embarazosa, o incluso que provocase resultados contraproducentes, en otras culturas.

–Recuerdo que, en la ceremonia de graduación del instituto –dijo entonces Jeanne Tsai, ilustrando el caso con una anécdota personal–, el director fue llamándonos uno a uno y enumerando nuestros talentos y logros, de modo que, cuando se hallaban en el escenario, todos mis amigos euroamericanos parecían resplandecer, sonriendo a la audiencia cuando el director señalaba que destacaban en matemáticas, o que pensaban ir a tal o cual universidad.

Cuando llegó mi turno y el director empezó a subrayar mis habilidades, yo permanecí con la mirada clavada en los pies. Me habían enseñado a ser humilde, y eso era lo que estaba haciendo. Entonces me di cuenta de que mis compañeros creerían que miraba hacia abajo porque estaba triste en lugar de orgullosa y, en ese momento, alcé la mirada y empecé a sonreír. Pero luego me dijeron que no habían entendido mi conducta, otro claro ejemplo de las diferencias interculturales.

El Dalai Lama se frotó entonces la cabeza y sonrió en silencio.

–En mi opinión –replicó Mark poniendo en perspectiva la noción de diferencias culturales–, aunque se trate de diferencias meramente secundarias, haríamos bien en tenerlas en cuenta si queremos elaborar un programa de aplicación universal.

Como educador estadounidense, Mark se hallaba muy sensibilizado por las cuestiones ligadas a la diversidad cultural. Pero cuando tuvo que aplicar su programa a otras culturas –como Holanda o el Reino Unido, por ejemplo– descubrió que muchas de ellas desaprobaban algunos métodos como "demasiado americanos" aduciendo que, en su cultura, no surtirían el mismo efecto. En tales casos, Mark les alentaba a adaptar los programas a sus respectivas culturas aunque, cuando volvía meses después, solía descubrir que estaban aplicándolos tal cual originalmente los había presentado y que, a pesar de ello, parecían surtir los mismos efectos, algo que le llevó a valorar positivamente la insistencia del Dalai Lama en que la universalidad de la experiencia humana no sólo tiene un sentido ético, sino también eminentemente práctico.

Alabanza, amabilidad y aprendizaje eficaz

En un aparte del diálogo, alguien sugirió a Mark la posibilidad –que hoy en día ha terminado integrándose en PATHS– de que su programa no se centrase tanto en alabar cuestiones secundarias relativas al aspecto personal, por ejemplo, como en reconocer y honrar adecuadamente las conductas altruistas, es decir, las cosas que el niño pueda haber hecho para ayudar a los demás.

–Me parece una idea muy interesante –dijo– y trataré de incluirla en el programa.

–La alabanza –sugirió entonces el Dalai Lama– es un método muy eficaz para modificar algunas conductas. Para aumentar la confianza de los niños no conviene tanto señalarles los errores como decirles algo así como: «Eres muy inteligente y serás perfectamente capaz de corregir tal o cual cosa».

Este comentario sorprendió a Mark, que creía que el Dalai Lama desaprobaría los cumplidos como una forma de aumentar la importancia personal del niño, inflar su ego o, al menos, centrar demasiado la atención en sí mismo. Pero Mark descubrió que el Dalai Lama se daba perfecta cuenta de la necesidad de que los niños desarrollen una sana confianza en sí mismos y sientan también adecuadamente valorados sus esfuerzos.

–Cuando un domador trabaja con animales del circo, ya se trate de leones, de tigres y hasta de ballenas –prosiguió el Dalai Lama, subrayando la importancia del refuerzo positivo–, no se apoyan tanto en el castigo como

373

en el refuerzo positivo. La verdadera fortaleza de los seres humanos no es tanto física como mental, y, en consecuencia, el modo más adecuado de cambiar a las personas consiste en recurrir a la amabilidad. Así pues, la alabanza contribuye a que el niño se sienta feliz y entusiasta... aunque debo decirles que no tengo mucha experiencia en este sentido, porque ni siquiera he pasado un día entero con un niño ¡Es muy probable que, en tal caso, acabara tirándole de las orejas! –rió, imitando ese gesto.

–¡Recuerde la tortuga! –aconsejé.

–Hay una expresión tibetana que dice: «Si estás enfadado, muérdete los nudillos» –bromeó de nuevo cruzando los brazos y "haciendo la tortuga".

–Son muchos los estudios científicos –añadió Richie– que corroboran la eficacia del refuerzo positivo. Y es que la recompensa promueve la retención del aprendizaje mucho más que el castigo.

–Otro estudio realizado hace treinta años en esta misma línea –terció entonces Paul– puso de relieve que, cuando la maestra sonríe mientras está en clase, los alumnos recuerdan mejor lo que dice que cuando no sonríe. Por ello, como Su Santidad ha dicho, el cultivo de la amabilidad debe producirse en un contexto igualmente amable. Creo que éste es otro dato de aplicación universal.

–Las emociones destructivas –añadí, refiriéndome a otra investigación– parecen interferir con la capacidad de percibir y comprender la información, lo que explica que los niños perturbados presenten problemas de aprendizaje. Por esta razón, que la introducción de este tipo de programas en el ámbito escolar contribuye muy positivamente a que los educadores puedan desempeñar más eficazmente su misión. En este sentido, las evaluaciones realizadas con programas como el de Mark han demostrado que, al cabo de un año o dos, mejoran claramente el rendimiento académico de los alumnos.

Como posteriormente me dijo, este descubrimiento resultó muy interesante para el Dalai Lama. En su opinión, el aprendizaje debe servir para salvar la distancia que existe entre la percepción y la realidad. Tras esa visión filosófica se asienta la noción de que es nuestra ignorancia e incapacidad de percibir la realidad tal cual es la que impide el logro de nuestras aspiraciones. El conocimiento nos permite acercarnos a la realidad y resolver mejor nuestros problemas ya que, como llevábamos debatiendo varios días, muchas de las emociones destructivas obstaculizan nuestra percepción de la realidad. Precisamente por ello, el Dalai Lama consideraba muy positivo que la educación asumiera la idea de que la comprensión de la mente resulta esencial para cualquier proceso de aprendizaje.

Transformando nuestra agenda

Paul preguntó entonces a Mark por las perturbaciones que puede provocar en el hijo una mala relación con sus padres:

−¿Cuál es la eficacia que tienen estos programas con los hijos de padres deprimidos, o de padres que rehuyen el contacto físico, por ejemplo?

−Yo creo −respondió Mark− que éste es un problema de salud pública. Hay niños que poseen un largo historial de lesiones y problemas, cosa que no ocurre con los hijos de padres muy comprensivos, aun en este último caso −cuando no evidencian problemas de conducta−, el programa sigue siendo útil, porque les ayuda a pensar más detenidamente en sus dificultades y a expresar sus emociones.

También debo decir que la evaluación realizada al respecto pone de manifiesto que quienes más se benefician no son los niños gravemente perturbados, sino los casos menos graves.

En este sentido, Mark señaló que, si bien los programas de aprendizaje emocional y social ayudan a los niños deprimidos, no suelen ser muy útiles para aquellos cuya conducta es muy descontrolada, ni para aquellos otros aquejados de graves problemas de salud mental que requieren una intervención mucho más individualizada. Tampoco parecen servir gran cosa para quienes presentan graves déficits atencionales (ya sea por daño orgánico o por síndrome alcohólico fetal), niños que tienen muchas dificultades para aprender de la experiencia. Pareciera, pues −resumió−, como si hubiese límites muy claros para lo que puede ofrecernos un modelo de salud pública.

Mark pasó, entonces, a tocar un tema de política educativa, la formación de los maestros:

−La formación de los maestros les obliga a superar cuatro años de estudios universitarios, pero lo más curioso es que, en ninguna parte del mundo, se les somete a un curso que gire en torno a los temas de los que hemos estado hablando. Es cierto que saben elaborar programas educativos, también lo es que suelen conocer la historia de la educación, que saben matemática y ciencias y que, en algunas ocasiones, saben incluso recompensar y castigar adecuadamente a los niños, pero, a pesar de ello, suelen ignorarlo todo sobre el desarrollo emocional. Los maestros, pues, no saben el modo de despertar la atención de los niños y de crear grupos armónicos. Si tuviera que subrayar la principal carencia de nuestro sistema educativo y, en consecuencia, el ámbito en el que nuestros programas pueden resultar más útiles, no dudaría en afirmar que tenemos que enseñarles todas estas cosas a los maestros antes de encomendarles la tarea de hacerse cargo de un aula.

–Esto me parece muy bien –dijo entonces el Dalai Lama– porque, en tal caso, estaríamos realmente yendo a la fuente.

–Así es –dijo Mark– pero, aunque parece muy sencillo de aplicar, resulta muy difícil movilizar a las instituciones pedagógicas correspondientes para que incluyan estos temas en sus programas. No conozco ninguna universidad de Estados Unidos que enseñe a los maestros el desarrollo emocional y social de los niños antes de que puedan hacerse cargo de un aula. Y debo insistir en que ésta me parece una de las principales deficiencias de la política educativa.

Tanto en Estados Unidos como en muchos otros países del mundo desarrollado –dije entonces, abordando el tema desde otra perspectiva– existe la creciente sensación de que hay algo que no funciona, especialmente en lo relativo al desarrollo infantil. Éste es otro motivo importante para introducir cambios en el sistema educativo. Hace un mes que un maestro de Littleton (Colorado) me pidió que fuera a hablar ante la asociación estatal de directores de escuela.

Yo había hablado con el Dalai Lama sobre el trágico incidente de la Columbine School de Littleton, donde un par de alumnos asesinaron a un profesor y a doce de sus compañeros, antes de acabar suicidándose de un tiro.

–Lamentablemente, sin embargo, este tipo de incidentes son cada vez más frecuentes, y, en consecuencia, los educadores están cada vez más predispuestos al cambio. Muchos de los programas de aprendizaje emocional y social se implantan con el objetivo de prevenir la violencia, pero, como usted señala, si queremos educar emocionalmente a los niños, debemos hacerlo en un clima amable, de modo que es imprescindible que los maestros reciban este tipo de instrucción.

–Yo también me muevo en el mundo académico –dijo Alan– y he constatado la presencia de la misma resistencia al cambio. El reto consiste en que nosotros mismos –estaba a punto de decir "ellos"– deberíamos esforzarnos en ser mejores personas, en ser más altruistas, etcétera, o, dicho de otro modo, en que el cambio debe comenzar con los maestros. La gente no se resiste a la idea de que la sociedad deba cambiar, sino a aceptar que son ellos mismos quienes deben de hacerlo. Es como si hubiera una inercia y un miedo que nos llevase a pensar: «Es demasiado difícil... No creo que pueda hacerlo... Tal vez sirva para escribir libros, pero ¿serviré para otra cosa? Puede que no».

El cristianismo, el judaísmo y hasta la ciencia –añadió Alan– no parecen creer que podamos cambiarnos a nosotros mismos desde el interior. Nosotros solemos creer que los cambios siempre proceden del exterior. En el caso de la tradición judeocristiana, el cambio proviene de la bendición de Dios o de la gracia mientras que, desde la perspectiva de la ciencia, procede de los fármacos o de la terapia genética, por ejemplo.

–Yo creo –dijo Richie, desde una perspectiva más optimista– que éste es un caso en el que el modelado –incluido, por cierto, en el programa de Mark– constituye una forma muy poderosa de aprendizaje. Pensemos en lo interesante que sería que cada escuela dispusiera de un maestro cuya conducta ejemplificase el amor y la compasión.

Entonces pensé que, en las escuelas, existen muchos maestros de este tipo que, lamentablemente, no son considerados como un modelo. Lo que necesitamos, por tanto, es alentar esas actitudes en los maestros que no las posean y el apoyo institucional necesario para llevar a cabo este proceso.

Richie sugirió, entonces, que el hecho de utilizar a esos maestros como modelo para alentar la compasión del alumnado abriría una puerta a la esperanza en el mundo educativo.

–Los primeros pasos deben ser muy pequeños, pero el modelado puede acabar catalizando el cambio.

–Éste me parece un comentario lo suficientemente positivo –dije entonces– como para concluir con él nuestra sesión de hoy.

Al finalizar el día, el Dalai Lama me dijo que estaba muy contento con lo que había escuchado acerca de la educación emocional, que coincidía perfectamente con su propio análisis del significado profundo de la "educación" y que el aprendizaje mental y emocional deberían formar parte integral de cualquier programa educativo.

QUINTO DÍA

RAZONES PARA EL OPTIMISMO

24 de marzo de 2000

13. EL ESTUDIO CIENTÍFICO DE LA CONCIENCIA

El quinto día del encuentro nos recordó que el interés en las emociones destructivas formaba parte de una agenda mucho más amplia, explorar la posible colaboración entre el budismo y la ciencia moderna para enriquecer así nuestra comprensión de la mente, una colaboración en la que, en opinión del Dalai Lama, el budismo puede proporcionarnos el software que mejor se adapte al hardware de la ciencia del cerebro. Según me dijo, el budismo podía beneficiarse mucho de los fundamentos neurobiológicos de los estados mentales, mientras que la ciencia cerebral, por su parte, podría corroborar –o refutar– la visión budista de la mente.

La epistemología budista establece una clara distinción entre lo que no se ha descubierto y lo que no puede descubrirse. Y, según me dijo el Dalai Lama, los hallazgos realizados por la neurociencia parecen corroborar las afirmaciones realizadas por el budismo, lo que aumentaba su interés por los resultados de la investigación científica de la mente.

Cuando, ese último día, llegó el Dalai Lama, todos estábamos todavía de pie y fue saludándonos uno tras otro; al sentarnos, finalmente, el clima emocional era muy positivo. Toda la noche había estado cayendo una llovizna fina y apacible, y el día había amanecido con el cielo completamente despejado.

Hoy debíamos dejar atrás las aplicaciones prácticas y volver a nuestra agenda científica. Francisco Varela era el primero de los ponentes y a continuación hablaría Richie Davidson. El Dalai Lama conocía tan bien a Francisco que sólo dije, con una sonrisa:

Como usted bien sabe, Francisco Varela trabaja como investigador en muchas y muy prestigiosas instituciones francesas que no voy a repetir ahora, para ahorrarles el mal trago de tener que escuchar mi espantoso francés. Me limitaré, pues, a presentarles a Francisco.

Una teoría radical

De todos los científicos que han participado en este diálogo, tal vez haya sido Francisco Varela quien ha hecho el viaje vital más largo, no sólo en el espacio, sino también en el tiempo. Francisco nació en Tulcahuano, en el Sur de Chile, en cuyo puerto su padre trabajaba como ingeniero y pasaba sus vacaciones en Monte Grande, una remota aldea de unas cincuenta personas –a la que él consideraba como su hogar espiritual– ubicada en los Andes chilenos en la que vivía su abuelo y donde la vida –sin carreteras, sin radio y sin televisión– parecía hallarse todavía anclada en pleno siglo XIX.

Lector voraz y con un especial talento natural para la ciencia, Francisco se aburría en la escuela y fue un estudiante mediocre hasta que ingresó en la universidad, donde su tutor Humberto Maturana despertó en él tal interés en la biología que acabó consiguiendo una beca para doctorarse en Harvard. Eso ocurrió en 1968, la cresta de la ola de la transformación de las instituciones sociales que, por aquel entonces, estaba barriendo el mundo.

En su época de estudiante universitario, Francisco no dejaba de formularse la pregunta filosóficamente más profunda de la neurociencia: «¿Cuál es la relación que existe entre la mente y el cerebro?». Inmerso por completo en el espíritu de su tiempo, Varela era muy crítico con el paradigma dominante, según el cual el cerebro humano funciona como un ordenador. Pero, como debe hacer todo buen científico, Francisco comenzó con lo básico y centró su investigación en el ojo de la abeja, un complejo sistema visual muy diferente del ojo de un vertebrado, y no digamos ya del ojo humano. Hay que señalar también que el director de su investigación, Thorsten Wiesel, fue posteriormente galardonado por un premio Nobel por sus estudios sobre el sistema visual.

En 1970, Francisco declinó una oferta de trabajo en Harvard para asumir otra en la Universidad de Santiago, una decisión parcialmente motivada por la elección para la presidencia de su país de Salvador Allende, a quien Francisco, de orientación política izquierdista, apoyaba incondicionalmente. Fue un tiempo de esperanza y apertura en el que el socialismo prometía un nuevo orden social y económico más igualitario en Chile.

El optimismo del momento se reflejaba también en la apertura que mostraba el clima de la universidad. Entonces emprendió, junto a Humberto Maturana –su viejo mentor y posterior colega–, una revolucionaria investigación en las fronteras de la biología que, finalmente, les llevó a esbozar la teoría de la "autopoyesis" (es decir, de la autogeneración), que explica la emergencia y el modo en que un sistema vivo mantiene su identidad aun cuando todos sus componentes se hallen en continuo movimiento.[1] Según dijo él mismo, una célula «se autorregula en la sopa fisicoquímica en que se halla inmersa» a modo de una red autoorganizada de reacciones bioquímicas que producen moléculas que establecen sus propias fronteras.[2] Es así, dicho en otras palabras, como la célula se genera a sí misma.

La hipótesis de la autopoyesis no reduce la vida a las moléculas que la componen y considera al organismo como algo más que la suma de sus partes. Es cierto que las propiedades de la totalidad emergen de la dinámica que existe entre sus distintos elementos compositivos, pero en modo alguno pueden ser explicadas en función de ellos. Como posteriormente señalaron Varela y Maturana en su libro *El árbol del conocimiento*, publicado en 1984, ésta es una hipótesis aplicable a todos los niveles de la vida, desde la célula aislada hasta el sistema inmunológico, la mente e incluso las comunidades.[3] A pesar de que, a comienzos de los setenta, la teoría de la autopoyesis fue descartada como herética, hoy en día sigue influyendo en pensadores de campos tan diversos como la filosofía de la mente, la ciencia cognitiva y las teorías de la complejidad.

Pronto llegaron los días oscuros de 1973 y el golpe de estado encabezado por Pinochet, cuando la universidad cayó bajo el control de la policía y Francisco se vio enfrentado a la alternativa de cerrar su laboratorio o denunciar a sus amigos afines a Allende. Entonces fue cuando Francisco y Maturana tuvieron que poner punto final a su trabajo en Chile. Y, lo que era peor todavía, la policía empezó a detener a muchos de sus amigos y colegas. Él mismo había participado activamente en política y sabía que sólo era cuestión de tiempo que la policía acabase yendo a por él. Por aquel entonces huyó con su primera esposa y sus tres hijos a Costa Rica, el punto más distante al que podrían llegar que todavía aceptaba refugiados políticos chilenos. Aterrizó allí con cien dólares y se vio obligado a trabajar durante un tiempo como guía turístico hasta que, finalmente, consiguió un puesto como profesor de biología en la universidad.

Un encuentro que paralizó su mente

La siguiente etapa de su vida comenzó pocos meses después, cuando recibió una oferta de trabajo de la University of Colorado en Boulder, adonde llegó en 1974. Una vez allí, Francisco reestableció el contacto con Jeremy Hayward, un físico educado en Cambridge, al que había conocido en Harvard y que acababa de abandonar su carrera científica para estudiar con el *lama* tibetano Chögyam Trungpa. En ese tiempo, Trungpa, un *lama* muy respetado que había escapado del Tíbet junto al Dalai Lama en 1959 y se había educado en Oxford, era una auténtica *rara avis*, uno de los primeros maestros del budismo tibetano en Occidente en una época en la que era muy extraño encontrar un *lama* tibetano en Estados Unidos.

Francisco estaba atravesando un período en el que sentía que debía comenzar nuevamente su vida. El horror del violento golpe de estado de Chile y la imposibilidad de explicarse las brutalidades que había presenciado provocaron una repentina pérdida de sentido que le dejó completamente a la deriva. Todos los años de filosofía, racionalidad, marxismo y ciencia no le sirvieron para comprender lo que había ocurrido, y su sensación de que el universo poseía algún sentido quedó hecho trizas. De modo que, cuando Hayward le preguntó: «¿Quieres conocer a Trungpa?», Francisco no lo dudó ni un instante: «¿Por qué no? ¡Al infierno con todo!» y fue con él.

Aunque Francisco era muy racional y no tenía el menor interés en las filosofías y religiones orientales, se sintió muy intrigado por la agudeza, el sentido del humor y la singularidad de Trungpa. En cuanto tuvo la ocasión de hablar con él, le expresó su confusión y también le dijo que no sabía qué hacer, a lo que Trungpa, tras mirarle fijamente, respondió: «¿Y por qué tendría que hacer algo? ¿Qué le parecería si, en esta ocasión, no hiciera nada?».

Esa respuesta desconcertó por completo a Francisco. "Hacer nada" era algo insólito para alguien acostumbrado, como él, a analizarlo todo de continuo. Como la vida misma le había mostrado bien palpablemente, hay veces en que la acción sólo contribuye a generar más confusión y ahora, repentinamente, se le abría una nueva posibilidad, el silencio mental, que parecía tener mucho sentido. «¿Pero cómo hacer eso?» –preguntó Francisco a Trungpa. Y éste le respondió: «Yo le enseñaré» –y, acto seguido, le enseñó a meditar.

La meditación no tardó en convertirse, para Francisco, en una aventura apasionante y, poco tiempo después, asistió a un retiro de meditación de un mes de duración en un centro ubicado en las Montañas Rocosas. La meditación parecía saciar la sed que llevaba sintiendo desde hacía mucho tiempo. Entonces fue cuando se dio cuenta de que, más allá del yo racionalista y científico, el mismo fundamento de su existencia le era ajeno. La meditación le enseñó a asentarse en el fundamento de su ser sin tener la necesidad de articularlo o expresarlo de ningún modo. El simple y natural hecho de ser le permitió descubrir una alegría y un placer sencillos y fascinantes.

No sin vencer cierta resistencia inicial, Francisco empezó a leer los textos clásicos del budismo y sus comentarios, que le llevaron a descubrir la belleza del budismo, no sólo como práctica, sino también como filosofía y hasta como ciencia de la mente. Cuando alcanzó una cierta comprensión, empezó a repensar su visión de la ciencia desde una nueva perspectiva.

Trungpa acababa de fundar el Naropa Institute, una universidad budista ubicada en Boulder (Colorado), y Francisco, junto a Jeremy Hayward y otros, esbozaron un programa de verano que versaría sobre la ciencia y el budismo. Así fue como comenzó Contrasting Perspectives in Cognitive Science, reuniendo a un grupo muy diverso y de alto nivel de veinticinco especialistas de las visiones budista y científica de la mente. Pero esa temprana incursión en el diálogo entre el budismo y la ciencia resultó un desastre, porque el debate acabó convirtiéndose en un acalorado enfrentamiento plagado de malentendidos en el que nadie escuchaba a nadie. No hubo en todo el encuentro el menor indicio de la apertura que requiere este tipo de diálogo, y mucho menos de la cordialidad que debería caracterizarlo.

Resulta paradójico que ese fracaso asentara los cimientos para esbozar los posteriores encuentros organizados por el Mind and Life Institute. Para Francisco se trató de una lección muy clara de que no basta con reunir a científicos y a budistas... sino que debía tratarse de científicos –y por supuesto también de budistas– que realmente estuvieran abiertos al diálogo.

Luego conoció a un budista que era perfecto para ese tipo de diálogo, el Dalai Lama. En 1983, Francisco fue invitado a un congreso celebrado en Austria sobre la espiritualidad y la ciencia al que también asistió el Dalai Lama. En uno de los primeros almuerzos del congreso, Francisco se sentó junto a Su Santidad; cuando éste se enteró de que su especialidad era la neurociencia, inmediatamente se lanzó a formularle una andanada de preguntas en torno al funcionamiento del cerebro en una conversación que prosiguió durante todo el congreso y que a ambos les supo a poco.

Francisco volvió a impartir clases en Chile en 1980; en 1984, fue a trabajar al Max Planck Institute, ubicado en Alemania; un año más tarde, se trasladó al Center for Research on Applied Epistemology, un grupo de expertos de la École Polytechnique de París y, en 1988, se convirtió en director de investigación del Centre National de la Recherche Scientifique.

Durante un tiempo, Francisco asumió sus nuevas responsabilidades en París y no volvió a encontrarse con el Dalai Lama, pero, en la primavera de 1985, habló con su amiga Joan Halifax y se enteró de que un grupo dirigido por Adam Engle –que también conocía el interés del Dalai Lama por la ciencia– estaba organizando un encuentro sobre budismo y ciencia. Entonces llamó de inmediato a Adam, y éste le dijo que la reunión prevista con el Dalai Lama iba a centrarse en la relación que existe entre el budismo y la física. Francisco expresó, entonces, su opinión de que resultaría mucho más fructífera si se centrase en la relación entre el budismo y las ciencias cognitivas y solicitó integrarse en el equipo que iba a organizar tal encuentro.[4] Esa llamada telefónica jalonó el comienzo de lo que, finalmente, ha terminado convirtiéndose en el Mind and Life Institute, del que Francisco y Adam han sido miembros fundadores en los ámbitos científico y administrativo, respectivamente.

Éste es el cuarto de los encuentros del Mind and Life en el que participa Francisco que, desde su base en París, es reconocido actualmente en todo el mundo como un experto en la interfaz que existe entre la neurociencia, la psiconeuroinmunología, la fenomenología y la ciencia cognitiva. Además de sus puestos académicos, Francisco habrá escrito unos doscientos artículos para diversas publicaciones científicas que versan, en su mayoría, sobre los mecanismos biológicos de la cognición y de la conciencia y también ha escrito y editado unos quince libros, muchos de los cuales se han visto traducidos a varios idiomas. Francisco es un científico difícil de clasificar porque sus intereses van con mucha facilidad de la neurociencia a la inmunología, la ciencia cognitiva, la filosofía de la mente y la biología teórica. Su erudición es muy amplia y combina con precisión la investigación y la fertilidad teórica.[5]

En la actualidad, acaba de serle trasplantado un hígado tras una dura batalla con la hepatitis C y una tensa espera del momento del trasplante. Por ello hasta el último momento, no pudo confirmar su asistencia a Dharamsala. Con él estaba su esposa Amy Cohen, una psicoanalista americana que no pudo asistir al encuentro del Mind and Life de 1991, porque quedó embarazada de su hijo Gabriel y se vio obligada a permanecer en París. Durante nuestro encuentro, Francisco se veía obligado a tomar un cóctel de medicamentos que Amy le administraba cuidadosamente. Ahora, en el último día del octavo encuentro organizado por el Mind and Life Institute, Francisco estaba a punto de iniciar la que acabaría convirtiéndose en su última presentación científica ante el Dalai Lama.

Un regalo de la vida

«Como han hecho todos mis colegas, quisiera empezar –comenzó diciendo Francisco– con una pequeña reflexión dirigida a Su Santidad. Estoy muy contento de poder disfrutar de esta nueva ocasión de charlar con usted. Me parece asombroso que, a lo largo de los años, hayamos podido continuar nuestro diálogo y, especialmente en esta ocasión, considero que la vida me ha ofrecido el regalo de disponer de una nueva oportunidad. Su respaldo y comprensión en los momentos más difíciles –añadió, casi con lágrimas en los ojos– han sido muy importantes para mí.»

En cierto modo, podría decirse que el Dalai Lama era el responsable de que Francisco siguiera con vida. En la primavera de 1997 le fue diagnosticado un cáncer de hígado provocado por la hepatitis C. Después de la operación, se le informó que tendría que apuntarse en lista de espera para un trasplante del hígado, pero Francisco no tenía muy claro hasta dónde debía llegar su lucha por la vida y consideró muy seriamente la posibilidad de no someterse a ese trasplante lo cual, sin duda, le hubiera acarreado una muerte más rápida.

Mientras estaba ponderando esta decisión, Francisco recibió un fax del Dalai Lama en el que le decía que se había enterado de su enfermedad y que esperaba que hiciera lo imposible por recuperarse, un signo llovido del Cielo que le proporcionó el apoyo emocional que necesitaba para seguir adelante. Entonces fue cuando decidió someterse a un peligroso trasplante de hígado que se llevó a cabo el año anterior a nuestro encuentro. Después de esa operación, su cuerpo pareció rechazar el nuevo hígado y se vio obligado a pasar tres duros meses en la unidad de cuidados intensivos. Cuando llegó a Dharamsala, sin embargo, parecía haberse recuperado.

Francisco era el mayor de todos los ponentes y no era la primera vez que debía hablar ante el Dalai Lama pero, en esa ocasión –según me dijo–, las cosas eran muy distintas porque, apenas empezó a hablar, se sintió embargado por la emoción al darse cuenta de que su presencia era un auténtico milagro.

En el mismo momento en que ocupó el sillón del presentador, Francisco experimentó una oleada de gratitud por la comprensión que le había mostrado el Dalai Lama. Durante el descanso para el té que se produjo el primer día de este diálogo –su primer encuentro después de la operación–, en el que el Dalai Lama sostuvo su cabeza y su mano en un silencio largo y afectuoso, Francisco se sintió desbordado por la cordialidad y el respeto mostrados por Su Santidad y sintió su aprecio de un modo muy tangible. Para él, este encuentro no era tanto un diálogo científico como un encuentro de viejos amigos.

Pero la sensación de abatimiento se esfumó apenas Francisco puso en marcha su ordenador portátil y abrió la primera presentación en Power-Point de todo el encuentro y, al parecer, la primera también que había visto el Dalai Lama. Cuando la primera imagen apareció en la pantalla de cristal líquido, el Dalai Lama exclamó: «¡Qué impresionante!» Luego vino el primer gráfico y una animación del título barrió la pantalla, momento en el cual hubo un aplauso espontáneo y Su Santidad pronunció el equivalente tibetano de: «¡Vaaaya!».

–Me ha parecido que esto le gustaría, Su Santidad –dijo Francisco con una sonrisa y luego prosiguió–. Quisiera comenzar hablando del modo en que podemos expandir nuestro proyecto, es decir, del modo en que podemos colaborar para que el Mind and Life Institute siga desarrollándose. Para ello empezaré señalando lo que hemos hecho en este sentido, y Richie continuará luego en la misma línea. Ésta es una oportunidad para que aclaremos una cuestión realmente fundamental: ¿Cómo podemos compaginar el estudio neurocientífico de la conciencia con la tradición meditativa?

Rompiendo el tabú de la subjetividad

«Yo sé que Su Santidad siempre ha mostrado un gran interés por la relación que existe entre la conciencia y el cerebro, un área que, como a muchos de mis colegas aquí presentes, me parece fascinante. Ésta es una dimensión en la que la ciencia ha evolucionado mucho puesto que, sin ir más lejos, hace tan sólo diez o quince años atrás, el mismo término "conciencia" era problemático y hoy en día, sin embargo, se celebran congresos al respecto y son muchas las personas que se ocupan de su estudio.[6]

»Y son dos, en mi opinión, las razones que explican este cambio. Una de ellas tiene que ver con la puesta a punto de métodos nuevos y no intrusivos para el estudio de la conciencia humana; y la segunda está ligada al cambio de actitud con el que la ciencia aborda el estudio de la conciencia, dos factores que se combinan para tornar posible nuestro esfuerzo cooperativo.»

Según dijo Francisco, uno de los momentos álgidos de este cambio de perspectiva se produjo durante la celebración, en 1994, de un congreso realizado en Tucson (Arizona), donde un joven filósofo de California llamado David Chalmers presentó un artículo sobre lo que él llamó "el núcleo duro del problema de la conciencia", en el que sostenía la imposibilidad de estudiar la conciencia sin preguntar al sujeto experimental lo que experimentaba, una propuesta llena de sentido común que supuso una auténtica revolución para los neurocientíficos que, hasta ese momento, sólo habían prestado atención a los datos proporcionados por la tecnología.

Por aquel entonces, Francisco llevaba varias décadas enfrentándose al núcleo duro del problema de la conciencia. Recordemos que, a mediados del siglo pasado, los conductistas habían desterrado el testimonio personal del ámbito de la investigación científica, desdeñándolo como un dato esencialmente distorsionado, un rechazo que Francisco había refutado activamente en muchas de sus publicaciones. En su libro *De cuerpo presente*, publicado en 1991, aunque iniciado una década antes, por ejemplo, Francisco afirmaba que la práctica budista de la meditación de la atención plena proporciona al estudio de la conciencia un método para que el sujeto experimental pueda convertirse en un colaborador en "primera persona" e informar autorizadamente de su propia experiencia.[7] En 1996 dijo que ese enfoque –al que calificó como neurofenomenología y que exploró con detalle en su antología de 1999 titulada *The View from Within*– nos ofrece un método para afrontar el problema duro de la conciencia.[8] En su último libro *On Becoming Aware: The Pragmatics of Experiencing*, publicado en 2002, demostró palpablemente la utilidad científica de ese enfoque.[9]

«Aunque esa renovación del interés en el estudio de la conciencia –prosiguió Francisco– no resulte patente desde fuera de esa cosa tan singular a la que llamamos comunidad científica, cada vez resulta más evidente la extraordinaria importancia que poseen los datos que puede proporcionar el sujeto experimental. Algunas personas llamarían a este método fenomenología, experiencia personal o vivencia en primera persona, nombres todos ellos, en mi opinión, igualmente válidos. Pero, independientemente de la terminología utilizada, la ciencia parece estar empezando a cambiar de actitud con respecto al ámbito de lo subjetivo.

»Hoy en día existe una amplia diversidad de métodos en primera persona que son más o menos sofisticados hasta el punto de que parte del debate actual gira en torno a los métodos más adecuados a cada circunstancia. En este sentido, la meditación es excepcionalmente importante, aunque también hay muchos otros abordajes que quisiera examinar en un contexto más amplio.»

La otra mitad de la historia

Para ilustrar la utilidad que poseen los datos en primera persona para la neurociencia, Francisco se planteó lo que ocurre en el cerebro cuando uno tiene una imagen mental.

«Supongamos, por ejemplo, que les muestro esta hoja de papel –dijo, sosteniendo entre sus manos un folio en blanco– y luego les propongo que cierren los ojos y se la imaginen. La cuestión es si la imagen mental visualizada es de la misma naturaleza que la imagen vista. Ésta es una pregunta cuya respuesta empezó a buscarse en la actividad o inactividad de la corteza visual. Pero la respuesta que nos proporcionó la investigación realizada en el laboratorio fue muy interesante porque, en algunas modalidades de imaginería visual, la corteza visual permanece tan activa como cuando uno ve la imagen mientras que, en otros casos, permanece casi inactiva.

»Cuando, por ejemplo, les propongo que cierren los ojos e imaginen que están dibujando el mapa del camino que conduce desde aquí hasta nuestro hotel, Chonor House y, desde ahí, hasta Dharamsala, la corteza visual no está muy activa, pero sí que lo está cuando pergeñan ese mapa. También existen diferencias individuales en el funcionamiento del cerebro ya que, para desempeñar la misma tarea, la mitad de la población mantiene activa la corteza visual, cosa que no ocurre con la otra mitad. Esta investigación parece responder a la pregunta formulada esta mañana por Su Santidad sobre si todo el mundo presenta el mismo tipo de pautas cerebrales, por cuanto pone de relieve la existencia de un estilo personal de visualización que genera pautas de activación muy diferentes.»

Este descubrimiento, en opinión de Francisco, parece sugerir la necesidad de disponer de datos proporcionados por la primera persona. Y es que, por más coherentes que sean los métodos utilizados por la neurociencia para el estudio de la mente, su interpretación puede ser completamente errónea si no van acompañados de la información proporcionada por el sujeto que se ha sometido al experimento. Si las investigaciones ahora mencionadas sobre imágenes mentales se hubieran basado exclusivamente en técnicas de imagen cerebral, por ejemplo, los resultados hubieran sido muy confusos puesto que, en tal caso, nos hubiéramos visto obligado a concluir que, la mitad del tiempo, la corteza visual permanece activa y la otra mitad inactiva, dependiendo del paradigma experimental utilizado.

De este modo, si el único análisis posible de los datos hubiera sido el procesamiento estadístico, nos habríamos quedado con las manos vacías porque, de ese modo, dijo Francisco, no hubiéramos advertido los diferentes efectos sobre la corteza visual provocados por los distintos estilos de visualización que utilizan las personas. El único modo de comprender lo que está ocurriendo consiste en pedir a las personas que nos expliquen, del modo más concreto posible, lo que estaban haciendo mentalmente mientras se registraba su actividad cerebral. Y es que, a falta de ese tipo de datos de primera persona, la neurociencia está tuerta.

Un experto en el mundo interno

«Un aspecto fundamental de este enfoque (que todavía, por cierto, se halla en pañales) –continuó Francisco– tiene que ver con la pericia del sujeto que realiza la observación. Y es que ser capaz de pasear por un jardín y de ver las plantas no nos convierte en buenos botánicos ya que, para ello, se requiere de la adecuada formación.

»Tal vez a Su Santidad le resulten evidentes las grandes diferencias interpersonales que existen en la capacidad de observar la propia experiencia, pero lo cierto es que se trata de algo muy novedoso –y hasta diría que revolucionario– para la investigación científica occidental. Me parece muy curioso que todo el mundo admita con tanta facilidad que uno tiene que entrenarse para llegar a ser un buen deportista, un buen músico o un buen matemático, pero que al mismo tiempo crea que, en lo tocante a la observación de la propia experiencia, no hay nada que aprender. Resulta difícil subestimar la ceguera de nuestra cultura a este respecto.»

Por ello, Francisco se propuso corregir el sesgo de los métodos subjetivos proporcionados por la primera persona recurriendo a métodos objetivos (a los que denomina métodos de segunda y de tercera persona). Así, los datos de la "primera persona" son los que nos proporciona el sujeto que tiene la experiencia, los de la "segunda persona" provienen de un observador adecuadamente entrenado y los de la "tercera persona" son los ligados a las medidas objetivas utilizadas por la ciencia.

«La idea consistiría en combinar el método de primera persona (que requiere de un adecuado entrenamiento) con el enfoque empírico de la tercera persona (que es el que utiliza la neurociencia actual). Consideremos, en tal caso, lo que ocurriría con una investigación electroencefalográfica que nos permitiese determinar los distintos tipos de actividad eléctrica que se llevan a cabo en el cerebro. El nuevo enfoque que proponemos nos proporcionaría dos versiones diferentes de la misma historia, los datos del EEG (procedentes del enfoque en tercera persona) y el relato proporcionado por el sujeto que nos dice, por ejemplo, que estaba experimentando sorpresa (procedente de la primera persona). La cuestión, pues, consistiría en combinar ambas fuentes para poder así comprender no sólo la experiencia, sino también su fundamento biológico y orgánico.

»Resumiendo, pues, la cuestión consistiría en redescubrir la importancia de la visión de la primera persona, y la hipótesis de trabajo trataría de utilizar el enfoque empírico para corroborar la descripción realizada por la primera persona. Pero ello nos obligaría, por supuesto, a desarrollar una disciplina sostenida de observación, una idea aparentemente muy novedosa en Occidente.»

Esta idea llamó mucho la atención de Su Santidad, que vio que los practicantes de meditación podían desempeñar un papel muy importante en ese sentido.

Una salida en falso

—¿Recuerda usted —dijo Francisco, dirigiéndose al Dalai Lama— la visita que, en 1992, realizaron a Dharamsala un grupo de científicos, entre los que se hallaba Richie, con la intención de investigar el funcionamiento de algunos monjes y *yoguis*?

Francisco se refería a una investigación que siguió al tercer encuentro del Mind and Life, cuando el Dalai Lama invitó a los científicos a estudiar la actividad cerebral de meditadores avanzados, *yoguis* que vivían en pequeñas cabañas ubicadas en las montañas de los alrededores de Dharamsala. En esa investigación participaron Francisco, Richie Davidson, Cliff Saron (colega de Davidson) y Greg Simpson, y Alan Wallace actuó como intérprete.

Todos los días, durante varias semanas, el equipo de investigación —armado de una carta de presentación del Dalai Lama— subía penosamente el EEG y otros sofisticados instrumentos a lo alto de las montañas para entrevistarse con algún que otro *yogui*. Y todos los días tropezaban con el mismo escepticismo y los mismos problemas, entre los que cabe destacar la negativa de los *yoguis* a dejar que se registrase su funcionamiento cerebral. Como muy acertadamente dijo uno de ellos: «No creo que lo que esos aparatos puedan medir tenga mucho que ver con lo que sucede durante mi meditación. Además, si la conclusión a que arribasen fuera que no ocurre nada, ello podría sembrar la duda en la mente de los practicantes». Así fue como, por un motivo u otro, la mayoría de los *yoguis* acabaron declinando la invitación.

Las conclusiones que extrajo Francisco de ese fracaso fueron varias. Una de ellas es que resulta ingenuo solicitar su colaboración para participar en un experimento científico a un *yogui* que lleva veinte años meditando y no tiene el menor interés en la ciencia. Este tipo de colaboración sólo es posible con tibetanos occidentalizados o con occidentales muy avanzados en la práctica de la meditación. La segunda conclusión fue que las condiciones de ese tipo de investigación son demasiado precarias si las comparamos con el rigor y precisión que nos permiten los centros de investigación. Resulta mucho más conveniente, por tanto, llevar el *yogui* al laboratorio que el laboratorio al *yogui*.

«Ésa fue una experiencia muy interesante —prosiguió Francisco— que sirvió para que nos diésemos cuenta de que, para poder investigar las habilidades que realmente nos interesan, necesitamos la tecnología adecuada. No bastan, pues, las rudimentarias medidas psicológicas utilizadas en esa temprana ocasión, como el tiempo de reacción. Hoy en día disponemos de una tecnología eléctrica mucho más sofisticada. La experiencia es muy fugaz y, en consecuencia, se escapa de técnicas como el estudio metabólico del flujo sanguíneo que, si bien son muy útiles para otros casos, resultan demasiado lentas para el que ahora nos ocupa, porque son necesarios varios minutos para registrar un aumento del flujo sanguíneo en ésta o en aquella parte del cerebro.

»El lapso de tiempo en que sucede una experiencia es así –dijo, chasqueando los dedos–, y lo que tenemos que estudiar es miles de veces más rápido, algo que no se produce en el orden de los segundos, sino de los milisegundos. Por ello, las técnicas de medición deben ser de tipo eléctrico u, ocasionalmente, magnético. Y, para hacerlo, tenemos que centrar nuestra atención en estados mentales muy, muy simples y registrar los cambios eléctricos que se llevan a cabo en la superficie del cerebro utilizando para ello un electroencefalógrafo o un aparato muy sofisticado de tipo cuántico que nos permita registrar los campos magnéticos y que, en modo alguno, podríamos traer a Dharamsala. Además, también hay que decir que el asunto no sólo consiste en medir, sino en procesar analíticamente los datos obtenidos, un campo en el que hemos avanzado muchísimo, ya que hoy en día disponemos de técnicas que nos permiten extraer gran cantidad de información de datos muy sencillos.»

La melodía del cerebro

Francisco esbozó luego dos objetivos complementarios del programa de investigación emprendido por el Mind and Life Institute. Su trabajo se centraría en la dinámica de la actividad mental de un determinado instante, mientras que la investigación de Richie Davidson se dedicaría a explorar los cambios permanentes que se producen en el cerebro durante un intervalo de meses e incluso de años.

«La aparición de la ira, por ejemplo, va acompañada de un período refractario durante el cual uno tiene tiempo para advertir la emergencia de la ira y tratar de suprimir la acción que suele acompañarla. Pero, para ello, es necesario comprender muy bien el funcionamiento dinámico de un instante de la experiencia. ¿Cómo se origina un instante de conciencia, un instante de actividad cognitiva, de percepción o de emoción, por ejemplo? Sólo cuando lo comprendamos, podremos advertir las posibles aplicaciones de esa comprensión y trabajar con ella... pero, por el momento, no sabemos gran cosa al respecto.»

En ese momento, el Dalai Lama pareció reanimarse. Ése era un tema que le interesaba mucho y, aunque lo que siguió resultó bastante esotérico para la mayoría de los presentes, para el Dalai Lama resultó uno de los puntos más sustanciosos de todo el encuentro.

«Cuando se produce un acto cognitivo –cuando, por ejemplo, tenemos una percepción visual–, esa percepción no se limita a generar una imagen retiniana, ya que son muchas las áreas del cerebro que en ese momento se ponen en funcionamiento. El problema, Su Santidad, es el modo en que todas las partes activadas se unifican en una totalidad coherente. Y es que cuando, por ejemplo, le veo a usted, el resto de mi experiencia –mi postura y mi tono emocional– no se disgrega, sino que sigue conformando una totalidad.

»¿De qué modo ocurre todo eso? Yo concibo que cada una de las distintas regiones del cerebro constituye una especie de nota musical, es decir, que cada una de ellas tiene un determinado tono. ¿Y por qué hablo de tono? Porque, empíricamente hablando, las distintas neuronas del cerebro se encuentran en un proceso de continua oscilación. Es como si cada una de ellas hiciera *whomp* (se hinchara) y luego *puff* (se deshinchara) –dijo, al tiempo que ilustraba su comentario con una extensión y contracción de sus brazos– y, en el momento del *whomp*, es cuando las olas procedentes de diferentes regiones del cerebro se sincronizan y empiezan a oscilar simultáneamente.

»Y es precisamente cuando las distintas oscilaciones se armonizan y oscilan sincrónicamente (lo que se llama entrar en fase) que el cerebro establece una determinada pauta –es decir, que tenemos una percepción, o llevamos a cabo un determinado movimiento.»

–No sé si comprendo bien su metáfora –preguntó entonces el Dalai Lama– ¿Está usted diciendo que cada una de esas oscilaciones constituye una especie de nota musical distinta que, cuando se combinan, crean la música?

–Exactamente –coincidió Francisco–. En ese momento es cuando las distintas pautas de oscilación procedentes de todo el cerebro se funden espontáneamente para crear la melodía, es decir, el momento de la experiencia. Ése es el *whomp*. Y debo subrayar algo que me parece fundamental y es que toda esa música se crea sin que sea necesaria la presencia de ningún director de orquesta.

No existe, en nuestro interior, ningún hombrecito que diga: «Ahora te toca a ti, ahora a ti y ahora a ti» –dijo Francisco, moviendo los brazos en el aire como si fuera un director de orquesta–. Las cosas no funcionan así. El mecanismo básico de la integración cerebral consiste en la sincronización provisional de grupos neuronales que se hallan desperdigados por todo el cerebro. Éste me parece un hermoso modo de describir nuestros hallazgos sobre la dinámica de aparición de un instante de la experiencia.[10]

Las familias del cerebro

Entonces, el Dalai Lama asumió una vez más su conocida faceta como polemista familiarizado con el discurso científico y dijo:

–¿Existen diferencias interindividuales al respecto? ¿Cuáles son las variables que determinan su mayor o menor velocidad? ¿Se trata acaso de un proceso estable? ¿Depende de la edad?

–Todas esas preguntas me parecen muy interesantes, Su Santidad –respondió Francisco–. Probablemente se trate de algo muy constante, porque parece que el cerebro se atiene a una ley universal que afecta incluso a los animales. Pero las distintas pautas concretas parecen variar de un individuo a otro en función de su aprendizaje y de su historia personal. O, dicho en pocas palabras, todavía no tenemos las cosas muy claras al respecto.

Condición de percepción

Si usted coloca electrodos en diferentes partes del cerebro podrá registrar la presencia de una determinada oscilación. Si coloca otro electrodo en otra región cerebral, advertirá la presencia de otra oscilación (de otro *whomp*). Y hay un momento en que ambas oscilaciones entran en sincronía, es decir, que empiezan y finalizan al mismo tiempo. Ése es el mecanismo básico.

–¿Lo que podemos detectar en una determinada región depende –preguntó entonces el Dalai Lama– de la distancia a la que coloquemos los electrodos?

Condición de no percepción

–Absolutamente –replicó Francisco–. Nosotros utilizamos un casquete de electrodos que recubre todo el cráneo. Y si nos preocupamos por lo que ocurre entre regiones muy separadas, es porque nos interesa la integración a gran escala. Cuando las neuronas están muy juntas –es decir, cuando se trata de una integración a pequeña escala–, resulta casi inevitable que se sincronicen porque, de hecho, están conectadas entre sí y conforman lo que podríamos llamar una familia neuronal. Lo que a nosotros nos interesa, siguiendo con esta misma analogía, es si una familia de Dharamsala está sincronizada con una familia de Delhi porque, en tal caso, resultaría incuestionable la presencia de algún mecanismo de sincronización interneuronal.

Entonces, Francisco proyectó la diapositiva de una imagen en blanco y negro muy contrastada que, a primera vista, parecían meras manchas, pero que, tras un escrutinio más detallado, evidenciaba el rostro de una mujer.

−¿Lo ven ahora? −preguntó−. Una vez que lo hayan visto resulta ya casi imposible dejar de verlo, ¿no es cierto? Éstas son las llamadas caras lunares (como las caras que pueden verse en la superficie de la luna) o, dicho en otras palabras, rostros con un contraste muy marcado. No son fáciles de ver, pero casi todo el mundo puede verlas con cierta facilidad si presta atención.

Estas caras se reconocen fácilmente cuando se presentan derechas. ¿Pero acaso pueden verla también ahora? −dijo, proyectando entonces la misma imagen invertida−. Son muy pocas las personas que pueden verla, porque ahora los estímulos invertidos resultan más difíciles de reconocer. Para el propósito de nuestro estudio, denominamos a la primera imagen "condición de percepción" (que las personas no tardan en reconocer) y a la otra "condición de no percepción" (porque no suelen ser reconocidas).

La anatomía de un instante mental

Luego, Francisco proyectó un gráfico que mostraba la secuencia y temporización de su investigación sobre la deconstrucción de un instante mental.[11] En un determinado experimento, Francisco y su equipo pidieron a los voluntarios del laboratorio de París que estaban siendo controlados electroencefalográficamente que presionaran un botón en el mismo instante en que reconociesen una imagen. Toda la secuencia discurre a una velocidad de extraordinaria rapidez que debe medirse en milisegundos, es decir, en milésimas de segundo.

Como evidencia el gráfico, la mente se pone en funcionamiento durante los primeros 180 milisegundos posteriores a la presentación de la pauta en blanco y negro. El acto de reconocimiento se produce entre los 180 y los 360 milisegundos que siguen a la presentación, es decir, cerca del final del primer tercio de segundo. En el siguiente sexto de segundo, el cerebro de la persona vuelve a descansar de ese acto de reconocimiento. El movimiento −la acción de pulsar el botón− se lleva a cabo durante el próximo sexto de segundo. Y toda la secuencia finaliza antes de haber transcurrido tres cuartos de segundo.

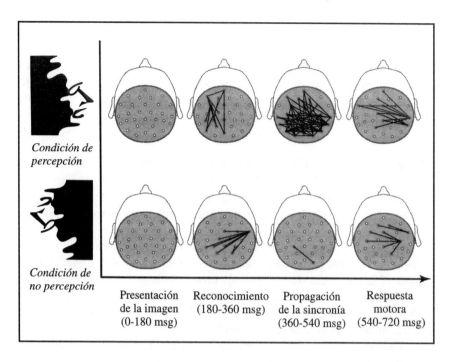

«Durante la primera décima de segundo no ocurre nada, algo que suelo imaginar como si el cerebro estuviera tratando de ponerse en funcionamiento –dijo, haciendo *brromm-brrrooomm*, como si estuviera poniendo en marcha un motor–, como si todos los grupos neuronales estuvieran tratando de establecer vínculos para sincronizarse –dijo, señalando la primera cabeza del diagrama, en la que apenas si hay líneas de conexión y la imagen todavía no ha sido reconocida.

»En la siguiente cabeza aparecen súbitamente multitud de conexiones (representadas por las líneas continuas) que van estableciendo vínculos entre células cerebrales ubicadas en regiones diferentes. Entonces empiezan a formarse los grupos y emerge una pauta distintiva. Y debo subrayar que se trata, ciertamente, de un caso de emergencia, porque nadie les dijo que debía haber una sincronización entre éste y aquel electrodo, pongamos por caso. La sincronización, pues, se produce de un modo completamente independiente. Y sabemos, por otro tipo de evidencias, que tal cosa ocurre cerca de un tercio de segundo después de la aparición del estímulo, es decir, en el momento en que la persona reconoce la presencia de un rostro.

397

»Después del momento del reconocimiento pueden ver la presencia de muchas otras líneas que representan, precisamente, lo opuesto de la sincronía. Y es que, en ese momento, el cerebro se desincroniza y cada parte funciona a su aire. Entonces es cuando el *whomp* se convierte en *puff* –dijo, moviendo enérgicamente sus manos en torno a su cabeza– o, dicho en otras palabras, entonces el cerebro dice "Borra esa pauta de oscilación".»

Rastreando los movimientos sutiles de la mente

El Dalai Lama había estado escuchando muy atentamente, al tiempo que se mecía con suavidad en su silla hacia adelante y hacia atrás. Entonces preguntó:

–¿Sería posible llevar a cabo un estudio que no se centrase tanto en los estímulos visuales como en los auditivos, en los sonidos? ¿Advertiríamos entonces la presencia de los mismos procesos de sincronización y desincronización propios de la segunda y de la tercera fase? ¿Y podría luego compararse esa dinámica con la propia del estímulo visual para ver si, en ambas, aparece la misma pauta en la tercera fase?

–Ya hemos hecho ese experimento –replicó Francisco– y también hemos descubierto la presencia de la misma pauta. Éste es un experimento que hemos llevado a cabo con la audición, con la memoria y con el conflicto atencional entre lo visual y lo auditivo, y, en todos los casos, obtenemos los mismos resultados, la presencia de una determinada pauta en el momento de emergencia de la percepción, seguida de un momento de reconocimiento y de una pauta posterior que acompaña al momento de la acción (es decir, al momento de pulsar el botón).

En el momento en que la persona recuerda que debe pulsar el botón se produce una nueva sincronización entre un nuevo conjunto de neuronas. Así pues, aparece el reconocimiento, luego *puff*, la desincronización y, cuando la persona recuerda que debe pulsar un botón, hace falta una nueva pauta o sincronía entre un nuevo conjunto de neuronas.

–Parece, entonces, que el papel de esas neuronas concluye una vez establecida la sincronía –acotó el Dalai Lama.

–Así es –dijo Francisco–, la suya es una función meramente provisional. Y eso es, justo, lo que resulta más interesante, porque constituye una especie de demostración de la provisionalidad de los factores mentales –concluyó Francisco, refiriéndose a los elementos básicos que, según el modelo de la mente sustentado por el *Abhidharma* budista, componen cada instante de la conciencia.

Vienen y van y están ligados a pautas neuronales provisionales. Éste fue para mí un gran descubrimiento. Es como si el cerebro se desarticulase activamente y facilitará así una apertura que permitiese el cambio de un momento al siguiente. Primero existe un reconocimiento y luego una acción, pero el paso de uno a otro está puntuado. No se trata, pues, de un flujo continuo, sino de algo así como "percepción... coma... acción". Y esto es algo que se presenta sistemáticamente en cualquier tipo de condiciones.

La temporización de la mente

Los resultados de la investigación dirigida por Francisco concuerdan con los obtenidos por otros investigadores que se han ocupado de temporalizar los movimientos sutiles de la mente. El neurocirujano de la facultad de medicina de la University of California de San Francisco Benjamin Libet, por ejemplo, descubrió que la actividad eléctrica de la corteza motora se origina, aproximadamente, un cuarto de segundo antes de que la persona sea consciente de su intento de mover un dedo. Y otro cuarto de segundo separa la conciencia de la intención de mover el dedo del comienzo del movimiento. Así pues, las investigaciones dirigidas por Libet y por Francisco ponen de relieve la presencia de elementos –de otro modo invisibles– que, en nuestra experiencia, se presentan como un único evento, como sucede con el reconocimiento de un rostro o con el movimiento de un dedo.

El Dalai Lama insistió de nuevo en el análisis detallado de la actividad mental preguntando:

–Parece que sus instrumentos de medición son muy sensibles, ya que les permiten registrar lo que sucede en el orden de los milisegundos. ¿Pero existe acaso también algún hiato entre la exposición inicial y el reconocimiento en el caso de que se les muestre a los sujetos la fotografía de un rostro tan familiar que el reconocimiento suceda de un modo inmediato sin necesidad de pensar en ella ni de recordarla?

–Éste es un experimento que también hemos llevado a cabo y la respuesta es nuevamente afirmativa ya que, aunque la brecha es en tal caso menor, no deja sin embargo, por ello, de presentarse –replicó Francisco.

En ese punto se inició una acalorada discusión en tibetano sobre la existencia de una fase inicial de la conciencia no conceptual antes de que la memoria y otros aspectos de la cognición creen el *whomp* del que hablaba Francisco. El Dalai Lama, dispuesto a no desperdiciar esa ocasión para conocer la visión de la ciencia sobre un tema que le interesaba personalmente –la distinción entre los procesos mentales conceptuales y los no conceptuales– insistió:

–¿Estaría usted de acuerdo en que ello sugeriría que el primer momento es de tipo no conceptual (es decir, una mera percepción visual que aprehende la forma en cuestión) y el segundo momento es de tipo conceptual (en el que el sujeto reconoce «¡Ajá! ¡De modo que se trata de esto!»)? Porque debo decirle que tal cosa corroboraría las afirmaciones de la psicología budista.

–Eso es, precisamente, lo que le lleva a pulsar el botón –señaló Francisco–. Recuerde que primero dice: «Ajá. Reconozco esto» y que sólo después pulsa el botón. Y éste es un momento francamente conceptual, mientras que el primero no es más que la percepción de una pauta sin ningún tipo de mediación conceptual.

–¿Coincidiría acaso usted conmigo –siguió preguntando el Dalai Lama, intrigado por las implicaciones de todo ello– en que eso corrobora la afirmación de la psicología budista de que el primer momento es una percepción meramente visual y no conceptual y de que el segundo, independientemente de su duración, es de tipo conceptual? ¿Le parece realmente así? Cuando miro, por ejemplo, a Alan Wallace, reconozco su rostro de inmediato sin tener la menor necesidad de imaginármelo. Parece que es algo que ocurre instantáneamente pero, en realidad...

–En realidad, el proceso no dura menos de doscientos milisegundos –puntualizó Francisco.

–Y eso es, precisamente, lo que afirma el budismo –dijo el Dalai Lama–. Hablando en términos muy generales, parece tratarse de un proceso instantáneo, pero, en realidad, no lo es. Primero aparece la impresión y posteriormente se produce el etiquetado, es decir, el reconocimiento conceptual.

–Perfectamente –coincidió Francisco–. Aun cuando se trate de algo que parece inmediato es imposible, en condiciones normales, comprimir un instante mental de conciencia en un lapso inferior a ciento cincuenta milisegundos.

De hecho, éste es un punto realmente clave de la epistemología budista. El primer momento de la cognición visual, pongamos por caso, consiste en la percepción pura –es decir, en la percepción despojada de toda etiqueta– pero, poco después, se produce una cognición mental, el susurro de un pensamiento que se origina en la memoria y nos permite etiquetar y reconocer el objeto percibido visualmente. Según el budismo, pues, la comprensión de que el primer momento de la cognición es no conceptual y de que los momentos posteriores son conceptuales constituye la puerta de acceso a la liberación interna. Y es que la comprensión de la naturaleza de la construcción continua de la realidad constituye un paso necesario (aunque, en sí mismo, no suficiente) para liberarnos de la inercia de los hábitos mentales.

Fueron muchos los presentes –incluidos los científicos– que no siguieron detalladamente este debate. Pero el Dalai Lama estaba muy interesado en saber lo que la ciencia había descubierto en torno a lo que ocurre en la mente durante la aparición de un instante de conciencia y en conocer también el grado de concordancia que existe entre esos descubrimientos y el modelo budista descrito en los textos con el que está familiarizado. Se trató, en suma, de una excelente oportunidad para escuchar una descripción científica minuciosa de ese proceso que pone de manifiesto la existencia de una gran similitud entre la ciencia y el budismo.

La moderna evidencia de un viejo debate

En la epistemología budista –explicó el Dalai Lama– existe un debate bimilenario en torno a la naturaleza de la percepción y a la relación que ésta mantiene con el objeto. Una escuela afirma que la experiencia visual percibe el objeto puro, sin intermediación de representación mental alguna, y, desde esa perspectiva, el ojo establece un contacto directo con el objeto. Esta visión ha sido criticada por otros epistemólogos que afirman la existencia de una especie de representación mental –a la que denomina *namba* (y que podríamos traducir aproximadamente como "aspecto")– o, en este caso, de una imagen visual parcialmente creada por la mente que es la que realmente organiza los datos aleatorios de los sentidos en una totalidad sensorial coherente. Entonces es cuando aparece una imagen sensorial que no tiene nada que ver con la representación simple, con el mero reflejo de una imagen.

Según la visión filosófica tibetana, existen cuatro grandes escuelas de pensamiento del budismo indio. La primera de ellas es la escuela Vaibhashika, la única que admite que la percepción es un caso de representación reflejada. Las otras tres escuelas sostienen que se trata de un proceso más activo en el que *namba* desempeña un papel organizador subjetivo.

Luego añadió que todas las escuelas coinciden en la existencia de dos modalidades distintas de cognición, la conceptual y la no conceptual, y que sus discrepancias se centran en el hecho de si la percepción sensorial está necesariamente distorsionada o no.[12]

Éste es un debate que se remonta a más de mil años de antigüedad. La cuestión, dicho en pocas palabras, gira en torno al hecho de si visualmente percibimos los objetos en sí mismos (sin mediación de ninguna imagen "interna"), o si percibimos visualmente los objetos en el mundo externo a través de la intermediación de una representación mental "interna". Esta última es la visión sostenida por las escuelas filosóficas más sofisticadas del budismo indo-tibetano.[13]

El Dalai Lama estaba muy contento de que la ciencia hubiera empezado a descubrir métodos para diseccionar los diferentes estadios de la misma experiencia y poder así establecer la relación que existe entre esos descubrimientos y aspectos muy concretos del pensamiento budista. Entonces se produjo un animado debate en tibetano sobre si tenía sentido postular que el momento inicial de una experiencia sensorial está determinado por el pensamiento o por una imagen mental, como sostenía Jinpa. Pero, en este sentido, Jinpa era una voz en el desierto y el Dalai Lama no apoyó su moción.

«Según la neurociencia –continuó Francisco–, esta organización activa interna no sólo se lleva a cabo dentro del dominio de lo perceptivo, sino también en el contexto más amplio de otras instancias mentales como la memoria, la expectativa, la postura, el movimiento y la intención. La visión, por ejemplo, tiene en cuenta lo que percibimos a través de los sentidos, pero articula esos datos en función de todas las demás instancias.

»Afirmar, por ejemplo –comentó entonces Francisco, refiriéndose a un debate científico que parangonaba el señalado por Su Santidad–, que las emociones distorsionan la percepción es una interpretación de la que no estoy muy satisfecho, porque sugiere la existencia de una percepción y de una emoción posterior que se le superpone. Desde otro punto de vista, sin embargo, la emoción –es decir, la tendencia al movimiento– constituye una especie de predisposición del organismo al encuentro del mundo. No se trata, por tanto, de que uno tenga una percepción y luego la tiña con una emoción, sino que el mismo acto de encuentro con el mundo –la percepción– ya se ve esencialmente conformado por la emoción o, dicho de otro modo, que no existe percepción sin componente emocional. Yo reservaría únicamente el término distorsión para aquellas percepciones ilusorias en la que la emoción perdura tanto que acaba convirtiéndose en disfuncional o patológica. En condiciones normales, sin embargo, toda percepción va acompañada de una emoción.»

Un interés muy sutil

–Diez personas –intervino Richie Davidson tratando de ilustrar el punto con un ejemplo– reaccionarán de modo diferente ante ciertos objetos visuales complejos (como, por ejemplo, un rostro neutro que no expresa la menor emoción) en función de su temperamento emocional. Así pues, la reacción de una persona ansiosa durante los primeros doscientos milisegundos será muy diferente a la de quien tenga un temperamento más calmado.

Esta diferencia inmediata (de tipo atracción *versus* rechazo) en las pautas de actividad neuronal en respuesta al estímulo de un rostro neutro ha sido detectada en el área fusiforme, una región del cerebro que se ocupa del registro de los rostros.

–Mi verdadero interés aquí –apuntó el Dalai Lama, sorprendido de que esa diferencia pudiera deberse a un proceso conceptual– es muy sutil. Aunque se advierta, en los doscientos primeros milisegundos, diferencias interindividuales, creo que debe haber un punto –tal vez en los primeros cien milisegundos– en el que sólo exista percepción visual (mera apariencia) que luego va seguida –quizás en los cien milisegundos posteriores– de una cognición conceptual. ¿Disponen ustedes de algún tipo de evidencia experimental a este respecto? Mi hipótesis en suma es que, durante los primeros cien milisegundos, no existe diferencia interindividual y que las variaciones atribuibles al temperamento sólo aparecen después de haberse puesto en marcha el aparato conceptual.

–La evidencia de que disponemos –comenzó diciendo Richie– parece sugerir que...

–Pero tal vez, el momento inicial de la percepción ya se halle determinado por el estado mental anterior –terció Thupten Jinpa, con su habitual espíritu polémico.

–Así es –confirmó el Dalai Lama–, al menos en principio. El primer momento de la percepción visual depende ya del estado mental anterior, pero sólo en el sentido de que la claridad de la experiencia se basa en el momento anterior y que ello no modifica su apariencia pura. La segunda fase, en la que ya se pone en funcionamiento el juicio –en función del sentimiento positivo o negativo que le acompañe– constituye un evento completamente nuevo. Pero yo sigo sospechando la existencia de un momento –que tal vez no dure más que una décima de segundo– en el que la percepción visual no se ve afectada por el temperamento, la salud, la edad, etcétera.

–Creo –dijo entonces Francisco– que todavía no estamos en condiciones de poder determinar con precisión ese punto, pero existe alguna evidencia de que la imagen que veo ha sido conformada por los datos anteriores. Es cierto que el cerebro articula los datos en función de las expectativas, los recuerdos y las asociaciones, pero también lo es que todo ello no es, en modo alguno, determinante. Yo coincido con Jinpa en que algo puede provenir del momento anterior y no creo que exista evidencia de ningún tipo de apariencia visual pura. Las cosas siempre ocurren en el contexto de lo que acaba de suceder y de otros eventos del pasado que se hallen en la memoria operativa. No creo que podamos determinar, pues, la existencia de un instante, por más pequeño que éste sea, en el que sólo exista percepción.

–¿De qué modo podría la neurociencia verificar este punto? –preguntó entonces Alan.

–Muy buena pregunta –dijo Francisco–, pero para responder a ella deberíamos perfeccionar todavía más nuestros instrumentos de análisis cuya resolución, en la actualidad, sólo nos permite una discriminación del orden de los setenta milisegundos.

Una brillante sugerencia

–Todo parece indicar que, entre los primeros setenta y cien milisegundos, las personas reaccionan de manera muy similar. Las diferencias interindividuales de actividad cerebral sólo empiezan a manifestarse después de los primeros cien milisegundos –dijo Richie, sorprendido de que los datos de la investigación corroborasen la hipótesis sugerida por el Dalai Lama.

Existe un método –prosiguió Richie– que utiliza el mismo tipo de medida eléctrica y que consiste en detectar la actividad del tallo cerebral antes de que se extienda a la región más elevada del cerebro, la corteza. Y es muy improbable que, a ese nivel, existan diferencias interpersonales. Tal vez, sea ése el momento del que usted está hablando, un momento en el que no existe ninguna diferencia entre las personas y que no refleja gusto, disgusto ni expectativa alguna, sino que se trata del puro y simple *input* sensorial.

–Eso es, eso es –confirmó el Dalai Lama, indicando que ése era, precisamente, su foco de interés.

–Según entiendo –dijo Alan, ahondando en la misma línea–, la epistemología budista afirma que se trata de un momento tan fugaz que el individuo ni siquiera lo advierte.

–Ocurre –precisó Richie– entre los treinta y cinco y cuarenta primeros milisegundos.

–Pero eso es imposible de corroborar mediante el testimonio de la primera persona, y también resulta difícil de imaginar que la neurociencia pueda llegar a determinarlo –señaló Alan.

–¿Por qué no? –preguntó Francisco–. Lo único que necesitamos para ello son métodos más sofisticados que nos permitan discriminar con mayor precisión la dinámica de aparición de una percepción. Y si tal cosa no es posible con las técnicas indirectas de las que hoy en día disponemos para determinar el funcionamiento del tallo cerebral, deberemos esperar hasta el desarrollo de métodos más sofisticados y precisos. Poco a poco vamos haciendo las cosas mejor, y la resolución que hemos logrado alcanza ya el orden de las decenas de milisegundos, lo cual ya es mucho, aunque los niveles más sutiles sigan todavía escurriéndosenos de entre las manos. Y debo señalar que éste es uno de los aspectos de la colaboración de la que antes hablábamos... en el caso de que existiera alguien que lo averiguase lo cual, en principio, no parece nada imposible.

–Mi hipótesis –insistió el Dalai Lama, esbozando entonces una teoría concreta para poder verificarla de forma experimental– es que el primer momento de la percepción es no conceptual y que, en él, uno simplemente tiene una impresión. En un segundo momento, sin embargo, se pone en marcha algún tipo de identificación. Y aunque uno esperase que tal pauta se mantuviera sospecho que, cuando cierra los ojos y tiene una imagen exclusivamente mental, no existe la misma secuencialización de una imagen seguida de una identificación, sino que ambas se presentan de modo simultáneo.

–¡Es cierto! –dijo Richie–. ¡En tal caso, no habría intervención alguna del tallo cerebral! ¡Ésta me parece una sugerencia realmente brillante! En el caso de la imagen pura, en el caso de las imágenes puramente mentales, no parece haber mediación alguna del tallo cerebral (que ocurre durante los primeros cuarenta milisegundos). Cuando uno contempla una imagen externa, el procesamiento sensorial activa el tallo cerebral, pero tal cosa no sucede, como usted dice, con las imágenes puramente mentales ya que, en ese caso, lo único que se activa es la corteza.

–También me pregunto –agregó el Dalai– si habría alguna diferencia entre una situación en la que usted sólo tiene una percepción visual, y otra en la que se produce un proceso de pensamiento (de atracción o de rechazo, por ejemplo) al mismo tiempo que se da cuenta de lo que está viendo. Otro caso sería el de tener la percepción visual y luego cerrar los ojos, de modo que ya no estuviera contemplando sino experimentando los procesos de pensamiento asociados. ¿Existe alguna diferencia de actividad cerebral en ambos casos?

–En el caso de que el estímulo visual se halle presente –replicó Richie– se lleva a cabo una activación del tallo cerebral, cosa que no sucede cuando el estímulo visual está ausente. Pero también me parece ciertamente dudoso que podamos ser conscientes de la actividad del tallo cerebral. Según la moderna neurociencia, el único modo de tornarnos conscientes de la actividad del tallo cerebral exige que esa actividad alcance la corteza, lo cual resulta ciertamente paradójico.

Lo que, dicho de otro modo, significa que no podemos ser conscientes de la actividad exclusiva del tallo cerebral porque, para ello, es necesario que la información alcance la corteza.

–Tal vez –agregó entonces Richie–, los *yoguis* avanzados puedan tener conciencia de la actividad del tallo cerebral antes de que la activación alcance la corteza, pero eso es algo que Occidente ignora por completo.

Richie tardó menos de un año en investigar este tema en su laboratorio de Madison con la colaboración de *yoguis* avanzados.

La ciencia de la primera persona

Francisco, apremiado por el tiempo, volvió entonces al tema inicial, la importancia del relato en primera persona.

«Quisiera ahora, para concluir, combinar lo que acabamos de ver –es decir, los experimentos de reconocimiento de rostros– con el uso del relato en primera persona como instrumento de análisis. Justo estamos empezando este tipo de experimentos, pero ahora, en lugar de proyectar diapositivas y pedir al sujeto que pulse un botón, le instamos a que, después de cada presentación, nos cuente su experiencia y el estado de ánimo en el que se encontraba antes de la estimulación («Estaba distraído», «Estaba pensando en mi novia», «Estaba realmente preparado»). De ese modo obtenemos un pequeño relato –pero no, por ello, menos fenomenológico– en primera persona.[14]

»Los sujetos con los que hemos trabajado eran muy inteligentes, y aunque no estaban muy entrenados, no tardamos en descubrir la presencia de varios tipos diferentes de predisposición. El primer grupo presentaba lo que denominamos "prontitud estable" (es decir, estaban relajados y atentos); el segundo grupo se caracterizaba por una "prontitud expectante"; el tercer grupo estaba ligeramente distraído, y el cuarto, por último, estaba formado por personas muy poco preparadas y que hacían cualquier cosa como, por ejemplo, fantasear.

»No cabe la menor duda de que la fiabilidad de los informes proporcionados por los sujetos incluidos en esas cuatro categorías es muy diferente –dijo Francisco–. Los integrantes de los dos primeros grupos –es decir, los sujetos que estaban relativamente dispuestos (con o sin expectativa)– presentaban pautas cerebrales de gran oscilación y actividad. Quienes, por el contrario, no estaban preparados –es decir, quienes estaban distraídos o divagando– presentaban pautas mucho menos coherentes y síncronas.»

–Pero, si están distraídas, debe haber cierta actividad cerebral –señaló el Dalai Lama–. O, dicho en otras palabras, aunque se trate de pensamientos distractivos siguen siendo actividades cerebrales.

–Exacto –coincidió Francisco.

–Así que hay dos casos de falta de preparación –prosiguió el Dalai Lama–. Uno de ellos es el caso en que la mente está activa pero distraída y el otro es la simple falta de concentración en el que la persona realmente no presta atención, sino que cae en la lasitud o, por usar un término clásico budista, en el embotamiento.

Aquí, el Dalai Lama estaba utilizando una tipología clásica utilizada por el budismo para referirse al tipo de quietud mental alcanzada mediante la meditación, la excitación (en la que la mente está agitada o distraída) y la lasitud (en la que la atención "implota" y pierde su vivacidad y su capacidad de penetración).

–El hecho –precisó Francisco– es que parece haber dos modos diferentes de afrontar la misma tarea. Por un lado tenemos a las personas distraídas, es decir, a las personas cuyas pautas son tan distintas que no acaban de coordinarse de manera estable y, por el otro, a las personas que abordan la tarea de un modo más concentrado y en las que las pautas se combinan de un modo estable.

Esto –siguió comentando Francisco– fue realizado con sujetos que no estaban muy entrenados. Ahora esperamos contar con meditadores avanzados que sepan describir con mucho más detalle un determinado momento de la experiencia. En este sentido, por ejemplo, queremos trabajar con monjes de los monasterios de Dordogne en el Sur de Francia y esperamos poder encontrar practicantes budistas bien entrenados que estén dispuestos a ir al laboratorio a participar en este tipo de experimentos. Me parece evidente que, si hemos podido detectar diferencias trabajando con personas normales y corrientes, esas diferencias sean mayores cuando trabajemos con personas más expertas y que tal vez entonces podamos también establecer discriminaciones mucho más sutiles y podamos emprender una auténtica colaboración.

"Volver a las cosas mismas"

Yo quería centrar el debate en el intento científico de comprender lo que ocurre en el momento de la percepción o de la experiencia y en el minucioso análisis realizado al respecto por el budismo, porque creo que la ciencia puede usarlo para establecer hipótesis muy concretas.

–¿Cuáles son las condiciones que deberían cumplir los sujetos –tanto normales como entrenados– para utilizar adecuadamente la metodología de primera persona? –pregunté.

«Los métodos de primera persona (es decir, la persona que tiene la experiencia), de segunda persona (el entrevistador experto) y tercera persona (los métodos objetivos) –respondió Francisco– son formas diferentes de validar datos que pueden acabar formando parte del conocimiento intersubjetivo, es decir, del conocimiento válido para todo el mundo.

»El meditador que tenga una experiencia inmediata, podría guardarla para sí, en cuyo caso los demás no podríamos servirnos de ellos. Sólo podemos compartir su conocimiento si, de algún modo, lo expresa y nos hace partícipes de él. Existen dos alternativas diferentes del caso de la segunda persona. Una de ellas es el experto, como el maestro que sabe dirigir diestramente al meditador por el camino adecuado preguntándole, por ejemplo: "¿Te has dado cuenta de tal cosa?". En Occidente existen otras técnicas que recurren a la segunda persona, como la entrevista, por ejemplo, donde alguien orienta a otra persona a revivir una determinada experiencia. También existe otra técnica de entrevista, no tan directiva, orientada a obtener información que, de otro modo, resultaría difícil de lograr.

»Cada uno de estos métodos tiene sus ventajas y sus inconvenientes. También existen versiones más triviales del método de segunda persona, como cuando usted le pide a alguien que rellene un cuestionario. Se trata, de hecho, de la técnica a la que más habitualmente han recurrido la psicología y la ciencia cognitiva. Pero, por más implantado que se halle, sigue tratándose de un método muy limitado, porque el entrevistador no suele ser un experto y no encamina adecuadamente el informe proporcionado por la primera persona. Además, obviamente, también disponemos de los métodos de tercera persona, los métodos objetivos.

»Permítanme ahora presentarles lo que yo llamo "linajes" diferentes de la primera persona. El budismo, claro está, es un linaje muy importante, un linaje que abarca tanto el método de primera persona (el autoinforme) como el de segunda persona dirigido por un experto. En este caso, la relación entre maestro y discípulo va mucho más allá del mero "Rellene este cuestionario".

»En Occidente también disponemos del linaje fenomenológico, una tradición que considera el relato en primera persona como el fundamento del modo en que pensamos en la mente y en el mundo. Se trata de una tradición –ilustrada por William James y, muy en especial, por el alemán Edmund Husserl y muy distinta a las demás tradiciones filosóficas americanas (como la tradición empírica o la filosofía de la mente)– que ha desarrollado varios métodos ligados a la segunda y a la primera persona.»

–¿Podría darme una definición concreta de la fenomenología? –preguntó el Dalai Lama–. ¿Se trata simplemente de describir?

–Mis colegas me corregirán si me equivoco –respondió Francisco–, pero creo que podríamos resumir la visión fundamental de Husserl diciendo que uno no puede pensar en sí mismo y en el mundo sin llevar a cabo lo que él denominó "volver a las cosas mismas" o, dicho en otras palabras, a la forma en que las cosas se nos presentan. Y ello implica lo que Husserl denominó reducción fenomenológica, es decir, despojarse de toda creencia previa sobre lo que debe ser el mundo –la existencia de Dios, de la materia, de esto o de aquello– y dedicarse simplemente a observar y a fundamentarlo todo en el modo en que el mundo se nos presenta.

Se trata de un enfoque muy meditativo. Desde esa perspectiva, lo primero que hay que hacer cuando se quiere analizar algo es poner en suspenso todas sus ideas previas al respecto, dejar de lado todos los prejuicios y las pautas habituales, ver simplemente lo que ve y fundamentarlo todo ahí. Ésa fue la gran contribución de Husserl, con la que elaboró toda una filosofía, una tradición secular que ha proseguido hasta nuestros días.

–¿Estoy en lo cierto –volvió a preguntar el Dalai Lama– si digo que el punto de partida de esa visión consiste en dejar de lado, o poner entre paréntesis, cualquier visión metafísica y religiosa y simplemente comenzar a partir de su experiencia? ¿No cree que ello implica la profunda arrogancia de creer que uno tiene la capacidad de saberlo todo?

–No tanto de saberlo todo –replicó Francisco– como de conocer el fundamento. Es verdad que supone una cierta arrogancia, como también la hay en la afirmación del meditador que dice: «Voy a contemplar mi mente y verla tal cual es».

–¿Pero acaso –insistió el Dalai Lama– el conocimiento no debe hallarse, en última instancia, verificado por la propia experiencia? Poco importa, pues, cuán sofisticado y complejo sea un sistema filosófico porque, en última instancia, la única validación se deriva de la propia experiencia.

–Y eso es, precisamente, lo que pretende Husserl, asentar toda validación en la experiencia –respondió Francisco.

–Éste es también un punto clave del budismo –comentó el Dalai Lama–. En ciertos escritos budistas, se le formulan al Buda varias cuestiones y, finalmente, acaba relacionándolas con la propia experiencia.

Francisco señaló, entonces, que la escuela husserliana ha llevado a cabo descripciones muy elaboradas sobre el tiempo y sobre el espacio. Pero, por más que haya realizado grandes descubrimientos, el modo de aplicar el método –y de enseñarlo a los alumnos– sigue siendo bastante vago y oscuro. No es una tradición que haya elaborado claramente su método. En este punto, precisamente, es donde creo que la contribución del budismo puede ser muy positiva, con independencia del uso que le dé la ciencia.

Trascender la ingenuidad: *el yogui como experto fenomenólogo*

Según dijo Francisco, la colaboración con Richie le había permitido descubrir el mejor modo de combinar los diferentes linajes y métodos de primera persona. La primera persona es una dimensión en la que deberíamos distinguir diferentes grados de destreza que van desde el principiante hasta el maestro. Y algo parecido ocurre hacer también en el caso de la segunda persona, donde Francisco distingue al ingenuo del *coach* experto.

En su opinión, la tercera dimensión a explorar era el tiempo:

«En este sentido, es posible hablar de la situación inmediata o retroceder en el tiempo y recordar, por ejemplo, lo que experimentó hace un par de días o un par de meses. La psicología cognitiva y la psicología experimental actuales disponen de muchas nuevas técnicas tanto para el autoinforme inmediato como para recopilar información procedente del pasado, pero ambos casos están cargados de problemas. Lo único que pretendemos es señalar la existencia de varios tipos de primera persona. En los estudios clásicos de la hipnosis, por ejemplo, se precisa de un *coach* experto para inducir la hipnosis y de una persona que se someta a ella, que probablemente sea un informador novato que esté haciendo un informe inmediato.

»El informe verbal propio de la psicología experimental, por ejemplo, recurre a principiantes y al tiempo inmediato o intermedio, y la habilidad de la segunda persona es manifiestamente ingenua».

–Por ello, que las investigaciones de laboratorio podrían beneficiarse muy positivamente de la experiencia de los meditadores avanzados –señalé.

Francisco coincidió conmigo acotando que, de ese modo, sería posible explorar el espectro completo de la experiencia.

–Hasta el momento –añadió–, la ciencia se ha limitado a explorar el reducido ámbito de sujetos ingenuos hablando con segundas personas inexpertas.

–Y ello tiene una extraordinaria relevancia –intervino entonces Richie– para la investigación de las emociones. Tengamos en cuenta que, la mayor parte de la experimentación realizada al respecto, ha confiado en informes en los que las personas se ven obligadas a responder a un cuestionario muy sencillo del tipo «¿Cuán satisfecho está usted con su vida? Muy satisfecho, bastante satisfecho, moderadamente satisfecho o insatisfecho», y donde la única participación del sujeto se reduce a colocar una cruz en uno de los cuatro casilleros.

En ese tipo de datos –continuó– se ha asentado la investigación científica realizada sobre lo que ha terminado llamándose "bienestar subjetivo". No es de extrañar, por tanto, que, al basarse en un examen introspectivo más bien precipitado e indisciplinado de la experiencia, haya demostrado tener muy poco interés. Así pues, la idea de poder contar con observadores diestros que puedan llevar a cabo una descripción más rica de su experiencia interna es muy importante para avanzar en esta área. Creo que sólo entonces estaremos en condiciones de llevar a cabo distinciones más sutiles entre los distintos atributos de la misma emoción.

Esa idea ya había sido sugerida tiempo atrás por Francisco en su libro *De cuerpo presente* y también en sus artículos más recientes.[15] En los escritos de Alan Wallace, por su parte, también se recoge una propuesta similar en el campo de la filosofía de la mente. De hecho, esta parte del encuentro fue para él una pequeña revelación al poner de relieve la rica taxonomía de estados mentales de que dispone el budismo y el uso de observadores adiestrados para alentar la ciencia del cerebro.

¿Pero dónde pueden encontrarse practicantes avanzados que contribuyan positivamente a la investigación de Francisco? En opinión del Dalai Lama, habría que buscarlos entre los practicantes de Mahamudra y de Dzogchen –dos avanzadas técnicas de meditación– que puedan ser conscientes de esos momentos de la experiencia (especialmente de aquellos avezados en esa cualidad de la conciencia a la que, el primer día, Matthieu denominó "claridad"). Pero, aun así, dudaba de su capacidad de articular esa experiencia, porque ello dependería parcialmente de su conocimiento de los términos técnicos con los que se conoce a los estados de la mente.

El Dalai Lama señaló que esos monjes –y, en cierta medida, los niños de las escuelas tibetanas de los asentamientos de refugiados que están desperdigados por toda la India– estudian los rudimentos de la psicología budista aunque también los hay, por supuesto, que estudian más profundamente la psicología y la epistemología budista. Pero, en opinión del Dalai Lama, «sería mucho más interesante que esos temas no sólo fueran enseñados de manera aislada y sin aplicación práctica, sino en relación también con la moderna neurociencia cognitiva». De ese modo, los monjes aprenderían a situar sus experiencias con la práctica contemplativa dentro de un marco de referencia teórico, una idea que le interesó mucho a Francisco.

Razones para el optimismo

Un nuevo tipo de colaborador

Este tipo de estudios tendría la ventaja de permitirnos establecer con más claridad la relación que existe entre la experiencia –la fenomenología de un estado mental– y la actividad cerebral.

–La fiabilidad –dijo Richie– de los relatos proporcionados por los practicantes avanzados nos permitiría determinar con más precisión su relación con los cambios concretos que se producen en el cerebro. No cabe la menor duda de que ésa será para nosotros una importante estrategia para la investigación futura.

Los practicantes expertos que saben generar estados internos y hablarnos de ellos con inusitada exactitud representan una nueva generación de colaboradores de la ciencia del cerebro. Esta profunda conciencia interna fue también el elusivo objetivo de un grupo de psicólogos americanos de comienzos del siglo XX –a los que se conoce como "instrospeccionistas"–, que aspiraban a estudiar la mente a través de las observaciones internas de sus sujetos. En uno de los casos, por ejemplo, los voluntarios (que solían ser estudiantes universitarios) debían transcribir lo más rápida y literalmente que pudiesen el curso de sus pensamientos y todos los meandros recorridos por el flujo de sus estados mentales.

Lamentablemente, sin embargo, los resultados de ese método no fueron nada interesantes –tal vez porque los sujetos implicados carecían de experiencia en la tarea encomendada–, y el movimiento introspeccionista científico acabó arrinconado en un callejón sin salida. (Aunque también debemos destacar que uno de sus inesperados beneficios fue más literario que psicológico, puesto que enseñó a la escritora Gertrude Stein, alumna de William James en Radcliffe, el método de la escritura libre que acabó convirtiéndose en su marchamo literario distintivo.)

Hoy en día, casi un siglo más tarde, nos hallamos en un punto en el que parece que podemos retomar el objetivo –aunque no los medios– de los introspeccionistas. Instrumentos como el RMNf y el EEG computerizado nos permiten observar el funcionamiento del cerebro con una precisión sin precedentes. Los practicantes avanzados de meditación, por su parte, también representan una prometedora fuente de colaboración que ya fue esbozada hace más de una década por Francisco Varela cuando dijo que, para lograr una imagen completa de lo que ocurre, debemos establecer la relación entre el registro biológico de un determinado estado y la experiencia interna del sujeto que la experimenta.

Resulta sorprendente que el Dalai Lama también considere muy prometedor este abordaje cooperativo para el estudio científico de la conciencia humana. Como posteriormente me dijo, una de las razones por las que ha insistido en introducir la educación científica en el programa de estudios de los monasterios no es simplemente la de poner al día a los monjes sobre las diversas teorías científicas, sino la de preparar a un grupo selecto de monjes para que puedan alcanzar las cotas más elevadas.

Su esperanza, como dijo, «es la de que, un día no muy lejano, podamos estar en condiciones de crear científicos que también sean budistas practicantes». Tal vez, los monjes avanzados que también dispongan de la adecuada formación puedan, en un momento futuro, llevar a cabo una investigación científica... consigo mismos.

Pero, desde la perspectiva de alguien que no sólo piensa en términos de años, sino de siglos, el Dalai Lama reconoce también que tal objetivo requerirá mucho tiempo y, con la traviesa sonrisa que le caracteriza, añadió: «No creo que seamos nosotros quienes recojamos los frutos de la colaboración que justo ahora estamos empezando a sembrar».

Los inicios de una colaboración

En este momento di paso a la interrupción matutina para tomar el té, pero el Dalai Lama y Francisco se hallaban tan sumidos en la conversación que siguieron hablando durante toda la pausa.

–Existen dos modos muy distintos de no estar preparado –comentó el Dalai Lama, volviendo sobre un punto anterior–. Utilizando la terminología *shine* (la meditación calma), un modo de no estar preparado está ligado a la inactividad mental que le lleva a caer en la lasitud. El otro modo tiene que ver con la excitación, la agitación y la distracción, en cuyo caso la mente está atrapada rememorando el pasado o anticipando el futuro, y uno está concentrado pero en otra cosa. Y, aunque ambos caigan en el epígrafe de "no preparados", es de suponer que posean correlatos cerebrales sumamente diferentes. Tal vez conviniera separarlos.

–Me parece una excelente sugerencia –coincidió Francisco–, pero, para ello, deberemos contar con personas expertas en estas lides. La gente suele limitarse a decir que está distraída o expectante, pero tal vez las personas más entrenadas sepan discriminar con mayor precisión el tipo de distracción.

En el momento en que concluyó la pausa para el té acabó su conversación, aunque decidieron seguirla en otro momento. Francisco parecía muy satisfecho porque, aunque no hubiera podido abarcar todos los temas que tenía previsto, consideró que había logrado su objetivo de movilizar el interés del Dalai Lama.

Pero, más allá de la euforia provocada por el interés de Su Santidad, también estaba un tanto frustrado por no haber sido capaz de explicar mejor las ventajas que suponía para la investigación el hecho de disponer de la colaboración de meditadores expertos, una posibilidad que le parecía realmente apasionante. Pocos meses después, sin embargo, Francisco puso en marcha, en su laboratorio de París, una colaboración con el *lama* Öser tratando de determinar el impacto neurológico de la meditación que se había apuntado en Dharamsala, una investigación que acabó convirtiéndose en una de sus últimas salidas al escenario de la ciencia.

14. EL CEREBRO PROTEICO

Una de las facetas de la ciencia que más le interesan al Dalai Lama es que su búsqueda de la verdad no se centra tanto en las teorías como en los hechos. No existe teoría, ley y hasta principio que no pueda verse desbancado mañana por los resultados de una investigación que revele su inexactitud. Y la investigación es el mecanismo autocorrector que sirve de brújula para la búsqueda científica de la verdad.

El tema abordado por Richard Davidson esa última mañana constituye un ejemplo perfecto en este sentido. Durante décadas, la ciencia del cerebro ha sostenido que el sistema nervioso central no genera nuevas neuronas, una verdad que conocían hasta los estudiantes de neurociencia y que, hasta ahora, no era considerada una teoría, sino un puro dato. Pero la investigación realizada a finales de los noventa en el campo de la biología molecular celular ha acabado demostrando la falsedad de lo que, hasta ahora, se consideraba como un dogma aparentemente irrevocable. [1]

El descubrimiento de que el cerebro y el sistema nervioso generan nuevas células en función de la experiencia y del aprendizaje ha puesto de nuevo sobre el tapete de la neurociencia la noción de plasticidad neuronal.[2] Por ello, Richie cree que la noción de plasticidad neuronal acabará remodelando también la psicología de los años venideros. Su propia investigación ya ha comenzado a introducir en el campo de la psicología los nuevos descubrimientos de la neurociencia.

Antes de que Richie se sentara en el asiento del presentador le sugerí que, puesto que Francisco se había centrado en lo que ocurre en un momento de la experiencia, él podía hacerlo en los efectos duraderos del entrenamiento de la mente y en el modo en que el aprendizaje afecta al cerebro.

«Quisiera ahora –comenzó Richie– regresar al tema de las emociones destructivas y centrarme en sus antídotos y en su posible abordaje neurocientífico, concretamente en los efectos duraderos de la meditación sobre el funcionamiento cerebral y otras actividades corporales. Dicho de otro modo, centraremos nuestra atención en las modificaciones cerebrales duraderas que pueden provocar un cambio de temperamento.

»Un posible antídoto de las emociones destructivas sería el de fomentar la activación de las regiones del lóbulo frontal que inhiben o modulan la actividad de la amígdala. Se ha demostrado fehacientemente la importancia de la amígdala sobre ciertas emociones negativas, y también sabemos que determinadas áreas de los lóbulos frontales inhiben su actividad. Éste es un mecanismo que podemos utilizar para transformar el funcionamiento cerebral y disminuir así las reacciones emocionales negativas, al tiempo que aumentamos las positivas.»

–¿Está usted acaso sugiriendo –preguntó entonces el Dalai Lama– la posibilidad de desarrollar fármacos que puedan ayudar a disminuir las emociones negativas, es decir, modificar el funcionamiento del cerebro para cambiar así el funcionamiento emocional?

–Muy buena pregunta –respondió Richie–. Pero los fármacos tienen el problema de que, cuando usted le da una píldora a una persona, su efecto influye en toda la química cerebral.

O, dicho en otras palabras, la poca precisión actual del efecto de los fármacos –que operan afectando al funcionamiento químico de todo el cerebro (y del resto del cuerpo)– ocasionan de manera inevitable multitud de efectos secundarios indeseables, algo que la medicina actual, claro está, se ve obligada a aceptar como el precio que necesariamente debemos pagar para disponer de un remedio.

–¿Sería posible lograr los mismos efectos –insistió de nuevo el Dalai Lama– recurriendo a alguna intervención eléctrica o algún otro tipo de intervención médica? ¿Está usted investigando en ese sentido?

–Mi investigación actual gira en torno al uso de la meditación para transformar el funcionamiento del cerebro – contestó Richie.

Antes de centrarse en la meditación, sin embargo, Richie respondió a la pregunta de otro tipo de posibles intervenciones, describiendo una que consiste en estimular el cerebro con un imán especial de alta potencia, ya que varias investigaciones han descubierto que la estimulación magnética del lóbulo frontal izquierdo reduce los síntomas de los pacientes deprimidos.[3] Pero se trata de un método que también tiene sus limitaciones e inconvenientes, como, por ejemplo, que ocasiona fuertes dolores de cabeza durante una hora o dos después de cada sesión. Y hay que decir que su eficacia requiere de dos a tres sesiones semanales esparcidas a lo largo de dos meses.

–¿Y tiene algún efecto secundario sobre la inteligencia, la capacidad de razonar o cualquier otra facultad mental? –preguntó el Dalai Lama.

–De momento lo ignoramos –respondió Richie–, porque todavía no se han realizado estudios a largo plazo para determinarlo. Yo, por mi parte, prefiero utilizar métodos más internos, es decir, métodos que estén bajo el control de la persona, como la meditación, por ejemplo.

–Sí... parecen métodos mucho más seguros –coincidió el Dalai Lama.

Cambiar el temperamento

«En varias ocasiones –prosiguió Richie– hemos dicho que algunas personas reaccionan temperamentalmente a los acontecimientos negativos de un modo automático, intenso e inmediato. Paul Ekman utilizó el término "período refractario" para referirse a la falta de receptividad a la nueva información de quien se halla atrapado en una emoción y a la gran dificultad para detenerla una vez que se ha puesto en marcha.

»Es posible que el cultivo de ciertas habilidades pueda facilitar la interrupción de las emociones negativas automáticas. De ese modo, la persona dispondría de la posibilidad de hacer una pausa, disminuyendo así la duración del período refractario, y podría ser también más consciente del momento en que emerge la emoción para atajarla antes de que se desencadenen sus efectos negativos.

»Su Santidad nos ha proporcionado una información desde el punto de vista científico muy valiosa. Me pareció sumamente interesante, por ejemplo, la idea apuntada por Su Santidad de que el pensamiento deliberado provoca la emergencia de emociones positivas, mientras que las emociones negativas suelen brotar de manera más espontánea.

»La terapia cognitiva es una conocida terapia occidental que enseña a las personas a pensar de un modo diferente en los acontecimientos problemáticos de su vida. Ese enfoque permite dejar de cultivar el hábito automático de emitir una respuesta emocional negativa y pensar en lo que nos perturba para luego poder responder de un modo más positivo. Finalmente, también existe la posibilidad de cultivar el afecto positivo que, en mi opinión, podría ser el mejor antídoto contra ciertas emociones negativas.

»Quisiera ahora centrar nuestra atención en los mecanismos cerebrales puestos en marcha por este tipo de antídotos y en la posible validez del uso de la meditación.

»Este diagrama –continuó Richie, después de proyectar su primera diapositiva– nos muestra las áreas fundamentales del lóbulo frontal. La porción medial, ubicada en lo más profundo del lóbulo, es la región prefrontal más rica en conexiones neuronales con la amígdala.»

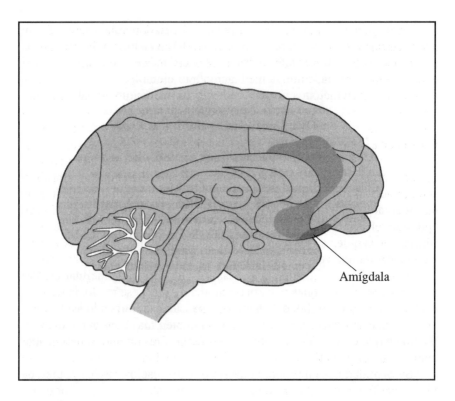

Amígdala

El área medial de la corteza frontal (sombreada) es la región prefrontal más rica en conexiones neuronales con la amígdala.

–¿No estaba la amígdala muy ligada a las cualidades negativas de experiencias como la depresión? –preguntó el Dalai Lama.

–Sí –respondió Richie–. La amígdala se encuentra muy activa en las personas deprimidas, en quienes padecen trastornos de estrés postraumático y en las personas ansiosas. En este sentido, la activación del área medial de la corteza frontal inhibe la activación de la amígdala. No es de extrañar, por tanto, que la activación de la corteza prefrontal y la correlativa disminución del funcionamiento de la amígdala vayan acompañados de un cambio de temperamento.

«El cambio de temperamento provocado por la activación prefrontal arroja nueva luz sobre algunos datos hasta ahora confusos. Cierta investigación realizada sobre la sensación de bienestar, por ejemplo, puso de relieve la presencia de pequeñas diferencias en la satisfacción con la vida de los parapléjicos, las personas normales y los ganadores de lotería. Y hay que decir que los datos de los parapléjicos resultan en especial sorprendentes porque, si bien la pérdida de las extremidades constituye un acontecimiento demoledor, son muchos los parapléjicos que, pocas semanas después del incidente que les mutiló, parecen experimentar un estado de ánimo extrañamente positivo. Al cabo de un año, sin embargo, casi todos vuelven a sentirse tan optimistas (o pesimistas) como lo eran antes del incidente. Por su parte, quienes pierden a un ser querido tardan aproximadamente un año en recuperar su estado de ánimo normal. Por último, casi no existe ninguna diferencia entre el efecto de ganar la lotería sobre el estado de ánimo cotidiano de las personas insultantemente ricas y sobre quienes disfrutan de ingresos muy modestos. No parece, en suma, existir una gran relación entre las circunstancias vitales y el estado de ánimo predominante.

»Por otra parte, los estudios realizados con gemelos idénticos que fueron criados aisladamente evidencian la presencia de tasas muy semejantes de estados de ánimo positivos o negativos de modo que, si uno de ellos suele ser optimista y entusiasta, el otro también lo es y, por el contrario, si uno es taciturno y melancólico, también lo será el otro. Todos estos descubrimientos han llevado a los investigadores a concluir que cada ser humano dispone de una ratio biológicamente determinada de buen humor/mal humor (una especie de tasa de felicidad). Y, tratándose de una constante biológica, el efecto de los éxitos y de los fracasos es provisional y no tarda en recuperar el nivel acostumbrado.»[4]

Pareciera, pues, como si no pudiésemos hacer gran cosa por cambiar ese dato biológico ya que ¿no es, después de todo, la biología, algo tan inmutable como algunos suponen que es el destino? Pero no parecen ser ésas las conclusiones de los hallazgos de la investigación dirigida por Richie.

La siguiente diapositiva mostraba una imagen del cerebro con pequeños puntos brillantes (que indicaban un aumento de actividad) que acompañan a la aparición de las emociones positivas. Entonces Richie dijo:

«Los resultados de esta investigación determinaron que el área del cerebro más ligada a los informes realizados por la persona sobre las emociones positivas de su vida cotidiana (como el celo, el vigor, el entusiasmo y el optimismo) es la corteza frontal izquierda.

»Como verán, se trata de la misma región cerebral asociada a la inhibición de la actividad de la amígdala. Lo que nos interesa, entonces, es descubrir el modo de fortalecer esta región (que inhibe el funcionamiento de la amígdala) para poder aumentar las emociones positivas de la persona, al tiempo que disminuimos las destructivas. Fue entonces cuando, inspirados por muchas de las enseñanzas de Su Santidad, empezamos a investigar los efectos a largo plazo de la meditación sobre esta área del cerebro y su importancia para disminuir las emociones negativas y aumentar las positivas».

–¿Podría la compasión –se preguntó Alan–, en la que uno empatiza con el sufrimiento de otra persona hasta el punto de llegar incluso a llorar, estar relacionada con la región frontal izquierda?

–Por el momento lo ignoramos, y eso forma parte de la investigación cooperativa que quisiéramos llevar a cabo –respondió Richie–. Lo único que sabemos es que quienes puntúan alto en las medidas de emociones positivas también suelen comprometerse en acciones más altruistas, pero puesto que estos resultados se basan en autoinformes, todavía debemos determinar si sus acciones se corresponden con sus palabras.

De hecho, la compasión fue unas de las condiciones evaluadas en la investigación que Richie no tardó en emprender en Madison.

El caso del geshe feliz

«Quisiera ahora llamar su atención sobre los resultados de un par de experimentos que ya hemos realizado. Uno de ellos se basa en los datos de una sola persona, pero resulta muy interesante y revelador. El otro es un experimento más formal que llevamos a cabo junto a Jon Kabat-Zinn, quien ya les habló de él en uno de los anteriores encuentros del Mind and Life Institute.[5] Como ustedes saben, Jon Kabat-Zinn lleva mucho tiempo investigando sobre la enseñanza de la meditación de la atención plena a una amplia diversidad de grupos, desde pacientes hasta trabajadores en su puesto de trabajo, presos y los residentes de los barrios deprimidos de varias ciudades de Estados Unidos.

»En cierto proyecto dirigido conjuntamente por Francisco, yo y otros, tuvimos la oportunidad de estudiar un monje que llegó a nuestro laboratorio de Madison. Entonces colocamos electrodos en su cabeza y registramos la actividad eléctrica de su cerebro para determinar si, en su estado cotidiano, había una mayor actividad de la región frontal asociada a las emociones positivas y a la inhibición de la amígdala.»

–¡Pero si es el abad de tal monasterio de la India! –exclamó el Dalai Lama, cuando reconoció al monje que estaba siendo conectado al electroencefalógrafo del laboratorio de Davidson que mostraba la fotografía que se proyectó a continuación.

«En esa investigación –continuó Davidson–, comparamos el registro de la actividad cerebral del *geshe* con el de otras ciento setenta y cinco personas que habían participado en el mismo experimento durante los últimos dos años.»

Luego Davidson proyectó una diapositiva que ponía de relieve la ratio de activación derecha/izquierda del *geshe* y dijo:

«¡La investigación puso de relieve que la ratio del *geshe* era la más positiva de todos los implicados!».

–Lo cierto es que es una persona muy, muy buena –comentó el Dalai Lama–, siempre está de un humor excelente y es muy tranquilo, amén de un gran erudito.

El Dalai Lama sabía que el *geshe* era un monje practicante y un erudi-

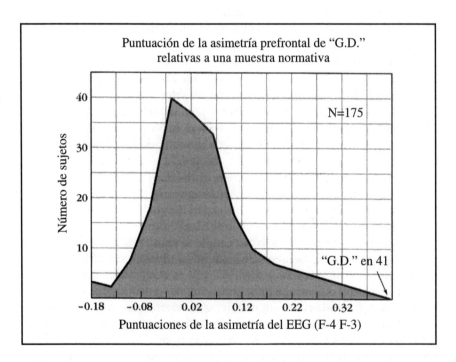

Distribución de la ratio de actividad prefrontal izquierda/derecha de ciento seten-
ta y cinco personas. Las emociones negativas activan el área prefrontal derecha,
mientras que las positivas hacen lo mismo con el área prefrontal izquierda. Por
ello, la ratio de activación izquierda/derecha constituye un excelente predictor del
espectro de estados de ánimo que más probablemente experimente una persona.
Los valores obtenidos por el geshe *("G.D.") eran notablemente superiores –es de-*
cir, más positivas– a las de cualquiera de las demás ciento setenta y cuatro perso-
nas que pasaron por el experimento.

to, pero desconocía que fuese un *yogui*, en la acepción tibetana del término como alguien que pasa grandes largas temporadas en retiros de meditación. Los textos del budismo tibetano están salpicados de los logros de los grandes *yoguis* del pasado, y el Dalai Lama sabe bien que hoy en día son muchos los *yoguis* que pasan años y años en retiros meditativos. Recuerdo que, en cierta ocasión, fuimos a su oficina de asuntos religiosos en busca de practicantes avanzados de meditación –no sólo monjes tibetanos, sino también *yoguis* indios y practicantes de las tradiciones Theravada, *vipassana* y otras modalidades de meditación budista– que pudieran cooperar con los investigadores.

Pero el Dalai Lama consideró importante aclarar a los científicos que el hecho de ser un *yogui*, ya sea budista tibetano o de cualquier otra tradición, no garantiza que la persona se haya liberado completamente de las emociones negativas, y que ello sólo depende, en su opinión, de las prácticas implicadas. No olvidemos que los antiguos *Vedas* de la India están plagados de historias de *yoguis* muy violentos y envidiosos.

Pero, según el Dalai Lama, el *geshe* era una persona espiritualmente muy avanzada que vivía como un monje (aunque no, por ello, debía dejar de preocuparse por integrar su práctica en su vida cotidiana). Quizás por ese motivo los resultados de la investigación dirigida por Davidson fueran tan claros.

El marginado feliz

Hablando en términos estadísticos, el *geshe* es un marginado feliz, en el sentido de que su ratio de actividad izquierda/derecha se encuentra en un rango muy superior a la media de la distribución estadística normal de las emociones positivas. Todavía no tenemos muy claro por qué sus resultados fueron tan extraordinariamente positivos. Es cierto que, como monje budista tibetano, habría realizado muchas prácticas meditativas que pudieran haber contribuido a determinar su respuesta cerebral. De hecho, Richie nos dijo que llevaba más de treinta años practicando, entre otras muchas cosas, una técnica orientada al cultivo de la compasión.

Para mí, los datos del *geshe* constituyeron una especie de revelación y no tenía la menor duda de que la causa se debía al efecto de la práctica sostenida. Desde mi primer viaje a la India a comienzos de los setenta como licenciado interesado en los sistemas de meditación, he estado intrigado por una cualidad palpable de ser –una especie de ligereza– que parecía distinguir a muchas de las personas que habían estado practicando meditación durante años, ya fuese como parte de la rutina de un monje, como el *geshe,* o como *yogui* sumido en retiros intensivos más prolongados.

Ahora, finalmente, sabía que lo que tanto me atraía de los frutos de la práctica espiritual se debía a una inclinación hacia la izquierda del balance emocional. Hace ya dos mil años que los autores del *Abhidharma*, el clásico de la psicología budista, habían propuesto que la tasa de emociones sanas y de emociones destructivas que presenta un determinado individuo constituye el mejor signo de su avance en el camino espiritual... y la moderna ciencia del cerebro acababa de confirmarlo.

Nuestras emociones cambian de continuo en función de los altibajos que nos depara la vida, pero los practicantes de meditación parecen ir desarrollando gradualmente un *locus* interno que les torna más ecuánimes y menos vulnerables a las circunstancias. Según afirma el *Abhidharma*, el estado de ánimo del meditador va centrándose cada vez más en la realidad interna y deja de girar en torno a los acontecimientos externos. *Sukha* es el término sánscrito utilizado para referirse a esta sensación de plenitud, satisfacción y serena alegría interna que, a diferencia de la felicidad o del placer ordinarios, no depende de las circunstancias externas. Tal vez *sukha* refleje esta inclinación prefrontal positiva hacia la izquierda.

El Buda dijo provocativamente que: «todo ser humano se ve perturbado», en el sentido de que todos somos vulnerables a las distorsiones y sesgos de la percepción causados por las emociones destructivas. En el estado último del bienestar, sin embargo, no aparece ninguna emoción destructiva y la mente se halla dominada por estados positivos como la compasión, el amor y la ecuanimidad.

Cuando comencé a estudiar el modelo de salud mental del *Abhidharma* siendo todavía un estudiante de psicología clínica de Harvard, esa idea me pareció fascinante, porque nos abre las puertas a una psicología positiva y nos brinda un modelo del desarrollo humano que trasciende con mucho los límites de las teorías prevalentes en Occidente. Pero, por más admirable que fuese, también parecía muy improbable. Hoy en día, sin embargo, el resultado de la investigación realizada con el *geshe* convertía esa posibilidad en algo muy palpable.

A decir verdad, he conocido muchas personas que tienen un tono emocional positivo y optimista que evidencia este sesgo hacia la izquierda. De hecho, el mismo Richie es una de las personas más optimistas que conozco. Cuando le pregunté dónde se ubicaba él en la dimensión derecha/izquierda respondió que, definitivamente, se hallaba inclinado hacia la izquierda aunque no, por supuesto, tres desviaciones estándar por encima de la media, como sucedía en el caso del *geshe.*

Pero todavía quedaban algunas preguntas importantes por responder para explicar los resultados tan inusitadamente positivos del *geshe*. ¿Se trata simplemente de una singularidad del *geshe*, de un accidente genético, por así decirlo? ¿O acaso sus medidas cerebrales evidencian una posibilidad a la que tomos podemos acceder a través de la práctica de la meditación? Ése fue el punto que siguió explorando Richie en su presentación.

La biotecnología redescubre una antigua técnica

Pero, por más interesantes que fueran los resultados de la investigación realizada con el *geshe* –pensaba Richie–, únicamente procedían de una sola persona... y de una persona en verdad muy poco convencional. ¿Es posible advertir la presencia del mismo tipo de cambios en la actividad cerebral de las personas normales y corrientes? Para responder a estas preguntas, él y sus colegas se decidieron a estudiar lo que ocurría con personas que trabajaban en una empresa de biotecnología, un sector que se halla sometido a una gran presión competitiva para desarrollar y comercializar nuevos productos.[6]

«Los empleados de esas empresas –comenzó Davidson– suelen estar muy apremiados por el tiempo y, aun en el mejor de los casos, se hallan sometidos a una gran tensión nerviosa. Es por ello que, considerando la posibilidad de llevar a cabo un experimento que también pudiera serles de utilidad personal, recabé la ayuda de Jon Kabat-Zinn, de la University of Massachusetts.

»Jon, que tal vez sea el occidental con más experiencia en la enseñanza de la meditación de la atención plena a una amplia diversidad de personas fuera del ámbito religioso, se mostró inmediatamente de acuerdo en colaborar con nosotros y aceptó volar, durante diez semanas consecutivas, desde Massachusetts hasta Madison (Wisconsin) para encargarse de dirigir las sesiones de entrenamiento.

»En el mes de julio pedimos a las personas interesadas en la práctica de la meditación que se inscribieran en el programa. En el mes de septiembre y antes de emprender las sesiones de meditación, llevamos a cabo un registro electroencefalográfico –y otras variables biológicas– para determinar el funcionamiento normal de los participantes. Después de haber completado esta evaluación, asignamos al azar a los participantes al grupo de meditación, y otros a un grupo diferente (al que llamamos "grupo de control de lista de espera") diciéndoles que, de momento, no podíamos trabajar con todos y que ya les llamaríamos para impartirles el mismo entrenamiento.»

–¿Lo hicieron así porque no había espacio suficiente, o fue una estrategia deliberada? –se interesó el Dalai Lama.

–Fue algo deliberado –respondió Davidson– porque, de ese modo, contaríamos con un grupo neutro de control (compuesto por personas de la misma empresa, que se hallaran sometidas al mismo estrés y estuvieran también interesadas en la meditación) que pudiera servirnos para realizar las necesarias comparaciones. En el momento en que llevamos a cabo la evaluación inicial, ignorábamos quiénes iban a ser asignados al grupo de meditación y al grupo de control.

«Luego, el grupo de meditación recibió el entrenamiento habitual que suele impartir Jon Kabat-Zinn, que consiste en un encuentro de dos a tres horas por semana durante ocho semanas más un día entero de retiro.[7] También obtuvimos el permiso del presidente de la empresa para que los empleados pudieran asistir a las sesiones de meditación –un comentario que despertó la sonrisa amable del Dalai Lama.

»Entonces acondicionamos una pequeña y hermosa habitación en la empresa que utilizaríamos como sala de meditación y, después de la sexta semana, llevamos a cabo un retiro en silencio de un día de duración. Todos los integrantes de ese grupo recibieron también la invitación de practicar diariamente durante cuarenta y cinco minutos y, al finalizar el día, de anotar en un pequeño formulario el tiempo que en realidad habían estado practicando. Más tarde sometimos esos datos –que Jon Kabat-Zinn no recibió hasta concluir el entrenamiento– a un riguroso análisis. El entrenamiento concluyó a mitad de noviembre, y organizamos las cosas para que sucediera en el mes de otoño porque, al finalizar, todos los participantes –tanto los integrantes del grupo de meditación como los del grupo de control– iban a ser vacunados contra la gripe.»

–¿Y cuál era el significado de todo ello? –preguntó el Dalai Lama.

–Tomar muestras de sangre –respondió Davidson– en momentos posteriores a la vacuna que nos permitirían valorar cuantitativamente el funcionamiento del sistema inmunológico de los sujetos. De ese modo podríamos determinar si la meditación había surtido algún efecto en el sistema inmunológico.

Quisiera señalar, en este sentido, la existencia de una interesante anécdota que, según creo, todavía no ha sido explicada. Poco antes de comenzar la campaña Tormenta del Desierto, los soldados de Estados Unidos que se desplazaron al golfo Pérsico fueron vacunados contra la hepatitis A, y un amplio porcentaje de ellos no presentaron seroconversión en respuesta a la vacuna, es decir, recibieron la vacuna, pero no funcionó. La explicación que se dio de este hecho es que el estrés que suponía la posibilidad de entrar en guerra interfirió con el funcionamiento de su sistema inmunológico. También existe una investigación reciente que demuestra que los familiares que se encargan de cuidar a pacientes que padecen de la enfermedad de Alzheimer tienen una respuesta muy pobre a la vacuna de la gripe.[8] Todos estos datos parecen indicar que la tensión nerviosa puede tener un impacto muy poderoso en las medidas de la inmunidad.

Davidson sabía que la elevada activación del área prefrontal izquierda predice una respuesta del sistema inmunológico más positiva a la vacuna, pero quiso dar un nuevo paso y determinar también los efectos de la práctica de la atención plena sobre el sistema inmunológico.

«El experimento también aspiraba a determinar si la meditación, cuanto antídoto del estrés, tiene algún efecto beneficioso sobre el sistema inmunológico, un punto que nunca antes había sido investigado. Al concluir el experimento, todos los participantes –incluidos los del grupo de control que no habían recibido el entrenamiento en meditación– fueron vacunados y volvieron de nuevo al laboratorio para registrar su actividad electroencefalográfica, cosa que se repitió cuatro meses más tarde. Finalmente, el grupo de control recibió el entrenamiento en meditación una vez acabadas todas las evaluaciones.

»Quisiera comentarles ahora cuatro resultados y una observación que se derivaron de este estudio. Como era de esperar, el primer descubrimiento fue que los informes de los participantes del grupo de meditación evidenciaban una clara disminución de la ansiedad. También presentaban menos emociones negativas y emociones más positivas que el grupo de control. Eso era algo que, como sugerían ciertos estudios anteriores, esperábamos que ocurriese, de modo que no nos sorprendió. El interés fundamental de nuestro estudio se centraba en los cambios en el funcionamiento cerebral.

»El análisis estadístico de los datos de la primera evaluación realizada entre los meses de julio a septiembre –antes de que los sujetos fueran asignados a sus respectivos grupos– no mostraba la presencia de ninguna diferencia estadística significativa en los datos electroencefalográficos relativos a la activación frontal izquierda (asociada, recordémoslo, a las emociones positivas). Pero, en la tercera valoración, realizada cuatro meses después de haber concluido el entrenamiento, el grupo que había recibido el entrenamiento en meditación evidenció un significativo aumento en la activación izquierda comparada con la mostrada antes de emprender el entrenamiento.

»También debemos señalar que, cuanto mayor era la inclinación hacia la izquierda en la actividad prefrontal, más emociones positivas presentaban en su vida cotidiana quienes habían pasado por el entrenamiento meditativo. Pero lo más curioso –añadió Davidson– es que, en el grupo de control, las cosas parecían moverse precisamente en la dirección contraria ya que, como él mismo dijo:

»¡Sin embargo, los del grupo de control empeoraban! Y ello tal vez se debiera a que les habíamos prometido que, después de pasar por el entrenamiento en meditación, les pasaríamos una prueba muy elaborada, y se enfadaron (¡con razón!) con nosotros... aunque hay que señalar que finalmente también recibieron la prometida formación.

»Pero el hallazgo más interesante –y el que más nos sorprendió, porque nunca antes había sido descubierto– fue que el grupo de meditación mostraba una respuesta inmunitaria significativamente mejor a la vacuna de la gripe que el grupo de control. Se trata de un efecto inverso al provocado por la tensión nerviosa que pone claramente de manifiesto los efectos positivos de la meditación en la eficacia de la vacuna. Otra investigación ha demostrado la presencia de una correlación positiva entre todos estos valores y la menor probabilidad de contraer la gripe en el caso de que el sujeto se halle expuesto al virus.»

La investigación realizada anteriormente por Richie había evidenciado que las personas que muestran una mayor activación del lóbulo prefrontal izquierdo (asociado, recordémoslo, a las emociones positivas) también presentan una mayor intensidad de algunos parámetros ligados a la función inmunitaria. Estos descubrimientos llevaron a Richie a esbozar la hipótesis de que, cuanto más positiva es la predisposición de la persona, más y mejor es la capacidad de su sistema inmunitario para responder a la vacuna de la gripe. Y los resultados demostraron que el grupo que había pasado por el entrenamiento meditativo de la atención plena presentaba una mayor respuesta a la vacuna de la gripe; y, lo que es todavía más importante, que cuanto mayor es la inclinación hacia la izquierda en la actividad cerebral de una persona, mayor es también su respuesta positiva a la vacuna.

El Dalai Lama se mostró muy interesado en el informe de Richie sobre los efectos de la meditación en el sistema inmunitario, porque corroboraban su opinión de que emociones como la ira o el estrés resultan dañinas para la vida humana y que la serenidad mental y la actitud compasiva son, por el contrario, muy provechosas. Y también hay que subrayar que todas esas conclusiones no se derivan de ninguna religión, Dios o *nirvana*, sino de los resultados de la investigación científica. Más argumentos –como había comentado en un momento anterior del encuentro– en favor de su ética secular.

Algunos datos confusos

Richie afirmó estar entusiasmado con esos descubrimientos, pero también dijo que hay que ser muy cautelosos y considerarlos como algo provisional, porque sólo se basan en un número reducido de personas.[9] En este sentido, quería repetir el experimento utilizando el RMN (en lugar del EEG) porque, de ese modo, podría adentrarse en la profundidad del cerebro y ver directamente lo que ocurre en la amígdala. A fin de cuentas, los datos del EEG sólo reflejan la actividad frontal izquierda y únicamente permiten inferir que la meditación de la atención plena disminuye la activación de la amígdala, algo que el RMN, por su parte, le permitiría confirmar.

«Ya he señalado –dijo entonces Richie, centrándose en un conjunto de datos que resultaban un tanto confusos– que, al finalizar cada día, entregábamos a las personas un pequeño cuestionario en el que debían anotar el tiempo que habían practicado. Y creemos que sus respuestas eran sinceras, porque hubo hasta quien nos dijo que nunca practicaba fuera de clase. Cuando analizamos la posible relación entre los cambios (en el sistema inmunitario y en la actividad cerebral) y el tiempo que los participantes decían invertir en la práctica, descubrimos que no existía la menor correlación.»

–Quizás –señaló entonces el Dalai Lama– se hallaban mejor preparados y no tenían necesidad de practicar tanto.

«Entonces consideramos –prosiguió Richie– la posibilidad de que quienes se hallaban en el grupo de meditación practicasen de manera espontánea en su vida cotidiana. Tal vez, cuando estaban sometidos a una tensión nerviosa, prestaban atención a su respiración, o comenzaban a experimentar la emergencia de las sensaciones corporales, como se les había enseñado en las clases de meditación.»

–La meditación de la atención plena –coincidió el Dalai Lama, apoyando la hipótesis de Richie– puede llevarse perfectamente a cabo en medio de la actividad cotidiana.

Pero existe otra posible explicación a los datos de Davidson y es que, en el caso de los principiantes, tal vez baste con asistir a ocho clases de meditación (de entre treinta a cuarenta y cinco minutos) más las ocho horas del día de retiro para gozar de sus beneficios en el estado de ánimo, la actividad cerebral y la función inmunitaria. De un modo u otro, todos los integrantes del grupo de meditación habían pasado por un mínimo de catorce horas de práctica. Lo más curioso era que el tiempo diario adicional de práctica no parecía redundar en una mejora de esos beneficios, o, dicho en otras palabras, que no existe una relación lineal como la que suele darse entre el aumento de la dosis de una determinada medicación y la prontitud en la recuperación del paciente.

Convendría decir que los resultados de la investigación de Richie se asemejan a los que han sido encontrados en los estudios que han correlacionado el ejercicio y la enfermedad cardíaca entre las personas sedentarias. En este sentido, las personas que nunca han hecho ejercicio parecen beneficiarse mucho cuando pasan de ser sedentarias (es decir, ejercicio cero) a hacer un par o tres horas de ejercicio semanal, pero el aumento de tres horas más no parece tener una gran incidencia. Tal vez baste, pues, con las catorce horas de meditación, la cantidad mínima de quienes asisten a los cursos de Kabat-Zinn, para alcanzar el punto culminante puesto de relieve por la investigación de Davidson.

«Pero, sea cual fuere la explicación, nosotros estamos muy satisfechos y hasta entusiasmados con los resultados obtenidos. Esperamos seguir con esta colaboración y examinar también el efecto duradero de algunas de las comprensiones del budismo sobre el cerebro y el cuerpo para hacernos más felices y tal vez incluso más sanos.»

–¡Excelente!– exclamó el Dalai Lama.

Una investigación para comprender los estados mentales

A esas alturas del encuentro, la mesa estaba literalmente cubierta de todo lo que había ido acumulándose durante la semana: libros, cuadernos de apuntes, un modelo desmontado del cerebro, agendas electrónicas, cámaras, equipos de audio y de vídeo, botellas de agua, etcétera.

–¿A qué tipo de investigación –pregunté entonces al Dalai Lama, abriendo nuestro último debate– cree usted que deberíamos prestar más atención?

Tras una larga pausa, el Dalai Lama empezó a establecer relaciones entre las dos presentaciones realizadas por Richie en torno a la neurología de las emociones destructivas:

–Cuando Richie habló del tipo de antídotos que podrían utilizarse para contrarrestar el efecto de las emociones negativas me pareció que el mismo término "antídoto" ya suponía una valoración crítica. Tal vez fuera posible presentar las cosas de modo que simplemente examinemos qué estados mentales se oponen o contrarrestan a otros, como sucede cuando hablamos de la relación que existe entre la corteza prefrontal izquierda y la amígdala.

Supongamos el caso de un estado emocional apagado o indiferente.

Uno no puede decir que ese estado sea negativo o destructivo, porque ello depende de las circunstancias concretas. Tal vez, si uno se siente muy arrogante y con una autoestima desproporcionada, ese estado resulte positivo para volvernos a colocar en nuestro sitio, pero si, por el contrario, uno tiene una autoestima muy baja, o se halla sumido en la depresión, no parece ser de gran utilidad. No creo, pues, que podamos afirmar que un determinado estado sea positivo o negativo sin tener en cuenta el contexto en que se presenta.

También podríamos considerar dos tipos diferentes de estados emocionales y tratar de evaluarlos en función del contexto y de determinar cuál es el estado diametralmente opuesto. Sería algo parecido a lo que ocurre químicamente entre un ácido y una base. Es erróneo decir que ésta sea positiva y aquél negativo, sino tan sólo que son incompatibles y se neutralizan mutuamente.

Otro punto muy interesante –señaló el Dalai Lama dirigiendo nuestra atención en una dirección muy diferente– es que, cuando uno está soñando, sus facultades sensoriales también parecen aletargarse, de modo que no ve ni oye nada. Pero si, cuando uno está soñando, usted le grita, le oye y se despierta, lo cual parece insinuar que, aunque el nivel de conciencia sensorial ordinario está inactivo, debe permanecer activo algún nivel sutil de la conciencia que le permite despertar cuando alguien le grita. Ésa también sería un área de estudio muy interesante.

¿Cuál es la parte del cerebro que se activa –se preguntó entonces– cuando uno está soñando y cuál es la relación que todo ello guarda con nuestra anterior discusión de la parte del cerebro que permanece activa en la conciencia perceptual directa como algo opuesto a la cognición conceptual mental?

–Las regiones del cerebro –replicó Richie– responsables de la percepción visual son también las que se ven activadas durante el sueño. Además, Alan Hobson y sus colegas de la Harvard Medical School han descubierto que dos terceras partes del contenido emocional predominante en los sueños de las personas normales están relacionados con la ansiedad. Estudios muy recientes han señalado también la presencia de una especial activación, durante el sueño, de la amígdala (que está asociada a ciertas emociones negativas) y de una activación muy limitada del lóbulo frontal. Pareciera, pues, como si existiese un equilibrio dinámico entre ambas regiones y que, cuando aumenta la activación de una de ellas, disminuye la de la otra.

Dicho en otras palabras, la activación incontrolada de la amígdala, libre de las restricciones impuestas por el área prefrontal, desempeña un papel muy importante en la generación de la realidad emocional del subconsciente que se pone de relieve en nuestra vida onírica.

–¿Cree usted –preguntó entonces el Dala Lama– que la experiencia –o el cultivo– del amor y de la compasión mientras uno está soñando podría tener algún efecto en la activación en la corteza frontal?

–Ésta me parece una pregunta muy interesante –respondió Richie–. Recientemente hemos publicado un artículo en el que afirmamos que las personas que tienen muchas emociones positivas en su vida vigílica también presentan la misma pauta de activación frontal y muestran más emociones positivas durante el sueño –éstos forman parte, a fin de cuentas, del tercio de personas que no presentan sueños de ansiedad.[10]

–Así pues –comentó entonces el Dalai Lama–, el hecho de poseer una mente sana no sólo resulta beneficioso para la vigilia, sino también para el sueño.

De este modo, el Dalai Lama se hacía eco de una conocida tradición budista relativa a los beneficios de la virtud, según la cual el estado mental que uno tenga poco antes de dormirse se extiende también a los sueños. Los textos budistas también consideran sueños positivos a aquellos que se benefician del cultivo de emociones positivas como el amor y la compasión.

–Esto es absolutamente cierto –coincidió Richie–. Existe una elevada correlación entre las emociones vigílicas y las emociones oníricas.

–Sería erróneo –puntualizó Owen– concluir que un tercio de las personas tienen sueños positivos. El dato es que, hablando en términos generales, cerca de dos tercios de los sueños son negativos. Es cierto que algunas personas tienden a tener emociones más positivas, pero rara vez encontramos a una persona cuyos sueños siempre sean positivos. Otro rasgo interesante sobre el tono afectivo de los sueños es que, en ellos, las emociones tienden a disminuir. Tal vez uno empiece teniendo un sueño neutro, pero luego suele empeorar y casi nunca mejora. Recuerdo que, en cierta ocasión, tuve un sueño muy interesante con la actriz Marilyn Monroe...

Luego desperté del sueño –continuó diciendo Owen, después de que los intérpretes le explicaran al Dalai Lama de quien estaba hablando– y, por más que quise, nunca pude retomarlo.

–Según cuentan los maestros y eremitas del pasado –comentó Matthieu, ilustrando la posición contraria–, son muchos los practicantes que desarrollan la facultad de cobrar conciencia de los sueños y de modificarlos a voluntad. Tal vez entonces, el sueño empiece siendo muy dramático y negativo, pero luego, súbitamente, concluye ese ciclo y sigue de un modo muy positivo. De hecho, ése es uno de los objetivos de la práctica del *yoga* del sueño o sueño lúcido.[11]

Una ira despojada de ilusión

Alan Wallace asumió entonces su papel como coordinador filosófico y reorientó el debate hacia el tema fundamental de nuestra reunión, las emociones destructivas, y bosquejó del siguiente modo la gran diferencia entre las visiones sostenidas al respecto por la ciencia y el budismo.

«El primer día señalamos que, según la ciencia, todas las emociones están bien, porque cumplen con una función. En consecuencia, no debemos desembarazarnos de la ira ni de ninguna de las llamadas emociones destructivas, sino que basta con encontrar la medida apropiada y la circunstancia adecuada a cada una de ellas. El budismo, sin embargo, aspira a erradicar todas las aflicciones mentales para que nunca más vuelvan a presentarse. Desde esta perspectiva, las emociones negativas nunca son apropiadas, y algunas de ellas son una auténtica enfermedad.»

Luego procedió a señalar que, para Occidente, la normalidad es un punto de llegada mientras que, para el budismo, no es más que un punto de partida.

«Occidente considera positivamente la normalidad, pero, para el budismo, se trata únicamente del trampolín que nos permite acceder a la práctica del *Dharma*. Sólo desde ahí es posible reconocer que estamos sumidos en el océano del sufrimiento porque nuestras mentes son disfuncionales, es decir, porque nos aferramos a las aflicciones mentales.

»Y ésta parece ser una gran diferencia... hasta que la contemplamos más de cerca. De la presentación de Paul Ekman destacaría un par de cuestiones que me parecen muy relevantes, y es que la presencia de la ira distorsiona nuestra percepción y nuestra cognición y que va seguida de un período refractario durante el cual uno no puede disponer libremente de su inteligencia. Desde la perspectiva budista, la ira es, por definición, un estado mental aflictivo que se deriva de la ilusión y que distorsiona nuestra cognición de la realidad. Si existiera algo como la ira que no fuese el resultado de la ilusión y no distorsionase nuestra visión de la realidad, no le llamaríamos ira.

»Esto nos abre las puertas a una investigación muy interesante de la que he estado hablando con Richie y que se refiere a la posibilidad de que exista una emoción que se asemeje a la ira, pero que no vaya seguida (o apenas si vaya seguida) de un período refractario y no distorsione (o distorsione muy poco) la percepción ni la cognición.

»En los niveles superiores del desarrollo espiritual –dijo entonces Alan–, uno puede sentir una fuerte energetización cuando presencia una injusticia, pero no creo que fuera adecuado descartarla como una aflicción mental. Tal vez, entonces, si realmente existe una ira constructiva, podríamos decir que la ira constructiva se trata de una ira despojada de ilusión.» –En sí mismos, el deseo y la aversión –dijo entonces el Dalai Lama, subrayando otra importante diferencia– no son aflicciones mentales. No creo que podamos decir que, si a uno le desagradan las coles de Bruselas, padezca una aflicción mental... a menos que ello se combine con el apego. Y lo mismo podríamos decir con respecto al caso de la ira, ya que el simple hecho de que aparezca una emoción intensa no necesariamente implica la emergencia de la aflicción mental de la ira que, por definición, es ilusoria.

Una ira constructiva

–En su comentario me parece advertir –dijo Paul, que llevaba un rato tratando de intervenir– dos cuestiones diferentes, ambas igualmente complejas e interesantes. La primera de ellas tiene que ver con el hecho de si, en el período refractario que acompaña a un episodio de ira o de cualquier otra emoción constructiva, uno está realmente distorsionado. Y, en este sentido, quisiera comentar un par de cosas. Si la ira es constructiva, el período refractario es más corto, y somos más capaces de responder a los cambios de las circunstancias que la motivaron. Por la otra, creo que el término *distorsionado* resulta, en este caso, equívoco y que tal vez conviniera sustituirlo por otro como *enfocado*, por ejemplo. Es cierto que la ira provoca un estrechamiento de la atención, pero también lo es que va acompañada de una focalización en el evento que la desencadenó y en nuestra respuesta al respecto.

Pero, cuando el período refractario es más largo, no sólo se focaliza, sino que también se pone en marcha la distorsión. Esto es lo que ocurre, según creo, cuando uno empieza a considerar otras cuestiones que no se hallaban presentes en la situación desencadenante. Consideren, por ejemplo, el caso de la llamada telefónica de mi esposa –a quien, por cierto, no creo que le guste mucho que hable tanto de ella en su ausencia– de la que hablábamos el otro día. El hecho de que, en ese caso, yo recordase la relación con mi madre (a quien nunca pude expresarle mi enfado) significa que no sólo estaba respondiendo a mi esposa, que mi respuesta estaba distorsionada y que el período refractario era consecuentemente más largo.

Las emociones nos movilizan y nos ayudan a ponernos en funcionamiento y, en consecuencia, también nos permiten responder a lo que ocurre después. Por ello digo que son adaptativas. Cuando son inadaptadas, es decir, cuando van seguidas de un largo período refractario, uno acaba respondiendo a cosas que ya no están presentes. Yo creo que todas éstas son cosas que pueden servirnos ya que, cuando uno se ve agobiado por cuestiones externas a la situación, puede aprender a liberarse de ellas para responder al momento sin distorsión alguna.

–Me gustaría –dijo entonces Richie– tocar un par de cuestiones relacionadas con la noción de distorsión. Como ustedes vieron en las imágenes del cerebro que les mostré el miércoles, la amígdala (muy implicada en las emociones negativas) y el hipocampo (ligado a ciertas facetas de la memoria) son estructuras adyacentes entre las que existe una estrecha relación neuronal, un hecho que, en modo alguno, me parece accidental.

Cuando un determinado estímulo provoca en nosotros una emoción, ésta casi siempre desencadena la emergencia de recuerdos asociados. Estoy seguro de que, cuando Paul empezó a pensar en su madre, los circuitos que conectan la amígdala con el hipocampo se hallaban muy activos. Por ello, en la mayor parte de los casos, las emociones influyen o tiñen –no tenemos porque utilizar el término "distorsionan"– nuestra percepción.

–Durante toda esta semana he tenido una y otra vez –dijo Paul con un tono de satisfacción– la misma experiencia que tengo leyendo a Darwin, y es que, cada vez que pienso en algo, Darwin ya lo había pensado antes. Lo mismo me ha ocurrido aquí, ya que continuamente descubro que muchas de mis ideas se ven confirmadas y perfeccionadas. Debo decir que, para mí, ha sido un verdadero gozo participar en este encuentro.

Una ira compasiva

«Creo que Alan –dijo Richie, retomando de nuevo la discusión– ha planteado un reto muy importante a la investigación científica de la emoción. Yo no creo que la ciencia haya realmente asumido la idea de que las llamadas emociones negativas tengan elementos sanos que deban ser conservados. Tal vez, por ejemplo, pudiéramos hablar de un tipo de ira compasiva que, si bien posee alguna de las cualidades de ira, está despojada de todo componente ilusorio o distorsionado.

»Los científicos –continuó Richie, mientras el Dalai Lama asentía con la cabeza– han empezado a deconstruir ciertos procesos cognitivos. Hoy en día ya no pensamos en términos de atención, memoria o aprendizaje como un único proceso. Existen multitud de formas y subtipos diferentes de cada uno de ellos. Y, aunque hasta el momento, no haya sido estudiado, estoy seguro de que lo mismo podríamos decir con respecto a emociones como la ira. El reto, desde mi punto de vista, consistiría en empezar a identificar el modo en que todos estos procesos funcionan realmente en el cerebro.»

–Me parece que lo mismo ocurre –ilustró Matthieu con una analogía– cuando contemplamos una pared desde lejos. Vista a distancia parece muy lisa, pero cuando la miramos más de cerca, advertimos la presencia de muchas irregularidades. Del mismo modo, cuando observamos el apego más de cerca descubrimos en él muchos matices diferentes. Obviamente, el apego –al igual que el deseo y la obsesión– es uno de los factores mentales más destructivos y oscurecedores, pero dentro de él –como también dentro de la ira–, es posible advertir la existencia de la ternura y del altruismo.

También creo que, cuando afirmamos la necesidad de erradicar completamente la ira, deberíamos diferenciar claramente la ira como emoción emergente de la ira que acompaña a una determinada cadena de pensamientos. Esto me parece muy importante, porque puede ayudarnos a discriminar entre alguien muy diestro de alguien que no lo es. De lo único que deberíamos desembarazarnos es de la manifestación ordinaria de la ira que, en la mayor parte de los casos, se expresa como animadversión... excepto cuando tengamos que actuar de manera drástica para impedir que alguien se despeñe por un precipicio. Lo que habitualmente llamamos ira no es más que una expresión de animadversión hacia alguien.

Nosotros decimos que, en los primeros estadios de entrenamiento de un meditador, la ira emergerá como siempre, pero la diferencia reside en lo que ocurre después, porque podemos vernos esclavizados por la ira o abandonarla en un segundo o en un tercer momento sin mayores consecuencias. También es evidente que, en el estado de budeidad, la ira no tiene ya razón alguna para seguir existiendo. Pero ése es el tercer paso. Y también hemos señalado de pasada –cuando hablábamos de la "claridad"– que, en el momento de su emergencia, la ira no siempre es fundamental e intrínsecamente negativa. Del mismo modo, si no nos dejamos arrastrar por el deseo y nos adentramos en su naturaleza, podremos descubrir que se trata de un aspecto de la dicha y, en el caso de la confusión, descubrir su importancia para liberarnos de los conceptos. Así pues, las emociones no son intrínsecamente positivas o negativas, lo único que importa es si uno está esclavizado o no por ellas.

–Si no hubiera recuerdo de la ira –respondió Paul–, no podríamos aprender nada de la experiencia de la ira, pero hay ocasiones en que existe una discrepancia entre lo que hemos aprendido y lo que aplicamos, y ello aumenta el lapso del período refractario. Pero también debemos aprender formas de actuar cuando estamos enfadados. Yo creo que la naturaleza no nos proporciona necesariamente el impulso de atacar a los demás, sino de afrontar los problemas. Pero, en el curso del proceso de crecimiento y de observar a los demás, nuestra experiencia puede ser justamente la contraria y llevarnos a creer que, cuando estamos enfadados, no debemos ocuparnos de los obstáculos, sino enfrentarnos a la persona que los ha causado –concluyó Paul, ilustrando su comentario cogiendo a Owen de los hombros y sacudiéndole.

Ésta es una faceta aprendida de la ira que ha acabado automatizándose y debemos desaprender. Y, para ello, podemos recurrir a procesos que nos tornen más conscientes y nos ayuden a desaprender respuestas, recuerdos y percepciones automáticas. Estas respuestas pueden ser buenas o malas, pero la visión darwiniana que he tratado de explicar aquí es que todas ellas no forman parte integral de la emoción, sino que han sido adquiridas a lo largo de experiencias desafortunadas. ¿Es todo el mundo así? Algunos de nosotros poseemos un temperamento más proclive a aprender cosas dañinas y, en consecuencia, debemos trabajar más duramente. Pero debo decirles que hoy soy mucho más optimista que la semana pasada y no creo que debamos considerar al temperamento como algo fijo e inmutable.

Nuestro tiempo ya se había acabado y emprendí una recapitulación final:

–Creo que este encuentro ha sido muy provechoso, al menos lo ha sido para el ala científica del diálogo y espero que también lo haya sido para Su Santidad.

Entonces, el Dalai Lama juntó sus manos en señal de reconocimiento.

–Habíamos organizado este encuentro a modo de un regalo para usted –continué– y ciertamente también ha sido muy enriquecedor para todos nosotros. Sé por propia experiencia que estos encuentros transforman, de algún modo, la vida de los participantes y que todos retomaremos nuestras actividades cotidianas desde una perspectiva levemente diferente agradecidos por haber tenido la ocasión de discutir todos estos temas con usted. Por ello quisiera expresarle mi más profundo agradecimiento.

–Yo también –respondió entonces el Dalai Lama– quisiera darles las gracias a todos ustedes. La tarea en la que hemos estado ocupados me parece muy noble y muy sincera.

Luego añadió que, en los trece años de vida de los diálogos organizados por el Mind and Life Institute, había sido testigo del aprendizaje y del desarrollo que se deriva de una búsqueda sincera.

–Pero debemos ser muy conscientes –añadió a modo de advertencia– de que, cuando las cosas van bien y alcanzamos el éxito, hay veces en que corremos el peligro de olvidarnos de nuestras motivaciones y nuestros objetivos. Creo, por tanto, que es muy importante que recordemos el ideal original que nos ha movilizado. De ese modo tendremos garantizado el éxito en el futuro.

Las presentaciones realizadas por los científicos y los demás participantes demuestran el rigor y la precisión de su trabajo, que es ciertamente sorprendente. Y también siento que, cuando cada uno de ustedes estaba exponiendo su presentación, no sólo nos transmitía información, sino también un auténtico sentimiento humano, algo que tengo en muy alta estima. En este sentido, debo decirles que el clima emocional que hemos compartido me ha parecido realmente especial. Esto es lo que me parece más importante. No sé si podremos seguir disfrutando de él, pero, en cualquiera de los casos, nadie puede negar que aquí sí lo hemos disfrutado. Muchas gracias por ello a todos ustedes.

Así acabamos de tejer el enriquecedor tapiz intelectual de un diálogo complejo y, en muchas ocasiones, muy estimulante. Su impacto en la vida y la obra de muchos de los participantes resultaría ser igualmente rico.

EPÍLOGO:
EL VIAJE CONTINÚA

El encuentro de Dharamsala fue mucho más que un viaje que acaba desvaneciéndose en el recuerdo y del que sólo perdura un álbum de fotos arrinconado en uno de los estantes de la memoria, sino que, muy al contrario, tuvo el sabor de un peregrinaje que, de un modo u otro, acabó transformando la vida de todos los participantes. No tengo la menor duda de que el encuentro con el Dalai Lama ha dejado en cada uno de nosotros una impronta muy distinta, pero tampoco la tengo de que su huella todavía puede advertirse en nuestra vida y en nuestra obra. Y es que, como que peregrinos, cada uno de nosotros volvió a su casa habiendo aprendido sus propias lecciones individuales.

Nuestro viaje de vuelta comenzó con lo que se suponía sería un paseo en coche de cuatro horas hasta el aeropuerto de Jammu, donde debíamos tomar el avión de regreso a Nueva Delhi. El camino era cuesta abajo, y esperábamos recorrerlo en mucho menos tiempo que en el viaje de ida, pero todos los coches, camiones y hasta *rickshas* parecían adelantar a nuestro destartalado autobús que se desplazaba como mejor podía por la estrecha y serpenteante carretera de montaña y tardó ocho o nueve interminables horas en llevarnos a nuestro destino.

Cuando finalmente llegamos al aeropuerto de Jammu, nuestro elevado discurso intelectual sobre las emociones destructivas tropezó de golpe contra la más sobria de las realidades, ya que la ciudad se hallaba bajo la ley marcial y había soldados por todas partes. Pocos días antes, los terroristas habían asesinado a más de treinta *sijs* en un barrio de las afueras de Srinagar, la cercana capital de la revuelta provincia de Kashmir. El soplo del terrorismo –la movilización de las emociones destructivas al servicio de la guerra psicológica– flotaba en el ambiente. Una vez en el aeropuerto nos sorprendió que los soldados indios registraran minuciosamente nuestras

bolsas de mano y nos confiscaran las baterías y cualquier objeto puntiagu-
do (no teníamos ni la menor idea de que ése era un augurio que, en un futuro no muy lejano, acabaría convirtiéndose en una rutina para garantizar
la seguridad de los viajes aéreos).

Nuestro grupo todavía se hallaba en una especie de burbuja protectora,
y Paul Ekman resumió perfectamente nuestros sentimientos cuando dijo
que esta experiencia le obligaría a revisar algunas de sus conclusiones
científicas acerca de la sonrisa. En el pasado había escrito que las personas
no pueden mantener una sonrisa del tipo Duchenne –es decir, una sonrisa
que pone incluso en funcionamiento los músculos que rodean el ojo– durante mucho tiempo. Pero lo cierto es que, durante toda esa semana, había
advertido que él mismo mantuvo, durante largos períodos, ese tipo de sonrisa y que tenía muy clara la sensación de placer que la acompaña.

De hecho, aunque odia las reuniones y, en la medida de lo posible, las
evita (o las abandona en cuanto puede), Paul se había sentido completamente absorto. Según nos dijo, los cinco días le habían parecido uno. Y es
que la atención había cambiado su modo de experimentar el tiempo, uno de
los varios signos distintivos del estado de *flujo*, un estado de absorción
muy energetizador. Y lo cierto es que sus comentarios resumían perfectamente lo que todos habíamos sentido.

A decir verdad, cada uno de nosotros se sintió personalmente movilizado por el encuentro. Pero el impacto más tangible de esa semana quedó claramente de relieve en la diversidad de proyectos que emergieron durante
las semanas y meses posteriores, cada uno de los cuales reflejaba la nueva
forma de pensar y suponía una revisión de nuestros respectivos trabajos.

La filosofía reconsiderada

Uno de los primeros signos de este impacto se produjo a las dos semanas
del encuentro, cuando Owen Flanagan pronunció la John Findley Lecture
de la Boston University titulada «Destructive Emotions». Aunque, durante
la semana del encuentro, había desempeñado el papel de escéptico, en su
conferencia (y en un posterior artículo con el mismo título publicado en la
revista *Consciousness and Emotion*) Owen introdujo en el discurso filosófico occidental la visión del budismo tibetano en torno a las emociones destructivas que el Dalai Lama y otros habían presentado en Dharamsala.

En esa conferencia, por ejemplo, Owen expuso la creencia habitual occidental de que las emociones están determinadas biológicamente –y que,
en consecuencia, no podemos hacer gran cosa para modificar las emocio-

nes destructivas– y la contrastó con la afirmación del budismo tibetano de que es posible disminuir el efecto de las emociones destructivas. «Algunos budistas tibetanos –dijo, en este sentido–, no sólo creen que es posible, sino que también es muy recomendable superar –y hasta erradicar– emociones como la ira y la hostilidad a las que los filósofos occidentales consideran como naturales e inmutables.»

Owen también cuestionó la idea de que las emociones destructivas cumplen necesariamente con una función vital y adaptativa para la evolución. Luego señaló que todas las tradiciones de sabiduría –desde la Biblia hasta Confucio, el Corán, los textos budistas y filósofos morales como Aristóteles, Mill y Kant– nos urgen a tratar de ejercer algún control sobre ellas. Owen se hizo también eco del comentario de Richard Davidson de que, a pesar del escepticismo que los neurocientíficos manifiestan hacia el tema de la plasticidad del cerebro, «cada vez existe más evidencia de que el cerebro humano es muy maleable» y de la posibilidad, por tanto, de ejercer el autocontrol emocional que tanto han alentado las tradiciones religiosas.

A modo de comentario final, Owen añadió que le gustaba el budismo tibetano porque nos transmite el mensaje de que «todos nosotros estamos comprometidos en el proyecto de descubrir el modo de "trascender el genotipo". Es cierto que somos animales, pero no lo es menos que también somos unos animales muy especiales capaces de adaptar y modificar el legado de la Madre Naturaleza».

Owen procedió a elaborar estos temas en el libro que había comenzado a escribir durante nuestra visita a Dharamsala, *The Problem of the Soul*, en el que aspira a reconciliar las verdades humanísticas con las verdades científicas, encontrando así un sentido a los descubrimientos realizados por la neurociencia cognitiva que pone claramente en cuestión la imagen que tenemos de nosotros mismos y nos devuelve el libre albedrío y la capacidad incluso de poseer algo semejante a un alma. En su opinión, el hecho de que el budismo se haya asentado en un enfoque fenomenológico «lo convierte en un abordaje casi único entre las grandes tradiciones éticas y metafísicas que nos proporciona una visión del ser humano que se adapta perfectamente a lo que dice la ciencia con respecto al modo en que debemos vernos a nosotros mismos y al lugar que ocupamos en el mundo».

– Owen Flanagan, "Destructive Emotions", *Consciousness and Emotions*, 1, 2 (2000): pp. 259-81.
– Owen Flanagan, *The Problem of Soul: Two Visions of Mind and How to Reconcile Them* (Nueva York: Bassic Books, 2002).

Un reto para la psicología

El ámbito en que se cruzan dos sistemas de pensamiento encierra un gran potencial de interfecundación. Eso fue, precisamente, lo que ocurrió en nuestro encuentro con las visiones occidental y budista de la psicología, hasta el punto de que la fertilidad de este intercambio de paradigmas intelectuales inspiró otro artículo, esta vez no filosófico sino psicológico.

Para demostrar la utilidad de este tipo de diálogos a la hora de generar hipótesis de investigación en el campo de la psicología, Alan Wallace y Matthieu Ricard (desde la perspectiva budista) y Paul Ekman y Richard Davidson (desde la perspectiva de la psicología occidental) escribieron un artículo, titulado «Buddhist and Western Perspectives on Well-Being», que subraya los retos que presenta el modelo budista a las creencias básicas que la psicología sustenta en torno a la naturaleza del bienestar.

El budismo, por ejemplo, postula la posibilidad de *sukha*, «una sensación profunda de serenidad y plenitud que emerge de la mente excepcionalmente sana», un concepto que no tiene parangón en inglés, ni equivalente directo alguno en el ámbito de la psicología (aunque algunos psicólogos hayan comenzado recientemente a postular la necesidad de una "psicología positiva" que puede abarcar ambos conceptos). Pero el budismo no se para en mientes y también afirma la posibilidad de desarrollar esa capacidad y ofrece un conjunto de métodos para el logro del estado de *sukha*. Ese entrenamiento comienza con una modificación positiva en las emociones fugaces que conduce a una transformación más duradera del estado de ánimo y, finalmente, aboca a un cambio de temperamento.

Esta noción proporciona a la psicología moderna un modelo del funcionamiento óptimo que trasciende el suyo. El artículo en cuestión propone a los psicólogos la investigación con practicantes avanzados del budismo para evaluar los cambios en el funcionamiento del cerebro, en la actividad biológica, en las experiencias emocionales, en las habilidades cognitivas y en las interacciones sociales. Y, como señalamos en el capítulo 1, este programa ya ha comenzado a ponerse en marcha.

El último libro escrito por Paul Ekman, *Gripped by Emotion*, refleja los cambios provocados por la integración entre las ideas budistas y la psicología occidental que se produjeron durante nuestro encuentro de Dharamsala. Según Paul, la conversación con el Dalai Lama le ayudó a cristalizar algunas ideas o confirmar sus corazonadas. Entre las ideas que había esbozado por su cuenta, que se vieron confirmadas por el pensamiento budista, por ejemplo, conviene señalar distintas estrategias para abordar las emociones destructivas, dependiendo de si el abordaje se produce antes, durante o después del episodio en cuestión. Cuando finalmente acabó el manuscrito, Paul había entrelazado muchas de estas ideas a lo largo de todo el libro.

– Richard Davidson, Paul Ekman, Alan Wallace y Matthieu Ricard, "Buddhist and Western Perspectives on Well-Being", manuscrito en imprenta.
– Paul Ekman, *Gripped by Emotion* (Nueva York: Times Books/Henry Holt, 2003).

La investigación de la mente

La relación entre el pensamiento budista y las ciencias de la mente ha asumido todavía otra forma, que expande el debate hasta llegar a incluir a un círculo de científicos todavía más amplio. El día en que concluyó el encuentro de Dharamsala, el Dalai Lama aceptó nuestra invitación para visitar la Harvard University y participar en un encuentro organizado por el Mind and Life Institute en el que los investigadores de las ciencias bioconductuales explorarán con los estudiosos budistas el modo en que su distinta visión puede enriquecer el estudio científico de la mente. La pregunta esencial de ese encuentro será la siguiente: «¿Puede la ciencia moderna servirse de la bimilenaria investigación de la mente llevada cabo por el budismo?».

Este noveno encuentro Mind and Life –«Investigating the Mind»– ha sido organizado por Richard Davidson en colaboración con Anne Harrington, una de las directoras del Mind/Brain/Behavior Initiative de Harvard (que copatrocinará el evento) y que también había participado en el quinto encuentro Mind and Life, que giró en torno al altruismo y la compasión. Para ello han organizado una reunión de dos días, con sesiones destinadas a los siguientes temas, la atención y el control cognitivo de la actividad mental, de la emoción y de la imaginería mental. Además, los días 13 y 14 de septiembre de 2003 han programado también el encuentro «Investigating the Mind», que será el primer evento del Mind and Life Institute parcialmente abierto al público, aunque las sesiones se dirigirán fundamentalmente a investigadores en los campos de la psicología, la ciencia cognitiva, la neurociencia y la medicina y, más en particular, a licenciados en busca de temas para su tesis doctoral.

Paradójicamente, los investigadores occidentales que, hasta el momento, se han dedicado al estudio de la atención, consideran que los mecanismos que intensifican la atención constituyen un foco muy importante de interés científico, pero han mostrado un escaso interés en los métodos orientales para el cultivo de la atención. Según el budismo, sin embargo, el entrenamiento de la atención constituye la clave para acceder al control de nuestra vida interna y el fundamento mismo de la práctica espiritual. Este encuentro sobre la atención apunta, pues, a recuperar, el tiempo perdido y explorar las implicaciones que tiene la noción budista de la atención para la moderna investigación.

Las emociones representan una oportunidad sin precedentes para la ciencia. La psicología occidental lleva mucho tiempo dando por sentado la imposibilidad de gestionar voluntariamente nuestras emociones, pero el entrenamiento budista dispone de muchas estrategias prácticas para aprender a controlarlas y encauzarlas mejor. Por ello, uno de los focos de la sesión sobre las emociones se centrará en la revisión de los supuestos en los que se asienta tal creencia. Otro de los temas girará en torno al poder de la compasión, una emoción casi completamente ignorada por la ciencia occidental.

La sesión dedicada a la imaginería, por último, presentará a los científicos los métodos del budismo para generar y controlar sistemáticamente las imágenes mentales, un sistema que no tiene parangón en la ciencia occidental y que podría aumentar nuestra capacidad para estudiar las imágenes que pueblan nuestro mundo interno.

Además del Dalai Lama, también nos hablarán de la tradición budista Alan Wallace, Thupten Jinpa, Matthieu Ricard, Georges Dreyfus (profesor de religión del Williams College que logró el grado del *geshe* cuando era monje budista tibetano) y Ajahn Amaro (un inglés que actualmente es abad de un monasterio budista tailandés en California).

Del lado de la ciencia, «Investigating the Mind» ha despertado el interés de más de una decena de eminentes investigadores. El principal presentador científico de la sesión de la atención será Jonathan Cohen, psiquiatra que dirige el Center for Study of Brain, Mind and Behavior de la Princeton University. La sesión de imaginería mental tendrá como presentador principal a Stephen Kosslyn, jefe del departamento de psicología de la Harvard University, y psicólogo del departamento de neurología del Massachusetts General Hospital. Y los expertos Richard Davidson y Paul Ekman se hallarán también entre los ponentes de la sesión dirigida a emoción. Finalmente, el encuentro concluirá con una reflexión sobre el significado del diálogo realizada por Jerome Kagan, eminente psicólogo evolutivo de la Harvard University y con los comentarios filosóficos –habituales en los encuentros del Mind and Life– de Evan Thompson, filósofa de la York University de Toronto. Thompson lleva mucho tiempo participando en el diálogo entre el budismo y la filosofía y la ciencia occidental, ha sido una estrecha colaboradora de Francisco Varela y es, junto a él, coautora de *De cuerpo presente*, que explora la contribución del pensamiento budista al estudio científico de la mente.

Algunos de los participantes ya han mostrado su interés en expandir su propia investigación, especialmente Stephen Kosslyri, cuya investigación se centra en la imaginería visual. Los encuentros anteriores de Kosslyn con Matthieu Ricard han llamado poderosamente su atención sobre el efecto de la meditación para intensificar la capacidad de visualización que ha comenzado a investigar con practicantes avanzados como el *lama* Öser.

– Mind and Life XI, «Investigating the Mind: Exchanges Between Buddhism and the Biobehavioral Sciences on How the Mind Works». Boston, Massachusetts, 13 y 14 de septiembre de 2003. Quienes estén interesados en saber más cosas acerca de este encuentro pueden visitar la siguiente web: www.InvestigatingTheMind.org.

Inspiración para los maestros

La educación también es uno de los campos que se ha beneficiado del estudio filosófico y científico de la mente de nuestro diálogo. Cuando abandonó Dharamsala, Mark Greenberg nos dijo que los comentarios del Dalai Lama le habían resultado muy sugerentes a la hora de pensar en nuevos formas de ayudar a los niños a gestionar sus emociones positivas y que había supuesto un auténtico cambio de rumbo. Según dijo, programas como PATHS habían contribuido muy positivamente a ayudar a los niños a gestionar mejor los aspectos negativos y reactivos de sus emociones (ayudándoles a calmarse, aumentar su autocontrol y gestionar más adecuadamente la ansiedad). Ahora, sin embargo, se daba perfecta cuenta de la extraordinaria importancia de ayudarles también a cultivar una "mente positiva" (que les permita desarrollar actitudes como el optimismo, la tolerancia y el respeto a los demás). A fin de cuentas, éste es el modo más directo de contribuir al objetivo de gestionar más adecuadamente las emociones destructivas.

En este sentido, Mark ha empezado a diseñar ejercicios para el desarrollo de emociones como la compasión en niños de más de seis años y también está investigando los efectos de lecciones sobre temas como el respeto, el perdón y la responsabilidad social en niños de doce y trece años. También ha incluido en sus programas y llevado a la práctica una de las sugerencias concretas de nuestro encuentro –que los niños más pequeños elogien a alguien que haya sido útil a los demás– con resultados muy positivos puesto que, según los maestros, esta sencilla práctica ha movilizado muy positivamente el clima emocional del aula.

Otra fuente de inspiración para Mark se produjo durante la conversación en torno a la formación de los maestros y, más en particular, la idea de que los maestros podían pasar unos cinco minutos en pequeños grupos cada mañana antes de entrar en clase para cobrar más conciencia de su motivación durante ese día. Tal vez pudieran también reconsiderar lo que les atrajo del mundo de la enseñanza, cuáles son sus expectativas actuales, lo que quieren enseñar ese día a los niños, la necesidad de los niños de ser queridos y respetados, el modo en que podrían ayudarles a controlarse cuando se portan mal y las mil posibles formas de ayudarles a convertirse en personas más empáticas y respetuosas. Mark también quiere estudiar el efecto en los maestros –y en sus alumnos– del simple hecho de comenzar el día centrados y positivos.

Otra fuente de inspiración para Mark provino del informe de Davidson en torno a los cambios neurológicos provocados por la meditación, algo que le hizo preguntarse por los posibles efectos neurológicos de su programa de aprendizaje emocional y social en el cerebro infantil y decidió buscar neurocientíficos para determinar los efectos de sus programas. En la actualidad, ese proyecto de investigación ya ha sido diseñado y está a la espera de una subvención del gobierno federal para llevarlo a cabo.

Pero el momento personalmente más significativo para Mark se produjo durante la pausa para el té que siguió a su presentación de los programas de aprendizaje emocional, cuando el Dalai Lama le invitó a volver a Dharamsala para compartir su experiencia con maestros tibetanos. Más en concreto, el Dalai Lama pidió a Mark que compartiera sus ideas en alguno de los encuentros anuales de formación pedagógica que reúne a maestros del Tibetan Children's Village de Dharamsala y de otras escuelas de los asentamientos de refugiados tibetanos que se hallan desperdigados por toda la India. A pesar de las dificultades iniciales para fijar la fecha, hoy en día Mark tiene programado ese viaje de regreso a Dharamsala.

- Quienes estén interesados en conocer PATHS pueden visitar www.colorado.edu/cspv/blueprints/model/ten_paths.htm

El proyecto Madison

Los cinco días que Richard Davidson pasó en Dharamsala tuvieron un impacto muy poderoso en su agenda de investigación. En los años anteriores, había desarrollado un gran interés en la neuroplasticidad (es decir, en la capacidad de las personas para modificar sus emociones, su conducta y hasta el funcionamiento de su cerebro), pero el encuentro fortaleció su determinación de continuar con esa agenda científica y expandirla hasta determinar los posibles beneficios de la meditación para el cultivo de las emociones positivas. En el pasado, su trabajo se había focalizado en el modo de disminuir las emociones negativas, pero ahora estaba muy interesado en expandir su investigación al cultivo de emociones positivas como la alegría o la compasión.

Richie se había sorprendido de que cualidades tan importantes como la bondad y la compasión fueran tan ajenas al vocabulario psicológico occidental de la emoción. Ahora sentía que deberían volver a ocupar el papel central que les corresponde, no sólo por su relevancia para la ciencia psicológica, sino también por su importancia para el individuo y para la sociedad. Actualmente disponemos de una nueva generación de instrumentos científicos –especialmente las técnicas de imagen cerebral– que permiten evaluar el impacto permanente de los métodos multiseculares para el cultivo de las emociones positivas y situar así de nuevo al estudio científico de las emociones en el campo de la psicología.

Para ello, Richie invitó a su laboratorio de Madison a practicantes avanzados de meditación como el *lama* Öser, que había permanecido varios años en retiro intensivo, para colaborar con él en los estudios de imagen cerebral. Como ya hemos señalado en el capítulo 1, el Dalai Lama le había prometido en Dharamsala visitar su laboratorio en Madison la primavera siguiente, una promesa que le proporcionó el impulso necesario y una fecha tope para iniciar esta investigación que, por cierto, ya está empezando a dar resultados muy prometedores. En la actualidad, espera que el programa perdure el tiempo necesario para poder localizar e investigar con unos pocos practicantes avanzados que, dada la precisión del RMN, no tendrían por qué superar los seis sujetos y publicar luego los resultados obtenidos en una revista científica de primera línea.

Bien podríamos decir que este interés profesional de Davidson completa un círculo de su carrera y lo devuelve a su punto de partida. Durante sus años como universitario en Harvard, Richie estuvo muy interesado en la meditación, y su tesis doctoral giró en torno a la atención y la meditación. Posteriormente, sin embargo, la poca fiabilidad de los datos personales basados fundamentalmente en autoinformes y la escasez (según los estándares actuales) de datos fisiológicos le obligaron a postergar esa investigación, porque él sabía que la práctica no apuntaba tanto a provocar cambios puntuales como a transformar la vida cotidiana. Hoy en día, sin embargo, las nuevas técnicas de imagen cerebral le permiten disponer de las herramientas científicas necesarias para investigar la presencia de cambios mucho más duraderos.

– Quienes estén interesados en este particular pueden visitar las siguientes páginas web: http://www.keckbainimaging.org y http://www.psyphz.psych.wisc.edu

El cultivo del equilibrio emocional

De todos los participantes, tal vez a Paul Ekman fue al que más impactó nuestro encuentro. Durante el largo, ajetreado y polvoriento viaje de regreso en autobús que nos condujo de Dharamsala hasta el aeropuerto de Jammu, Paul estuvo reflexionando en lo que esa semana supondría para su vida cotidiana como investigador científico. Antes de venir había escuchado, con su habitual escepticismo, multitud de historias sobre los cambios que esos encuentros provocaban en los asistentes. Ahora le había tocado el turno a él.

Lo más sorprendente de todo era que había vuelto a establecer contacto con lo que originalmente le había atraído al campo de la psicología. Como él mismo dijo: «Llevo más de cuarenta años en el campo de la psicología de la emoción, y mi motivación original fue la de contribuir a reducir el sufrimiento y la crueldad del ser humano. Ahora parece que he recuperado mis raíces y mis motivaciones y puedo poner todo lo que he aprendido en ese tiempo al servicio de mis objetivos originales. Esta semana –agregó– me ha proporcionado una visión nueva de lo que puedo hacer durante esta etapa de mi vida».

Aunque había estado postergando sus obligaciones anteriores, por primera vez en casi una década tenía la impresión de estar asumiendo una nueva época jalonada por el programa de entrenamiento para adultos que esbozamos en el encuentro y al que ahora nos referimos con el nombre de «El cultivo del equilibrio emocional».

En Madison, Paul resumió al Dalai Lama todos los descubrimientos que se habían realizado al respecto hasta la fecha. «En Dharamsala me enteré de que usted estaba interesado en cualquier investigación que pudiera demostrar los beneficios de una versión secular de la meditación. Varios de nosotros nos hemos hecho eco de esa demanda y hemos desarrollado un enfoque que combina la práctica meditativa con las técnicas psicológicas occidentales. El diseño de nuestra investigación incluye un grupo de control y usará medidas tanto psicológicas como biológicas, poco después y un año después del experimento, para tratar de determinar su utilidad.»

Paul se quedó aturdido y conmovido cuando, después de escuchar el proyecto del programa –y la necesidad de recabar fondos– el Dalai Lama le prometió cincuenta mil dólares de los derechos de autor de su último libro, un signo más que patente de su interés.

«El cultivo del equilibrio emocional» se basa en el programa de entrenamiento secularizado de la atención plena que Richie presentó, como señalamos en el capítulo 14, el último día de nuestro encuentro y que recogía la investigación que realizó en colaboración con Jon Kabat-Zinn. Pero además de aprender este tipo de meditación, los participantes también podrán beneficiarse de otros métodos aportados por la psicología occidental, como la resolución positiva de conflictos (derivada de la investigación realizada al respecto sobre la relación de pareja), o de otra serie de instrucciones derivadas de la investigación realizada por Paul en torno al reconocimiento de las expresiones faciales sutiles de la emoción. El programa abarcará las distintas dimensiones de la inteligencia emocional, como la conciencia de uno mismo y la capacidad de gestionar adecuadamente nuestras emociones y las emociones de los demás.

En la elaboración del programa «El cultivo del equilibrio emocional» han participado muchos de los integrantes del encuentro de Dharamsala. Alan Wallace y Matthieu Ricard (así como también Jon Kabat-Zinn, que colaboró con Richard Davidson en la evaluación científica de la meditación de la atención plena) han participado muy activamente en el diseño del programa de cultivo de la atención. Mark Greenberg, que fue uno de quienes abrazó con más entusiasmo la idea de un programa de educación emocional para adultos, ha desempeñado el papel de coordinador científico y ha contribuido a diseñar la evaluación de su eficacia. Jeanne Tsai, por último, contribuirá con su experiencia en el estudio de la emoción diseñando y elaborando las medidas de la conciencia interpersonal que se utilizarán en la evaluación de su eficacia. En el momento de escribir este libro, la fase piloto ya ha sido diseñada.

– Quienes estén interesados en conocer los avances realizados en este sentido pueden consultar la web: www.MindandLife.org.

"El proyecto personas excepcionales"

Otro proyecto relacionado hunde sus raíces en un sorprendente y poderoso intercambio privado que se produjo entre Paul Ekman y el Dalai Lama durante una de las pausas para tomar el té del miércoles, cuando su hija Eve le formuló al Dalai Lama una pregunta personal sobre las relaciones y donde Su Santidad sostuvo y frotó afectuosamente sus manos. Según me dijo posteriormente, este pequeño encuentro fue «lo que algunos llamarían una experiencia mística transformadora. Yo me sentí inexplicablemente inundado de un maravilloso calor físico que cubrió mi cuerpo y mi rostro durante cinco y diez minutos y me dejó con una sensación muy palpable de bondad que nunca antes había experimentado y que perduró durante todo el resto del encuentro».

Para Paul, ése fue un momento único, un sentimiento de sentirse abrazado por la generosidad, el respeto y la compasión. Y ese momento llegó después de que el Dalai Lama le dijera lo buen padre que era. De algún modo, esa combinación conmovió las mismas raíces de su motivación vital.

Aproximadamente un año más tarde, Paul relacionó esa experiencia –y los cambios que había experimentado desde entonces– con un incidente en especial traumático de su vida. «Mi padre era un hombre francamente violento. Cuando, a los dieciocho años, le dije que había decidido no estudiar medicina (como él, que era pediatra), sino psicología, me dijo que no contara con él. Luego le pregunté si quería que sintiera por él lo mismo que él había sentido por su padre, que también, por cierto, se había negado a apoyarle en sus estudios. Entonces me golpeó y me tiró al suelo; cuando me levanté, le dije que ésa había sido la última ocasión, porque ya era mayor y, la próxima vez que me agrediese, le devolvería el golpe. Después de ese episodio me marché de casa y no volví a verle hasta diez años después.

»Desde ese episodio, que sucedió hace unos cincuenta años –añadió Paul– habré tenido un ataque de ira por semana de los que casi siempre he terminado arrepintiéndome. Pero, desde ese día de Dharamsala en que tuve el encuentro privado con Su Santidad, las cosas han cambiado mucho. En los cuatro meses siguientes no tuve ningún enfado y, en todo el año pasado, no experimenté ningún ataque de ira. Toda mi vida he estado luchado con la ira, pero ahora –un año después de Dharamsala– sólo me enfado muy de vez en cuando. Creo que el contacto físico con ese tipo de bondad puede tener un efecto realmente transformador.»

Es muy probable que la psicología sea la ciencia en la que más importancia tenga la experiencia vital del científico. En este sentido, Paul me ha dicho que quiere investigar la cualidad transformadora de la interacción humana con personas extraordinarias como el Dalai Lama. Esa decisión fue la que le llevó a esbozar «El proyecto personas extraordinarias» que presentó en Madison y del que el *lama* Öser (como hemos descrito en el capítulo 1) ha sido su primer sujeto experimental.

Pero los sujetos de esta investigación son muy pocos y están siendo investigados de modos diferentes en distintos laboratorios. En Madison, Richard Davidson utiliza los métodos de imagen cerebral para estudiar los efectos neurológicos duraderos de la práctica de la meditación, mientras que Paul, en la University of California, emplea métodos para la determinación de la capacidad para leer las emociones en la expresión facial a fin de calibrar el impacto sobre la empatía y otras habilidades emocionales.

– Quienes estén interesados en los avances realizados en este sentido pueden visitar la web: www.paulekman.com

Un intercambio en dos sentidos

La experiencia del venerable Ajahn Maha Somchai Kusalacitto (por nombrarle por su título completo) añade un matiz interesante a estos proyectos de investigación, un recordatorio de que el diálogo entre el budismo y las ciencias de la mente es una vía de doble sentido. En una entrevista con un visitante americano, varios meses después del encuentro de Dharamsala, Kusalacitto señaló la importancia de la investigación y evaluación científica de los efectos de los logros espirituales de los meditadores avanzados.

Una de las razones que le llevaron a interesarse por este tipo de investigación estaba ligada a los crecientes problemas que advirtió en Tailandia y, más en particular, al coste social de las emociones destructivas que se manifiesta, por ejemplo, en el aumento de la tasa de abusos a menores. Según dijo, la investigación científica pone de relieve los beneficios de la práctica budista, que deberían tener una mayor influencia en los países de Oriente, donde advierte la presencia de una falta de comprensión real del valor de las enseñanzas y prácticas budistas. «En este sentido, Occidente –dijo– puede ayudarnos a promover el interés y la aceptación de los valores budistas. Y es que los tailandeses tendemos a desdeñar lo nuestro y a entusiasmarnos con cualquier cosa que venga de Occidente.»

Cae el telón

Poco antes del encuentro de Madison recibimos malas noticias del estado físico de Francisco Varela, ya que nos enteramos de que, a pesar de la quimioterapia, su hígado trasplantado acababa de sufrir una virulenta recurrencia. La medicina ya no podía hacer nada por él, y los médicos habían arrojado la toalla. Francisco estaba en casa con su familia y no vendría a Madison, por lo que Adam Engle –con quien había fundado el Mind and Life Institute– dispuso todo lo necesario para que pudiese participar por videoconferencia a través de Internet. Fue así como Francisco acabó convirtiéndose en una presencia virtual observando el encuentro de Madison desde la pantalla de su ordenador de su dormitorio de París.

Al concluir la reunión todos le expresamos nuestros más sinceros deseos de recuperación en una tarjeta que Anton Lutz –el colega que le sustituyó en Madison– le entregó al día siguiente en su casa de París.

Francisco murió en su casa pocos días más tarde. El encuentro virtual de Madison con el Dalai Lama supuso el último telón que cayó sobre su vida de científico.

NOTAS

CAPÍTULO 1: EL LAMA EN EL LABORATORIO

1. Ésta es la transliteración tibetana de los seis estados estudiados: visualización, *kyerim yidam lha yi mig pa*; concentración en un punto, *tse chik ting nge dzin*; compasión, *migme nyingye*; devoción, *lama la mögu*; vacuidad, *gang la yang jig pa med pa'i mig pa*; estado de apertura, *rigpai chok shag*.

2. Sharon Salzberg, *Lovingkindness* (Boston: Shambhala, 1995).

3. Hay no menos de cinco idiomas que disponen de un término para referirse a las personas que se sobresaltan desproporcionadamente. Esas personas tienen, desde la infancia, un reflejo del sobresalto desmesurado que llega, en ocasiones, a resultar chocante para un observador externo. En las cinco culturas de las que hablo, esas personas son el blanco favorito de las chanzas de los demás, que se divierten asustándolas. Véase Ronald C. Simons, *Boo! Culture, Experience, and the Startle Reflex* (Nueva York: Oxford University Press, 1996).

4. T. Elbert, C. Pantev, C. Wienbruch, B. Rockstroh y E. Taub, "Increased Cortical Representation of the Fingers of the Left Hand in String Players", *Science* 270 (5234): 1995: pp. 305-7.

5. K.A. Ericsson, R.T Krampe y C. Tesch-Römer, "The Role of Deliberate Practice in the Acquisition of Expert Performance", *Psychological Review* 100 (1993): pp. 363-406.

6. Paul Whalen, por ejemplo, neurocientífico y colega de Davidson en la University of Wisconsin, ha descubierto que la amígdala y otros circuitos relacionados con ella es la estructura cerebral encargada del reconocimiento de las microexpresiones. La investigación realizada por Whalen ha puesto de relieve que la amígdala reconoce algunas expresiones, aun cuando sean muy fugaces y vayan seguidas del así denominado efecto de enmascaramiento (como un rostro neutro, por ejemplo) que bloquea la capacidad de la persona para identificar conscientemente las emociones. Por lo general, en estos experimentos la cara emocional se presenta durante casi treinta y tres milésimas de segundo. Los resultados de la prueba de lectura de las microexpresiones realizada con Öser y el otro meditador avanzado sugieren que las medidas cerebrales apropiadas podrían demostrar que la práctica sostenida es capaz de provocar cambios en el sistema de circuitos de la amígdala (aunque todavía no esté claro cuál deba ser, precisamente, esa práctica).

7. P.S. Eriksson, E. Perfilieva, T. Bjork-Eriksson, A.M. Alborn, C. Nordborg, D.A. Peterson y E.H. Gauge, "Neurogenesis in the Adult Human Hippocampus", Nature Medicine 4, 11 (1998): pp. 1313-7.

8. Francisco Varela, "Neurophenomenology: A Methodological Remedy to the Hard Problems", *Journal of Consciousness Sudies* 3 (1996): pp. 330-50.

9. En esta serie de experimentos, los resultados del EEG de Öser se vieron sometidos a un sofisticado análisis informático para determinar el momento en que empiezan y finalizan las conexiones funcionales que existen entre diferentes regiones del cerebro. Varela había ideado una medida que muestra si los grupos neuronales empiezan a oscilar a un determinado ritmo y luego implican a otros grupos neuronales de diversas partes del cerebro, es decir, la dinámica básica que determina la masa

Notas

crítica de actividad cerebral necesaria para promover, por ejemplo, un pensamiento. Este abordaje gira en torno a la capacidad de aislar una sola percepción concreta de la masa caótica de actividad mental. Para ello, Varela se sirvió de la experiencia "¡Ajá!", es decir, del momento en que alguien reconoce súbitamente una forma en lo que inicialmente parecía una masa caótica y absurda.

10. Quizá el efecto más espectacular se produjo durante el llamado "estado de apertura", es decir, cuando la actitud mental de Öser no era la de impedir la emergencia de los pensamientos ni la de dejarse arrastrar por ellos, sino la de "soltarse" de todo lo que pudiera aparecer en la mente sin identificarse con nada. La actitud interna del estado de apertura pareció reflejarse en una limitada sincronía neuronal en todo el cerebro. Cuando, por el contrario, Öser permanecía concentrado, eran muchas las regiones cerebrales que parecían sincronizarse durante el momento del reconocimiento.

11. Antonie Lutz, J.P Lachaux, J. Martinerie y F.J. Varela, "Guiding the Study of Brain Dynamics by Using First-Person Data: Syncrony Patterns Correlate with Ongoing Conscious States During a Simple Visual Task", *Proceedings of the National Academy of Sciences of the United States of America* 99 (2002): 1586-91.

12. Un estudio muy difundido sobre la meditación, por ejemplo, usó un SPECT, que genera una imagen de la tasa de recepción de una determinada molécula en las distintas regiones del cerebro. Para ello, se comparaba un solo período de meditación con un período de descanso en sujetos cuya experiencia meditativa variaba considerablemente. Estos datos fueron muy valiosos para poner de relieve las zonas cerebrales activadas durante la meditación (más concretamente, el área de la corteza prefrontal). Pero los métodos de análisis de los datos eran bastante rudimentarios, lo que limitó seriamente la validez del estudio, por cuanto únicamente se comparó un solo período de meditación con uno de descanso y no se pudo establecer con seguridad la consistencia de las pautas observadas como correlato fiable de la meditación. Además de todos estos problemas, los investigadores fueron mucho más allá del alcance real de sus resultados, formulando aseveraciones más que dudosas sobre el papel que desempeñan las pautas de actividad cerebral observadas para producir, durante la meditación, una "vivencia alterada del espacio" que pudiera explicar la sensación de trascendencia de las fronteras cotidianas. A. Newberg *et al.*, "The Measurement of Cerebral Blood During the Complex Cognitive Task of Meditation. A Preliminary SPECT Study", *Psychiatry Research*, 2001, 106 (2): pp. 113-22.

13. La noción de rasgos alterados de conciencia fue propuesta en un artículo firmado conjuntamente por Davidson y por mí a comienzos de los setenta, cuando todavía nos hallábamos en Harvard y él todavía no había acabado la carrera y yo empezaba a dar mis primeras clases. Véase Richard J. Davidson y Daniel J. Goleman, "The Role of Attention in Meditation y Hypnosis: A Psychobiological Perspective on Transformations of Consciousness", *The International Journal of Clinical and Experimental Hypnosis* 25, 4 (1977): pp. 291-308.

CAPÍTULO 2: UN CIENTÍFICO NATURAL

1. La cosmología tradicional está incluida dentro del amplio compendio que el budismo conoce como *Abhidharma*.

CAPÍTULO 3: LA PERSPECTIVA OCCIDENTAL

1. La tesis que Alan Wallace formuló en su época de estudiante universitario se vio finalmente publicada en dos volúmenes: *Choosing Reality: A Buddhist View of Physics and the Mind* (Ithaca, N.Y.: Snow Lion, 1989) y *Trascendent Wisdom* (Ithaca, N.Y.: Snow Lion, 1988), que incluye una traducción de la obra de Shantideva y los comentarios al respecto del Dalai Lama.

2. Una versión de la disertación de Alan Wallace se vio posteriormente publicada con el título *The Bridge of Quiescence: Experiencing Tibetan Buddhist Meditation* (Chicago: Open Court, 1998).

3. Véase Daniel Goleman, ed., *Healing Emotions: Conversations with the Dalai Lama on Mindfulness, Emotions, and Health* (Boston: Shambhala, 1996). [Versión en castellano: *La salud emocional: conversaciones con el Dalai Lama sobre la salud, las emociones y la mente*. Barcelona: Kairós, 1997.] El mismo tema, la baja autoestima, aparece también en un diálogo anterior; véase

Notas

Daniel Goleman, ed., *Worlds in Harmony: Dialogues* on Compassionate Action (Berkeley: Parallax, 1992).

CAPÍTULO 4: UNA PSICOLOGÍA BUDISTA

1 Matthieu Ricard, *Journey to Enlightenment: The Life and World of Khyentse Rinpoche, Spiritual Teacher from Tibet* (Nueva York: Aperture, 1996). Durante sus años como monje, la práctica de Matthieu Ricard fue dirigida por el Tulku Pema Wangyal, hijo mayor de Kangyur, que posteriormente fundó los centros de retiro del valle del Dordogne (Francia).

2. Los textos tibetanos describen este nivel muy sutil como «el continuo fundamental de la conciencia luminosa que se encuentra más allá de toda distinción entre sujeto y objeto».

CAPÍTULO 5: LA ANATOMÍA DE LAS AFLICCIONES MENTALES

1. Las imágenes mentales que se producen como resultado de una intensa concentración mental se consideran como una especie de forma. Hay que recordar en este sentido que, según la epistemología budista, el concepto de forma no necesariamente se encuentra confinado a las cosas materiales. Desde esta perspectiva, existen tres tipos de formas. Una de ellas son los objetos materiales que pueden ser percibidos a través de sus cualidades visuales (como la forma, el color, etcétera), aunque hay que decir que, en este contexto, el término no sólo se aplica a las formas visuales, sino que tiene un sentido mucho más amplio y se refiere a los objetos de los cinco sentidos incluyendo, por tanto, a la "forma" del sonido, etcétera. El segundo tipo es la forma que, según se afirma, es visible, aunque no obstructiva o tangible, como el reflejo en un espejo, por ejemplo. El tercer tipo de forma se refiere simplemente a cualquier objeto de cognición mental.

2. Éstos son los cinco tipos de forma que pertenecen a la categoría de las "formas de la conciencia mental": 1) las formas que provienen de los agregados, es decir, los objetos de los sentidos, 2) las formas espaciales, en el sentido del campo físico en el que se producen las percepciones, 3) las formas derivadas de las promesas efectuadas (ésta es una modalidad especialmente técnica que se refiere a las formas generadas, por ejemplo, cuando uno asume los preceptos monásticos), 4) las formas imaginarias, y 5) las formas que aparecen como resultado de la meditación. Véase *Meditation on Emptiness*, de Jeffrey Hopkins (Boston: Wisdom, 1996), pp. 232-35.

3. Las imágenes mentales derivadas de la visualización durante la meditación no tienen una naturaleza aflictiva.

4. El término en cuestión es *drotok*, que no sólo se refiere a la cosificación, sino a todo lo que superponemos a las cualidades o entidades de la realidad que, de hecho, no están presentes. La visión nihilista o negativa se aplica dondequiera que neguemos cualquier cosa que se halle presente.

5. Stephen Jay Gould, *The Panda's Thumb* (Nueva York: W.W. Norton, 1980).

6. La disertación de Thupten Jinpa está en vías de publicación por Curzon con el título *Tsongkhapa's Philosophy of Emptiness: Self, Reality, and Reason in Tibetan Thought*.

7. Oliver Leaman, ed., *Encyclopedia of Asian Philosophy* (Nueva York: Routledge, 2001).

8. Históricamente hablando nunca hubo, en la filosofía budista, una palabra equivalente al término occidental "emoción". Como señala Georges Dreyfus (que, como Thupten Jinpa, es traductor del Dalai Lama –pero, en este caso, al francés–, también posee el grado del *geshe* y actualmente enseña filosofía en el Williams College), el uso occidental del término "emoción" ha llevado a algunos maestros tibetanos a acuñar el término *tshor myong* para referirse a ella. Este término, que literalmente significa "experiencia del sentimiento", todavía no se ha asentado en el uso común tibetano y, desde la perspectiva budista, posee muy poco significado. Véase Georges Dreyfus, "Is Compassion an Emotion? A Cross-cultural Exploration of Mental Typologies", en Richard J. Davidson y Anne Harrington, eds., *Visions of Compassion: Western Scientists and Tibetan Buddhists Examine Human Nature* (Nueva York: Oxford University Press, 2002).

9. *Commentary on Valid Perception*, de Dharmakirti (de fuentes tibetanas).

10. Véase, sobre la ira virtuosa, el texto budista *Bodhicaryavatara*, de Shantideva, que alienta a los practicantes a desarrollar el disgusto por las aflicciones mentales y el propio egoísmo –un uso

Notas

pragmático de la energía de la ira al servicio de objetivos espirituales– que bien podría calificarse como una ira virtuosa y constructiva. De modo semejante, Shantideva anima a los practicantes a desarrollar la sensación de valor y confianza en sí mismos y en la posibilidad de alcanzar la iluminación, en lugar de aferrarse al orgullo aflictivo, es decir, a la sensación arrogante de una supuesta superioridad. Las enseñanzas del *Vajrayana* también hablan de la transmutación del apego en gozo, de la ira en claridad y de la ilusión en la sabiduría no conceptual a través de un proceso que se asemeja a una especie de alquimia mental. Véase Lama Thubten Yeshe, *Introduction to Tantra: A Vision of Totality* (Boston: Wisdom, 1987).

11. Richard Lazarus, *Emotion and Adaptation* (Nueva York: Oxford University Press, 1991).
12. Dentro de la tradición indotibetana existen diferentes matices entre las dos principales versiones del *Abhidharma*, así como también los hay entre la versión pali y la sánscrita, aunque la mayor parte de ellas sean secundarias. La literatura pali, por ejemplo, dispone de dos versiones diferentes de la lista de factores mentales, una de cincuenta y dos y la otra de cuarenta y ocho. Las dos principales versiones del Abhidharma –la fuente de la lista de las aflicciones mentales– de la tradición tibetana son el *Abhidharma Samuccaya* y el *Abhidharmakosha*; la versión pali se denomina Abhidhamma.

CAPÍTULO 6: LA UNIVERSALIDAD DE LAS EMOCIONES

1. Paul Ekman, *Gripped by Emotion* (Nueva York: Times Books/Henry Holt, 2003).
2. P. Ekman, W. Friesen y M. O'Sullivan, "Smiles When Lying", *Journal of Personality and Social Psychology* 54 (1988): pp. 414-20. En una investigación todavía inédita, John Gottman, de la University of Washington, comparó a las parejas felizmente casadas y a las parejas infelizmente casadas cuando se ven por vez primera al finalizar el día y descubrió que éstas sólo sonreían con los labios, mientras que aquéllas lo hacían poniendo también en funcionamiento el músculo orbicular del ojo.
3. P. Ekman, M. O'Sullivan y M.G. Frank, "A Few Can Catch a Liar", *Psychological Science* 10 (1999): pp. 263-66.
4. R.J. Davidson, P. Ekman, S, Senilius y W. Friesen, "Emotional Expression and Brain Psychology I: Approach/Withdrawal and Cerebral Assymetry", *Journal of Personality and Social Psychology* 58 (1990): pp. 330-41.
5. Véase Peter Salovey y John D. Mayer, "Emotional Intelligence", *Imagination, Cognition, and Personality* 9, 3 (1990): pp. 185-211, así como también Daniel Goleman, *Emotional Intelligence* (Nueva York: Bantam Books, 1995).[Versión en castellano: *Inteligencia emocional*. Barcelona: Kairós, 1996]
6. Los términos genéricos tibetanos para referirse al pensamiento también incluyen la emoción (*tokpa* y *namtok*).
7. Véase, por ejemplo, "Daniel Goleman, Buddhist Psychology", en Calvin Hall y Gardner Lindzey, *Theories of Personality* (Nueva York: Wiley, 1978).
8. Para un debate acerca del significado de la relación entre el niño y su madre especialmente relacionado con el modo en que el budismo cultiva la compasión, ver Tsongkhapa, *The Principal Teachings of Buddhism*, trad. Geshe Lobsang Tharchin (Howell, N.J.: Classics of Middle Asia, 1988), pp. 95-107.
9. El Dalai Lama mencionó dos ejemplos, la contemplación shunya (o vacuidad) y el análisis de la interdependencia de todas las cosas.

CAPÍTULO 7: EL CULTIVO DEL EQUILIBRIO EMOCIONAL

1. El Dalai Lama señaló que el concepto de *dhyana* –los distintos niveles de absorción en el desarrollo de la meditación de concentrativa– y las sutilezas de los distintos estados contemplativos de la mente son comunes tanto al budismo como a muchas otras tradiciones indias. Las distinciones entre niveles están descritas en términos del nivel de gozo, éxtasis, alegría o ecuanimidad que los caracteriza. Quizá otras tradiciones –que ponen un mayor énfasis en tales meditaciones y comprensiones de los distintos niveles de concentración, así como también las meditaciones que

Notas

reflexionan sobre la naturaleza destructiva de lo que denominamos aflicciones del reino del deseo–posean términos relativamente equivalentes al de "emoción".

2. Véase, por ejemplo, R.J. Davidson y W. Irwin, "The Functional Neuroanatomy of Emotion and Affective Style", *Trends in Cognitive Science* 3 (1999): pp. 11-21.

3. Las distintas escuelas y ramas del budismo disponen de diferentes versiones de la lista de factores mentales. Otra fuente tibetana enumera ochenta factores mentales, mientras que los principales textos de las tradiciones tailandesa y birmana hablan de cincuenta y dos factores mentales, aunque también mencionan que, de hecho, son incontables. Con ello quiero decir, en suma, que estas listas no se refieren tanto a una enumeración exhaustiva como a una mera convención. Además, junto a cada estado sano o insano siempre aparecen otros cinco factores mentales neutros, el sentimiento, el reconocimiento, la volición (etimológicamente, "lo que mueve la mente"), la atención y el contacto (la detección o el contacto puro de la mente con un determinado objeto).

4. Alan explicó del siguiente modo el significado de la reificación: «Cuando usted aprehende una flor, sencillamente sabe que hay una flor. La reificación consiste en entender la flor como algo que existe en conformidad exacta con el modo en que se nos presenta. La flor aparece como si existiera de manera aislada, objetiva e independientemente, por su propia naturaleza. En el primer instante sólo existe una aprehensión válida de la flor, pero comprender la flor como si existiera como se nos presenta es una cognición falsa, un malentendido».

CAPÍTULO 8: LA NEUROCIENCIA DE LA EMOCIÓN

1. Véase Richard J. Davidson y Daniel J. Goleman, "The Role of Attention in Meditation and Hypnosis: A Psychobiological Perspective in Transformations de Consciousness", *Internacional Journal of Clinical and Experimental Hypnosis* 25, 4 (1977): pp. 291-308. Durante el mismo período, Davidson participó en la elaboración de un artículo en el que subrayaba que la capacidad atencional –la capacidad de desatender a las distracciones mientras uno permanece con la atención concentrada– está ligada a determinadas pautas electroencefalográficas y que se trata de una habilidad que se mueve en un continuo; R.J. Davidson, G.E. Schwartz y L.R. Rothman, "Attentional Style and the Autorregulation of Mode-Specific Attention: An EEG Study", *Journal of Abnormal Psychology* 85 (1976): pp. 611-21. Es precisamente la existencia de ese continuo la que facilita el adiestramiento atencional. Un tercer artículo (R.J. Davidson, D.J. Goleman y G.E. Schwartz, "Attention and Affective Concomitants of Meditation: A Cross-Sectional Study", *Journal of Abnormal Psychology* 85 [1976], pp. 235-38) demostró que, cuanta más experiencia meditativa tiene la persona, mejor es su desempeño en las tareas atencionales, lo cual sugiere que el entrenamiento meditativo aumenta la cualidad de la atención. Pero no fue hasta varias décadas después que Davidson pudo llevar a cabo la investigación cerebral necesaria para demostrar la exactitud de sus tempranas intuiciones.

2. Richard J. Davidson y Anne Harrington, eds., Visions of Compassion: *Western Scientists and Tibetan Buddhists Examine Human Nature* (Nueva York: Oxford University Press, 2002).

3. B. Czeh, T. Michaelis, T. Watanabe, J. Frahm, G. de Biurrun, M. van Kampen, A. Bartolomucci y E. Fuchs, "Stress-Induced Changes in Cerebral Metabolites, Hippocampal Volume and Cell Proliferation Are Prevented by Antidepressant Treatment with Tianeptine", *Proceedings of the National Academy of Sciences of the United States of America*, 98, 22 (2001): pp. 12796-801.

4. P.S. Eriksson, E. Perfilieva, T. Bjork-Eriksson, A.M. Alborn, C. Nordborg, D. A. Peterson y F.H. Gage, "Neurogenesis in the Adult Human Hippocampus", *Nature Medicine* 4, 11 (1998): pp. 1313-7.

5. J. Davidson, D.C. Jackson, N.H. Kalin, "Emotion, Plasticity, Context and Regulation: Perspectives from Affective Neuroscience", *Psychological Bulletin* 126, 6 (2000), pp. 890-906.

6. Daniel Dennett, Brainstorms: *Philosophical Essays on Mind and Psychology* (Cambridge: MIT Press, 1891)

7. La meditación de la quietud mental también es conocida con el término sánscrito *shamatha*.

8. R.J. Davidson, K.M. Putnam y C.L. "Dysfunction in the Neural Circuitry of Emotion–A Possible Prelude to Violence", *Science* 289 (2000): pp. 591-94.

9. E.J. Nestler y G.K. Aghajanian, "Molecular y Cellular Basis of Addiction", *Science* 278, 5335 (1997): pp. 58-63.
10. Áreas activadas por el deseo: H.C. Breier y B.R. Rosen, "Functional Magnetic Resonance Imaging of Brain Reward Circuitry in the Humans", *Annals of the Nueva York Academy of Sciences* 29, 877 (1999): pp. 523-47.

CAPÍTULO 9: NUESTRO POTENCIAL PARA EL CAMBIO

1. A. Raine, T Lencz, S. Bihrle, L. LaCasse y P. Colletti, "Reduced Prefrontal Gray Matter Volume and Reduced Autonomic Activity in Antisocial Personality Disorder", *Archives of General Psychiatry* 57, 2 (2000): pp. 119-27, debate pp. 128-29.
2. E.K. Miller y J.D. Cohen, "An Integrative Theory of Prefrontal Cortex Function", *Annual Review of Neuroscience* 24 (2001): pp. 167-202.
3. Jon Kabat-Zinn, *Wherever You Go, There You Are: Mindfulness Meditation in Everyday Life* (Nueva York: Hiperion, 1994).
4. Sogyal Rinpoche, *The Tibetan Book of Living and Dying,* ed. Patrick Gaffney y Andrew Harvey (San Francisco: Harper San Francisco, 1992).
5. Norman Kagan, "Influencing Human Interaction–Eighteen Years with Interpersonal Process Recall", en A.K. Hess, ed., *Psychotherapy Supervision: Theory, Research, and Practice* (Nueva York: John Wiley and Sons, 199 1).
6. Daniel Goleman, *Working with Emotional Intelligence* (Nueva York: Bantam Books, 1998); [Versión en castellano: *La práctica de la inteligencia emocional.* Barcelona: Kairós, 1999.] Daniel Goleman, Richard Boyatzis y Annie McKee, *Primal Leadership* (Boston: Harvard Business School Press, 2002).
7. William James, *Talks to Teachers on Psychology and to Students on Some of Life's Ideals* (Cambridge, Mass.: Harvard University Press, 1983).

CAPÍTULO 10: LA INFLUENCIA DE LA CULTURA

1. S. Sue, "Asian American Mental Health: What We Know and What We Don't Know", en W. Lonner et al., eds., *Merging Past, Present, and Future in Cross-Cultural Psychology: Selected Papers from the Fourteenth International Association for Cross-Cultural Psychology* (Lisse and Exton: Swets and Zeitlinger, 1999), pp. 82-89.
2. H.R. Markus y S. Kitayama, "Culture and the Self: Implications for Cognition, Emotion, and Motivation", *Psychological Review,* 98 (1991): pp. 224-53.
3. Véase, por ejemplo, J.G. Miller y D.M. Bersoff, "Culture and Moral Judgment: ¿How Are Conflicts Between Justice and Interpersonal Responsibilities Resolved?", *Journal of Personality and Social Psychology,* 62 (1992): pp. 541-54.
4. R. Hsu, "The Self in Cross-Cultural Perspective", en A.J. Marsella, C. DeVos y F.L.K. Hsu, eds., *Culture and Self: Asian and Western Perspectives,* (Nueva York: Tavistock Publications, 1985), pp. 24-55.
5. S. Cousins, "Culture and Self-Perception in Japan and the United States", *Journal of Personality and Social Psychology* 56 (1989): pp. 124-31.
6. S. Heine, D. Lehman, H. Markus y S. Kitayama, "Is There an Universal Need for Positive Self-Regard?", *Psychological Review,* 106 (1999): pp. 766-94.
7. Ibíd.
8. J.L. Tsai y R.W. Levenson, "Cultural Influences on Emotional Responding: Chinese American and European American Dating Couples During Interpersonal Conflict", *Journal of Cross-Cultural Psychology,* 28 (1997): pp. 600-25.
9. J.L. Tsai, R.W Levenson y K. McCoy, "Biocultural Emotions: Chinese American and European American Couples During Conflicts", manuscrito todavía inédito.
10. Ibíd.
11. J. Kagan, D. Arcus, N. Snidman, Y.F. Want, J. Hendler y S. Greene, "Reactivity in Infants: A

Cross-National Comparation", *Developmental Psychology*, 30, 3 (1994): pp. 342-45; J. Kagan, R. Kearsley y P. Zelazo, Infancy: *In Place in Human Development* (Cambridge, Mass.: Harvard University Press, 1978).

12. D.G. Freedman, *Human Infancy: An Evolutionary Perspective* (Hillsdale, N.J.: Lawrence Erlbaum, 1974).
13. J.A. Soto, R.W. Levenson y R. Ebling, "Emotional Expression and Experience in Chinese Americans and Mexican Americans: A 'Startling' Comparison", manuscrito todavía inédito.
14. J.L. Tsai y T. Scaramuzzo, "Descriptions of Past Emotional Episodes: A Comparison of Hmong and European American College Students", manuscrito todavía inédito.
15. D. Stipek, "Differences Between Americans and Chinese in the Circumstances Evoking Pride, Shame, and Guilt", *Journal of Cross-Cultural Psychology*, 29, 5 (1998): pp. 616-29.
16. J.L. Tsai e Y. Chentsova-Dutton, "Variation Among European Americans You Betchas" manuscrito todavía inédito.
17. S. Harkness, C. Super y N. van Tijen: "Individualism and the 'Western Mind' Reconsidered: American and Dutch Parents, Ethnotheories of the Child", en S. Harkness, C. Raeff y C. Super, eds. *Variability in the Social Construction of the Child* (San Francisco: Jossey-Bass, 2000).

CAPÍTULO 11: LA EDUCACIÓN DEL CORAZÓN

1. M.T. Greenberg y C.A. Kusché, *Promoting Social and Emotional Development in Deaf Children: The PATHS Project* (Seattle: University of Washington Press, 1993); C.A. Kusché y M.T. Greenberg, The PATHS *Curriculum* (Seattle: Developmental Research and Programs, 1994).
2. El Collaborative for Academic, Social, and Emotional Learning se ocupa de apoyar a quienes están investigando el campo de las emociones y el desarrollo infantil, la formación del profesorado, las posibles intervenciones preventivas y los planificadores políticos. Su objetivo fundamental es el de proporcionar información científica sobre el aprendizaje emocional y social a las escuelas y al público en general y promocionar también el uso de programas científicos eficaces. Uno de sus servicios es la web www.casel.org, que engloba a unos doscientos programas escolares que se atienen a los principios que mejor funcionan y no sólo ayudan a los niños a dominar las habilidades emocionales y sociales esenciales que necesitan, sino que también promueven el desempeño académico.
3. G. Dawson, K. Frey, H. Panagiotides, E. Yamada, D. Hessi y J. Osterling, "Infants in Depressed Mothers Exhibits Atypical Frontal Electrical Brain Activity During Interactions with Mother and with a Familiar, Nondepressed Adult", *Child Development,* 70 (1999): pp. 1058-66.
4. Conduct Problems Prevention Research Group, "A Developmental and Clinical Model for the Prevention of Conduct Disorders: The FAST Track Program", *Development and Psychopathology* 4 (1992): pp. 509-27.
5. S.W. Anderson, A. Bechara, H. Damasio, D. Tranel y A.R. Damasio, "Impairment of Social and Moral Related to Early Damage in Human Prefrontal Cortex", *Nature Neuroscience* 2 (1999): pp. 1032-7.
6. K.A. Dodge, "A Social Information Processing Model of Social Competence in Childerns", en M. Perlmutter, ed., *Cognitive Perspectives on Children's Social and Behavioral Development*, The Minnesota Symposia on Child Psychology, vol. 18 (Hillsdale, N.J.: Lawrence Erlbaum, 1986).
7. M.T. Greenberg y C.A. Kusché, *Promoting Alternative Thinking Strategies: PATHS*, Blueprint for Violence Prevention, libro 10 (Boulder: Institute of Behavioral Sciences, University of Colorado, 1998).
8. M.T. Greenberg, C.A. Kusché, E.T. Cook y J.P. Quamma, "Promoting Emotional Competence in School-Aged Children: The Effects of PATHS Curriculum", *Development and Psychopathology* 7 (1995): pp. 117-36.
9. J.M. Gottman, L.F. Katz y C. Hooven, *Meta-Emoción: How Families Communicate Emotionally* (Hillsdale, N.J.: Lawrence Erlbaum, 1997).

Notas

10. J. Coie, R. Terry, K. Lenox, J. Lochman y C. Hyman, "Childhood Peer Rejection and Aggression as Stable Predictors of Patterns of Adolescent Disorder", *Development and Psychopathology* 10 (1998): pp. 587-98.

CAPÍTULO 12: ALENTANDO LA COMPASIÓN

1. Véase Richard J. Davidson y Anne Harrington eds., Visions of Compassion: Western Scientists and Tibetan Buddhists Examine Human Nature, (Nueva York: Oxford University Press, 2002). Citado en las páginas 82-84.

2. Aunque no existe una sola palabra inglesa que, en sí misma, refleje el significado del término *mudita* (que significa disfrutar con la felicidad de los demás), debemos señalar que, en alemán, por ejemplo, sí que existe el término contrario *Schadenfreude* (que significa disfrutar con el sufrimiento de los demás).

3. T. Elbert, C. Pantev, C. Wienbruch, B. Rockstroh y E. Taub, "Increased Cortical Representation of the Fingers of the Lefts Hand in String Players", *Science* 270 (5234): 1995: pp. 305-7.

4. E.A. Maguire et al., "Navigation-related Structural Change in the Hippocampi of Taxi Drivers", *Proceeding of the National Academy of Science of the United States of America* (2000), 97, pp. 441-6.

CAPÍTULO 13: EL ESTUDIO CIENTÍFICO DE LA CONCIENCIA

1. Véase Humberto Maturana y Francisco Varela, *Autopoiesis and Cognition: The Realization of the Living* (Dordrecht and Boston: Reidel, 1980).

2. Véase la entrevista con Francisco Varela en John Brockman, *The Third Culture* (Nueva York: Simon and Schuster, 1995).

3. Humberto Maturana y Francisco Varela, *The Tree of Knowledge: The Biological Roots of Human Understanding* (Boston: New Science Library, 1987).

4. En otoño de 1984, el Dalai Lama mantuvo un diálogo con Adam, Engle y Michael Sautman en California en el que acordaron participar en un encuentro entre el budismo y la ciencia. Los cuatro organizadores de ese primer encuentro –Adam Engle, Michael Sautman, Francisco Varela y Joan Halifax– se encontraron más tarde en la Ojai Foundation de California y decidieron trabajar juntos, sembrando las semillas de lo que ha acabado convirtiéndose en el Mind and Life Institute.

5. Entre los libros de Francisco Varela cabe destacar, *Principles of Biological Autonomy* (Amsterdam: North Holland, 1979); en colaboración con Humberto Maturana, *Autopoiesis and Cognition: The Realization of the Living* (Dordrecht and Boston: Reidel, 1980); y junto a Evan Thompson y Eleanor Rosch, *The Embodied Mind: Cognitive Science and Human Experience* (Cambridge, Mass.: MIT Press, 1992).

6. Tal vez, el mejor testimonio de la apertura de la neurociencia al estudio de la conciencia nos lo proporcione la creación del *Journal of Consciousness Studies* en 1994 y los congresos anuales celebrados en Tucson (Toward a Science of Consciousness), en muchos de los cuales ha participado Francisco.

7. Varela, Thompson y Rosch, *The Embodied Mind*. Son varias las ocasiones en las que Varela se ha referido al método de primera persona en el campo de la ciencia cognitiva. Véase, en este sentido, Francisco Varela y Jonathan Shear, *The View from Within: First-Person Approaches in the Study of Consciousness* (Londres: Imprint Academic, 1999) y Jean Petitot, Francisco J. Varela, Bernard Pachoud y Jean Michel Roy, eds., *Naturalizing Phenomenology* (Stanford: Stanford University Press, 2000).

8. Francisco Varela, "Neurophenomenology: A Methodological Remedy for the Hard Problem", *Journal of Consciousness Studies*, 3 (1996): pp. 330-50; Varela y Shear, eds., *The View from Within*.

9. N. Depraz, F. Varela y P. Vermersch, en *Becoming Aware: The Pragmatics of Experiencing* (Amsterdam: John Benjamin Press, 2002).

10. F. Varela, J.P. Lachaux, E. Rodriguez y J. Martinerie, "The Brainweb: Fase Synchronization and Large-Scale Integration", *Nature Review: Neuroscience* 2 (2001). Pp. 229-39.

11. E. Rodriguez, N. George, J.P. Uchaux, J. Martinerie, B. Renault y F.J. Varela, "Perception's Shadow: Long-Distance Synchronization of Human Brain Activity", *Nature* 397 (1999): pp. 430-33.

12. Las tres escuelas coinciden en la existencia de ejemplos de percepción sensorial no distorsionada. Pero la escuela Prasangika Madhyamaka sostiene que todas las percepciones sensoriales son esencialmente engañosas, puesto que perciben los objetos como si existieran independientemente, cuando tal cosa, en realidad, no es cierta.

13. Las tres escuelas filosóficas más sofisticadas son la Sautrantika, la Yogachara y la Madhyamaka, que son las principales visiones filosóficas sostenidas en la actualidad por los maestros budistas tibetanos.

14. A. Lutz, J.P Lachaux, J. Martinerie y F.J. Varela, "Guiding the Study of Brain Dynamics Using First-Person Data: Syncrony Patterns Correlate with Ongoing Consciousness States During a Simple Visual Task", *Proceedings of the National Academy of Sciences of the United States of America* 99 (2002): pp. 1586-91.

15. Varela, Thompson y Rosch, *The Embodied Mind*. B. Alan Wallace hace una propuesta parecida en su libro *The Taboo of Subjectivity: Toward a New Science of Consciousness* (Nueva York: Oxford University Press, 2000), en especial el capítulo titulado "Observing the Mind".

CAPÍTULO 14: EL CEREBRO PROTEICO

1. R.S. Eriksson, E. Perfilieva, T. Bjork-Eriksson, A.M. Alborn, C. Nordborg, D.A. Peterson y F.H. Gauge, "Neurogenesis in the Adult Human Hippocampus", Nature Medicine 4, 11 (1998): pp. 1313-7.

2. Véase, por ejemplo, H. van Praga, G. Kempermann y F.H. Gauge, "URNG Increases Cell Proliferation and Neurogenesis in the Adult Mouse Dentate Gyrus", *Nature Neuroscience* 2, 3 (1999): pp. 266-70.

3. M.S. George, Z. Nahas, M. Molloy, A.M. Speer, N.C. Oliver, X.B. Li, G.W Arana, S.C. Risch y J.C. Ballenger, "A Controled Trial of Daily Left Prefrontal Cortex TMS for Treating Depression", *Biological Psychiatry* 48, 10 (2000): pp. 962-70.

4. Véase S. Frederick y G. Loewenstem, "Hedonic Adaptation", en D. Kahneman, E. Diener y N. Schwarz, eds., *Well-Being: The Foundations of Hedonic Psychology* (Nueva York: Russell Sage, 1999); P. Brickman, D. Coates y R. Janoff-Bullman, "Lottery Winners and Accident Victims: Is Happiness Relative?", *Journal of Personality and Social Psychology* 36 (1978): pp. 917-27.

5. Conferencia presentada por Jon Kabat-Zinn en el tercer encuentro organizado por el Mind and Life Institute; ver Daniel Goleman, ed., *Healing Emotions: Conversations with the Dalai Lama on Mindfulness, Emotions, and Health* (Boston: Shambhala, 1996). [Versión en castellano: *La salud emocional*. Barcelona: Kairós, 1997]

6. R.J. Davidson et al., "Alterations in Brain and Immune Function Produced by Mindfulness Meditation", *Psychosomatic Medicine*, en imprenta.

7. El curso incluye una meditación de tranquilización basada en la respiración, así como también un recorrido meditativo por las sensaciones de todo el cuerpo. Quienes estén interesados en una visión más detenida de este tipo de entrenamiento, ver Jon Kabat-Zinn, Full Catastrophe Living (Nueva York: Dell, 1990).

8. Janice Kiecolt-Glaser et al., "Chronic Stress Alters the Immune Response to Influenza Virus Vaccine in Older Adults", *Proceedings of the National Academy of Science of the United States of America* (1996), 93, 7, pp. 3043-7.

9. El grupo de meditación contaba con veintitrés participantes y el grupo de control con dieciséis, lo cual sugiere la necesidad de reproducir el estudio con un grupo más nutrido de personas.

10. R.M. Benca, W.H. Obermeyer, C.L. Larson, B. Yun, I. Dolski, S.M. Weber y R.J. Davidson, "EEG Alpha Power & Alfa Asymmetry in Sleep and Wakefulness" *Psychophysiology* 36 (1999): pp. 430-36.

11. Véase, por ejemplo, el texto traducido y el comentario sobre el *yoga* del sueño en Gyatrul Rinpoche, *Ancient Wisdom: Nyingma Teachings of Dream Yoga, Meditation, and Transformation*, trad. B. Alan Wallace y Sangye Khandro (Ithaca, N.Y: Snow Lion, 1993). Éste fue también un tema fundamental del encuentro organizado por el Mind and Life Institute presentado en Francisco Varela, ed., *Sleeping, Dreaming and Dying* (Ithaca, N.Y.: Wisdom, 1997).

SOBRE LOS PARTICIPANTES

Tenzin Gyatso, Su Santidad el Decimocuarto Dalai Lama, es el líder del budismo tibetano, el jefe del Gobierno tibetano en el exilio y un guía espiritual respetado en todo el mundo. Nacido en el seno de una familia campesina el 6 de julio de 1935 en una pequeña aldea llamada Taktser, ubicada en el Nordeste del Tíbet, fue reconocido a los dos años y en conformidad con la tradición tibetana, como la reencarnación de su predecesor, el decimotercer Dalai Lama. Los Dalai Lamas son avatares del Buda de la Compasión, que se reencarna para servir a todos los seres humanos. Ganador del premio Nobel de la paz en 1989, es universalmente conocido como un adalid de la resolución pacífica y compasiva de los conflictos. Ha viajado por todo el mundo disertando sobre cuestiones como la responsabilidad universal, el amor, la compasión y la bondad. Menos conocido es su gran interés personal por la ciencia, hasta el punto de haber afirmado que, de no ser monje, le hubiera gustado ser ingeniero. Cuando era joven en Lhasa se dedicaba a arreglar todo aquello que se estropease en el palacio del Potala, ya fuese un reloj o un automóvil. Está muy interesado en aprender los nuevos avances de la ciencia, posee un alto grado de sofisticación metodológica intuitiva y está muy interesado en las implicaciones humanísticas de los descubrimientos científicos.

Richard. J. Davidson es el director del Laboratory for Affective Neuroscience y del W.M. Keck Laboratory for Functional Brain Imaging and Behavior de la University of Wisconsin en Madison. Estudió en la Nueva York University y en la Harvard University, donde se licenció y doctoró, respectivamente, en psicología. A lo largo de su carrera como investigador se ha interesado por la relación que existe entre el cerebro y la emoción. Actualmente ocupa las cátedras William James y Vilas Research de psicología y psiquiatría de la University of Wisconsin. Es coautor o editor de nueve libros, los más recientes son *Anxiety, Depression, and Emotion* (Oxford University Press, 2000) y *Visions of Compassion: Western Scientists and Tibetan Buddhists Examine Human Nature* (Oxford University Press, 2001). El profesor Davidson también es autor de más de ciento cincuenta artículos. Su obra ha recibido numerosos galardones por su destacada investigación científica, entre los que cabe señalar los concedidos por el National Institute of Mental Health y la American Psychological Association. También es asesor del comité científico del National Institute of Mental Health. En 1992 y, como participante en anteriores encuentros del Mind and Life Institute, formó parte del equipo científico encargado de llevar a cabo la investigación neurocientífica para el estudio de las excepcionales habilidades mentales mostradas por los practicantes avanzados de la meditación tibetana.

Paul Ekman es profesor de psicología y director del Human Interaction Laboratory de la facultad de medicina de la University of California en San Francisco. Estudió en la University of Chicago, en la Nueva York University y en la Adelphi University, donde terminó doctorándose. Su investigación se ha centrado en el estudio de la expresión de las emociones (y su relación con los cambios fisiológicos) y el engaño; es una auténtica autoridad en el campo de la expresión facial de las emociones. Entre los años 1967 y 1968 llevó a cabo una investigación intercultural sobre la expresión de las emociones en una cultura prehistórica de Papúa-Nueva Guinea, la cultura japonesa y varias otras culturas. Ha recibido muchos galardones, entre los que se cuentan el premio a la investigación científica concedido por el National Institute of Mental Health (que ha recibido en siete ocasiones) y un doctorado *cum laude* en humanidades por la University of Chicago. Ha publicado más que cien artículos y ha editado y publicado catorce libros, entre los que cabe citar *The Nature of Emotion* (en colaboración con Richard Davidson) (Oxford University Press, 1997). Su libro más reciente es una edición comentada del libro de 1872 de Charles Darwin, *La expresión de las emociones en el hombre y en los animales*, en el que subraya la importancia para la investigación contemporánea de las visiones de Darwin acerca de la evolución de la emoción.

Owen Flanagan es profesor de la cátedra James B. Duke de filosofía, catedrático de filosofía, profesor de psicología (experimental) y profesor de neurobiología en la Duke University. Durante el curso 1999-2000, el doctor Flanagan obtuvo el Romanell Phi Beta Kappa Professorship, un galardón que concede la dirección nacional de la hermandad Phi Beta Kappa a los filósofos americanos que hayan hecho una contribución importante a la filosofía y a su difusión entre el público en general. En la actualidad, el doctor Flanagan está muy interesado en el problema mente-cuerpo, la psicología moral y el conflicto entre la imagen científica y humanística de las personas. Es autor de *The Science of Mind* (el MIT Press, 1991); *Varieties of Moral Personality* (Harvard University Press, 1991); *Consciousness Reconsidered* (MIT Press, 1992); *Self-Expressions: Minds, Morals and the Meaning of Life* (Oxford University Press, 1996) y *Dreaming Souls: Sleep, Dreams, and the Evolution of the Conscious Mind* (Oxford University Press, 2000). También ha publicado numerosos artículos, sobre temas muy diversos como la naturaleza de la virtud, las emociones morales, el confucianismo y el *status* científico del psicoanálisis.

Daniel Goleman es copresidente del Consortium for Research on Emotional Intelligence de la Graduate School of Applied and Professional Psychology de la Rutgers University. Se licenció en el Amherst College y se doctoró en psicología clínica y evolutiva en la Harvard University, donde acabó impartiendo clases. Ha sido cofundador del Collaborative for Academics, Social and Emotional Learning de la University of Illinois (Chicago), un grupo de investigación centrado en la evaluación y difusión de los programas escolares para el desarrollo del autocontrol afectivo. Su atención se ha centrado en la interfaz que existe entre la psicobiología y la conducta, con un especial interés en las emociones y la salud. En un par de ocasiones ha sido propuesto para el premio Pulitzer por su obra como periodista cubriendo la sección dedicada a las ciencias cerebrales y conductuales del *Nueva York Times*. Ha escrito o editado una docena de libros, entre los cuales cabe destacar el best-séller *Inteligencia emocional* (Kairós, 1996) y *La salud emocional* (Kairós, 1997), que recoge el tercer encuentro organizado por el Mind and Life Institute.

Mark Greenberg ocupa la cátedra Bennett de investigación sobre la prevención del departamento de desarrollo humano y estudios de la familia en la Pennsylvania State University, donde también es director del Prevention Research Center for the Promotion of Human Development. Se licenció en la Johns Hopkins University y se doctoró en psicología evolutiva e infantil en la University of Virginia. Su investigación se ha centrado en la neuroplasticidad, en el desarrollo emocional de los niños, en el estudio del vínculo padre-hijo y en el desarrollo de estrategias educativas que puedan disminuir los riesgos de problemas conductuales y alentar la competencia emocional y social. El profesor Greenberg ha sido asesor del U.S. Center for Disease Task Force on Violence Prevention y es copresidente del comité de investigación de CASEL (Collaborative for Academics, Social and Emotional Learning). Ha publicado más de cien artículos sobre el desarrollo infantil y un capítulo sobre los fundamentos neurológicos del desarrollo emocional en *Emotional Development and Emotional Intelligence* (Basic Books, 1997).

Geshe Thupten Jinpa nació en el Tíbet en 1958. Formado como monje en el Sur de la India, recibió el grado de *geshe lharam* (el equivalente a un doctorado en filosofía) en el Shartse College de la universidad monástica Ganden, donde también enseñó filosofía budista durante cinco años. Es doctor (*cum laude*) en filosofía occidental y estudios religiosos por la Cambridge University. Desde 1985 ha sido el principal traductor al inglés de Su Santidad el Dalai Lama y ha traducido y editado varios de sus libros, entre los que se cuentan: *The Good Heart: The Dalai Lama Explores the Heart of Cristianity* (Rider, 1996) y *Ethics for the New Millennium* (Riverhead, 1999). Sus trabajos más recientes son: (junto a Ja's Elsner) *Songs of Spiritual Experience* (Shambhala, 2000), *Tsongkhapa's Philosophy of Emptiness* (que en breve publicará Curzon Press) y las entradas relativas a la filosofía tibetana de la *Encyclopedia of Asian Philosophy* (Routledge, 2001). Entre 1996 y 1999 fue profesor del Margaret Smith Research de religiones orientales del Girton College de la Cambridge University. En la actualidad es presidente del Institute of Tibetan Classics, que se dedica a traducir los principales textos clásicos tibetanos a los idiomas contemporáneos. Vive en Montreal (Canadá) con su esposa y sus dos hijos pequeños.

El venerable Ajahn Maha Somchai Kusalacitto nació en una familia campesina del remoto Norte de Tailandia y fue ordenado monje a la edad de veinte años. Después de haberse licenciado en estudios budistas en Tailandia y de haberse doctorado en filosofía india en la University of Madras fue nombrado decano de la Mahachulalongkornrajavidyalaya University de Bangkok, donde actualmente es vicepresidente de asuntos externos y profesor de budismo y religiones comparadas. Ha publicado numerosos textos sobre el budismo y es ayudante del abad del monasterio budista de Chandaram y también suele aparecer asiduamente en la radio y la televisión tailandesa y escribir artículos para periódicos y revistas sobre temas budistas. Es cofundador de una sociedad internacional de budistas socialmente comprometidos, de un grupo que apoya un sistema alternativo de enseñanza en Tailandia y de una asociación de monjes tailandeses dedicada a preservar la vida retirada en la jungla propia de la tradición monástica tailandesa.

Matthieu Ricard es un monje budista en el Shechen Monastery de Kathmandú e intérprete al francés de Su Santidad el Dalai Lama desde 1989. Nacido en Francia en 1946, recibió el doctorado en genética celular en el Institut Pasteur bajo la dirección de François Jacob, laureado con el premio Nobel. Por mera afición escribió *Animal Migrations* (Hill and Wang, 1969). Viajó a los Himalayas en 1967 y, desde 1972, ha vivido allí, convirtiéndose en monje budista en 1979. Durante quince años estudió con Dilgo Khyentse Rinpoche, uno de los principales maestros tibetanos de nuestro tiempo. Con su padre, el pensador francés Jean-François Revel, ha escrito *El monje y el filósofo* (Schocken, 1999) y *The Quantum and the Lotus* con el astrofísico Trinh Xuan Thuan (Crown, 2001). También ha publicado varios libros de fotografía, como *The Spirit of Tibet* (Aperture, 2000) y (con Olivier y Danielle Föllmi) *Buddhists Himalayas* (Abrams, 2002).

Jeanne L. Tsai trabaja en el departamento de psicología de la Stanford University. Se licenció en Stanford y se doctoró en psicología clínica en la University of California en Berkeley. Su investigación se ha centrado en la relación que existe entre la cultura y la emoción, ocupándose del impacto de la socialización en la experiencia, la expresión y la fisiología de la emoción. Ha aportado un amplio espectro de métodos como, por ejemplo, comparar las diferencias fisiológicas y experienciales asociadas a la emoción entre personas de origen chino y otros grupos étnicos de Estados Unidos. Ha escrito numerosos artículos para diversas revistas técnicas y también es autora de varios libros, entre los cuales cabe destacar: *The Encyclopedia of Human Emotions* (Gale, 1999) y *The Comprehensive Handbook of Psychopathology* (Plenum, 1993).

Francisco J. Varela se doctoró en biología en Harvard en 1970. Sus intereses se centraron en los mecanismos biológicos de la cognición y de la conciencia, temas sobre los cuales escribió cerca de doscientos artículos para diversas publicaciones científicas. También es autor o editor de quince libros, muchos de los cuales han sido traducidos a varios idiomas y entre los cuales cabe destacar: *The Embodied Mind* (MIT Press, 1992) y, más recientemente, *Naturalizing Phenomenology: Contemporary Issues in Phenomenology and Cognitive Science* (Stanford University Press, 1999) y *The View from Within: First Person Methods on the Study of Consciousness* (Imprint Academic, 1999). Recibió varios premios por su investigación y fue fundador del France Professor of Cognitive Science and Epistemology de la École Polytechnique, director de investigación del Centre National de la Recherche Scientifique de París y jefe de la unidad neurodinámica del LENA (laboratorio de neurociencias cognitivas y de imaginación cerebral) del Hospital de la Salpetrière de París. Fue el científico fundador del Mind and Life y ha publicado varios artículos y libros sobre el diálogo entre la ciencia y la religión, entre los cuales destacamos *Gentle Bridges* (Shambhala, 1991) y *Sleeping, Dreaming and Dying* (Wisdom, 1997), que se ocupan del primero y del cuarto de los diálogos organizados por el Mind and Life Institute. El doctor Varela murió el 28 de mayo de 2001.

B. Alan Wallace se formó durante muchos años en monasterios budistas de la India y Suiza y, desde 1976, se dedica a la enseñanza de la teoría y de la práctica budista en Europa y América. Ha servido como intérprete de numerosos eruditos y contemplativos tibetanos, incluyendo a Su Santidad el Dalai Lama. Después de graduarse *cum laude* en el Amherst College, donde estudió física y filosofía de la ciencia, obtuvo un doctorado en estudios religiosos en la Stanford University. Ha editado, traducido, publicado o colaborado en más de treinta libros sobre el budismo, la medicina, el lenguaje y la cultura tibetana. También ha escrito sobre la interfaz que existe entre la ciencia y la religión. Entre sus trabajos publicados se cuentan *Tibetan Buddhism from the Ground Up* (Wisdom Publications, 1993), *Choosing Reality: A Buddhist View of Physics and the Mind* (Snow Lion Publications, 1996), *The Bridge of Quiescence: Experiencing Buddhist Meditation* (Open Court Publishing, 1998) y *The Taboo of Subjectivity: Toward a New Science of Consciousness* (Oxford University Press, 2000). También es jefe de redacción de una antología de ensayos titulados *Buddhism and Science: Breaking New Ground*, que en breve publicará la Columbia University Press.

SOBRE EL MIND AND LIFE INSTITUTE

Los diálogos entre Su Santidad, el Dalai Lama y científicos occidentales organizados por el Mind and Life Institute vieron la luz gracias a la colaboración entre el abogado y empresario estadounidense R. Adam Engle y el doctor Francisco Varela, neurocientífico nacido en Chile, que vivió y trabajó en París. En 1984, cuando Engle y Varela todavía no se conocían, ambos asumieron separadamente la iniciativa de crear un ciclo de encuentros interculturales entre Su Santidad y científicos occidentales para poder pasar varios días discutiendo temas diversos de interés común.

Después de acabar su carrera en la Harvard Law School, Engle entró a trabajar en un gabinete de abogados especializados en el mundo artístico de Beverly Hills y posteriormente pasó un año como asesor de GTE en Teherán. Su infatigable espíritu le llevó a pasar el primer año sabático en Asia, donde quedó fascinado por los monasterios tibetanos que visitó en los Himalayas. En 1974 conoció al *lama* Thubten Yeshe, uno de los primeros budistas tibetanos que enseñó en Inglaterra y pasó cuatro meses viviendo en el Kopan Monastery de Katmandú. Cuando Engle regresó a Estados Unidos se instaló cerca de Santa Cruz (California), donde el *lama* Yeshe y su compañero de enseñanzas, el *lama* Thubten Zopa Rinpoché, tenían un centro de enseñanzas.

Fue a través del *lama* Yeshe como Engle se enteró del interés que el Dalai Lama profesaba por la ciencia y de su deseo de profundizar en la comprensión de la ciencia occidental y de compartir con los occidentales su propia visión de la ciencia contemplativa de Oriente y se dio inmediatamente cuenta de que se trataba de un proyecto en el que debía involucrarse.

En otoño de 1984, Engle, que había sido acompañado en su aventura por su amigo, Michael Sautman, conoció en Los Ángeles a Tendzin Choegyal (Ngari Rinpoche), hermano menor de Su Santidad, y le presentó su plan para organizar, siempre que Su Santidad lo aceptara, un encuentro científico intercultural de una semana de duración. Ngari Rinpoche propuso la oferta a Su Santidad y, al cabo de pocos días, le informó de que Su Santidad estaría encantado de participar en las conversaciones con los científicos y delegó en Engle y Sautman la organización del encuentro. Así fue como Tendzin Choegyal empezó a desempeñar el papel de asesor fundamental de lo que, hoy en día, se ha convertido en el Mind and Life Institute.

Entretanto, Francisco Varela –también budista desde 1974– conoció a Su Santidad en un encuentro internacional en 1983, en el que participó como ponente en el Alpbach Symposia on Consciousness, donde enseguida entablaron contacto. Su Santidad estaba muy contento de tener la oportunidad de hablar con un neurocientífico que tenía cierta comprensión del budismo tibetano, y Varela, por su parte, estaba decidido a profundizar en ese diálogo. En la primavera de 1985, su amiga Joan Halifax, a la sazón directora de la Ojai Foundation, que había oído hablar de los esfuerzos de Engle y Sautman, le sugirió que tal vez pudieran aunar sus esfuerzos y trabajar juntos en la organización del encuentro. En octubre de 1985, los cuatro se reunieron en la Ojai Foundation y acordaron que el tema central del primer encuentro organizado por el Mind and Life Institute se centraría en la visión de la vida sustentada por las ciencias de la vida y la tradición budista.

El primer encuentro, que se celebró en Dharamsala (la India) en el mes de octubre de 1987, supuso más de dos años de trabajo entre Engle, Varela y la oficina privada de Su Santidad. Durante este tiempo, Engle y Varela trabajaron en estrecha colaboración para encontrar el modo más adecuado de articular el encuentro. Engle se encargó de la coordinación general y asumió la responsabilidad de recabar fondos, la relación con Su Santidad y con su oficina y otras cuestiones de orden general, mientras que Francisco actuaría como coordinador científico y se encargaría de determinar el contenido científico, de seleccionar e invitar a los científicos y de editar las transcripciones de los encuentros.

Esta división entre las funciones administrativas y científicas funcionó tan bien que ha seguido manteniéndose desde entonces. Cuando, en 1990, el Mind and Life Institute acabó organizándose formalmente, Adam se convirtió en su presidente y en el coordinador general de todos los encuentros. Varela, por su parte, no se ha ocupado de la coordinación científica de todos ellos, pero hasta el momento de su muerte –acaecida en 2001– ha seguido siendo uno de sus principales impulsores y el colaborador más cercano de Engle.

Hay que destacar el carácter único de estos ciclos de conferencias. No siempre resultan fáciles de establecer los puentes de conexión que pueden tenderse entre el budismo y la ciencia moderna, en particular, la neurociencia; resultan difíciles de establecer. Varela tuvo la ocasión de experimentarlo cuando trató de poner en funcionamiento un programa científico en el Naropa Institute (hoy en día, la Naropa University), una institución de artes liberales ubicada en Boulder (Colorado) y creada por el maestro de meditación tibetano Chögyam Trungpa Rinpoche. En 1979, el Naropa recibió una subvención de la Sloan Foundation para organizar lo que probablemente fuera el primer encuentro de este tipo. Ese encuentro reunió a cerca de veinticinco estudiosos de prominentes instituciones americanas de diferentes disciplinas, como la filosofía, la ciencia cognitiva (neurociencia, psicología experimental, lingüística e inteligencia artificial) y, obviamente, los estudios budistas. La conferencia supuso una dura lección sobre la dedicación y el cuidado que exige la organización de un encuentro intercultural de tal envergadura.

Así fue como, en 1987, aprovechando la experiencia del Naropa y deseando evitar algunos de los errores cometidos en el pasado, Francisco adoptó varios principios operativos que ha utilizado para la organización de los encuentros del Mind and Life. Tal vez lo más importante fuera la decisión de que los científicos no sólo serían elegidos por su reputación y competencia en sus respectivos campos, sino también por su apertura mental. Esta familiarización con el budismo no es esencial –siempre que exista un sano respeto por las disciplinas contemplativas orientales–, pero ciertamente resulta muy útil.

El programa fue perfeccionándose en la medida en que las conversaciones iban aclarando qué parte del terreno científico debían cubrir para asegurarse de que Su Santidad participase plenamente en los encuentros. Para garantizar su carácter participativo, los encuentros se estructuraron de modo que, en la sesión de la mañana, se llevara a cabo la presentación científica. De ese modo, Su Santidad podría tener una idea del campo de conocimiento que iba a tratarse. Las presentaciones matinales tenían una orientación amplia y general. La sesión de la tarde estaba dedicada al diálogo en torno a los temas tocados en la charla de la mañana. Durante la sesión de diálogo, el orador que hubiera hecho la presentación de esa mañana podía defender sus preferencias y juicios personales en el caso de que difiriesen de los admitidos por el grupo.

La cuestión de la traducción de las reuniones supuso también un auténtico reto, porque era prácticamente imposible encontrar a un tibetano nativo que dominara el inglés y la ciencia, una dificultad que acabó superándose con un par de intérpretes, uno tibetano y el otro un occidental de formación científica. De ese modo se facilitaba la rápida aclaración de términos tan necesaria para poder superar los comprensibles malentendidos entre dos tradiciones tan diferentes. Thubten Jinpa, un monje tibetano que entonces estudiaba para obtener su licenciatura en *geshe* en el monasterio de Ganden Shartse y hoy en día doctor en filosofía por la Cambridge University, y Alan Wallace, que haba sido monje tibetano, licenciado en física por la Amherst University y doctor en estudios religiosos por la Stanford University, se encargaron de ejercer de intérpretes del primer encuentro y han seguido haciéndolo desde entonces. Durante el Mind and Life V el doctor Wallace no pudo asistir y se vio reemplazado por el doctor José Cabezon.

Uno de los principios fundamentales que han contribuido al éxito de los encuentros organizados por el Mind and Life Institute ha sido su carácter estrictamente privado, sin presencia de la prensa y con unos pocos invitados a modo de observadores. Esto contrasta profundamente con las conferencias que suele dar el Dalai Lama en Occidente, en donde su estatus público casi imposibilita mantener una conversación relajada y espontánea. El Mind and Life Institute graba sus encuentros en vídeo y audio para sus archivos y posterior transcripción, pero cuida mucho el entorno de los encuentros para permitir que la exploración pueda llevarse a cabo sin distorsiones.

El primer diálogo Mind and Life se celebró en 1987 en la residencia oficial del Dalai Lama en Dharamsala. Varela fue el coordinador científico y el moderador del encuentro, que giró en torno a varios temas, desde la ciencia cognitiva hasta el método científico, la neurobiología, la psicología cognitiva, la inteligencia artificial, el desarrollo del cerebro y la evolución. En el grupo de apoyo se encontraban, además de Varela, Jeremy Hayward (física y filosofía de la ciencia), Robert Livingston (neurociencia y medicina), Eleanor Rosch (ciencia cognitiva) y Newcomb Greenleaf (informática).

El evento fue muy gratificante, ya que tanto Su Santidad como el resto de los participantes quedaron muy satisfechos al advertir que servían para establecer los cimientos de un puente de conexión. Finalmente, el Mind and Life I fue transcrito, editado y publicado por Jeremy Hayward y Francisco J. Varela con el título *Gentle Bridges: Conversations with the Dalai Lama on the Sciences of Mind* (Boston: Shambala, 1992). Este libro ha terminado traduciéndose al francés, castellano, alemán, japonés y chino.

El Mind and Life II tuvo lugar en el mes de octubre de 1989 en Newport Beach (California), bajo la supervisión científica de Robert Livingston y giró en torno a las ciencias del cerebro. El encuentro duró dos días y se centró fundamentalmente en la neurociencia y contó con la participación de Patricia S. Churchland (filosofía de la ciencia), J. Allan Hobson (sueño y sueños), Larry Squire (memoria), Antonio Damasio (neurociencia) y Lewis Judd (salud mental). Fue durante ese encuentro que Engle recibió una llamada telefónica a las tres de la madrugada para comunicar a Su Santidad que acababa de ser galardonado con el premio Nobel de la paz y que a las ocho de la mañana del día siguiente recibirían la visita del embajador noruego para informarle personalmente. Tras conocer la noticia, el Dalai Lama asistió al resto del encuentro como tenía previsto y sólo lo interrumpió para conceder una breve conferencia de prensa. Un relato de este encuentro puede encontrarse en *Consciousness at the Crossroads: Conversation with the Dalai Lama on Brain Science and Buddhism*, editado por Zara Housmand, Robert L. Livingston y B. Alan Wallace (Ithaca, NY: Snow Lion Publications, 1999).

El encuentro Mind and Life III se celebró al año siguiente de nuevo en Dharamsala. Después de haber organizado y asistido a los dos primeros encuentros, Adam Engle y Tenzin Geyche Tethong llegaron a la conclusión de que los encuentros resultaban mucho más productivos en la India que en Occidente. Daniel Goleman (psicología) actuó como coordinador científico del Mind and Life III, que se centró en el tema de la relación que existe entre las emociones y la salud. Entre los participantes se hallaban Daniel Brown (psicología experimental), Jon Kabat-Zinn (medicina), Clifford Saron (neurociencia), Lee Yearley (filosofía) y Francisco Varela (inmunología y neurociencia). Posteriormente, Goleman editó el volumen que cubría ese evento bajo el título *Healing Emotions: Conversation with the Dalai Lama on Mindfulness, Emotions, and Health* (Boston: Shambhala, 1997).

Durante la celebración del Mind and Life III surgió una nueva área de investigación, que fue más allá del programa de la conferencia, pero que supuso una extensión espontánea de éste. Clifford Saron, Richard Davidson, Francisco Varela, Gregory Simpson y Alan Wallace iniciaron un proyecto para investigar los efectos de la meditación en personas que llevan mucho tiempo meditando. La idea era aprovechar la buena voluntad y confianza que se había forjado en la comunidad tibetana de Dharamsala y la predisposición de Su Santidad a este tipo de investigación. Fue entonces cuando, con el dinero aportado por la Hershey Family Foundation, se creó el Mind and Life Institute, que ha sido presidido por Adam Engle desde entonces. El Fetzer Institute patrocinó los estadios iniciales y, en 1994, recibió un informe sobre los avances realizados.

El Mind and Life IV –titulado «Sleeping, Dreaming, and Dying»– se celebró en 1992; la coordinación científica corrió nuevamente a cargo de Francisco Varela. En esta ocasión, los invitados fueron Charles Taylor (filosofía), Jerome Engle (medicina), Joan Halifax (antropología, muerte y el proceso del morir), Jayne Gackenbach (psicología del sueño lúcido) y Joyce McDougal (psicoanálisis). El resumen de esta conferencia fue edi-

473

tado por Francisco Varela y puede encontrarse bajo el título de *Sleeping, Dreaming and Dying: Dialogues with the Dalai Lama* (Boston: Wisdom Publications, 1997).

El Mind and Life V se celebró en Dharamsala en el mes de octubre de 1994. El tema fue «Altruism, Ethics, and Compassion» y la supervisión científica correspondió, en este caso, a Richard Davidson. Además del doctor Davidson, también participaron Nancy Eisenberg (desarrollo infantil), Robert Frank (altruismo en la economía), Anne Harrignton (historia de la ciencia), Elliot Sober (filosofía) y Ervin Staub (psicología social y conducta grupal). El libro que recoge este encuentro se titula *Visions of Compasión: Western Scientists and Tibetan Buddhists Examine Human Nature*, editado por Richard J. Davidson y Anne Harrington (NY: Oxford University Press, 2002).

El Mind and Life VI abrió una nueva vía de exploración más allá de las ciencias de la vida. El encuentro se produjo en octubre de 1997, y la coordinación científica corrió a cargo de Arthur Zajonc (física). Además del doctor Zajonc y de Su Santidad, los participantes fueron David Finkelstein (física), George Greenstein (astronomía), Piet Hut (astrofísica), Tu Weming (filosofía) y Anton Zeilinger (física cuántica). El volumen que cubre este encuentro se titula *New Physics and Cosmology* y fue editado por Arthur Zajonz (Nueva York: Oxford University Press, 2003).

El diálogo sobre la física cuántica prosiguió durante el Mind and Life VII, celebrado en el laboratorio de Anton Zeilinger en el Institut fur Experimentalphysic de Innsbruck (Austria), en junio de 1998. Los participantes de ese diálogo fueron Su Santidad, los doctores Zeilinger y Zajonc y los intérpretes, los doctores Jinpa y Wallace. Ese encuentro fue el tema del artículo de portada del número de enero de 1999 de la revista alemana *Geo*.

El Mind and Life VIII –el encuentro recogido en este libro– se celebró en marzo de 2000 en Dharamsala con Daniel Goleman y B. Alan Wallace como coordinadores filosófico y científico, respectivamente. El título de este encuentro fue «Destructive Emotions» y en él participaron el venerable Matthieu Ricard (budismo), Richard Davidson (neurociencia y psicología), Francisco Varela (neurociencia), Paul Ekman (psicología), Mark Greenberg (psicología), Jeanne Tsai (psicología), el venerable Somchai Kusalacitto (budismo) y Owen Flanagan (filosofía).

El Mind and Life IX se celebró en la University of Wisconsin en Madison en colaboración con el Health Emotions Research Institute y el Center for Research on Mind-Body Interactions. Los participantes fueron Su Santidad, Richard Davidson, Antoine Lutz (en sustitución de Francisco Varela, que estaba enfermo), Matthieu Ricard, Paul Ekman y Michael Merzenich (neurociencia). Este encuentro de dos días se centró en el modo más eficaz de usar el RMNf y el EEG/MEG en la investigación sobre la meditación, la percepción, la emoción y las relaciones entre la plasticidad neuronal humana y la práctica de la meditación.

El Mind and Life X está previsto que se celebre en Dharamsala en octubre de 2002. El tema elegido para esta ocasión es «¿What Is Matter? What Is Life?». El coordinador científico y moderador será Arthur Zajonc, y los participantes Su Santidad, Steven Chu (física), Stuart Kauffman (teorías de la complejidad), Luigi Luisi (biología celular y química), Ursula Goodenough (biología evolutiva), Eric Lander (investigación genómica), Michel Bitbol (filosofía) y Matthieu Ricard (filosofía budista).

El Mind and Life XI será el primer encuentro público de esta serie y se celebrará en Boston los días 13 y 14 de septiembre de 2003 bajo el título «Investigating the Mind: Exchanges Between Buddhism and the Biobehavioral Sciences on How the Mind Works». En ese encuentro, veintidós reputados científicos se reunirán un par de días con Su Santidad y hablarán del modo en que el Institute puede alentar la investigación colaborativa entre el budismo y la ciencia moderna en los dominios de la atención, el control cognitivo, la emoción y la imaginería mental.

En el año 2000, algunos miembros del Mind and Life Institute ampliaron las fronteras de la investigación iniciada en 1990 y empezaron a investigar los resultados de la práctica de la meditación en los laboratorios de la ciencia cerebral de Occidente con la plena colaboración de meditadores avanzados. Esta investigación utiliza el RMNf, el EEG y el MEG y está llevándose a cabo en el CREA, de París, en la University of Wisconsin, en Madison, y la Harvard University. Los registros de la expresión emocional y de la psicofisiología del sistema nervioso autónomo están llevándose a cabo en la University of California en San Francisco y en la University of Berkeley.

El doctor Paul Ekman, de la University of California de San Francisco y uno de los participantes en el encuentro descrito en este volumen ha elaborado un proyecto de investigación denominado «El cultivo del equilibrio emocional». Éste es el primer proyecto de investigación multifásica a gran escala destinado a enseñar y evaluar el impacto de la meditación en la vida emocional de los meditadores principiantes. El proyecto tiene un par de objetivos fundamentales: diseñar un programa basado en las prácticas contemplativas del budismo y en la investigación psicológica occidental para enseñar a las personas a afrontar más adecuadamente las emociones destructivas y evaluar el impacto del programa en la vida emocional y de relación de quienes lo lleven a cabo. B. Alan Wallace, otro de los participantes de este encuentro, ha colaborado en la elaboración del proyecto y se encargará de enseñar a meditar a los participantes. Ekman ha reclutado también a Margaret Kemeny para dirigir, bajo su tutela, la ejecución del proyecto, mientras que el Fetzer Institute y Su Santidad han proporcionado los fondos necesarios para ponerlo en marcha.

Mind and Life Institute
2805 Lafayette Drive
Boulder, Colorado 80305
www.InvestigatingTheMind.org
info@mindandlife.org

AGRADECIMIENTOS

Los congresos organizados por el Mind and Life Institute a lo largo de todos estos años han sido posibles gracias a la colaboración de numerosas personas y organizaciones.

Fundadores

El Mind and Life Institute no hubiera visto la luz, ni hubiera podido seguir desarrollándose sin el interés inicial y la continua participación y apoyo de nuestro Honorable Presidente, Su Santidad el Dalai Lama. Es realmente extraordinario que un líder religioso y un estadista esté tan abierto a la investigación científica y tan dispuesto a dedicar su tiempo a establecer y dirigir un diálogo entre la ciencia y el budismo. En los últimos quince años, Su Santidad ha invertido más tiempo en los diálogos del Mind and Life Institute que en cualquier otro grupo no tibetano del mundo y, por ello, le estaremos humilde y eternamente agradecidos y dispuestos a entregarnos a la colaboración y el diálogo entre el budismo y la investigación científica, por el bien de todos los seres.

Francisco Varela fue nuestro fundador científico; añoramos mucho su pérdida. Reputado neurocientífico y serio practicante del budismo, Francisco vivía realmente en la intersección entre la ciencia y el budismo y estaba plenamente convencido de que la colaboración entre ambas sería extraordinariamente provechosa no sólo para la ciencia y el budismo, sino también para toda la humanidad. La dirección en que orientó al Mind and Life Institute ha sido audaz e imaginativa, pero al mismo tiempo, respetuosa con las exigencias del rigor científico y de la sensibilidad budista. Y, por encima de todo, encontró, en medio del veloz mundo actual, el tiempo necesario para cultivar la obra del Institute de un modo respetuoso, lógico y científico. Nosotros seguiremos el camino que él nos trazó.

R. Adam Engle es el empresario que, después de enterarse de que Su Santidad estaba interesado en el diálogo entre el budismo y la ciencia, aprovechó la oportunidad y proporcionó el esfuerzo y el ingenio necesarios para que el Institute floreciera y avanzase.

Patrocinadores

Barry y Connie Hershey, de la Hershey Family Foundation han sido nuestros patrocinadores más leales y estables desde 1990. Su generoso apoyo no sólo ha garantizado la continuidad de los encuentros, sino que también ha alentado la vida del mismo Mind and Life Institute.

Desde 1990, Daniel Goleman nos ha entregado generosamente su tiempo y su energía. Éste es el espíritu con el que ha elaborado este libro –y también *La salud emocional*– por los que no ha recibido compensación alguna, como un trabajo ofrecido a Su Santidad el Dalai Lama y al Mind and Life Institute, que serán quienes reciban los beneficios de su publicación.

A lo largo de los años, el Institute ha recibido un substancial apoyo financiero del Fetzer Institute, la Nathan Cummings Foundation, Branco Weiss, Adam Engle, Michael Sautman, Mr. y Mrs. R. Thomas Northcote, Christine Austin, el difunto Dennis Perlman, Marilyn y el difunto Don Gevirtz, Michelle Grennon y Michaela Wood, Klaus Hebben, Joe y Mary Ellyn Sensenbrenner, Edwin y Adrienne Joseph, Howard Cutler, Bennet y Fredericka Foster Shapiro, Richard Gere y John Cleese. En nombre de Su Santidad el Dalai Lama y de todos los participantes en estos encuentros, agradezco humildemente su ayuda a todas esas personas y organizaciones. Su generosidad ha tenido un profundo impacto en las vidas de muchas personas.

Científicos, filósofos, eruditos y practicantes budistas

Quisiera también dar las gracias a muchas personas por su apoyo para facilitar el funcionamiento del Institute. Muchas de ellas han ayudado al Institute desde sus orígenes. En este sentido, damos las gracias a Su Santidad el Dalai Lama y a los científicos, filósofos y eruditos budistas que han participado o siguen participando en nuestros encuentros, como el difunto Francisco Varela, Richard Davidson, Paul Ekman, Anne Harrington, Arthur Zajonc, Robert Livingston, Pier Luigi Luisi, Newcomb Greenleaf, Jeremy Hayward, Eleanor Rosch, Patricia Churchland, Antonio Damasio,

Alan Hobson, Lewis Judd, Larry Squire, Daniel Brown, Daniel Goleman, Jon Kabat-Zinn, Clifford Saron, Lee Yearley, Jerome Engel, Jayne Gackenbach, Joyce McDougall, Charles Taylor, Joan Halifax, Nancy Eisenberg, Robert Frank, Elliott Sober, Ervin Staub, David Finkelstein, George Greenstein, Piet Hut, Tu Weiming, Anton Zeilinger, Owen Flanagan, Mark Greenberg, Matthieu Ricard, Jeanne Tsai, Michael Merzenich, Sharon Salzberg, Steven Chu, Stuart Kauffman, Ursula Goodenough, Eric Lander, Michel Bitbol, Jonathan Cohen, John Duncan, David Meyer, Anne Treisman, Ajahn Amaro, Daniel Gilbert, Daniel Kahneman, Georges Dreyfus, Stephen Kosslyn, Marlene Behrmann, Daniel Reisberg, Elaine Scarry, Jerome Kagan, Eva Thompson, Antoine Lutz, Gregory Simpson, Alan Wallace, Margaret Kemeny, Erika Rosenberg, Thubten Jinpa, Ajan Maha Sonchai Kusalacitto, Sogyal Rinpoche, Tsonki Rinpoche, Mingyur Rinpoche y Rabjam Rinpoche.

La oficina privada de Su Santidad y apoyos tibetanos

También agradecemos y reconocemos el apoyo de Tenzin Geyche Tethong, Tenzin N. Taklha y olas demás personas extraordinarias de la oficina personal de Su Santidad. Estamos agradecidos con Rinchen Dharlo, Dawa Tsering, Nawang Rapgyal y Amy Head de la Office of Tibet de la ciudad de Nueva York y a Lodi Gyari Rinpoche de la International Campaign for the Tibet por su ayuda a lo largo de todos estos años. Y especialmente damos las gracias a Tendzin Choegyal, Ngari Rinpoche, que ha sido un guía maravilloso y un auténtico amigo.

Otros patrocinadores

Nuestro agradecimiento al Kashmir Cottage, el Chonor House, el Pema Thang Guesthouse y el Glenmoor Cottage de Dharamsala, Maazda Travel de San Francisco y Middle Path Travel de Nueva Delhi; Elaine Jackson, Zara Houshmand, Alan Kelly, Peter Jepson, Thupten Chodron, Laurel Chiten, Billie Jo Joy, Nancy Mayer, Patricia Rockwell, George Rosenfeld, Andy Neddermeyer, Kristen Glover, Maclen Marvit, David Marvit, Wendy Miller, Sandra Berman, Will Shattuck, Franz Reichle, Marcel Hoehn, Geshe Sopa y los monjes y las monjas del centro budista Park Deer, Dwight Kiyono, Eric Janish, Brenden Clarke, Jadyn Wensink, Josh Dobson, Matt McNeil, Penny y Zorba Paster y Jeffrey Davis; Magnetic Image,

Inc., Raphael Inc. San Raphael, California; Disappearing, San Francisco. Y también agradecemos la colaboración prestada por Boulder Creek, California HealthEmotions Research Institute (University of Wisconsin), Harvard University's Mind/Brain/Behavior Interfaculty Initiative, Karen Barkow, John Dowling, Catherine Whalen, Sara Roscoe, Jennifer Shephard, Sydney Prince, Metta McGarvey, Ken Kaiser, T & C Films, Shambhala Publications, Wisdom Publications, Oxford University Press, Bantam Books, Snow Lion Publications, Meridian Trust, Geoff Jukes, Gillian Farrer-Hallas, Tony Pitts, Edwin Maynard, Daniel Drasin, David Mayer y Sandra Berman.

Intérpretes

Gracias, por último, a nuestros intérpretes a lo largo de los años: Geshe Thupten Jinpa, que ha participado en todos los encuentros, B. Alan Wallace, que ha estado con nosotros en siete de las ocho ocasiones, y gracias también a Jose Cabezon, que sustituyó a Alan mientras estaba de retiro en 1995. Establecer un diálogo y una colaboración entre científicos occidentales y budistas tibetanos requiere de una traducción e interpretación muy cuidadosa. Estos amigos son literalmente los mejores del mundo.

R. Adam Engle

A los reconocimientos de Adam quisiera añadir los míos propios. Como siempre, aprecio mucho el sabio consejo y el amoroso apoyo de mi esposa, Tara Bennett Goleman. También estoy especialmente en deuda con Zara Houshmand por sus interesantes notas líricas sobre la reunión y los eventos que la acompañaron (algunas de las cuales han terminado incorporándose al texto), por llevar a cabo las entrevistas anteriores y posteriores al encuentro con los participantes y por su dedicación a la adecuada supervisión de las transcripciones. También estoy agradecido a Alan Wallace por sus comentarios adicionales sobre ciertas cuestiones budistas muy detalladas, a Thupten Jinpa por sus consultas a los textos budistas y a las reuniones celebradas entre el Dalai Lama y científicos. Ngari Rinpoche ofreció una valiosa información sobre el interés que, durante toda su vida, ha tenido por la ciencia su hermano, el Dalai Lama. Gracias también a Rachel Brod por la investigación suplementaria, a Achaan Passano por entrevistar a Bhikku Kusalacitto en Bangkok, a Arthur Zajonc y a Sharon Salzberg y Joseph Goldstein por responder a mis dudas técnicas sobre física cuántica y budismo, respectivamente, y a Erik Hein Schmidt por sus respuestas a mis dudas sobre determinados aspectos concretos del budismo. Y gracias asimismo a Adam Engle por sus extraordinarios esfuerzos por mantener en marcha este tren. Sin su visión, firmeza y bondad, este empeño nunca hubiera podido llegar hasta aquí.

DANIEL GOLEMAN

ÍNDICE